西北工业大学精品学术著作培育项目资助出版

面向大数据和云计算的异构结构集群资源调度框架及应用

汤小春　李战怀　著

U0194912

西北工业大学出版社

西安

【内容简介】 在大数据处理过程中,当一个新任务到达,但是没有足够资源的时候常用的策略有两个:一是"等";二是"抢"。任务的资源需求量、吞吐量、时效性、优先级别等因素都不同,"等"和"抢"都不是好的策略。本书以此为出发点,深入浅出地介绍了面向大数据和云计算的异构结构集群资源调度框架和应用,内容包含大数据和云计算环境下资源调度框架的特点和适应的应用,并以图文并茂的形式给出了多种 CPU-GPU 资源分配的策略和实施过程。为了让读者进一步理解资源调度框架的实质,针对批处理和流处理作业,介绍了两种大规模图数据挖掘的示范应用。

本书可以为大数据和云计算相关领域的程序员、架构师、运维人员和产品经理提供技术参考和培训资源,也可以作为大中专院校相关课程的教材。

图书在版编目(CIP)数据

面向大数据和云计算的异构结构集群资源调度框架及应用/汤小春,李战怀著. —西安:西北工业大学出版社,2022.9

ISBN 978 - 7 - 5612 - 8428 - 5

Ⅰ. ①面… Ⅱ. ①汤… ②李… Ⅲ. ①数据处理-研究 ②云计算-研究 Ⅳ. ①TP274 ②TP393.027

中国版本图书馆 CIP 数据核字(2022)第 185751 号

MIANXIANG DASHUJU HE YUNJISUAN DE YIGOU JIEGOU JIQUN ZIYUAN DIAODU KUANGJIA JI YINGYONG

面向大数据和云计算的异构结构集群资源调度框架及应用
汤小春 李战怀 著

责任编辑:胡莉巾 郭军方		策划编辑:雷 鹏	
责任校对:高茸茸 吕颐佳		装帧设计:郭 伟	
出版发行:西北工业大学出版社			
通信地址:西安市友谊西路 127 号		邮编:710072	
电 话:(029)88491757,88493844			
网 址:www.nwpup.com			
印 刷 者:西安五星印刷有限公司			
开 本:787 mm×1 092 mm		1/16	
印 张:19.75			
字 数:506 千字			
版 次:2022 年 9 月第 1 版		2022 年 9 月第 1 次印刷	
书 号:ISBN 978 - 7 - 5612 - 8428 - 5			
定 价:108.00 元			

前　　言

　　大数据和云计算的基础之一是集群。近 10 年来,随着大数据处理业务种类的增加,面向大数据和云计算的集群资源调度框架具有多租户的特性。此外,随着声音、图像及视频流等数据的出现,大数据分析需要更高的计算力来满足高吞吐量的要求,通用图形处理器(GPU)开始大量使用,因此,集群计算资源实现由单纯的中央处理器(CPU)到 CPU-GPU 混合的嬗变,集群资源管理的目标从单纯的高效率利用集群资源转变为在不同应用程序之间的共享,要求资源动态供给、公平分配、高效能调度作业。现有的集群调度框架非常多,如 Yarn、Mesos、Borg、Yaq-c、GPUhd、Quincy、Quasar、Firament、Omega、Sparrow、Apollo、Tarcil、Hawk、Mercury、Yaq-d、Eagle、Kubernetes、Tiresias、Themis 等,它们的拥趸者中既有 Google、Facebook、Yahoo 等知名企业,又有数以万计的中小企业和高效研究团队。然而,这些集群调度框架至少存在两方面不足:①无法应对批处理和流处理应用共享资源的场景;②针对 CPU-GPU 混合的集群资源调度框架,无论在GPU 细粒度管理调度还是在 CPU-GPU 的一体化调度方面,都存在不足之处。

　　本书以 CPU-GPU 混合的异构结构集群资源管理为主,研究大数据和云计算环境下的异构结构集群资源调度框架:①介绍了集群计算系统到集群资源调度框架的转换历程;②介绍了异构结构集群资源管理框架的机理;③对集中式资源管理框架、分布式资源管理框架,以及混合式资源管理框架进行了深入的分析、讨论和设计;④从资源分配的公平性、本地化,集中式资源管理的可扩展性方面对异构结构集群框架进行了优化;⑤针对大数据处理的各种形式,以大规模图数据为基础,研究了极大团以及频繁模式的挖掘应用。

　　本书分为 11 章。第 1 章介绍了集群资源调度的嬗变,阐述了从面向高性能计算集群的资源调度到面向大数据和云计算的集群资源调度的转变。从 Hadoop、Spark 等大数据批处理框架与 Flink 的大数据流式处理框架角度,说明了面向大数据和云计算的异构结构集群资源调度框架的基本需求、特点和分类。第 2 章介绍了面向大数据和云计算的异构结构集群资源管理的概况。从资源调度框架的需求、结构以及调度机制等方面给出了详尽的说明。第 3 章介绍了面向大数据的异构集群集中式资源调度框架。针对 CPU-GPU 混合的集群基础设施,提出了一种集中式的异构集群资源管理框架,在各个工作节点上设计了队列调度机制和采用细粒度 GPU 资源分配策略,实现了支持 Spark、map/reduce 模型的异构结构资源调度框架。第 4 章介绍了集中式资源调度框架的负载平衡和优化。针对队列机制而引入负载不平衡的矛盾,提出了 3 种负载均衡策略;针对集中式资源的可扩展性问题,提出了环形监测和差分汇报机制,对框架进行了优化。第 5 章介绍了面向大数据和云计算的异构集群分布式资源调度框架。针对短时间任务的低延迟要求,提出了二次调度的分布式调度框架。第 6 章介绍了面向大数据和云计算的异构集群混合式资源调度框架。通过应用感知的策略,解决了批处理、流处理作业的融合问题。第 7 章介绍了面向大数据和云计算的 GPU 集群共享调度算法。采用最小代价最大流算法,实现了数据传输代价最小和资源在各个作业之间的公平分配。第 8 章介绍了面向大数据和云计算的异构集群性能监控。第 9 章介绍了面向 CPU-GPU 集群的分布式机器学习的资源调度框架研究,用数据分片的原则给出了最优调度策略。第 10 章作为一种集群资源调度的流处理示范应用,介绍了基于大图中频繁模式挖掘算法研究。第 11 章作为一种集群资源调度的批处理示范应用,介绍了大图中全部极大团的并行挖掘算法等。

在本书的编写过程中,笔者所在团队中的研究生毛安琪、赵全、朱紫钰等,他们为本书中的源代码实现和性能测试付出了艰苦的劳动。同时学院领导与同事也为笔者撰写本书提供了写作环境的支持,西北工业大学出版社的同志也为本书的出版做了大量的工作,在此一并表示感谢。写作本书曾参阅了相关文献、资料,在此,谨向其作者深表谢忱。本书的写作是一项长期的工作,我的家人的支持是我坚持下来的最大动力,感谢他们对我的理解和照顾。

由于面向大数据和云计算的集群资源调度框架在不断的发展和进步,加之水平有限,书中难免存在不到位或错漏之处,敬请读者批评指正。

汤小春

2022 年 3 月

目　　录

第1章　集群资源调度的嬗变

1.1　概　　述

1.1.1　集群系统的演化

计算是继理论和实验之后的第三种科学研究手段。随着各类科学计算对计算机性能永无止境的需求和生产的实际需要,高性能计算(High‐Performance Computing,HPC)就成为研究的重点[1-4]。

多年以来,高性能计算强调系统的原生速度,经历了并行计算、分布式计算以及集群计算[5-7]。早期,高性能计算通过使用两个或两个以上处理机通过高速互联网络连接起来,在统一的操作系统管理下,实现指令级并行。这种并行计算的模式分为时间上的并行和空间上的并行。后来,当求解问题的规模较大时,高性能计算开始研究如何把一个巨大的问题分成若干个小问题,每个小问题由不同的计算机进行独立处理,再将小问题的计算结果综合起来得到最终的结果。这就是分布式计算,是网络发展的产物,是由并行计算演化出的网络并行计算[8-9]。

20世纪80年代初期,通过提高计算机处理器的性能来提高计算机性能的方法受到了成本的挑战,即每提高性能一次,其代价呈指数增加。随着精简指令集计算机技术的发展,个人计算机(Personal Computer,PC)等设备性能大幅提升,单台计算设备的体积和成本急剧下降,企业或组织部门也拥有众多个人计算机设备。此时,高性能计算开始关注将一组松散集成的计算机软件和/或硬件连接起来,形成一个集群系统[10-11]。集群系统中的单个计算机被称为节点,系统的节点可以是高性能工作站或PC。从逻辑上看,它可以被认为是一台计算机。在并行程序设计以及可视化人机交互集成开发环境支持下,系统能够统一调度,协调处理,高度紧密地协作并完成计算工作。

从互联技术、节点的复杂度和耦合程度观点来看,集群系统有三类主要的共享方式,如图1.1所示。

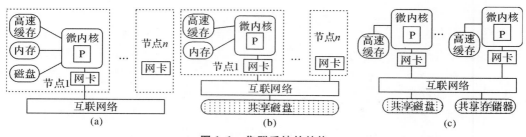

图 1.1　集群系统的结构

(a)无共享结构;(b)共享磁盘;(c)共享存储体系结构

(1)无共享结构。互联的每一个节点都是完整、独立的操作系统和硬件设备集合。节点之间通过局域网或开关阵列以松耦合的方式连接起来,彼此分享节点的部分甚至全部可用资源:中央处理器(Central Processing Unit,CPU)、内存、磁盘、输入/输出(Input/Output,I/O)设备等,以形成一个对外单一、强大的计算机系统。这类系统的单一系统映像[12](Single System Image,SSI)能力较弱,需要特殊的中间件或操作系统扩展加以支持。

(2)共享磁盘。共享磁盘系统[13]通过共享磁盘阵列或存储区域网络(Storage Area Network,SAN)来实现。其目的是解决区域存储空间的容量问题,通过构造单一虚拟文件系统,提供给整个系统一个巨大的存储设备。分布式文件系统正是这类体系结构的应用体现,如网络文件系统(Network File System,NFS)、谷歌文件系统(Google File System,GFS)都属于这个范畴。此类计算系统适合于一些高可用的场合,共享磁盘阵列用于解决文件系统容错和数据一致等可靠性问题。

(3)共享存储体系结构。共享存储体系结构[14]通过分布式共享存储、非统一内存访问、非一致性内存访问等技术将多个节点的计算资源集合在一起,形成一个内存空间一致的单一系统。从实现的难度上讲,不论是硬件制造的复杂性还是软件的实现难度,这种体系结构都大大超过其他几类体系结构的实现,但是,它具有最好的 SSI 能力。

在这些互联系统中,无共享结构的可扩展性具有较大的优势,发展最为突出,成为集群计算平台的首选[15]。因此,针对这种集群计算平台,企业及学术界开启了一系列的研究和探索,成为目前主流计算的基石。本书后续部分的集群都指无共享结构。

1.1.2　集群系统的特点

集群系统之所以能够从技术发展到实际应用,是因为它与并行处理及分布式系统相比有以下几个明显的特点。

(1)系统开发周期短。集群系统大多采用通用工作站和局域网络,使节点主机及系统管理相对容易,且可靠性高。程序员的工作重点在通信和并行编程环境上,既不用重新研制计算节点,又不用重新设计操作系统和编译系统,节省了大量的研制时间[16]。

(2)用户投资风险小。用户在购置传统巨型机或大规模并行处理系统时会担心使用效率不高,系统性能发挥不好,从而浪费大量资金。而集群系统是一个并行处理系统,它的每个节点同时也是一台独立的工作站,即使整个系统对某些应用问题的并行效率不高,但它的节点仍然可以作为单个工作站使用。

（3）系统价格低。由于生产批量小，传统巨型机或大规模并行处理系统的价格都比较昂贵，往往要几百万到上千万美元。而集群系统的各个计算节点是批量生产的，因而售价较低。由近十台或几十台工作站组成的集群计算平台可以满足大多数应用的要求，且价格较低[17]。

（4）节约系统资源。由于集群系统的结构比较灵活，因此，可以将不同体系结构、不同性能的工作站连在一起，这样就可以充分利用现有设备。从使用效率上看，集群系统的资源利用率比单机系统要高得多。即使用户设备更新，原有的一些性能较低或型号较老的计算节点在系统中仍可发挥作用。

（5）系统扩展性好。从规模上说，集群系统大多使用通用网络，扩展容易；从性能上说，集群系统对大多数中、粗粒度的并行应用都有较高的效率[18]。

（6）用户编程方便。集群系统中，程序的并行化只是在原有的 C、C++或 Fortran 串行程序中，插入相应的通信原语。用户使用的仍然是熟悉的编程环境，不用适应新的环境，这样就可以继承原有软件财富。

1.1.3　集群系统的分类

集群系统按功能和结构可以分为高性能计算集群、高可靠集群、负载平衡集群，以及面向大数据和云计算的集群。高性能计算集群主要关注计算能力，数据占据次要地位，数据和计算采用松耦合方式。高可靠集群的重点在于解决单点故障，实现 365×24 h 的不间断服务。负载平衡集群在多个服务器之间分散负荷，确保各个服务的负荷均匀。面向大数据和云计算的集群是并行计算、分布式计算和集群计算的发展，不但包括分布式计算，还包括分布式存储。

（1）高性能计算集群。20 世纪 90 年代初，美国国家航空航天局的数字空气动力学模拟处理中心为了获得更多的计算资源[19]，建立了数字空气动力学模拟处理系统网络。它由 DEC VAX、SGI Amdahl 5840 大型机、CRAY-2 等不同厂家的主机构成，主要进行空气动力学方面的数值计算。为了向网络用户提供一致的接口，简化用户提交作业、访问不同物理设备的方法及提高网络整体计算效率，美国国家航空航天局需要一个能够完成批处理作业管理及设备管理的系统。这种系统最初叫作网络队列管理系统（Network Queuing System，NQS）[20-25]。它以客户/服务器模式为基本模型，具有完整的服务器模块和客户端模块，可以在工作站上运行；它提供图形用户界面（Graphical User Interface，GUI）供用户完成作业管理的全过程，包括作业定义、提交、监控及完善的系统管理功能等[26-30]；它与作业管理系统的运行环境紧密结合，对多种作业类型（如交互式作业）提供支持；它具有开放的体系结构，可以很容易地实现跨平台运行或增加新功能。

制造业方面，经常要完成一些诸如决策分析、系统模拟、设计超大规模集成电路、模拟化学反应等计算密集型任务。这些任务在很长一段时间内需要大量的计算资源。但是，如果购买大型计算机往往会造成利用率非常低。因此，需要集群系统来提供高效的资源利用率[31-35]。

一些急需解决的问题是空闲资源的充分利用[36-39]。对于一些公司或组织，它们都拥有大量的个人工作站和 PC，这些资源被个人占用着，由于每个人的工作性质、工作方式和工作时间的不同，有些人因任务多而使得自己的资源严重过载，而另一些人却因为任务少而闲置了他们的资源，使得这些资源的利用率非常低。这样，从表面上看，公司的资源需要增加，但其实大多数资源没有被利用而造成资源的巨大浪费,即整个公司的计算资源并未得到充分使用。这些现实的问题推动了集群系统的进一步发展。

总的来说,高性能集群系统需要解决下述问题。

1)节点自治问题。现在,越来越多的工作站或 PC 资源被个人或某个特定的组织占有或操纵。因此,他们不希望通过一种通用的用户管理策略、调度策略和安全性策略来剥夺个人对资源的控制[40-44]。

2)底层资源的异构特性。节点的自治性,造成各个节点都有各自的硬件构成特性和软件环境。即使构成环境相同,但是节点的配置和修改往往也会导致功能的很大不同[45-51]。

3)资源管理策略的延伸性。由于作业运行环境的构筑越来越大,因此,资源管理不能再局限于某个管理者域,而是应该扩展到多个管理者域[52-58]。

4)用户接口的易用性。集群系统的作业管理系统中,用户接口种类非常多。这些接口有的非常简单,将一个任务作为一个不可以分割的部分投入到系统中执行;有的接口特别复杂,采用并行编程环境或提供复杂的应用程序编程接口(Application Programming Interface,API),用户在使用时,往往需要得到开发人员的帮助。前者降低了系统的并行性,后者则增加了用户的负担[59-63]。

5)可扩展性。当执行任务的节点工作负载较重时,不能通过增加节点数量使一部分作业转移到新增加的节点上的方式来提高任务的执行效率[64-68]。

由于存在以上问题,客观上就需要建立一种高性能集群资源管理系统[69-71]。这些系统主要包括两类:可扩展集群计算系统和基于集群技术的作业管理系统。前者利用工作站组成的集群来模拟高性能计算机进行并行计算,构造"廉价的大型机",后者可以充分利用系统的整体资源。前者虽然提供了一种"廉价的大型机",但是商业上使用者较少,并不是因为这种方式落后,而是因为其研究方向与一些用户的要求不一致。后者研究的则是使用工作站,如 NOW(工作站网络)[10],有些要求有专用的网络连接方式,如 Beowulf[17]。而有些则需要修改操作系统内核,如 HPVM(高性能虚拟机)[3] 等。由于这种方式在成本、易用性等方面拥有巨大优势,因此,出现了各种各样的集群资源管理系统。

(2)高可靠集群。由于故障或系统错误引起的作业停止运行往往使得用户受到重大经济损失,这些故障或系统错误包括操作系统混乱、服务进程错误退出、间歇性停电等。为了减少损失,这些系统开始注重高可靠集群的应用[72-75]。

在高可靠性方面,主要采用主机备份方式。这种方式容易造成硬件资源的浪费。另一种方式是失效接管,即不同的机器正常运行作业,当其中某台机器或服务器出现故障时,系统自动切换到其他机器上,继续作业的执行。当机器恢复正常后,作业继续在原来的机器上运行。这种方式资源利用率较高,但是容易引起迁移节点的负荷超载。

(3)负载平衡集群。这类集群通过集群中所有参与节点之间的负载平衡来提高资源利用率。所有节点均分担工作负载或充当单个虚拟机(Virtual Machine,VM)。从用户发起的请求被分发到所有节点计算机以形成集群。让不同机器之间的工作负载平衡[76-81],从而提高资源利用率或性能。负载平衡集群需要使用中间件来实施集群节点之间的作业或任务迁移来实现动态负载平衡。

(4)面向大数据和云计算的集群。传统的集群计算系统中,将计算系统和存储系统分开,使资源管理系统和任务调度系统各自独立。计算系统只管理可用的计算资源、内存以及计算节点的负载信息,存储系统只管理数据的储存空间、可靠性以及 I/O 性能等指标。存储系统和计算系统之间通过高速网络进行连接,目的在于满足不同的计算节点对数据的快速访问需求。数据的存储采用三级层次结构,即临时数据存储在计算节点,共享文件系统用来满足用户对数据的共享访问,后端归档存储系统用于备份历史数据。这样的三级层次结构在计算密集型作业上取得了巨大的成功。其最大优点在于存储系统和计算系统的分离,使得各自可以被单独升级和更新。然而,优势往往会转化为劣势,分离的结构势必造成网络带宽的瓶颈。计算节点的扩大使得计算系统和存储系统之间的网络带宽变得越来越小,无法满足以数据为基础的大规模的数据处理和分析。

随着云计算[82]与大数据处理[83]技术的兴起,数据中心是集中存放和运行服务器的地方,是规模最大的集群。数据体量的不断增加,对计算和存储资源的需求也越来越多,因此,面向大数据处理的集群一般采用云计算的方式[84-88]。它是从集群技术发展而来的,传统的集群虽然把多台机器联结起来,但是具体任务执行的时候还是会被转发到某台服务器上,而面向大数据处理的集群是将任务分割成多个进程,利用云计算平台的基础设施,在多台虚拟机上并行运行。其优点是可以满足多种不同的应用对数据资源的共享。面向大数据和云计算的集群一般使用通用的服务器,通过云计算平台管理海量数据与规模更大的节点,能够对计算资源动态地按需分配与调度。

1.2　高性能计算集群

一个简单的由工作站或通用服务器组成的集群系统并不能很好地协同工作,最多也只是一种静态的资源共享,如从一个互连的机器上得到另一个互连机器上的文件内容或将自己的文件转发到另一个互连的机器上。一个简单的集群并不能很好地分工协作,要一个集群系统真正担负起一个大型机的作业,就必须使用一套资源管理工具来管理和分配这些汇聚在一起的资源,使每个任务均能透明、合理和公平地使用集群资源。

1.2.1　高性能计算集群概述

(1)高效的通信系统。节点间通信是高性能计算集群设计中非常重要的话题。由于应用的需要,通常需要高带宽和低延迟的网络。集群的主要瓶颈通常在于双工的网络通信延迟和全局同步。

有多种网络技术可以用于集群计算节点之间通信。它们分别是千兆以太网、万兆以太网、myrinet 网络和 infiniband 网络[38]。为了达到高带宽,通常需要采用交换机。交换机接受从双绞线传来的数据包,但是它和集线器不一样。它不向所有连接的节点传播这个数据包,会根据目的地址判断哪个端口是接受者,然后把这个数据包传给接受者。

(2)并行程序设计环境。并行虚拟机(Parallel Virtual Machine,PVM)[2]、信息传递接口(Message Passing Interface,MPI)等基于消息传递方式的并行程序设计环境为并行程序的设计和运行提供一个整体系统和各种辅助工具。它们的功能包括提供统一的虚拟机、定义和描述通信原语、管理系统资源、提供可移植的用户编程接口和多种编程语言的支持。集群系统大多支持 PVM 和 MPI,适应广泛的硬件平台,用户在编程方面也非常方便。

开发并行应用程序比开发串行应用程序困难得多,涉及多个处理器之间的数据交换与同步,要解决数据划分、任务分配、程序调试和性能评测等问题,需要相应支持工具,如并行调试器、性能评测工具、并行化辅助工具等。它们对程序的开发效率与运行效率都有重要的作用。

(3)开发语言的支持。并行程序设计语言是并行系统应用的基础,已有的集群系统大多支持 Fortran、C 和 C++,实现的方法主要是使用原有顺序编译器链接并行函数库,如 PVM、MPI,或者加入预编译,如多线程 C(multi-thread C)等。

(4)全局资源的管理与利用。有效地管理系统中的所有资源是高性能计算集群的一个重要方面,常用的并行编程环境 PVM、MPI 等对这方面的支持都比较弱,仅提供统一的虚拟机。主要原因是节点的操作系统是单机系统,不提供全局服务支持,同时也缺少有效的全局共享方法。大量的集群系统中,在一般操作系统(Unix、Linux、Windows 等)之上建立一个全局资源管理系统,以解决集群系统中的所有资源管理,包括组调度、资源分配和并行文件系统。一般认为其中的并行文件系统对提高系统的性能潜力最大,即所谓太字节(terabytes)≫万亿次浮点运算(teraflops)。也就是说目前限制并行程序性能的因素主要来自 I/O 瓶颈,提高 I/O 性能的方法较提高 CPU 速度更能增强并行系统的性能[40-43]。

1.2.2　高性能计算集群的结构

高性能计算集群是一种并行或分布式计算机系统,由一组互连的独立计算机组成,这些计算机作为单个集成计算资源一起工作。集群的典型体系结构如图 1.2 所示。集群的关键组件包括多台独立计算机(PC、工作站或对称多处理)、操作系统、高性能互连、中间件、并行编程环境和应用程序[89]。

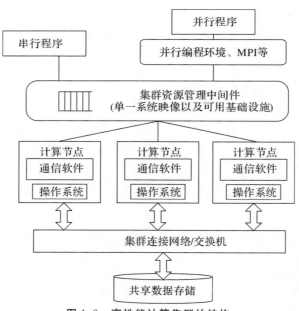

图 1.2　高性能计算集群的结构

（1）集群连接网络。集群需要合并快速互连技术，以支持集群节点之间的高带宽和低延迟处理器间通信。慢速互连技术一直是集群计算的关键性能瓶颈。如今，改进的网络技术有助于实现更高效的集群构建。

选择集群互连网络技术应考虑几个因素，如与集群硬件和操作系统的兼容性、价格和性能。有两个衡量互连性能的指标：带宽和延迟。带宽是在固定时间段内可以通过互连硬件传输的数据量，而延迟是准备时间并将数据从源节点传输到目标节点的时间。

（2）单一系统映像。SSI 将分布式系统的视图表示为单个统一计算资源。这为用户提供了更好的透明性，因为它向他们隐藏了集群的底层分布式和异构性质的复杂性。可以通过在集群体系结构中各种抽象级别实现的一种或几种机制来建立 SSI：硬件、操作系统、中间件和应用程序。

基于 SSI 集群系统的设计目标集中于资源管理的完全透明性、可扩展的性能，以及在支持用户应用程序中的系统可用性。通常认为合乎需要的关键 SSI 属性包括入口点、用户界面、进程空间、内存空间、I/O 空间、文件层次结构、虚拟网络、作业管理系统以及控制点和管理。

（3）操作系统级别的 SSI。每个集群节点中的操作系统为集群的组合操作提供了基本的系统支持。操作系统提供诸如保护边界、进程/线程协调、进程间通信和设备处理之类的服务，从而为用户应用程序创建高级软件界面。

（4）资源管理中间件。集群资源管理系统充当集群中间件，为计算机集群实现 SSI。它使用户能够在集群上执行作业，而无须了解底层集群体系结构的复杂性。集群资源管理系统通过四个主要分支来管理集群，即资源管理、作业队列、作业调度和作业管理。

集群资源管理系统[45-47]维护资源的状态信息，以便实时知道可用的资源，从而可以将作业分配给可用的集群节点。集群资源管理系统使用保留已提交作业的作业队列，直到有可用资源来执行作业为止。当资源可用时，集群资源管理系统调用作业调度程序以从队列中选择要执行的作业，然后管理作业执行过程，并在作业完成时将结果返回给用户。

（5）编程模型。集群的所有子系统从 I/O 到作业调度，再到节点操作系统的选择，都必须支持集群要运行的应用程序。小型集群通常被构造为支持一类应用程序，如为网页或数据库应用程序提供服务，而大型集群通常被要求将其资源的一部分同时专用于不同种类的应用程序。这些应用程序不仅在工作负载特征上不同，而且在使用的编程模型上也常常不同。应用程序采用的编程模型确定了集群应用程序的关键性能特征。

集群计算编程模型可以大致分为两类：第一类模型允许串行（非并行）应用程序利用集群的并行性，第二类编程模型有助于程序的显式并行化。由于集群用户比开发显式并行应用程序更熟悉创建串行程序，因此，第一类编程模型在集群计算应用程序中占主导地位。

第一类编程模型需要作业管理中间件，如 Condor[17]、Load Level[34]、Load Share[40]、Facility(LSF)[44] 以及 OpenPBS 等，利用其提供的功能，将大量独立的作业提交到集群，利用集群自身的并行实现高吞吐量。

第二类编程模型需要并行编程中间件。当串行程序的许多实例并行运行时，这些实例必须通过共享的集群资源（如分布式共享内存或消息传递基础结构）来协调工作。通常根据与并行子系统的 API 来描述一种协调语言。这种 API 提供了与一种或多种编程语言的绑定。描述协调语言的另一种方法是使用声明性脚本。它不同于 API，因为它描述了所需的条件和关系，并让计算机系统确定如何满足它们。协调语言与编程语言一起定义了集群并行应用程序的编程模型，典型的如消息传递接口模型。在 MPI 模型中，程序启动时会启动一组过程。每个处理器有一个进程，而且每个处理器可以执行不同的进程。因此，MPI 是多指令、多数据系统的消息传递编程模型。在程序执行期间，MPI 程序中的进程数保持固定。

1.2.3 高性能计算集群的应用

高性能计算机系统一般用于解决大容量存储、大数据量计算等需要大幅度降低处理时间以提高生产效率的应用问题。许多对经济、科技和人类社会的发展有广泛影响的重大应用问题都存在固有的并行性，但是价格、效率等因素的影响导致传统巨型机、大规模并行处理（Massively Parallel Processing，MPP）的应用受到一定的限制，而集群系统提供了一种建立从中小规模到大规模并行处理系统的可扩展的方法，是解决许多有关国计民生重大计算问题的可行途径之一。

(1)石油地震数据处理。石油地震数据处理是一种利用并行中间件的应用程序。目前，三维地震勘探既是油气勘探中行之有效的手段，也是解决地质勘探任务的重要方法。但是三维地震勘探在具体实施过程中存在一些问题：数据量大、计算量大和处理周期长。国际商业机器公司（International Business Machines，IBM）高级地震研究小组利用五台 RS/6000 工作站构成的集群系统，运行三维偏移程序达到了巨型机的效率。

(2)数值天气预报。数值天气预报也是一种利用并行中间件的应用程序。数值预报主要用离散方法求解复杂的非线性方程，计算范围可以包括整个大气层，因此数据量大、计算复杂，而天气预报的实时性又要求在限定时间内给出结果。针对数值天气预报，美国大气科学研究中心研制的第五代中尺度数值预报模式在 8 个计算节点的专用集群系统上加速比达到 6。

(3)分布式批处理作业系统。图 1.3 给出了串行程序利用集群并行性的应用。集群系统中包含 Solaris、Linux、Windows、HP-UX 等多种类型机器组成的集群。它主要应用于商业领域，如银行业、金融业、石油化工业、信息服务业及娱乐业等。用户的串行作业通过分布式批处理作业系统提交到集群系统，再通过队列管理系统在不同的计算节点调度并执行。该系统具有一个强大的后台系统，可以完成企业范围内的作业管理，具有高效的处理能力，可在网络系统中进行负载平衡，并应用集群技术实现了系统的高可靠性。环境的构造及整个系统的应用都有友好的用户界面作为支持，用户可通过简单的操作实现企业批处理业务的自动管理[65-67]。

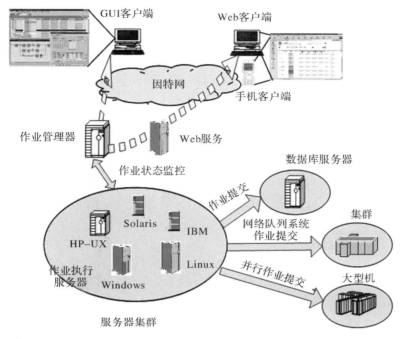

图 1.3　分布式批处理系统

1.3　高可靠集群

随着集群技术的广泛应用,节点的可用性也开始引起越来越多的关注。其中最主要的原因如下:①随着组成系统节点数量的增加,系统发生故障的概率将成比例增大。某一个节点的故障可能导致整个系统完全瘫痪或以前工作的作废。这种故障有可能是由设备引起的(如硬件的故障),但大多数是由软件故障引起的(如电磁波干扰、边缘设计、暂时软件错误、供电间歇式停顿等)。②虽然大多数故障不会导致节点失效,但是会给系统造成极大的隐患,如内核出错和应用程序被挂起。在大多数情况下,表面上看系统非常稳定,但往往导致作业出现错误执行结果。例如,在读取磁盘数据时,一个数据的微小波动而产生错误,如果这个错误的数据恰好又是另一个程序的入口参数,那么有可能造成难以预料的后果。

1.3.1　高可靠集群概述

高可靠集群(High Availability Cluster,HA Cluster),指像单系统一样运行并支持 365×24 h 正常执行业务的计算机集群。高可靠集群的出现是为了用户服务的持续可用,减少由计算机硬件和软件故障所带来的损失。例如,正常运行业务的计算节点失效,其他的后援节点将在很短的时间内接替故障节点上的业务。因此,对用户而言,集群永远不会停机。

典型的高可靠集群是双机热备系统,即使用两台服务器互相备份。当一台服务器出现故障时,可由另一台服务器承担服务任务,从而在不需要人工干预的情况下,自动保证系统能持续对外提供服务。双机热备系统只是高可用集群的一种,高可用集群系统还可以支持两个以上的节点,提供比双机热备系统更多、更高级的功能,更能满足用户不断出现的需求变化[68-72]。

因此,高可靠集群至少应满足以下需求:

(1)发生故障时的自动恢复。任何一个计算节点的硬件、软件以及应用程序发生故障,系统都可以自动切换到其他计算节点继续运行,用户不会感知故障的发生。

(2)系统构成方便、容易操作。高可靠集群的部署容易,失败恢复简单。

1.3.2　高可靠集群的结构

图 1.4 给出了一类高可靠集群的硬件配置,提供了数据存储的可靠性。图中包含 4 个服务节点:3 台颜色较深的服务器正常运行,1 台颜色较浅的服务器出现故障。但是,对网络客户来说,这 4 个服务节点提供的服务是一样的,都能够满足对全局数据的访问。因此,只要一半服务节点正常运行,就可以对外提供资源的访问需求,从而实现不间断运行,满足高可靠性的要求。

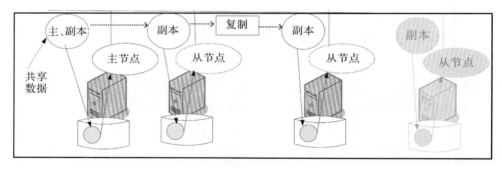

图 1.4　高可靠集群的硬件配置

图 1.4 为高可靠集群的工作过程。

网络客户端用来供用户访问高可靠集群的节点,当集群的某个计算节点(如图 1.4 中颜色较浅的节点)发生故障时,它提供节点通信连接方式的自动转换,并继续完成作业,但用户并不会感觉到作业运行位置的变迁。

主节点(master 节点)提供对集群的计算节点实时动态管理,包括增加和删除节点,以及对节点的动态监控。

从节点接收主节点发送来的控制命令和信息,并管理各自计算节点上的资源,监控资源运行状态,控制故障作业的运行、停止和迁移。

共享数据通过复制提供一致性,供作业运行时特有资源和恢复日志文件的存储,同时还提供高可靠集群上各计算节点的共享存储空间。

当一个从节点发现主节点不可访问时,可以发起一个主节点选举的过程,重新选举一个主节点,然后再同步数据,从而保证集群持续运行。

1.3.3　高可靠集群的应用

(1)主节点的选举。在分布式服务中,主节点(master 节点)往往是整个分布式系统的核心,一旦 master 节点出现宕机,整个分布式系统就处于崩溃状态,因此防范 master 节点的单点故障,是高可靠集群的一个主要应用。

master 选举可以说是分布式环境最典型的应用场景,如 Hadoop 分布式文件系统(Hadoop Distributed File System,HDFS)中活动名字节点的选举、YARN 中活动资源管理器的选举和 HBase 中活动主节点的选举等。

一个选举过程由以下步骤组成:

1)选举线程由发起选举的计算节点的线程担任,主要功能是对投票结果进行统计,并选出推荐的计算节点。

2)选举线程向所有计算节点发起一次询问(包括自己)。

3)选举线程收到回复后,验证是否是自己发起的询问(验证唯一标识 ID 是否一致),然后获取对方的 ID(myid),并存储到当前询问对象列表中,最后获取对方提议的 master 节点的相关信息,并将这些信息存储到当次选举的投票记录表中。

4)收到所有计算节点的回复以后,就计算出 ID 最大的那个计算节点,并将这个计算节点相关信息设置成下一次要投票的计算节点。

5)线程将当前 ID 最大的计算节点设置为要推荐的 master 节点。如果此时获得一半以上的票数,那么设置要推荐的 master 节点获胜,然后根据 master 节点的相关信息设置自己的状态,否则,继续这个过程,直到 master 节点被选举出来。

在恢复模式下,如果是刚从崩溃状态恢复的或刚启动的计算节点还会从磁盘快照中恢复数据和会话信息,那么高可靠集群的存储系统会记录事务日志,并定期进行快照,方便在恢复时进行状态恢复。

(2)故障作业的失效接管。设作业 A 和作业 B 是网络客户提交到不同集群计算节点上运行的作业,在执行过程中,如果作业 A 的节点失效,那么高可靠集群管理软件就会将作业主动迁移到优先级比较高的节点上继续执行,其过程如图 1.5 所示。

1)在正常状态,不同的网络客户分别提交了作业 A 和作业 B,它们在各自的节点上运行。

2)由于系统停电、操作系统错误或应用程序出错等原因,导致节点 A 不能完成作业。

3)节点 B 得到出错信息后,向集群管理器报告,此时,由高可靠集群管理软件将客户的作业转移到节点 B 上运行。

4)当节点 A 恢复正常后,由高可靠集群管理软件将运行在节点 B 上的作业恢复到节点 A 上,作业 A 就又在本机上正常运行。

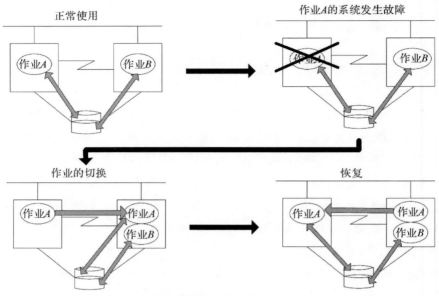

图 1.5　两个计算节点作业的失效接管过程

1.4　负载平衡集群

负载平衡是一种动态平衡技术,通过实时获得注入到系统的数据包,掌握网络中的数据流量状况,把用户的请求合理、均匀地分配给各个不同的集群节点,或者当某个集群节点出现故障时,将请求均衡地转送到其他集群节点。负载平衡集群利用现有网络结构提供了一种扩展服务带宽和增加服务吞吐量的廉价、有效的方法,加强了网络数据处理能力,提高了网络的灵活性和可用性。

1.4.1　负载平衡集群概述

负载平衡集群具有以下特点[74]:

(1)高可靠性。对于一个特定的请求,如果所请求的服务器无响应,那么其他服务器可以接替它的位置,对用户的请求进行处理,而且这一过程对用户是透明的。

(2)稳定性。稳定性是影响负载平衡集群系统所能支持同时访问系统的最大用户数目,以及处理一个请求所需要的时间,决定了应用程序能否支持不断增长的用户请求数量。

1.4.2　负载平衡集群的结构

图 1.6 给出了一个集中式结构的负载平衡集群。在这种方式中,负载平衡集群的功能是集中在一个前端分配器上的,由该分配器节点来统一执行任务的分配。

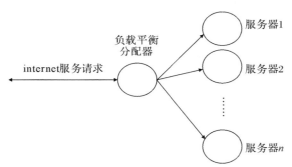

图 1.6　集中式负载平衡集群结构

集中式负载平衡集群的主要优点:负载平衡由前端分配器来完成,结构相对简单,易于扩展,安全性好。主要缺点:一旦前端分配器出现故障,整个集群系统就将无法正常运行。由于集中式负载平衡集群有着结构简单、易于扩展、安全性好等优点,因此,目前大部分全球广域网(World Wide Web,Web)服务器负载平衡集群的实现都是采用这种结构。

1.4.3　负载平衡集群的应用

Web 应用服务器集群系统是由许多同时运行同一个 Web 应用的服务器组成的集群系统,在外界看来,就像是一个服务器一样。为了平衡集群服务器的负载,达到优化系统性能的目的,集群服务器将众多的访问请求分散到系统中的不同节点进行处理,从而实现了更高的有效性和稳定性。

Web 应用服务器集群系统中一些常见的负载平衡算法是轮询、加权循环、最少连接数、加权最少连接数以及随机。

(1)轮询算法。轮询算法是最常用的一种,可以很容易地实现和理解。该算法要求集群中的服务器具有相同配置,否则,用户需要选择不同的算法。

当请求到达后,负载平衡算法按照次序向每个服务器均匀地分配请求。例如,当集群中包含两台服务器时,当第一个请求到达时,负载平衡器将请求转发到服务器 1,在收到第二个请求后,将其分配给服务器 2。由于网络中只有两台服务器,因此,下一个请求将再次转发到服务器 1,通过这种方式,以循环格式将请求发送到两台服务器。

(2)加权循环算法。加权循环算法分配给具有更高规格的服务器更多数量的请求。负载平衡器如何知道哪台服务器的规格更高呢?在设置负载平衡器时,用户可以为每台服务器分配“权重”。具有更高规格的服务器将被分配更高的权重。例如,当集群中包含两台服务器时,如果服务器 1 的容量是服务器 2 的 6 倍,那么用户必须给服务器 1 分配 6 的权重,给服务器 2 分配 1 的权重。收到负载平衡器的请求后,第 1~6 个请求将分配给服务器 1,第 7 个请求将分配给服务器 2。在有更多客户端进入的情况下,将遵循相同的顺序。

(3)最少连接数算法。最少连接数算法考虑了每台服务器当前拥有的连接数。每当有新连接请求时,负载平衡器会确定哪台服务器的连接数最少,然后将新连接分配给该服务器。

(4)加权最少连接数算法。加权最少连接数算法基于每台服务器的容量引入了一个“权重”。与加权循环类似,用户需要定义每个服务器。实现最少连接数算法的负载平衡要考虑以下两点：一是每台服务器的权重；二是连接到每台服务器的客户端数量。

（5）随机算法。随机算法中，客户端和服务器是随机映射的，即使用随机数生成器。如果负载平衡器有巨大的请求负载，那么随机算法会将请求平均分配给所有服务器。与轮询算法一样，随机算法适用于具有相似配置的服务器。

1.5　面向大数据和云计算的集群

互联网的广泛使用以及物联网的发展，人工或机器产生的数据无所不在，其特点是体量大、数据种类多、数据产生速度快以及数据的价值大。为了利用这些大量的历史数据，各个企业或组织都建有自己的数据中心，并利用这些数据产生巨大的价值。如大数据辅助购物平台推荐适合客户的产品、大数据辅助避免堵车、大数据辅助做健康检查、大数据娱乐等。

由于数据量巨大，数据处理对计算的速度和精度要求都比较高，单纯地通过不断增加处理器的数量来增强单个计算机的计算能力已经达不到预想的效果，因此，大数据处理的方向逐渐朝着云计算来发展，各个数据处理任务作为进程来共享云计算平台提供的硬件资源[84-88]。

随着集群中计算节点的扩大，网络瓶颈开始出现，因此，大数据处理过程中要求计算和数据之间具有亲和性，当亲和性较高时，集群系统的计算能力会显著提高。满足这种亲和性的典型模式是数据并行系统，如 Hadoop 分布式文件系统，使得计算和数据的亲和性变得至关重要。集群系统中的计算系统和存储系统进行了无缝融合，即集群中的节点既承担计算系统的功能，也承担存储系统的功能。数据并行系统使得任务调度方式变得非常灵活，如数据引入计算、数据接近计算或计算引入数据。

随着大数据处理业务种类的增加，面向大数据处理的集群系统必须具有多租户的特性。其计算资源管理的目标是高效率利用集群资源，以及计算资源在不同应用程序之间的共享，要求资源动态供给、资源公平分配、高效能调度作业[89]。

此外，随着声音、图像等视频数据的出现，大数据分析需要更高的计算力来满足吞吐量的要求，通用图形处理器（Graphics Processing Unit，GPU）开始大量使用[90]，因此，集群计算资源由 CPU 转变到 CPU - GPU 混合的异构结构系统。

1.5.1　面向大数据和云计算的集群概述

1.5.1.1　数据中心

数据中心的产生致使人们的认识从定量、结构的世界进入到不确定和非结构的世界中，将和交通、网络通信一样逐渐成为现代社会基础设施的一部分，进而对很多产业都产生积极影响。不过数据中心的发展不能仅凭经验，还要真正地结合实践，促使数据中心发挥真正的价值作用，促使社会快速变革。

数据中心是与人力资源、自然资源一样重要的战略资源。在信息时代，数据中心产生的更多网络内容也将不再由专业网站或特定人群所产生，而是由全体网民共同参与。随着数据中心行业的兴起，网民参与互联网、贡献内容也更加便捷，呈现出多元化。巨量网络数据都能够存储在数据中心，数据价值也会越来越高，可靠性能也在进一步加强。

随着数据中心应用的广泛化，人工智能、网络安全技术等相继出现，更多用户被带到了网络的应用中。一个数据中心的主要目的是运行应用来处理商业和运作组织的数据。它通常是一个大规模的集群或云计算平台，集群的每个节点运行一个单一的组件。这种组件可以是数据库、文件服务器、应用服务器、中间件，以及其他的存储系统。

1.5.1.2　数据密集型计算

数据密集型计算用于描述受 I/O 约束或需要处理大量数据的计算应用程序。这些应用程序将大部分处理时间用于 I/O 和数据移动。数据密集型应用程序的并行处理通常涉及将数据划分或细分为多个片段，可以使用同一可执行应用程序在适当的计算平台上并行处理这些片段，然后重新组合结果以生成完整的输出数据。数据的总体分布越大，并行处理数据就越有好处。数据密集型处理需求通常根据数据大小线性扩展，非常适合直接并行化。数据处理应用通常建立在数据流图的基础上，数据流图中的各个操作以利用多线程的可用内核来实现并行性。

数据密集型计算有几个重要的共同特征，可将它们与其他形式的计算区分开：数据密集型计算的第一个重要特征是最小化数据的移动。大多数其他类型的计算和超级计算利用存储在单独的存储设备或服务器中的数据，并将数据传输到处理系统进行计算。数据密集型计算通常使用分布式数据和分布式文件系统，其中数据位于集群的处理节点中，并且不移动数据，而是将程序或算法与需要处理的数据一起传输到节点，即计算向数据移动的原则。与数据密集型计算处理的大型数据集相比，程序通常较小，并且由于数据可以在本地读取而不是跨网络读取，因此，网络流量要少得多。这种特性允许处理算法在数据所驻留的节点上执行，从而减少了系统开销，并提高了性能。高带宽网络交换功能的使用还允许文件系统集群和处理集群相互连接，以提供更大的处理灵活性。

数据密集型计算的第二个重要特征是所使用的编程模型。数据密集型计算通常利用独立于机器的方法，其中应用程序是根据对数据的高级操作来表示的，而运行时则透明地控制程序和数据在分布式系统中的调度、执行、负载平衡、通信和移动。编程抽象和语言工具允许以数据流和转换的形式表达处理过程，并结合新的以数据为中心的编程语言和通用数据处理算法（如排序）的共享库。常规的超级计算和分布式计算通常利用依赖于机器的编程模型，可能需要使用常规命令式编程语言和专用软件包的低级程序员控制处理和节点通信，增加了并行编程任务的复杂性，并降低了程序员的生产率。依赖于机器的编程模型还需要进行大量调整，并且更容易出现单点故障。

数据密集型计算的第三个重要特征是对可靠性和可用性的关注。具有数百或数千个处理节点的大型系统本质上更容易受到硬件故障、通信错误和软件错误的影响。数据密集型计算通常设计成具有故障恢复能力。这包括磁盘上所有数据文件的冗余副本、磁盘上中间处理结果的存储、节点或处理故障的自动检测以及结果的选择性重新计算。配置用于数据密集型计算的处理集群通常能够在节点故障后以减少的节点数继续运行，并自动、透明地恢复不完整的处理。

　　数据密集型计算的第四个重要特征是基础硬件和软件体系结构的固有可伸缩性。数据密集型计算通常以线性方式扩展，以容纳几乎任何数量的数据，或通过简单地向系统配置中添加其他处理节点来满足关键时间性能要求，从而实现每秒数十亿条记录的处理速率。可以根据硬件、软件、通信和分布式文件系统体系结构动态地更改或固定分配给特定应用程序的节点和处理任务的数量。这种可伸缩性使计算问题一度被认为由于所需的数据量或现在可行的处理时间而变得棘手，并为数据分析和信息处理的新突破提供了机会。

1.5.1.3　面向大数据处理的计算模型

　　映射/规约（map/reduce）计算模型[91-92]已经为数据密集型计算和大规模数据分析应用程序实现了多种系统架构，包括并行和分布式关系数据库管理系统。这些系统可用于在处理节点的无共享集群上运行超过 20 年。当所使用的数据本质上主要是结构化的，并且很容易适应关系数据库的约束时，这种方法会带来好处，并且通常在事务处理应用程序中表现出色，但是大多数数据增长都是非结构化形式的数据和具有新结构的数据处理形式，需要更灵活的数据模型。诸如 Google、Yahoo、Facebook 等互联网公司需要一种新的处理方法，以有效处理用于搜索引擎和社交网络等应用程序的大量 Web 数据。此外，许多政府和商业组织不堪重负，而传统的计算方法无法有效地处理、连接和分析这些数据。

1. 基于 map/reduce 的计算模型

　　（1）map/reduce 编程模型。map/reduce 编程模型允许在集群上并行进行分组聚合。程序员提供一个映射（简称 map）函数，处理输入数据，并根据一个键值对对数据进行分组，还提供一个规约（简称 reduce）函数，对 map 函数的输出按键值进行汇总。这些处理过程是由集群上的系统自动并行化的，并负责诸如在处理集群上划分输入数据、调度和执行任务，以及管理节点之间的通信之类的细节，使没有并行编程经验的程序员可以使用大型并行处理环境。map/reduce 编程模型如图 1.7 所示。典型的 map/reduce 作业有两个主要阶段，即映射阶段和规约阶段。对于更复杂的数据处理过程，必须按顺序将多个 map/reduce 编程模型调用连接在一起。

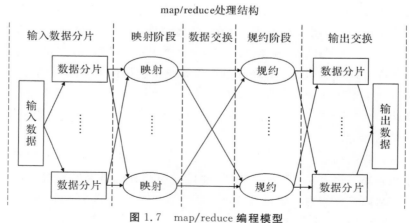

图 1.7　map/reduce 编程模型

　　在 map 阶段，每个 mapper 任务处理输入数据的一个分片（数据通常被分成小块，并存储在分布式文件系统中，如 HDFS），并产生键/值（key/value）格式的中间数据键/值对。然后，每个中间数据记录根据其键的值发送到 reduce 任务。所有具有相同 key 的数据记录都被发送到同一个 reduce 任务。因此,每个 reduce 任务接收中间数据的一个单独的子集。数据传输过程称为数据交换(shuffle)。reduce 任务在通过 shuffle 过程接收到所有关联的键/值对后,开始处理中间数据,并产生最终结果。在每个阶段,有多个分布式任务,mapper 或 reducer 独立运行相同的功能来处理它们的输入数据集。因此,每个阶段的数据处理都可以在一个集群中并行进行,以提高性能。如果某个作业的某些任务失败或散乱,就只会重新执行这些任务,而不是整个作业。在 map/reduce 编程模型中,程序员只需为自己的应用程序设计合适的 map 函数和 reduce 函数,无需关心数据流向、数据分布、故障恢复等细节。

(2)map/reduce 在 Hadoop 集群上的实现。HDFS 是与 map/reduce 架构相同的计算集群的基础,并与之重叠。HDFS 被设计成一种高性能、可扩展的分布式文件系统,用于超大型数据文件和数据密集型应用程序,可提供容错能力,并在通用硬件集群上运行。HDFS 面向非常大的文件,默认情况下将它们分割,并存储在 64 MB 的固定大小的块中。每个 HDFS 都由一个用作名称服务器的主节点和一个集群中的多个节点组成。这些节点使用运行用户级服务器进程的基于 Linux 的通用机器(集群中的节点)充当块服务器。

Hadoop 是由 Apache 软件基金会赞助的开放源代码软件项目,旨在创建 map/reduce 体系结构的开放源代码实现。Hadoop 为 map/reduce 作业实现了分布式数据处理调度和执行环境以及框架,Hadoop 平台结构如图 1.8 所示。它由两个主要组件组成:HDFS 和 map/reduce框架。Hadoop 框架利用一种主/从体系结构,具有一个称为作业跟踪器的主服务器和一个称为任务跟踪器的从属服务器,每个节点对应一个任务跟踪器。Hadoop 包含一个称为 HDFS 的分布式文件系统,HDFS 也遵循主/从架构,该体系结构由单个主服务器组成,管理分布式文件系统名称空间,并管理称为名字节点的客户端对文件的访问。此外,集群中每个节点都是一个数据节点,用于管理连接到节点,并分配给 Hadoop 的磁盘存储。所有输入和输出的数据文件都存储在 HDFS 中,HDFS 会自动将每个文件切成统一大小的碎片,并将所有碎片均匀分布在分布式存储设备(即集群节点的本地存储)上。每个数据拆分后还具有多个冗余副本,用于容错和数据局部性。一个集中的名字节点负责管理 HDFS,分布式的数据节点运行在集群节点上来管理存储的数据。

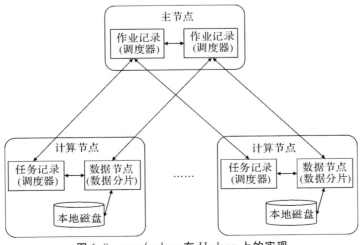

图 1.8　map/reduce 在 Hadoop 上的实现

在 Hadoop 的 map/reduce 框架中,所有传入的 map/reduce 作业都在运行作业记录进程(Job Tracker)的集中式主节点中进行调度和管理。每个作业的 map 和 reduce 任务在运行任务记录进程(Task Trackers)的分布式从节点上执行。从节点上的资源由"槽"(slot)表示,其中每个槽代表一个粗粒度的物理资源单元,可以承载一个正在运行的任务。Hadoop 的 map/reduce 进一步区分了 map 槽和 reduce 槽,如 map 任务只能运行在 map 槽上,reduce 任务只能运行在 reduce 槽上。任务记录会定期通过心跳消息向作业记录报告其状态,包括插槽使用情况和任务进度信息。当从心跳消息中检测到空闲的 map/reduce slot 时,作业记录会分配等待作业的任务在这些空槽上进行处理。如果有多个等待的作业竞争资源(即空槽),就根据指定的调度算法选择合适的作业。

由于数据分片存储在每个工作节点的本地磁盘中,因此,在选择执行映射任务时会考虑数据的本地性。输入数据存储在本地的任务有更高的优先级被选择,以减少数据传输量,从而提高系统效率。Hadoop 的另一个重要特性是 map/reduce 作业的 shuffle 过程与 reduce 任务相关联。因此,每个 reduce 任务都可以提前开始并从完成的 map 任务中提取其输入数据。因此,对于每个 map/reduce 作业,其缩减任务的 shuffle 阶段可以与其映射阶段重叠,以提高系统效率。

Hadoop 作业执行环境支持其他分布式数据处理功能,这些功能旨在使用包括 Pig 系统在内的 Hadoop map/reduce 体系结构运行。Pig 系统包含最初由 Yahoo! 开发的面向数据流的高级语言和执行环境。表面上,出于与 Google 为 map/reduce 实现开发 Sawzall 语言相同的原因——在使用 Hadoop 的 map/reduce 环境时,为数据分析应用程序提供特定的语言符号,提高程序员的生产率并缩短开发周期。

(3)运行在集群资源管理上的 Hadoop。集群资源管理(如 YARN)系统为不同的数据处理平台提供统一的资源调度框架[92,93]。与原始 Hadoop 框架类似,YARN 框架也有一个运行资源管理守护进程(Resource Manager)的集中管理节点和多个运行节点管理守护进程(Node Manager)的分布式工作节点。但是,YARN 的设计与原始 Hadoop 的设计有两个主要区别。首先,YARN 中的 Resource Manager 不再像传统 Hadoop 的 Job Tracker 那样监控和协调作业执行。为 YARN 中的每个应用程序生成一个应用程序管理者(application master),生成资源请求,从 Resource Manager 的调度程序协商资源,并与 Node Managers 一起执行和监视相应应用程序的任务。因此,YARN 中的 Resource Manager 比传统 Hadoop 框架中的 Job Tracker 更具可扩展性。其次,YARN 摒弃了之前传统 Hadoop 中 Task Trackers 使用的粗粒度槽配置。相反,YARN 中的 Node Manager 考虑细粒度的资源管理,以管理集群中的各种资源(如 CPU 和内存)。因此,在 YARN 系统中,用户需要为其作业的每个任务指定资源需求。一个任务的资源请求是一个元组,表示为 $<p,r,m,l,\gamma>$,其中 p 代表任务的优先级别;r 是一个矢量,代表任务对资源的需求;m 表示应用程序中的任务的数量,这些任务对资源的需求为 r;l 代表任务对应的输入文件分片的位置;γ 是一个布尔值,用于指示是否可以将任务分配给本地没有该任务的输入数据分片的 Node Manager。Resource Manager 还接收来自所有活动 Node Manager 的心跳消息,这些 Node Manager 报告它们当前的资源使用情况,然后将任务调度到有足够剩余资源的 Node Manager。

只要提供了适当的 application master 实现,就可以在 YARN 上运行不同的数据处理范例。例如,map/reduce 作业的 application master 需要为其 map 任务和 reduce 任务协商资源,协调 map 任务和 reduce 任务的执行,即延迟 reduce 任务的启动时间。另一方面,Spark 作业的 application master 需要为其执行程序协商资源,并安排任务在启动的执行程序中运行。

2.基于数据流的计算模型

(1)数据流模型。尽管 map/reduce 编程模型和编程抽象为许多数据处理操作提供了基本功能,但是用户受到其刚性结构的限制,并被迫使其应用程序适应模型以实现并行性。更复杂的处理要求可能需要实现多个 map/reduce 序列,而这些复杂的处理要求可能需要执行多个已排序的操作,如加入多个输入文件,针对具有不同执行策略的处理,可能会增加大量作业处理时的管理开销,并限制了优化的机会。另外,使用 map/reduce 编程模型所需的单个键/值对,许多数据处理操作自然无法适应按组分组。即使是简单的操作(如投影和选择)也必须适合此模型,并且用户必须为所有应用程序提供自定义的 map 功能和 reduce 功能,这更容易出错,且限制了可重用性。由于必须为每个步骤提供自定义的 map 函数和 reduce 函数,因此,无法全局优化复杂数据处理序列的执行,可能会导致性能显著下降。于是,一种面向数据流(Data Flow)模型[94-97]的编程框架被提出,来解决 map/reduce 模型的一些局限。该框架将处理过程转换为 map/reduce 处理序列。这些处理过程提供了许多标准的数据处理运算符,因此,用户不必实现自定义的 map 功能和 reduce 功能,从而提高可重用性并为作业执行提供一些优化。但是,这种框架在客户端系统上属于外部执行,不是 map/reduce 体系结构的组成部分,但仍依赖于 map/reduce 提供的相同基础结构和有限的执行模型。

与 map/reduce 相比,数据流通常使用逻辑数据流图来抽象描述整个数据处理的逻辑流程,逻辑数据流图是一个由一组顶点和边构成的有向无环图。该图表示编程单元,图中的每个顶点是作为编程单元的一部分执行的操作,封装了用户定义的数据转换逻辑,如选择、过滤、聚合、连接等操作,对接收到的输入数据执行转换操作后产生输出数据。顶点和顶点之间通过有向边连接,每条有向边代表了数据的流动和数据的依赖,连接顶点(操作)的数据流队列负责传输数据。

大数据处理系统通常采用并行化策略进行数据处理,将数据按照特定的分片策略进行分区,并为每个数据处理顶点设定并行度,让不同的数据分区流入各自相应的数据处理顶点实例以达到并行处理的目的。图 1.9 展示了一个基于 Data Flow 模型的处理过程,图中读取数据的操作,取得对应的数据分片,然后发送到 map 操作,map 操作的并行度为 3,按键分组(groupByKey)、过滤(filter)和保存数据三个数据处理操作的并行度为 2。

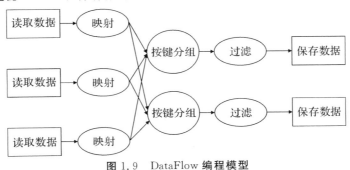

图 1.9　DataFlow **编程模型**

（2）Data Flow 模型在 Spark 上的实现。Apache Spark 是一种专门为处理大规模数据而设计的计算引擎。它是由加州大学伯克利分校的 AMP 实验室所开源的通用并行框架。Spark 引入了一种被称为弹性分布式数据集（Resilient Distributed Datasets，RDD）的概念。RDD 是一组在计算机上区分对象的只读集合，如果丢失分区，就可以重建这些对象。在迭代式机器学习作业中，Spark 的计算性能可以比 Hadoop 高出 10 倍。如今，Spark 已经发展成为了最热门的开源大数据计算平台。

Spark 的核心是 RDD，从形式上讲，RDD 是只读、分区的记录集合。RDD 只能通过对稳定存储中的数据或其他 RDD 的确定性操作来创建。我们将这些操作称为转换，以将它们与 RDD 上的其他操作区分开来。转换的示例包括 map、filter 和 union。RDD 不需要一直物化。相反，RDD 有足够多的关于它如何从其他数据集（其依赖关系）派生的信息，以便根据稳定存储中的数据计算其分区。这是一个强大的属性：本质上，程序不能引用它在失败后无法重建的 RDD。

在 Spark 中支持两种类型的 RDD 操作：一种是转换操作，另一种是行动操作。只有在遇到行动操作时才会真正对 RDD 的操作进行计算。程序员先通过对稳定存储（如 map 和filter）中的数据进行转换操作来定义一个或多个 RDD，然后在行动操作中使用这些 RDD，这些行动操作是向应用程序返回值或将数据导出到存储系统的操作。行动操作的示例包括返回数据集中元素的数量（count）、返回元素本身（collect）和将数据集输出到存储系统（save）。

整个 RDD 转换操作是一个 DataFlow 模型，按照有向无环图（Directed Acyclic Graph，DAG）来运行。各个转换操作是 DAG 的顶点，边代表数据流。图 1.10 所示是一个 RDD 的关系图，包含 A、B、C、D、E 和 F 6 个转换操作，这些操作之间存在着依赖关系，即数据流。RDD 的另外一个非常重要的概念是依赖的种类。该依赖的种类分为两种：①窄依赖，其中父 RDD 的每个分区最多被子 RDD 的一个分区使用；②宽依赖，其中多个子分区可能依赖它。例如，map 操作产生窄依赖，而 join 操作产生宽依赖（除非父项是散列分区的）。窄依赖允许在一个集群节点上流水线执行，可以计算所有的父分区。例如，可以在 map 的基础上应用 filter。相比之下，宽依赖要求来自所有父分区的数据可用，并使用 map/reduce 类似操作在节点之间进行数据交换。另外，对于窄依赖关系，节点故障后的恢复效率更高，因为只需要重新计算丢失的父分区，并且可以在不同的节点上并行重新计算。相比之下，在具有宽依赖关系的数据流图中，单个故障节点可能会导致 RDD 的所有祖先的某些分区丢失，需要完全重新执行。

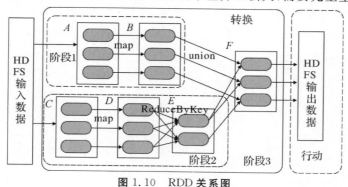

图 1.10　RDD 关系图

每当用户在 RDD 上运行一个行动操作（如计数或保存）时，调度程序会检查该 RDD 的依赖关系图以构建要执行的阶段(也称 Stage)的 DAG。每个 Stage 都包含尽可能多具有窄依赖关系的流水线转换。Stage 的边界是宽依赖所需的数据交换操作,或者任何已经计算出的分区,这些分区可以缩短父 RDD 的计算,然后调度器启动任务来计算每个 Stage 的缺失分区,直到它计算出目标 RDD。

为了使用 Spark,开发人员编写了一个驱动器(driver)程序来连接到一个集群上,驱动程序定义了一个或多个 RDD,并对其调用操作。Driver 的 Spark 代码也跟踪 RDD 的依赖关系。集群的计算节点是长期存在的进程,可以跨操作将 RDD 分区存储在随机存取存储器(Random Access Memory,RAM)中。

图 1.11 是基于 DataFlow 模型实现的一个大数据处理框架 Spark。集群管理器(Cluster Manager)管理整个集群,工作节点(Worker)管理集群上的计算节点。Driver 运行应用程序(Application)的主程序,一个 Spark 程序有一个 Driver,负责创建一个上下文(Spark Context)。Spark Context 负责加载配置信息,初始化运行环境,创建作业调度器(DAG Scheduler)和任务调度器(Task Scheduler)。执行器(Executor)是为某个 Application 运行在计算节点上的一个进程,一个节点可以启动多个 Executor,每个 Executor 通过多线程运行多个任务。DAGScheduler 负责解析 Spark 程序、划分阶段(Stage)。Task Scheduler 负责调度任务到 Executor 上执行。任务(Task)是 Spark 运行的基本单位,一个 Task 负责处理若干 RDD 分区的计算逻辑。

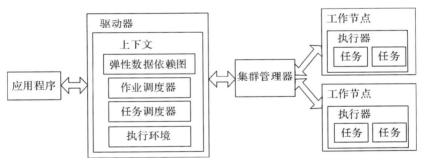

图 1.11　Data Flow **模型的** Saprk **计算框架**

集群管理器给任务分配资源,即将具体任务分配到计算节点上,计算节点创建执行器来处理任务的运行。具体的集群管理器可以是独立运行(standalone)、YARN 或 Mesos 等。使用其他集群资源管理器作为 Spark 的集群管理器,比 Spark 独立运行带来更多的优点。

1)集群管理器允许所有框架之间动态共享和集中配置相同的集群资源池。可以将部分集群投入到 Map Reduce 作业中,然后将其中一部分用 Spark 应用程序,无需更改任何配置。

2)利用集群管理器的调度程序的功能对负载进行分类、隔离和优先排序。

3)Spark 独立运行要求每个应用程序在集群中的每个节点上运行一个执行程序,而使用集群管理器,可以选择要使用的执行程序数量。

4)借助集群管理器,Spark 可以针对安全认证(kerberos)集群运行,并在其进程之间使用安全身份验证。

5)提高集群资源的利用率。当单个应用程序无法使用全部集群资源时,使用资源管理器可以很好地在各个应用之间分配可用资源,提高整个集群系统的资源使用率。

因此,越来越多的用户放弃 Spark 独立运行方式,采用 YARN、Mesos 等资源管理系统来管理整个集群。

1.5.1.4 大数据处理中的流处理和批处理应用

批处理(batch processing)是大数据较为传统的处理方式之一[98],主要处理的是在大容量存储系统中的大规模的静态数据,并在整个计算结束后返回结果。批处理作业是按计划的时间(如隔夜)或根据需要运行的。例如,处理银行在一周内执行的所有交易、大型电子商务网站上用户的消费记录等数据的分析和处理。对于这些数据,批处理是高效的,因为批处理可以对已有的大规模数据进行有效处理,分批计算并生成结果。批处理作业只需要在计算前进行参数配置,之后无需人工干预即可运行。批处理适用于需要访问全部数据或记录才能完成的任务。批处理针对的数据集主要有三个特点:①大量,批处理一般是海量数据集处理的首选方法;②有界,无论处理的数据量有多大,这里的数据集本质上仍是一个有限的集合;③持久,数据通常以文件或记录的形式存储在磁盘中的。

批处理的优点如下。

(1)更快的速度、更低的成本。相对于原始的人工处理,使用批处理可以减少人工和设备等运营成本,处理过程快速高效。做好前期编码和设置工作后,批处理系统自动运行,无需经理和其他关键人员花时间监督。如果有任何问题,系统会将发送失败报告。

(2)离线处理。与其他系统不同,批处理系统可以随时随地运行。这意味着可以在脱机环境下工作,使用者可以在集群空闲(例如深夜)的时候进行批处理计算。

(3)海量数据处理。磁盘空间通常是服务器上最丰富的资源。这意味着批处理可以处理非常海量的数据集。

批处理还存在一些局限性。首先,处理的输入必须正确,否则本批次计算的结果全部都是错误的,计算错误的成本较高。其次,根据数据大小和计算能力,输出结果的延迟各有不同,因此,并不适用于需要快速响应、低延迟的计算应用。

流处理(stream processing)相对于批处理而言是一个较为新颖的处理模型[99],是对连续不断的数据进行处理,即在数据刚生成或接收到时直接进行计算,而非存储在磁盘中的静态数据。在流处理中,应用程序逻辑、分析和查询持续存在,源源不断的数据流经它们。这些数据最大的特点就是"无边界",如传感器产生的数据、网站上用户的操作数据、金融交易、城市视频流等,这些数据都是随着时间的流逝而生成的一系列数据。由此可见,流处理所处理的数据是基于事件产生的,如果事件没有停止,那么可以处理的数据几乎是无限量的。同一时间内,流处理只能处理一条或少量的数据。流处理还可以联合处理多个数据流,并且每个流处理通过计算也可以产生新的数据流。在流处理中,接收和发送数据流并执行应用程序或分析逻辑的系统称为流处理器。流处理器的基本职责是确保数据有效流动以及计算的规模和容错能力。

流处理的优点如下。

(1)应用程序和分析立即对事件做出反应。在"事件发生""系统分析""执行计算"之间没有滞后时间。事件和分析是最新的,可以反馈最新数据的意义和价值。

（2）可以处理比其他数据处理系统大得多的数据量。源源不断的事件流被直接处理，并且仅保留数据中有意义的子集。

（3）为大多数数据的连续性和实时性建模。这与批处理对静态数据的处理相反。根据数据的不断输入，渐进地更新计算逻辑，而不是对所有数据进行定期重新计算。

（4）使基础架构分散和分离。流处理减少了对大型且昂贵的共享数据库的需求。相反，每个流处理应用都维护自己的数据和状态，使得流处理框架大大简化。这样，流处理应用更适用于微服务体系结构。

1.5.2　面向大数据和云计算的集群架构

1.5.2.1　大数据处理系统架构

一般来说，大数据处理系统架构主要分为硬件层、操作系统（Operating System，OS）层、分布式文件系统层、资源管理层、大数据任务调度层以及上层应用，如图 1.12 所示。

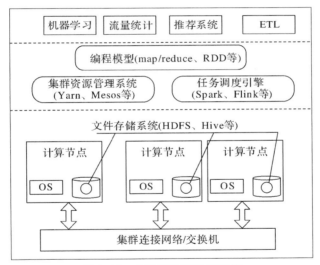

图 1.12　大数据处理系统架构

最下层为硬件层，这些硬件可能为不同的厂商机器，如 IBM、HP、DELL 或联想等服务器。硬件之上，需要安装运行操作系统（OS），一般为 Linux 系统，如 Redhat、SUSE、Ubuntu 等。

计算节点主要管理资源（更多的是软件资源）以及资源的隔离等，如网络资源/设备、计算资源、内存、Slots 等的统一管理和优化分配。任务提交到计算节点时，按照不同的网络、CPU、内存以及 I/O 等配置，为任务的执行启动一定的容器，隔离计算资源。

分布式文件系统是大数据计算集群的重中之重，因为大数据有两个主要特征：一是数据量比较大，起步可能就以千兆兆字节（Peta Byte，PB）为单位，如此巨量数据的存储成为了集群需要解决的关键问题之一；二是处理速度要快，随着集群技术的发展，任务并行化的思想尤为明显。因此，分布式文件系统是大数据集群中不可或缺的一部分。比如，在 Hadoop 时代，

HDFS 就集成在 Hadoop 中,囊括了在大数据计算的全部过程。另外,还有 Hive、Hbase 等分布式存储系统。

在资源管理层,主要是作业管理和资源的分配。各个计算节点按照心跳间隔向资源管理汇报计算资源可用状态,得到整个集群的可用资源。同时,大数据应用程序向资源管理注册作业,请求计算资源。资源管理器按照一定的调度策略,为不同的应用程序分配计算资源[100−116]。

随着大数据的发展,任务调度各种执行引擎如井喷一般涌现出来。例如有 Hadoop、Spark、Flink、Storm、Dremel/Drill 等大数据解决方案争先恐后地展现出来。

编程模型包括批处理和流处理模型。Spark 采用数据流模型,数据抽象为一个弹性分布式数据集,任务按照 DAG 方式组织起来。Hadoop 的 map/reduce 模型也是批处理方式,作业被分割为 map 阶段和 reduce 阶段。Storm、Flink 是典型的流处理模型,应用程序按照执行过程被分解为操作符,这些操作符之间按照数据流模型组织成 DAG。当应用提交后,操作符按照资源使用情况被部署在不同的计算节点上,无界数据通过消息传递方式向操作符发送数据,实现流式数据处理。

1.5.2.2　面向大数据和云计算的集群资源隔离机制

多个大数据计算应用程序共享集群中的计算资源,各个应用程序内部任务在执行的时候可能会造成集群资源的争用,从而降低集群资源的利用率。因此,在集群资源管理系统中必须使用相应的资源隔离技术,对不同应用程序的可用资源种类和数量进行限制。

虚拟机是出现得比较早并且应用非常广泛的一种容器,可以进行程序之间的资源隔离。虚拟机软件用以实现资源隔离的原理是将系统中的资源按照类型的不同分配到不同的资源池中统一管理,例如内存资源池、CPU 资源池等。在每个资源池中都有共享(shares)、限制(limit)和保留(reservation)三个配置参数。其中 shares 参数用来控制虚拟机内应用程序的可用资源比例,limit 参数用来控制应用程序可使用的最大资源量,reservation 参数用来控制虚拟机本身可用的最大资源量。最终通过限制应用程序可以访问的资源达到资源隔离的目的。一些研究者通过研究虚拟机之间的资源隔离技术设计了 XenMon 组件,可以实时地监控虚拟机的运行状态。但是,由于虚拟机的部署需要消耗大量的系统资源,导致一台机器上可以部署的虚拟机数量比较有限。因此,一些轻量级的资源隔离技术相继出现,如 CGroup。CGroup 采用分层模式来管理系统的资源,在 CGroup 中需要涉及任务、控制族群、层级和子系统几个概念。在 CGroup 中,任务指的是系统中的一个进程。控制族群是一组进程,按照某种标准划分。CGroup 中都是以控制族群为单位实现对资源的控制,一个进程可以加入到一个控制族群中或者从一个进程组迁移到其他的控制族群。一个进程组中的进程可以使用以控制族群为单位分配的资源。子系统可以看做是一个资源控制器,如 CPU 子系统可以控制对 CPU 资源的使用情况。子系统和层级之间的关系是这样的:每一个层级可以附加一个或多个子系统,但每一个子系统只能附加到一个层级上。在层级中指定具体的资源分配量,加入 CGroup 的进程组在使用系统资源时,受限于 CGroup 指定的资源分配量,最终实现资源隔离的目的。

Mesos 资源管理框架支持 Linux cgroups 和容器(Docker),这是目前有关资源隔离领域比较流行的两种容器技术。通过在容器中运行 Executor,Mesos 工作节点(slave)允许多个编程框架(Framework)的 Executor 运行在同一台机器上,并且在任务的执行期间不会造成资源的争用。

1.5.2.3　面向大数据和云计算的异构结构集群

近年来,数据规模快速增长,使得 Hadoop、Spark 等大数据批处理系统在现实中得到了广泛应用。同时,应用对数据处理时效性需求不断加强,促使诸如 Flink 的大数据流处理系统应运而生。但是,现实中的很多大数据应用,如高通量视频处理应用,既需要处理大量数据,又需要对数据处理时延有极高要求,亟需将批处理技术和流处理技术进行整合。在处理器方面,GPU 已成为加速数据处理的重要硬件,而现有的大数据处理技术,如 Hadoop、Spark、Flink 仍以通用处理器为主。因此,有必要系统地开展研究,构建面向 CPU-GPU 异构体系结构的集群系统(简称异构集群),充分利用新型硬件的加速特性。(本书后续章节中,异构结构集群统一简称为异构集群)

1.5.3　大数据处理的应用

1.5.3.1　腾讯

腾讯的业务从最初的即时通信工具(QQ)已经扩展到涵盖社交网络、在线游戏、电子商务、新闻门户、搜索等各类网络服务。其月活跃用户数已经超过 7 亿,最高同时在线用户数达到 1.6 亿。由于腾讯的业务规模和用户数已经远远超过其他互联网公司,因此,要处理的数据规模也极为庞大。腾讯并没有直接采用某个已经存在的技术来构建自身的云计算平台,而是通过长期的积累,以自主开发为主建立了台风云计算平台。台风云计算平台的主要功能是管理腾讯的存储以及计算资源,降低工程师对集群计算环境的维护难度,并形成集群资源的共享,提高资源的整体利用率,同时对资源进行统一管理、监控和使用。台风云计算平台支持在线流处理和离线批处理应用。

1.5.3.2　百度

百度作为在中国的网络搜索公司,近年来以搜索为核心,拓展了与搜索相关的多个领域,包括以贴吧为主的社区搜索、行业垂直搜索、音乐搜索、文库和百科等,业务范围几乎覆盖了互联网用户查找中文时所需的所有途径。随着中国互联网用户的快速增长和对网络依赖程度越来越高,百度需要处理的数据量规模越来越大,对搜索速度和搜索质量的要求也越来越高。因此,百度一直是大数据处理技术领域的活跃者,自 Hadoop 技术出现之初,百度就采用其进行了多方面的技术探索并获得了不错的结果。

根据百度公布的资料,目前百度构建的基于 Hadoop 的大数据处理平台已部署在超过 20 000 台机器上,最大集群超过 4 000 台机器,每天处理的任务超过 120 000 个,每天处理的数

据量超过 20 PB,并且其处理能力和规模还在持续的增长中。其处理平台主要用于以下领域:

    (1)网页内容的分析和处理;

    (2)日志的存储和统计;

    (3)在线广告展示与点击等商业数据的分析和挖掘;

    (4)用户推荐、用户关联等用户行为数据的分析和挖掘;

    (5)运行报表的计算和生成。

1.6　结　束　语

    集群从单纯地提供计算资源转换为多租户之间的资源共享,这是面向大数据和云计算的集群系统的发展趋势。大数据与云计算出现之前的集群资源管理的核心在于将整个集群融合为单一的"虚拟机器",采用传统的操作系统调度流程,作业遵守可移植操作系统接口标准或并行编程标准,其核心在于每个计算节点都可以发挥最大的作用,避免"饥饿"或"过载"的发生。大数据和云计算出现后,数据共享的特性使得多租户之间的集群基础设置的共享成为主要因素,在共享的基础上,必须避免资源"饥饿"或"过载"的发生。因此,其资源管理机制、资源管理架构以及资源调度框架都有一些新变化,成为集群资源管理的挑战。

第 2 章　面向大数据和云计算的异构结构集群资源管理概述

2.1　概　　述

自 20 世纪 80 年代至今,与集群相关的资源调度框架研究都经历了持续的发展。例如,服务于高性能计算的集群调度研究,以及与集群调度紧密关联的网格调度研究都取得了长足的进展[117-123],并且诞生了大量的研究工作。这些研究工作是目前面向大数据和云计算的集群调度框架的基础[124]。

过去 10 多年,随着数据量的不断增长,企业和组织需要越来越多的可扩展应用程序,为此,集群计算平台得到爆发式的快速发展。在大数据时代,许多企业和研究项目需要处理的数据由于数量、速度和种类的增加而难以适应传统的数据库和软件技术。例如,谷歌在 2008 年报告每天处理超过 20 PB 的数据,而 Facebook 报告说它们在 2010 年每天处理 10 ~ 15 TB 的压缩数据。这么大的数据量,一台计算设备肯定是处理不了的。用一台高性能超级计算机处理如此大的数据也不具有成本效益和可扩展性。因此,许多范式被设计为与通用计算机集群并行有效地处理大数据。其中,map/reduce 及其开源实现 Hadoop 已成为处理大规模半结构化和非结构化数据事实上的平台[125-135]。map/reduce 已被许多公司和机构广泛采用,主要是由于具有以下优点:①Hadoop 便于管理员和开发人员部署和开发新应用程序;②具有较好的可扩展性,Hadoop 集群可以轻松地从几个节点扩展到数千个节点;③map/reduce 集群对节点故障具有容错能力,大大提高了 Hadoop 平台的可用性。

大数据处理无法用单台计算机进行,必须采用分布式架构。它的特色在于对海量数据进行分布式数据分析。但它必须依托云计算的分布式处理、分布式数据库和云存储、虚拟化技术。

云计算是基于互联网的相关服务的增加、使用和交付模式,通常涉及通过互联网来提供动态易扩展,且经常是虚拟化的资源。云计算的核心思想是将大量用网络连接的计算资源统一管理和调度,构成一个计算资源池向用户按需服务。云计算的典型技术包括三点:①虚拟化技术。云计算的虚拟化技术不同于传统的单一虚拟化,是涵盖整个互联网技术(Internet Technology,IT)架构的,包括资源、网络、应用和桌面在内的全系统虚拟化。它的优势在于能够把所有硬件设备、软件应用和数据隔离开来,打破硬件配置、软件部署和数据分布的界限,实现 IT 架构的动态化,提高系统适应需求和环境的能力。②分布式资源管理技术。大数据处理需要在多节点并行执行,必须保证分布数据的一致性。云计算中的分布式资源管理技术可以保证分布式数据的一致性。③并行编程技术。云计算采用并行编程模式,它通过统一接口将一个任务自动分成多个子任务,并行地处理海量数据。

  大数据处理是云计算的应用案例之一,地理上分布的私有数据中心或公共云被虚拟化,形成一个虚拟集群。用户依托 Spark、Storm、Flink 等大数据编程框架,YARN、Mesos 等集群资源管理框架,以及分布式存储方案,使用云计算提供的基础设施为大数据应用提出了一种高效、可行的解决方案,形成了一个蓬勃发展的生态系统。大规模数据处理的典型部署示例如图 2.1 所示。在虚拟集群上部署分布式文件系统,如 HDFS,以支持多种数据处理平台。数据入口和出口系统将来自不同来源的输入数据传输到分布式文件系统中,并在处理后将输出数据馈送到不同的服务。不同的通用大规模数据处理平台,如 Hadoop、map/reduce、Spark,以及基于它们构建的高级平台,如 Hive、Pig、Shark 和 GraphX 共同部署在虚拟集群上。这些平台之间的资源共享由统一的资源管理方案(如 Hadoop、YARN 或 Mesos)管理。由于这些平台通常提供关键功能,并在业务和研究领域发挥重要作用,因此这些平台的效率对客户和服务提供商都非常重要。为了在集群计算框架中实现更高的效率,我们努力根据作业属性改进不同数据处理平台的调度,并设计有效的资源管理方案。

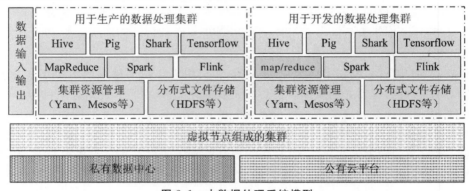

图 2.1 大数据处理系统模型

2.2 面向大数据和云计算的集群资源管理的特征

  在本节中,我们将讨论当前用于大规模数据处理和集群计算应用的集群计算框架的一些突出特点。大数据相关技术包括数据存储、数据处理和数据分析。云计算作为计算资源的底层,支撑着上层的大数据处理。面向大数据处理的集群可以建立在共有云基础上,也可以建立在私有云基础上。针对用户拥有的私有数据,其计算资源管理特征包含以下几个方面。

  (1)工作负载的多样性。许多大数据集群计算平台,如 Hadoop 等,都是为优化单个大型作业或一大批作业而设计的。然而,在现实世界部署的平台中,实际工作负载通常要复杂得多。复杂性体现在三个方面:首先,大规模数据处理集群一旦建立,就不再专用于特定作业,而是专用于来自不同应用程序或用户的多个作业。例如,Facebook 允许多个应用程序和用户向共享的 Hive-Hadoop 集群提交它们的临时查询。其次,数据处理服务变得越来越流行,并向来自互联网上的众多客户开放,就像现在的搜索引擎服务一样。例如,智能手机用户可以通过应用程序向 map/reduce 集群发送作业,询问过去 3 天记录的推文中最受欢迎的词。第三,用户需求的多样性使得数据处理工作的特点千差万别。最近,对当前企业客户(如 Facebook 和 Yahoo!)的 map/reduce 工作负载的分析揭示了 map/reduce 作业大小的多样性,从几秒到几小时不等。总的来说,当作业由不同用户提交时,工作负载的多样性在实践中很常见[124-131]。例如,一些用户运行小型交互作业,而其他用户提交大型周期性作业;一些用户运行作业来处理具有相似大小的文件,而其他用户的作业则具有完全不同的大小。

(2)性能要求的千差万别。如前所述,大数据处理集群服务于不同属性和来自不同数据源的不同工作负载。这些工作负载的主要性能因素也千差万别。例如,交互式临时应用程序需要良好的响应时间,而完工时间或截止日期对定期批处理作业更为重要。不存在一种单一的资源管理方案或应用调度程序,它对所有应用的性能指标都是最佳的。Hadoop map/reduce 的原始先来先服务(First In First Out,FIFO)调度策略旨在更好地执行批处理。但是,当它们在运行时间较长的应用程序后面提交时,会牺牲短作业的响应时间。公平(fair)和容量(capacity)等调度器专为用户和应用程序之间的资源共享而设计,支持公平性,并为短应用程序提供更好的性能[132-135]。但是,它们在作业响应时间或吞吐量方面并不是最佳的。

(3)任务之间的依赖关系。在将大作业分解为小任务并行执行的同时,在大多数集群计算应用中,任务之间通常存在依赖关系。在 Hadoop map/reduce 平台中,reduce 任务依赖于来自同一作业的 map 任务,因为 reduce 任务的执行依赖于 map 任务产生的中间数据。map/reduce 中的数据传输过程称为 shuffle。在传统的任务依赖定义中,当一个任务依赖于其他任务时,它的开始时间不能早于其依赖任务的完成时间。但是,在 Hadoop map/reduce 平台中,reduce 任务实际上更早开始,即在所有 map 任务完成时间之前。原因是 Hadoop 框架中 shuffle 过程与 reduce 任务捆绑在一起,因此,提早启动 reduce 任务可以通过将 shuffle 进程与 map 进程重叠来帮助提高性能,即继续获取已完成的 map 任务产生的中间数据,而其他 map 任务仍在运行或等待。在其他框架中,每个作业中的任务之间可能存在更复杂的依赖关系。例如,在 Spark 系统中,作业可能由依赖阶段的复杂 DAG 组成,而不是 map/reduce 框架中的两个阶段。

(4)资源需求的多样化。不同类型的集群计算应用任务通常具有完全不同的资源需求。例如,在 map/reduce 框架中,每个应用程序有两个主要阶段,即 map 阶段和 reduce 阶段,每个阶段可以有多个独立的任务执行相同的功能,即 map 任务和 reduce 任务。这两种类型的任务通常具有截然不同的资源需求。map 任务通常是 CPU 密集型的,而 reduce 任务是 I/O 密集型的,尤其是在从映射器中获取中间数据时。因此,如果 map 任务和 reduce 任务在工作节点上并行运行,可以更好地利用系统资源。为了保证更好的资源利用率,第一代 Hadoop 通过在每个节点上配置不同的 map/reduce 槽来区分 map/reduce 的任务分配。槽(slot)的概念是节点容量的抽象,其中每个 map/reduce 槽在任何给定时间都最多容纳一个 map/reduce 任务。Hadoop 平台通过设置每个节点上的 map/reduce 槽的数量,从而控制集群中不同类型任务的并行性,以实现更好的性能。第二代 Hadoop YARN 系统采用细粒度资源管理,每个任务需要明确指定其对不同类型资源的需求,即 CPU 和内存。因此,资源管理器利用异构资源需求,更准确、更高效地利用集群资源。

(5)集群资源的利用率。目前很多资源管理方案不能充分利用集群资源。例如,由 Mesos 管理的推特公司生产集群报告的总体 CPU 利用率低于 20%,而谷歌的 Borg 系统报告的总体 CPU 利用率为 25%～35%。一个主要原因是当前的资源管理方案总是根据其资源请求为每个任务预留固定数量的资源。然而,我们观察到来自各种数据处理框架和应用程序的任务可能具有不同的资源使用模式。例如,集群计算应用的很多任务由多个内部阶段组成,执行时间相对较长。这些任务在执行期间通常具有不同的资源需求。如上所述,map/reduce 框架中的 reduce 任务在其 shuffle 阶段(即获取中间数据)等待 map 任务生成输出时通常具有较低的 CPU 利用率。另一个例子是 Spark 任务,当部署在 YARN 系统上时,Spark 任务充当执行器来托管多个用户定义的阶段,这些阶段也需要不同类型和数量的资源。此外,当 Spark 任务服务于交互式作业时,这些任务的资源使用情况可能会经常变化。例如,在用户思考期间完全空闲,并在用户命令到达时变得忙碌,并请求更多资源。类似地,处理流数据的框架可能会保持大量任务处于活动状态,并等待流输入进行处理。因此,资源需求必须随着传入的新数据的到达而随时间变化。不幸的是,这是不可预测的。虽然短任务在许多集群计算中占主导地位,但长生命周期任务由于其资源需求高、资源占用时间长而对系统资源使用的影响不可忽视。在这些情况下,在任务生命周期内修复资源分配对充分利用系统资源变得无效。

总之,这些特性为大规模数据处理的集群计算框架中的性能管理提供了挑战和机遇。因此,大数据集群的资源管理需要设计新的调度和资源管理方案,以在大规模部署不同的数据处理框架时提高集群计算平台的性能(如批量 map/reduce 作业的完工时间)和系统资源(如 CPU 利用率和内存利用率)。

2.3 面向大数据和云计算的集群资源管理需求及调度策略

2.3.1 面向大数据和云计算的集群资源管理需求

位于应用程序与硬件设备之间的集群资源管理中间件的核心在于为不同的应用共享集群计算资源提供一个好的资源分配策略,调度任务到集群计算资源上执行,并最大限度地提高整个集群资源的利用率,降低作业的执行时间。因此,面向大数据处理的集群资源管理至少要满足以下要求:

(1)可扩展性(scalability)。随着数据规模的扩大,可能原有的集群规模无法满足新的应用程序对计算资源的要求,就要求集群资源管理能够具有较高的可扩展性。当增加新的计算节点到集群计算平台时,集群资源管理能够自动识别到新计算资源的到达,并重新对任务进行调度。

(2)多租户共享资源。数据中心上,往往会存在多个应用程序同时运行。比如,企业的生产程序和各个开发人员的调试程序就可能并存在一个集群计算平台上。这就要求集群资源管理能够为这个程序的共享提供一套较好的策略,让各个应用程序都能够满足其服务等级水平的要求。

(3)可维护性。大数据分析处理中涉及编程框架、分布式存储、集群计算平台和不断变化的应用程序种类,因此,当任何一个新的部分出现,开发者就开始启用新的方式进行应用测试,但是在新应用完成部署之前,旧的应用仍然需要继续使用。这就要求资源管理框架与编程框架,以及存储、平台与应用之间的耦合不能太高,否则维护代价太大。

（4）数据本地化感知能力。大数据应用中，数据通过类似于 HDFS 的存储系统分散在集群的各个节点上。任务在执行时，需要从存储中获得数据，如果某个任务的数据与存储不在同一个计算节点上，就必须通过网络来获得数据，这势必增加了网络开销。因此，集群资源调度器具有数据本地化感知能力，在分配计算资源时要尽可能地将任务分配到数据所在的计算节点上，减少数据跨越集群的网络传输。

（5）高效的集群资源利用率。作业延迟主要由分配集群所花费的时间决定。集群资源分配延迟往往会造成集群计算节点的空闲，因此，集群资源管理需要提供一种高效的资源分配方式，减少资源分配过程中的反馈延迟，从而提高集群资源的利用率。

（6）高的可用性。应用的执行过程中，计算节点故障、数据存储故障、应用程序故障、任务执行中的故障等都不可避免。这就要求集群资源管理能够实时监控这些故障的发生，并通过冗余机制实施失效接管过程，保证整个大数据计算过程高的可用性。

（7）安全和可审计的操作。作业通过开放的提交协议提交给资源管理器，并通过注册后进入准入控制阶段。在此期间，集群资源管理要提供验证安全凭证，并执行各种操作和管理各种检查。

（8）支持多样化的编程模型。针对各种不同的编程模型，应用程序都可以灵活使用集群计算资源，易于部署应用，并监控其生命周期。特定的应用程序则由每个应用程序框架来管理。

（9）灵活的资源模型。对于特定的应用程序，可能某些任务需要较大的内存，而某些任务需要较多的 CPU，另外一些任务可能需要更多的 I/O。对于一些机器学习任务，可能需要 GPU 设备。因此，作为集群资源管理，可以让用户灵活地配置自己的资源模型。

（10）向下兼容。集群资源的调度策略会随着应用种类不断变化。这就要求其调度框架能够配置，实现向下兼容。例如，传统的先来先服务调度策略与公平调度策略及容量调度策略共处，用户可以根据自己的要求定制。

（11）负载平衡。对于不同的应用程序，数据块的变化可能会造成部分资源由于任务较少而闲置，而另一部分计算资源由于任务太多而负载过重。因此，集群资源管理要能够及时感知负载不平衡的存在，并通过任务迁移等策略保证各个集群计算节点的负载平衡。

（12）异构体系结构系统的资源管理。随着新型硬件的出现，如 GPU、现场可编程逻辑门阵列（Field Programmable Gate Array，FPGA）等设备也逐渐在大数据分析处理中被使用。因此，集群资源管理能够对这些新型硬件的运行状态进行监控，并能根据用户的需求合理地分配这些计算资源，同时也需要与 CPU 资源进行协调，最大限度地利用硬件性能[136-140]。

2.3.2　面向大数据和云计算的集群资源的调度策略

调度策略在多用户共享的大规模数据处理平台中扮演着重要的角色，存在资源争用的问题。广泛采用的经典调度策略包括先进先出、公平和容量[141-144]。

（1）先来先服务。先来先服务策略按提交时间的非递减顺序对所有等待的应用程序进行排序。当有空闲资源（如 Hadoop map/redce 中的可用插槽或 Hadoop YARN 中的 CPU/内存容量）时，总是安排第一个排队作业的请求提供服务。

（2）资源公平共享。公平（fair）策略将资源分配给应用程序，以便所有应用程序在一段时间内平均获得相等的资源份额。可以配置具有不同份额和权重的作业队列以支持不同队列中的应用程序的比例资源共享。当任务需要多种资源类型(如 CPU 和内存)时,也广泛采用 fair 策略的一种变体,称为主导资源公平性(Dominant Resource Fairness,DRF)。DRF 将资源分配给应用程序,以便所有应用程序随着时间的推移平均获得其主导资源的平等份额。

(3)按照容量分配。容量策略的工作方式类似于公平策略。在容量下,调度程序尝试为每个作业队列保留有保证的资源容量。此外,空闲队列未充分利用的容量可以由其他繁忙队列共享。

在为每个作业或应用程序调度任务时,所有这些调度策略主要考虑数据局部性。输入数据存储在本地的任务有更高的优先级被调度,这样框架可以为数据带来计算,比相反的方式更有效。

2.3.3 集群资源管理框架的对比

围绕分布式异构系统资源管理系统,对现有集群资源管理框架进行研究发现,现有集群资源管理系统对于现实中的很多大数据应用场合,比如高通量视频处理应用,既需要处理大量数据,又对数据处理时延有极高要求,存在以下三个方面的困难:低延迟和高通量,异构资源碎片的利用,GPU 调度策略的灵活性。

对于现有的集群资源调度,从以下特征进行比较:

调度结构(SS):集中式调度(简称集中)、二级调度(简称二级)、分布式调度(简称分布)、混合式调度(简称混合)以及分布协调调度(简称协调),其中分布协调调度以分布为主调度,集中式调度用来协调资源分配中的冲突。

调度灵活性(SM):好和差。灵活性好的调度器容易为不同的作业设置不同的调度算法。

可扩展性(SB):高、中和差。集群规模的扩大对调度器的调度压力增加不明显为高的可扩展性;集群规模扩大会带来较大的调度器压力为可扩展性差。

数据本地化读取(DL):支持和不支持。资源调度过程中,考虑数据本地化读取时为支持;不考虑数据本地化读取时为不支持。

公平性(FA):支持与不支持。调度器会在各个负载之间公平分配资源为支持公平性,否则为不支持。

调度延迟(SD):高、中和差。资源分配过程中并行度较高,延迟较低,称为调度低延迟;调度过程串行执行而使得调度延迟较高时,称为调度高延迟;其他称为调度中延迟。

性能异构(DP):支持与不支持。调度过程中考虑计算节点之间的 CPU 核频率、存储带宽等的不同,将任务进行分类调度称为支持,否则为不支持。

异构资源(HS):好、中和差。好的异构支持同时考虑 CPU 和 GPU 资源的分配;中的异构资源表示将 CPU 作为主要资源进行调度,而 GPU 作为次要资源调度;差的异构资源表示要么只支持 CPU 资源调度,要么只支持 GPU 资源调度。

MPI 支持(SG):支持与不支持。如果类似 MPI 应用的群调度支持的话,就为支持,否则为不支持。

负载平衡(LB):支持与不支持。对于一些访问共享存储资源的应用,如 MySQL 等数据库,支持任务在各个计算节点的负载自动平衡,就认为调度器支持负载平衡,否则为不支持。

批/流融合(SP):好、中和差。对于批处理和流处理任务,如果只支持批处理或只支持流处理,就称为批/流融合差;如果批处理任务和流处理任务都支持,但是需要维护两套代码,称为中批/流融合;如果批处理和流出使用一套代码,进行了无缝的融合,称为好批/流融合。表2.1 给出了各系统相关特征的比较结果,表中的空白元素表示该特性在相关文献中没有明确说明。

表 2.1　典型的集群资源管理框架对比

系　统	SS	SM	SB	DL	FA	SD	DP	HS	SG	LB	SP
Borg	集中	差	差		是	高		差			差
YARN	二级	差	差	是	是	高		中		是	差
Yaq-c	集中	差	差	是	是	高		差			差
GPUhd	集中	差	差	是	是	高		中			差
Quincy	集中	差	差	是	是	高		差			差
Quasar	集中	差	差			高	是	差			差
Firament	集中	差	差	是	是	高		差			差
Mesos	二级	好	中	是	是	中		中	是	是	差
Omega	集中	差	差	是	否	中		中			差
Sparrow	分布	好	高	否		低		差			差
Apollo	分布	好	高	否	否	低		差			差
Tarcil	分布	好	高			低	是	差			差
Hawk	混合	好	中			高/低		差			中
Mercury	混合	好	中			高/低		差			中
Yaq-d	分布	好	中			低		差			中
Eagle	混合	好	中			高/低		差			中
Kubernetes	集中	差	差	否	是	高		好			差
Tiresias	集中	差	差			中		差			差
Themis	集中	差	差			高		差			差
HRM	协调	好	高	是	是	低	否	好	是	是	是

2.4　面向大数据和云计算的集群资源调度框架的对比

以集群为基础的计算的发展经历了三个阶段的演化,即计算子系统与存储子系统的分离、计算子系统与存储子系统的融合,以及以数据并行为基础的大数据处理编程模型。随着Hadoop、Spark、Flink 等大数据处理编程模型在大数据计算领域的广泛使用,计算作业类型千变万化,如何保证各种大数据计算作业对集群资源的共享使用是集群资源管理的核心,也是降低基础设施成本的主要手段。本节从集群资源管理的历史变化出发,按照大数据计算的特点,对按需调度(Hadoop on Demand,HoD)、集中式、双层调度、分布式以及混合式管理展开了深入探索,介绍了它们各自的优缺点及应用现状。

2.4.1　集群资源调度框架概述

20 世纪 90 年代初,集群系统无论是在硬件还是在资源管理系统软件方面都经历了长足的发展。从最初的高性能集群资源管理到服务于网格计算的集群资源管理,再到云计算环境的集群资源管理,不管是资源管理框架还是任务调度策略都取得了明显的进步,亦产生了大量的研究成果[145-149]。近几年来,随着大数据处理的不断应用,如 Spark[93,94]、Flink[95] 等,其集群资源管理开始采用数据为基础,区别于传统的控制流计算模型,它通过数据驱动的方式执行,计算任务向数据移动。在大数据处理环境下,集群资源管理和调度就必须考虑数据本地化。另外,随着数据形式的变化和数据规模的增大,集群的规模也逐渐由小到大、计算模型由批流独立到合二为一、计算资源由 CPU 到 CPU - GPU 等快速变化。正因为这些变化,集群资源框架的研究内容以及最后的部署实现都出现了大量的变化[150-158]。目前,广泛使用的有集中管理框架、双层调度框架、分布式管理框架以及混合管理框架等,由此还出现了一些优化策略。

接下来的章节,先对大数据计算环境下的集群资源管理面临的主要问题进行探索,然后分析现有的集群资源管理框架。

2.4.2　集群资源调度框架主要研究的问题

大数据计算是针对当前大规模密集型计算在多核处理器以及集群系统上的应用特点而设计的一种计算模型。将数据计算任务与通信任务分割,通过任务调度与分配,利用数据自身天然并行的特点来提高应用程序的并行性,使各个计算资源之间负载平衡。对于传统控制流程序的调度,数据计算任务在满足控制条件下才可以被调度执行。大数据计算模型中,任务与任务之间通过数据来控制,任务由数据驱动执行。任务计算完成,输出数据,只要数据到达,后续任务就立即被调度并执行。

随着各种大数据编程模型的出现,集群资源管理和调度研究主要面临三个方面的矛盾。

(1)数据注入与任务调度延时的矛盾[159-161]。随着数据规模的扩大,以数据驱动为主的计算并行度增加,集群计算资源的获得成为瓶颈。依据数据的注入的速度以及数据并行度,尽可能为每个并行数据分配到计算资源是资源管理的目标。

(2)数据处理方式和需求日益多样、复杂,批流合一的处理模式中存在高吞吐量和低延迟的矛盾[162-165]。一方面,计算任务数量的上升增加了调度时需要面对的性能瓶颈;另一方面,加大了资源分配过程的开销和数据传输代价,使整体负载管理变得困难。另外,流处理任务对延迟的敏感性要求调度开销最小。

(3)资源分配本地化与任务调度延迟的矛盾[166-174]。随着数据规模的扩大,集群数量不断扩大,集群计算节点之间的网络带宽成为瓶颈。依据数据的存储位置特性,将任务尽可能地调度到数据资源所在节点是资源管理的目标。但是这导致一些任务在不满足本地化的情况下无法快速得到计算资源,使得本地化调度和调度延迟成为一对矛盾。

针对以上三个挑战,本章从大数据计算环境入手,对照资源管理和调度方法,得到集群资源管理和调度框架的变化,并从现有的研究成果中,总结出以下几个问题:

(1)计算系统与数据存储系统之间网络设备的显著差异,使得各个节点取得集群节点中相同数据分块或其副本的时间代价出现差异,因此,任务调度的数据本地化是一个优化的关键。根据集群系统中的机架内外逻辑关系,形成了树形网络拓扑结构,其存在 5 个级别的数据本地化约束,即同一个执行器、同集群节点、共享服务、机架内和机架之间。不同的数据本地化约束将导致不同的任务执行代价。

（2）当存在大量的计算任务需要调度时,为满足任务调度中的需求,需要确保作业的资源需求。而现有的资源管理基本上采用公平分配、静态容量分配以及共享分配方式,无法依据数据的注入速度动态分配资源。

（3）高通量和低延迟问题。在诸多数据处理方式中,业务分析的数据范围横跨流式数据和历史数据,既需要低延迟的流式数据分析,也需要对 PB 级的历史数据进行探索性数据分析。流式数据作业处理是比较特殊的一类,因为用户对任务的有效时间有刚性的要求,所以资源管理和任务调度策略能够保证最低的资源要求。与批处理任务相比,流处理对延迟更敏感,调度器必须提供足够的计算资源,才能保证在任务的截止时间内完成计算。

2.4.3　集群资源调度框架的现状

依照调度策略,现有的大数据计算集群资源管理系统的主要资源管理方式分为按需调度、集中式调度、全分布式调度和混合式调度四类,其中集中式调度又分为单层集中式调度、双层集中式调度以及共享状态调度。

2.4.3.1　按需调度

支持大数据处理的初期集群系统,由于大数据自身的编程模型千变万化,使用传统的高性能集群是当时的首选,如 HoD[175]。在这种集群系统中,资源的调度采用 Pbs 方案或 Torque 资源管理工具,但是涉及任务调度部分,则要使用由 Maui 或 Maob 提供的作业调度工具。这种解决方案的优点在于集群资源管理和任务调度模型已经成熟,大数据程序开发者只关心应用程序的业务逻辑。然而,这些资源调度框架和策略并不符合以数据流编程模型为主的大数据应用需求,关键的问题点是无法在数据的本地化和资源公平分配之间协调。

图 2.2 给出了 HoD[38] 模式的集群资源分配过程。集群系统提供的计算资源被物理分割。其中,一部分物理资源被应用程序 1 独占使用,另外一部分集群计算资源被应用程序 2 独占使用。两个应用程序在各自的集群内运行,它们之间的计算资源没有任何共享。

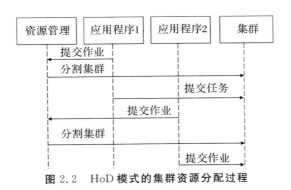

图 2.2　HoD 模式的集群资源分配过程

2.4.3.2 单层集中式调度

单层集中式调度指的是使用主从结构的模型,主节点管理整个集群的资源和调度任务。也就是说,整个集群系统只有一个作业调度器,所有计算任务的资源请求和资源的分配都通过高度集中的管理节点来实施。

(1)典型系统。典型的单层集中式资源管理为 Borg[85]。Borg 单元由一组机器、一个称为 Borg 管理器的逻辑集中控制器和代理进程组成。该代理进程在单元中的每台机器上运行,如图 2.3 所示。Borg 数据中心的多个集群计算节点被组织成一个集群,资源的分配和管理采用集中式框架,主节点是管理器,从节点为代理。管理器统一维护整个集群的资源状态,代理采用心跳的方式向管理器汇报任务的状态变化和自身节点的健康状况。主节点使用了热机备份的模式,也就是说,同时运行着多个管理器副本,当处于活动状态的主节点出现宕机或失败时,系统就立即从多个副本节点中选择新的主节点。为了体现计算任务调度的灵活性,调度器从资源管理中被剥离出来,作为单独的服务。早期的 Borg 是集中式,最新的系统允许副本中的调度器参与调度,并共享集群资源状态信息,因而调度策略与共享状态调度器的策略相似。

Borg 调度提交作业时,Borg 管理器将其持久记录在基于消息传递的一致性算法(Paxos[85])的存储系统中,并将作业的任务添加到待处理队列中。调度器遍历队列,如果有足够的可用资源满足作业的约束,调度器就会将任务分配给机器(调度器主要对任务进行操作,而不是作业)。遍历过程从高优先级到低优先级进行,同一优先级别采用轮循机制,以确保用户之间的公平性,并避免大型作业背后的队头阻塞。调度算法有两部分:①可行性检查,即找到可以运行任务的节点;②评分,即选择一台最优的节点。在可行性检查中,调度器会找到一组满足任务约束并且也有足够"可用"资源的节点。计算评分时,调度器确定每台可行节点的"分数"。该分数考虑了用户指定的偏好,但主要由节点的配置决定,如最小化被抢占任务的数量和优先级、挑选已经拥有任务包副本的机器、在电源和故障域之间分配任务、打包质量,包括将高优先级和低优先级任务混合到一台机器上,以允许高优先级任务在负载高峰时扩展。

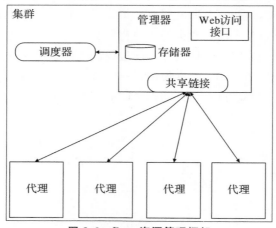

图 2.3 Borg 资源管理框架

(2)优缺点。单层集中式调度资源管理的优点如下:适合批处理计算任务,并且任务的运行时间超过 1 s;任务调度和资源调度采用紧耦合模式,任务调度的效率较高;全局状态的一致性容易保证,调度算法实现简单。其缺点如下:主节点是瓶颈,容易引起单点故障,热机备份是主要的高可用性手段;可扩展性较差,当集群规模扩大,存在大量的任务请求以及心跳信息时,主节点无法及时处理各种请求,造成任务的延迟以及状态信息陈旧问题。

2.4.3.3　双层集中式调度

单层集中式调度资源管理框架中,资源调度和任务调度是紧耦合的,任务调度不灵活。双层集中式调度将任务调度和资源调度完全分割,采用松散耦合的方式,主节点只负责各个应用框架的资源分割与分配,应用框架自己根据逻辑,在获得的计算资源上调度任务。

与单层集中式调度资源管理框架不同,双层集中式调度资源管理结构把任务调度从资源管理中分离出去,由应用程序自身负责,因此,大大提高了任务调度的灵活性。但是这也造成了各个应用程序之间无法得到全局的资源状态。

(1)典型系统。典型的双层集中式调度资源框架有 Yarn[92] 和 Mesos[86],其中资源管理只分配可用资源给计算框架,计算框架内部进行任务的调度。计算框架主动从 Yarn 的资源管理器取得分配的资源,Mesos 的资源管理器主动将可用资源推送到计算框架。

1)Yarn。Yarn 资源管理的框架如图 2.4 所示。资源管理器作为后台服务驻留在一个专用的计算节点上,为各种应用框架分配计算资源。依据应用程序的需求、调度优先级别以及可用计算资源,资源管理器动态地分配容器到某个计算节点,以便运行任务。节点管理器运行在各个集群节点上,定期向资源管理器汇报资源状态,同时对分配后的资源进行限制,资源限制的单位是容器,也是一种逻辑的资源单元。

作业通过一定的提交协议提交到资源管理器,安全以及通过许可证的作业被发送到调度器进行运行。一旦调度器有足够的资源,作业的状态就变为运行状态。这个过程包括为作业的主应用程序在某个计算节点上分配一个容器并启动。接收作业的记录会被持久化,以便失败恢复。

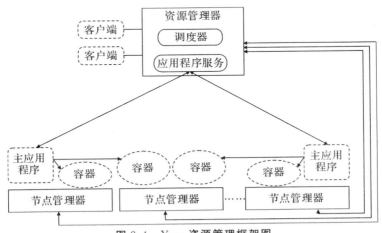

图 2.4　Yarn 资源管理框架图

主应用程序是一个作业的核心,管理动态的资源消耗,以及作业的执行流程。为了得到一个容器,主应用程序向资源管理器请求资源,请求信息包括本地化偏好说明以及容器的属性。资源管理器将根据集群系统的可用资源,依据一定的调度策略尽量满足主应用程序的请求。主应用程序一旦收到资源,就把一个任务发送到容器中运行。任务运行中,容器与主应用程序直接通信,以便汇报任务的状态。

图 2.5 给出了 Yarn 资源分配过程。在调度器上运行着不同的资源分配策略,如 FIFO、Fair、Capacity Scheduler 等。当应用程序 1 和应用程序 2 向调度器申请资源后,调度器根据资源调度策略,如公平调度,把整个可用资源分配成公平的两部分,其中一部分分配给应用程序 1,另外一部分分配给应用程序 2。应用程序获得资源后,选择任务并提交到集群资源上执行。公平分配资源的单位不再是单台计算机,而是计算机上的 CPU、内存、磁盘等计算资源。

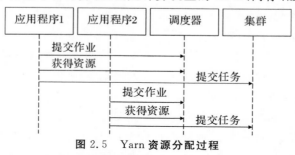

图 2.5　Yarn 资源分配过程

2)Mesos。Mesos 资源管理框架如图 2.6 所示。系统由一个 Mesos 主服务和运行在不同计算节点上的从服务程序组成。运行在资源管理上的编程框架由计算框架(FW)和执行器两部分组成。FW 调度器负责向主服务注册,并获得计算资源,执行器被发送到各个计算节点,用来运行编程框架的任务。Mesos 主服务的主要任务在于向各个计算框架提供资源清单。资源清单的内容是多个从服务节点上的可用资源的列表。

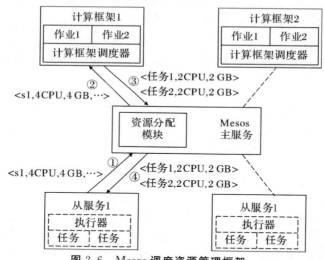

图 2.6　Mesos 调度资源管理框架

图 2.6 中的第①步,集群节点从服务 1 向主服务提供 4 个 CPU 核以及 4 GB 的主机内存。主服务上的调度器向计算框架 1 提供空闲资源。第②步,主服务向计算框架 1 发送可以使用的资源。第③步,计算框架 1 向主服务回复哪些任务使用了这些资源,如任务 1 和任务 2 分别得到 2 个 CPU 和 2 GB 的内存。第④步,主服务向从服务 1 发送提交任务的命令。

图 2.7 给出了 Mesos 资源分配的过程。当应用程序 1 向资源管理器注册后,如果目前存在可用计算资源,那么资源管理器向应用程序 1 发出资源邀约,应用程序 1 根据自己的最大资源需求,决定是否需要资源,并向资源管理器发送自己的调度结果。资源管理器根据调度结果更新系统的可用资源,应用程序 1 则使用计算资源来启动任务的执行。应用程序 1 分配完成

后,资源管理器向应用程序 2 发送资源邀约,应用程序 2 收到资源邀约后进行任务调度,并将调度结果发送给资源管理器,资源管理器更新可用资源状态,应用程序 2 启动自己的任务。

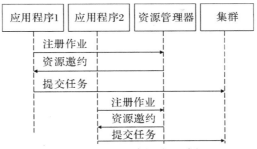

图 2.7　Mesos 资源分配过程

向各个应用程序提供资源邀约数量的过程由资源分配算法来决定。最常用的是主资源分配算法,即 RDF 算法。根据 RDF 算法,调度器计算出应用程序需要的资源邀约,并提供给应用程序,然后根据各个应用程序的调度决策,进行新一轮的主资源公平分配。

(2)优缺点。双层集中式调度的优点如下:通过增加 FW 调度器,在一定程度上降低了资源管理器的负担,提高了任务调度的灵活性。其缺点如下:可扩展性弱,由于资源管理是集中式,可扩展性问题没有根本解决;调度延迟扩大,加锁机制导致欠缺任务调度并行性。

2.4.3.4　共享状态调度

双层集中式调度资源管理框架解决了任务调度的灵活性问题,但是为了保证资源状态的一致性而采用加锁机制,导致各个任务调度器只能串行执行。为了解决这些问题,共享状态调度资源管理框架被提出。资源管理仍然采用主-从结构,每个任务调度器都可获得全部的集群资源,并进行并发任务调度。其核心是全局集群资源的共享。

(1)典型系统 Omega。Omega[176] 为每个应用程序的调度器提供全局计算资源,通过乐观封锁协议来维护全局资源的一致状态。主节点维护一个全部集群资源状态(full states)。每个应用程序调度器可以得到一个全部集群资源状态的副本,依据副本做出调度决策。一旦应用程序调度器给出调度决策,就需要提交调度结果到全部集群资源状态,提交过程遵守事务原则。不管提交是否成功,调度器都需要把结果同步到 Omega 的全局资源状态,若有必要,则再次进行调度。

Omega 的资源管理框架如图 2.8 所示。图 2.8 中的第①步,从服务计算节点向资源管理器汇报最新状态。主服务资源分配器形成一个整个集群的资源状态,分别向计算框架 1 以及计算框架 2 提供全部空闲资源。第②步和第③步,主服务向计算框架 1 以及计算框架 2 发送可以使用的全部资源。第④步和第⑤步,计算框架 1 以及计算框架 2 向主服务提交全局资源状态变化值。主服务检查计算框架 1 以及计算框架 2 提交的内容是否存在冲突,若不存在冲突,则执行第⑥步,主服务向从服务发送提交任务的命令。

如果两个不同的作业都分配到相同的资源,那么 Omega 会使用乐观控制协议来处理资源竞争问题。Omega 将集群中的资源日志记录以及任务的日志记录当成全局数据,在一个作业的任务执行中,作业调度器可以请求多种不同的计算资源,当所有计算资源被全部获得,且任务执行结束时,这次资源分配才能算成功。当缺乏可用的集群计算资源或任务执行失败时,作业的执行状态会返回到执行前的状态。Omega 采用传统数据库的死锁检测方法,一旦检测到死锁存在,就撤销一个任务或一个作业。由于采用乐观封锁协议,因此,只有在真正分配资源时才会检查资源的封锁状态。

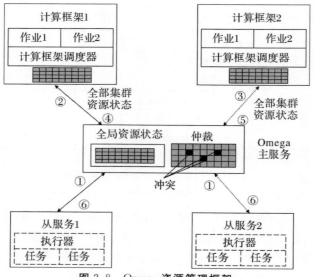

图 2.8 Omega **资源管理框架**

图 2.9 是 Omega 资源分配过程。应用程序 1 和应用程序 2 先并行地从资源管理器上获得可用计算资源,然后分别按照自己任务的需求分配计算资源,即确定哪些任务使用哪些计算资源,最后应用程序 1 和应用程序 2 将资源分配的情况提交给资源管理器。资源管理器对资源的分配进行检测,如果发现存在资源分配冲突,即两个应用程序都请求同一个 CPU 核,那么资源管理器就启动仲裁过程,拒绝其中一个应用程序的资源分配请求,防止资源冲突的发生。应用程序根据仲裁结果,向各自的资源提交任务并运行。

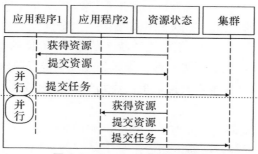

图 2.9 Omega **资源分配过程**

(2)优缺点。共享状态调度的优点如下:集群资源的使用达到最优化;不同的作业调度器并发工作,提升了调度效率。其缺点如下:不同 FW 调度策略之间的交互是无法预测的;冲突解决增加了系统的开销。

2.4.3.5 全分布式调度

大规模数据分析框架正朝着两个趋势发展:更短的任务执行时间和更大的并行度。调度100 ms 内完成的高并发作业对调度器来说是一个巨大的挑战,与此同时还要保证高吞吐率[177]和高可用性。当前分布式处理框架主要采用分层调度的方法。例如,Mesos 和 Yarn,由一个 Master 中心节点同时维护作业和资源两类信息,调度效率较低,不能很好地胜任短作业的调度。

全分布式调度框架^[84,178]采用无中心节点方式。各个作业的调度器之间不进行任何协调处理,也不进行任何通信和同步。每个作业的调度器只知道自己使用的集群节点的负载状态信息。在全分布式调度框架下,作业采用采样的方式在随机选择的节点上提交任务,通常会选择负载较小的节点作为最后的执行节点。作业调度器与双层集中式调度资源管理中的 FW 调度器看起来相似,其实全分布式调度不存在集中资源信息,其全局资源状态和资源分配都是根据统计知识和随机采样进行。

(1)典型系统 Apollo。Apollo^[87]资源管理的框架如图 2.10 所示,计算框架(FW)用于管理一个作业的生命周期。资源管理器获得整个集群节点的资源信息,并提供给 FW 使用。每个计算节点上有一个服务程序,称为节点管理器(PN)。PN 运行在各个节点上,负责管理本地节点的资源状态,同时也实时调度本地资源。资源管理器动态地获得各个集群节点的资源状态变化,形成一个全局的资源状态视图,为各个 FW 提供调度依据。

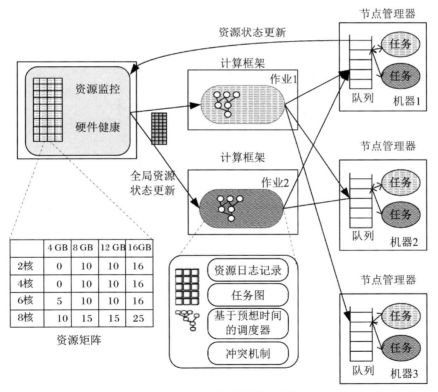

图 2.10　Apollo 资源管理框架

资源管理器被看成一个逻辑实体,在物理实现上存在多种形式。由于资源管理器主要用于动态地收集整个集群中各个计算节点的资源状态,因此,可以使用层次结构或目录服务的方式来持久化集群资源状态信息。在全分布式调度集群资源管理中,资源管理器不是性能的关键路径,在资源管理器不可用的场合,可以通过 FW 持续地进行资源分配。另外,一旦一个任务被分配到某个 PN 上,资源管理器就可以从该 PN 中得到最新的资源状态变化。

为了预测资源的使用情况以及优化调度策略,每一个 PN 都维护着一个任务执行队列,以及通过任务等待状态预测等待时间矩阵,FW 则使用这些信息进行优化调度。但是等待时间矩阵也存在缺陷,如信息太陈旧,使得调度不是最优。Apollo 也保留了可靠性的实现策略。最后,在为 FW 提供有保证的资源[如确保服务级别协议[133](Service Level Agreement, SLA)]与实现较高的集群利用率之间存在固有的冲突关系,因为集群上的负载和作业的资源需求都在不断波动。Apollo 通过机会调度解决了这种紧张关系,机会调度创建了第二类任务来使用空闲资源。

图 2.11 给出了分布式 Apollo 资源分配过程。应用程序 1 和应用程序 2 根据一定的采样策略向自己的意向计算节点发出执行任务的请求。计算节点接收到这些请求后,返回自己的当前状态,应用程序根据计算节点的返回状态进行决策,选择一个资源作为任务的执行节点,然后提交任务并执行。应用程序 1 和应用程序 2 之间相互独立,各自并行地发送资源采样请求。

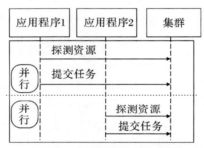

图 2.11 Apollo 资源分配过程

(2)优缺点。全分布式调度的优点如下:基于简单的同时运行数,将每台机器的同时运行数设为大于 1,可以并行运行多个任务;资源管理方式简单。其缺点如下:作业的任务基本相似,当任务差距较大时,会导致资源分配不公平以及调度不准确;不存在全局资源管理,作业的资源分配无法达到严格的公平性[179];调度结果是次优的,因为作业调度器只依据部分知识进行资源分配,无法得到全局的最优决策[180]。

2.4.3.6 混合式调度

混合式调度框架是为了解决大量短时间任务和长时间任务混合时,任务的吞吐量和延迟矛盾而进行的学术研究。一方面,借鉴了全分布式调度资源管理框架的优点;另一方面,又利用了集中式调度资源管理框架的优点。目前学术研究中有 Tarcil[181]、Mercury[88] 和 Hawk[182] 框架。通常采用两种不同的管理框架:一种是为短时间任务设计的全分布式管理框架;另一种是集中式调度框架,主要服务长时间运行的任务。混合式调度框架中的两个部分分别对应集中式和分布式。从现有的文献看,目前尚未出现开源的系统。

(1)典型系统 Mercury。Mercury 由以下几个部分组成(见图 2.12)。

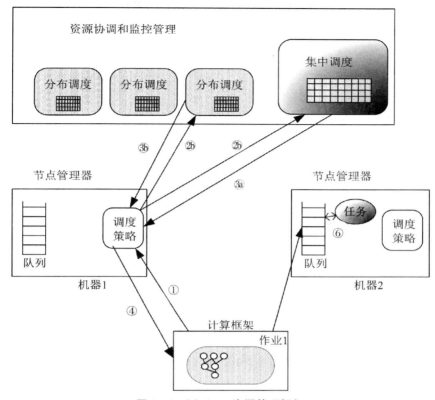

图 2.12　Mercury 资源管理框架

1)节点管理器(PN)。它是一个服务程序,运行在每个集群的计算节点上,用于与应用程序进行交互,加强每个节点上任务的运行。

2)资源协调和监控管理框架。这是一个子系统,包含运行在某个节点上的集中式调度器,以及运行在各个不同的集群节点上的全分布式调度器。这些全分布式调度器是松散耦合关系,通过一个资源协调器进行协调。混合式调度器实现了整个集群计算资源的分配。资源分配的单位是容器,其资源类型包含 CPU、内存等。

由于没有将某些特有的计算资源划分给每一个调度器,因此,资源分配的过程是动态的。资源分配中,如果不同的任务分配到相同的资源池,那么冲突解决是在 PN 上实现的。

如果有一个计算框架(FW)请求计算资源(如图 2.12 中的步骤①),那么 PN 收到信息后,会确认资源分配的类型;如果是确保资源需求,那么资源请求会被传递到全分布式调度器(步骤②b);如果是排队资源需求,那么资源请求会被发送到集中式调度器(步骤②a);集中式调度器或全分布式调度器对资源请求进行处理,分配相应的资源到任务,并将调度结果发送到 PN 的调度器(步骤③a或步骤③b);PN 的调度策略得到分配结果后,直接将分配决策转发到不同的 FW(如图 2.12 中的步骤④);FW 收到分配结果后,启动任务的执行(如图 2.12 中的步骤⑤)。

图 2.13 给出了 Mercury 资源分配过程。

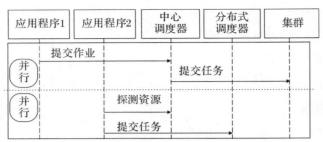

图 2.13　Mercury 资源分配过程

应用程序提交作业后,资源管理器运行时系统会判定应用程序的类型,如果是资源确保型的流处理任务,就由全分布式调度器来分配计算资源;如果应用程序是可排队的批处理型任务,就由集中式调度器来完成资源分配。不同类型应用程序的资源分配不一样,是集中式资源分配和全分布式资源分配的简单融合。

(2)优缺点。混合式调度的优点如下:对长短任务的调度采用不同策略后,保证了 SLA。其缺点如下:集中式调度器和全分布式调度器之间存在资源分配冲突;各个全分布式调度器的调度结果可能是最优结果;全分布式调度器存在将同一个计算资源分配给不同任务导致的冲突。

2.4.4　面向大数据和云计算的集群资源管理机制

大数据计算集群系统的基础是通过合理组织通用的计算资源,向它的众多用户提供资源管理服务[183-185]。在这些用户中,如何协调它们之间的关系非常重要。集群系统管理者必须确保资源管理系统的健全性以及它不会因外界干扰而停止运行。因此,在设计和实施资源管理系统的设计过程中,必须告诉应用程序编写者资源管理的机制。如果资源管理系统不是非常灵活,甚至不能满足用户的需求,那么这个资源管理系统不会被用户重视,甚至失去存在的价值。

因此,建立一个高效的资源管理系统是非常有必要的,但是建立一个完善、高效的资源管理系统也将面临很多问题。我们有必要明确这样一点:除解决与用户有关的系统性能的问题之外,还必须解决资源管理系统中的安全性问题。在面向大数据处理的集群系统中,每一个计算单位(一个批处理队列)被称为计算单元,资源管理系统依据计算单元的特性来提供服务,使得该资源能够满足和确保客户的服务需求。当资源管理系统连续和可靠地执行任务时,一个资源管理系统是否优秀可以通过以下标准来衡量:对共享资源的客户来说,他们是在一个具有相互信任和高质量的服务系统上进行资源的分配。上述这些要求,使得我们在建立一个资源管理系统时使用分层技术,每个层次之间实行紧密耦合。资源的监视和控制分布在底层,抽象和提供给应用程序开发者及客户的接口分布在高层。

还需要重点说明的是,每一部分的定义。在资源管理系统中,每一部分是根据它所要完成的任务来定义的,同时要考虑该部分与上、下部分之间的交互协议。每一部分的实施围绕着资源管理系统的整体功能进行分工。例如,在资源提供部分,只要实施方式满足它指定的功能,对于不同的资源,该部分的资源提供就可以有不同的实施方式和模型。同样的观点可以贯穿整个资源管理的全部。因此,这些资源机制定义了系统的结构、各部分之间的可操作粒度,以及相互之间容错关系的范围。

面向大数据处理的集群资源管理采用资源监控(monitor)、资源状态分析(analyse)、资源计划(plan)和执行(execute)来组织,它们之间形成一个闭环控制系统。集群资源管理的通用机制如图 2.14 所示。

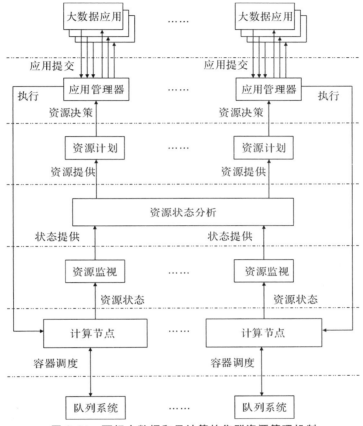

图 2.14　面相大数据和云计算的集群资源管理机制

(1)大数据应用。大数据应用是用户与系统的重要接口,代表大数据计算集群系统的用户。系统允许用户根据作业的执行流程,将一个作业分解成若干个任务,然后通过任务之间的逻辑关系[163]形成有向无环图(DAG)。每个作业要求资源管理器分配给它们一定的资源来完成它们的执行。大数据应用提出的资源请求被提交到资源管理器进行处理。

(2)应用管理器(AppMaster)。用户提交大数据应用后,应用管理器开始运行。产生作业需要的资源,并封装成资源请求,资源请求包括 CPU 核数量、内存大小等。一旦应用管理器获得了计算资源计划,就会根据任务之间的关联关系以及数据的存储位置实施任务的执行。

(3)资源计划。资源计划在资源管理系统中是为"客户"的利益服务的。该层提供一种对用户作业请求资源的抽象,存放形式是资源请求队列。其主要目标包含以下几个部分:①维护应用管理器的资源请求持续性,提供容错方式;②与资源状态分析进行交互,递交资源请求到资源状态分析;③向应用管理器声明请求资源。资源计划的优先级别保存在事先指定的内部资源请求管理文件中。例如,如果一个资源计划的优先级高于其他资源请求,或者其他作业的执行需要依靠它的执行结果或者消息,那么这个资源计划会先分配到资源。

(4)资源状态分析。资源状态分析视为资源调配中心,是在应用管理器和计算节点之间进行分配的过程。双方进行双向选择,选择的条件应保证双方都满意。这一资源分配过程发生在资源管理系统的高层,我们称为资源共享策略。虽然这个策略与资源管理系统的结构不存在直接的关系,但是该策略将决定什么时候分配资源的数量。例如,这个策略保证公正。

(5)资源监视。集群资源管理系统中的资源监视代表着资源拥有者的利益。资源监视的最基本特性在于提供资源的访问控制机制。

(6)计算节点。计算节点负责对自己节点上的资源的监控。通过心跳汇报机制,计算节点定时向资源状态分析汇报节点的健康状态,计算节点资源的变化情况。另外,如果一个计算节点上的部分资源被分配给某个作业,那么其负责启动执行器,并使用一定的策略保证这些资源在使用过程中不会被干扰。

(7)队列系统。最底层的队列系统不是真正的节点资源的全部,逻辑上只是一部分节点资源,实质上是一个资源管理软件。它为任务或作业提供最终的资源服务,是任务执行最底层的调度者。因为我们讨论的重点在高层,而不在底层,因此,不做详细论述。虽然如此,它仍然是系统的基础和资源管理系统的主要组成部分,因为一个高可靠、高质量的底层服务将对大数据集群系统的总体性能有较大的影响。

用户提交大数据应用作业后,这些作业将在各个工作节点上调度执行。作业的资源分配方式是一旦作业释放计算资源,计算节点就向资源状态分析汇报可用资源,资源状态分析将可用资源分配给某个作业,作业再启动任务的执行,作业执行结束,释放计算资源。这样的分配过程不断地传递下去,而这个分配的过程中,就可能导致计算节点上的资源处于空闲状态,形成反馈延迟。另外,计算节点向资源状态分析汇报可用资源是按照一定的心跳间隔来进行,一旦心跳间隔达到,就进行可用资源的汇报。当心跳间隔设置较大时,作业在两个心跳间隔之间结束,就会导致资源闲置。为了解决这个问题,可在每个工作节点上设立队列系统来管理节点的资源。它主要由批处理队列、传输队列等构成,可以允许多个作业同时在一个节点上运行,并允许用户对这些队列中的执行作业进行控制。同时,作业在节点上的状态转换也由它来控制。它提供先进的作业调度策略,使得作业能够在最短的时间内完成。通过队列系统,可达到高效利用节点资源的目的。

2.4.5　面向大数据处理的集群资源调度算法

多租户资源共享是大数据处理集群资源管理的核心,而资源分配策略是任何共享集群计算资源的关键组成部分。下面介绍几种常见的资源分配策略。

2.4.5.1　Mesos 的主资源公平调度算法

(1)介绍。迄今为止提出的最流行的分配策略之一是最大-最小公平性,它使系统中用户收到的最小分配最大化。假设每个用户都有足够的需求,则此策略为每个用户分配了相等的资源。已将最大-最小公平性[154]概括为包括权重的概念,其中每个用户都会获得与其权重成比例的资源份额。

加权最大-最小公平性的吸引力来自其通用性和提供性能隔离的能力。加权最大-最小公平性模型可以支持多种其他资源分配策略,包括优先级、预留和基于截止日期的分配。另外,加权最大-最小公平性确保隔离,因为无论其他用户的需求如何,都可以确保一个用户获得其份额。

考虑到这些功能,毫不奇怪的是,已经提出了许多算法来实现(加权)最大-最小公平性,并具有不同的准确度,如轮询、比例资源共享和加权公平排队。这些算法已应用于多种资源,包括网络带宽、CPU、内存和存储。

尽管在公平分配方面进行了大量工作,但到目前为止,重点主要放在单一资源类型上。即使在用户具有异构资源需求的多资源环境中,分配也通常使用单个资源抽象来完成。例如,两个广泛使用的集群计算框架(Hadoop 和 Dryad),它们的公平调度程序仅仅根据节点的固定大小分区(称为插槽)级别进行公平分配。然而,不同作业对 CPU、内存和 I/O 资源的需求可能有很大不同,这样就会导致另外一种不公平。

鉴于以上问题,一种主资源公平性(DRF)算法可以实现对多种资源的最大-最小公平性的概括。DRF 的直觉是,在多资源环境中,用户的分配应由用户的主要份额决定,该份额是已分配给用户的任何资源的最大份额。简而言之,DRF 力求使所有用户的最小主导份额最大化。例如,如果用户 A 运行大量 CPU 的任务,而用户 B 运行大量内存的任务,则 DRF 尝试使用户 A 的 CPU 份额与用户 B 的内存份额相等。在单一资源的情况下,DRF 会降低该资源的最大-最小公平性。

(2)分配属性。现在,我们将注意力转向为多种资源和异构请求设计最大-最小公平分配策略。为了说明此问题,考虑一个由 9 个 CPU 和 18 GB RAM 以及两个用户组成的系统:用户 A 的任务运行时,每个任务需要 1 个 CPU 核和 4 GB 的内存;用户 B 的任务运行时,每个任务需要 3 个 CPU 核和 1 GB 的内存。现在的问题是按照什么类型的资源来实现公平分配政策。一种可能性是为每个用户分配每种资源的一半;另一种可能性是使每个用户的总分配(即 CPU 加内存)相等。尽管相对容易地得出了各种可能的"公平"分配,但不清楚如何评估和比较这些分配。

为了应对这一挑战,我们从一组理想的属性开始,认为针对多种资源和异构需求的任何资源分配策略都应满足,然后,让这些属性指导公平分配政策的制定。我们发现以下四个属性很重要:

共享激励:与单独使用自己的集群分区相比,每个用户最好共享集群。考虑一个具有相同节点和 n 个用户的集群。这样,用户将无法在由所有资源的 $1/n$ 组成的集群分区中分配更多任务。

策略保证:用户不应通过不正确的资源需求获得收益。应该通过激励兼容性,而不是用户过多的需求来改善自己的资源分配。

无攀比:用户不应该喜欢其他用户的资源分配。此属性体现了公平的概念。

帕雷托(Pareto)效率:不减少任何其他用户的分配就不可能增加当前用户的分配。此属性很重要,因为它会导致在满足其他属性的前提下最大化系统利用率。

我们认为,策略保证和共享激励属性在数据中心环境中特别重要。与我们讨论过的云计算平台的历史证据表明,策略保证很重要,因为用户尝试操纵调度程序很常见。例如,Yahoo!的 Hadoop map/reduce 数据中心具有不同数量的资源槽用于 map 任务和 reduce 任务。用户发现 map 资源竞争,因此,在 reduce 阶段开始了他的所有工作,手动完成 map/reduce 在其map 阶段所做的工作。另一家大型搜索公司仅在用户可以保证高利用率的情况下才提供专用机器来进行作业。

此外,满足共享激励属性的任何策略还提供了性能隔离,因为它保证了对每个用户的最小分配(一个用户不能拥有超过集群的 $1/n$ 的资源槽),而与其他用户的需求无关。

可以很容易地表明,在单一资源的情况下,最大-最小公平性满足上述所有属性。但是,在多种资源和不同用户需求的情况下实现这些特性并非易事。例如,微观经济学理论中偏爱的公平分配机制,即来自均等收入的竞争均衡,并不是策略保证的。

除上述属性之外,我们还考虑了四个其他必备属性:

单一资源公平性:对于单一资源,解决方案应减少到最大-最小公平性。

瓶颈公平性:如果每个用户大部分都按百分比要求使用一种资源,那么解决方案应减少到该资源的最大-最小公平性。

总体单调性:当用户离开系统并放弃其资源时,其余用户的分配均不应减少。

资源单调性:如果将更多资源添加到系统,那么现有用户的分配均不应减少。

(3)主资源公平算法(DRF)。主资源公平算法[167](DRF)是一种针对多种资源的分配策略。该策略可以满足前面提到的四个属性。对于每个用户,DRF 计算分配给该用户的每个资源的份额。用户的所有份额中的最大值称为该用户的主导份额,与该主导份额相对应的资源称为主导资源。不同的用户具有不同的主导资源。例如,运行计算绑定作业的用户的主要资源是 CPU,而运行 I/O 绑定作业的用户的主要资源是带宽。DRF 只是在用户的主导份额上应用最大-最小值公平性。也就是说,DRF 试图最大化系统中最小的主导份额,然后是倒数第二的份额,以此类推。

我们考虑具有 n 个用户和 m 个资源的计算模型。每个用户运行单独的任务,并且每个任务都以需求向量为特征,该需求向量指定了任务所需的资源量,如<1 CPU,4 GB>。通常,任务(甚至是属于同一用户的任务)可能有不同的需求。

假设一个系统具有 9 个 CPU,18 GB RAM,系统包括两个用户,其中用户 A 运行时每个任务需要 1 个 CPU 核以及 4 GB 内存,用户 B 运行时每个任务需要 3 个 CPU 核和 1 GB 内存。

DRF 通过计算每个注册的用户的主导份额,用户 A 的每个任务会消耗总 CPU 个数的1/9和总内存的2/9,用户 B 的每个任务会消耗总 CPU 个数的 1/3 和总内存的1/18。可以得出用户 A 的主导资源为内存,用户 B 的主导资源为 CPU。然后 DRF 会按照以下方式进行计算:假设向用户 A 分配 x 份资源,向用户 B 分配 y 份资源,通过数学计算方式,需满足以下三个条件:$2/9 * x = 1/3 * y$,$1/9 * x + 1/3 * y \leqslant 9$,$2/9 * x + 1/18 * y \leqslant 18$。最后得出 x 的值为 3,y 的值为 2。根据此次分配,用户 A 和用户 B 的主导资源都将获得相同大小的主导份额。DRF

算法只是提供了一种多资源情况下的公平分配算法,在实际情况中,若用户 A 只有 2 个 Task 需要执行,则集群资源管理器会收回多余的一份资源,然后将其分配给用户 B 或其余尚未执行的用户。同理,用户在收到集群资源管理器按照 DRF 分配算法得来的资源邀约后,若不满足其资源需求,则用户会拒绝此次资源邀约。

【算法 2.1】　DRF 过程

$R = < r_1, \cdots, r_m >$ 　　//全部的资源容量

$C = < c_1, \cdots, c_m >$ 　　//使用的资源,初始化为 0

s_i 　　$(i = 1, \cdots, n)$ 　　//用户 i 的主资源,初始化为 0

$U_i = < u_{i,1}, \cdots, u_{i,m} >$ 　　$(i = 1..n)$ 　　//用户 i 分配的资源,初始化为 0

选择一个最小的主资源份额 s_i

取得用户 i 的下一个任务需要的资源 D_i

如果 $C + D_i \leqslant R$,那么

　　$C = C + D_i$ 　　//更新资源的使用量

　　$U_i = U_i + D_i$ 　　//更新用户 i 的资源分配量

　　$s_i = \max_{j=1}^{m} \{u_{i,j}/r_j\}$

否则

　　Return

算法 2.1 描述了主资源共享的分配过程。该算法跟踪分配给每个用户的总资源以及用户的主资源份额 s_i,在每个步骤中,DRF 都会从那些准备好运行任务的用户中选择具有最小主导份额的用户。如果可以满足该用户的任务需求,即系统中有足够的可用资源,就启动它一项任务。我们考虑用户可以具有不同需求向量的任务的一般情况,并且使用变量 D_i 表示要启动的下一个任务用户的需求向量。为简单起见,伪代码不捕获任务完成的事件。在这种情况下,用户释放任务的资源,DRF 再次选择拥有最小主导份额的用户来运行任务。

表 2.2 给出了针对例子的算法运行结果。表中的每行对应于 DRF 做出调度决策。一行显示了每个用户对每种资源的份额,用户的主资源份额以及到目前为止分配的每种资源的比例。DRF 反复选择具有最小主导份额的用户(以粗体显示)以启动任务,直到无法分配更多任务为止。

表 2.2　DRF 资源分配过程

调度	用户 A		用户 B		CPU 使用量	内存 使用量
	资源占比	主资源	资源占比	主资源		
用户 B	$<0,0>$	**0**	$<3/9,1/18>$	1/3	3/9	1/18
用户 A	$<1/9,4/18>$	**2/9**	$<3/9,1/18>$	1/3	4/9	5/18
用户 A	$<2/9,8/18>$	4/9	$<3/9,1/18>$	**1/3**	5/9	9/18
用户 B	$<2/9,8/18>$	**4/9**	$<6/9,2/18>$	2/3	8/9	10/18
用户 A	$<3/9,12/18>$	2/3	$<6/9,2/18>$	**2/3**	1	14/18

DRF 首先选择用户 B 运行任务。结果,用户 B 的份额变为 $<3/9,1/18>$,并且主导份额变为 $\max(3/9,1/18) = 1/3$。接下来,DRF 选择用户 A,因为它的主要份额为 0,该过程将继续

进行,直到不再可能运行新任务为止。在这种情况下,一旦CPU饱和,就会发生这种情况。

在上述分配结束时,用户A获得$<3\ CPU,12\ GB>$,而用户B获得$<6\ CPU,2\ GB>$,即每个用户获得其主要资源的2/3。

请注意,在此示例中,一旦任何资源饱和,分配就会停止。但是,在一般情况下,即使某些资源已饱和,也有可能继续分配任务,因为某些任务可能对饱和资源没有任何要求。

可以使用存储每个用户的主要份额的二进制堆来实现上述算法。然后,每个调度决策将花费n个用户$O(\lg n)$时间。

(4)加权DRF。实际上,在许多情况下,在用户之间平均分配资源不是理想的策略。相反,我们可能希望将更多资源分配给运行更重要任务的用户,或为集群贡献更多资源的用户。为了实现此目标,我们提出了加权DRF,即DRF和加权最大-最小公平性的概括。

使用加权DRF,每个用户i都关联一个权重向量$W_i = <w_{i,1},\cdots,w_{i,m}>$,其中$w_{i,j}$代表用户$i$使用资源$j$的权重。用户$i$的主资源的定义变更为$s_i = \max_j\{u_{i,j}/w_{i,j}\}$,其中$u_{i,j}$表示用户$i$使用资源$j$的数量。一个特定情况是,当用户$i$的所有权重相等时,例如,$w_{i,j} = w_i (1 \leqslant j \leqslant m)$,在这种情况下,用户$i$和$j$的主资源份额之间的比率将为$w_i/w_j$。如果将所有用户的权重设置为1,那么加权DRF会轻而易举地减少为DRF。

(5)其他公平分配策略。在"多资源"系统中定义公平分配并非易事,因为"公平"这一概念本身尚需讨论。在本节中,我们考虑研究的两个备选方案:资产公平性,这是一个简单而直观的策略,旨在使分配给每个用户的总资源均等;平等收入的竞争性均衡(CEEI),这是公平选择的策略,经常使用在微观经济领域。

1)资产公平性。资产公平性背后的想法是,不同资源的相等份额价值相同,即所有CPU价值的1%与内存的1%和I/O带宽的1%相同。然后,资产公平性尝试均衡分配给每个用户资源总值。具体而言,资产公平性为每个用户i计算总份额$x_i = \sum_j s_{i,j}$,其中$s_{i,j}$是分配给用户i的资源j的份额。然后,它对用户的总份额应用最大-最小公平性,即它以最小的总份额反复为用户启动任务。

考虑上述的例子,由于GB的RAM是CPU的2倍(即9个CPU和18 GB的RAM),因此,1个CPU的价值是1 GB的RAM的两倍。假设1 GB的价值为\$1,1个CPU的价值为\$2,则用户A在每个任务上花费\$6,而用户B在任务上花费\$7。令x和y为资产公平性分别分配给用户A和用户B的任务数。然后,通过解决方案对以下优化问题进行资产公平分配:

优化目标:$\max(x,y)$

约束条件:$x + 3y \leqslant 9$ //CPU资源约束

$\qquad\qquad\ \ 4x + y \leqslant 18$ //内存约束

$\qquad\qquad\ \ 6x = 7y$ //每个用户花费相同

解决上述问题得到$x = 2.52$和$y = 2.16$。因此,用户A获得$<2.5\ CPU,10.1\ GB>$,而用户B获得$<6.5\ CPU,2.2\ GB>$。

尽管此分配策略在其简单性方面似乎很引人注目,但它有一个明显的缺点:违反了共享激励属性。资产公平性可能导致一个用户获得的资源少于所有资源的$1/n$,其中n是用户总数。

2)平等收入的竞争性均衡。在微观经济学理论中,公平分配资源的首选方法是平等收入的竞争性均衡(CEEI)。使用 CEEI,每个用户最初收到每种资源的 $1/n$,然后,每个用户在一个完全竞争的市场中与其他用户交换资源。CEEI 方法满足无嫉妒和帕累托效应。

更确切地说,CEEI 分配由讨价还价解决方案给出。讨价还价选择可行的分配,该分配最大化 $\prod_i u_i(a_i)$,其中 $u_i(a_i)$ 代表用户 i 从它的分配 a_i 中得到的效用。为了简单化比较,我们假设每个用户从其分配中获得的效用仅仅是它的主资源份额 s_i。

考虑到以上的例子,回想一下,用户 A 的主资源份额是 $4x/18 = 2x/9$,而用户 B 的主资源份额是 $3y/9 = y/3$,其中,x 是分配给用户 A 的任务数,y 是分配给用户 B 的任务数。最大化主导份额的积等同于最大化积 $x \cdot y$。

因此,CEEI 旨在解决以下优化问题:

优化目标:$\max(x \cdot y)$

约束条件:$x + 3y \leqslant 9$　　//CPU 资源约束

$\qquad\qquad 4x + y \leqslant 18$　　//内存约束

解决上述问题得到 $x = 45/11$ 和 $y = 18/11$。因此,用户 A 获得 $<4.1\ \mathrm{CPU}, 16.4\ \mathrm{GB}>$,而用户 B 获得 $<4.9\ \mathrm{CPU}, 1.6\ \mathrm{GB}>$。

不幸的是,它满足无嫉妒和帕累托效应,无法满足策略保证。因此,用户可以通过夸大其资源需求来增加分配。

2.4.5.2　Yarn 的容量调度算法

Yarn 默认使用的是 FIFO 调度器,使用缺省(default)队列,所有用户共享,按照用户到来的次序,先到先得,没有优先级之分。这种方式会导致一些作业占用全部资源,其他作业则缺乏资源,这样的资源分配是不满足共享激励策略的。本节主要讨论 Yarn 的容量调度器(capacity schedule)。

(1)调度策略。Capacity schedule 调度器以队列为单位划分资源。简单、通俗地说,每个队列有独立的资源,队列的结构和资源是可以进行配置的,如图 2.15 所示,default 队列占 30% 资源,用户 analyst 和用户 dev 分别占 40% 和 30% 资源;类似地,analyst 和 dev 各有两个子队列,子队列在父队列的基础上再分配资源。图中的百分比是父队列资源的基础上的二次分配。

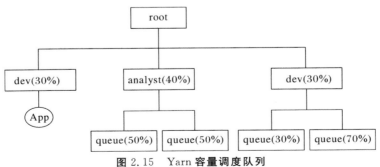

图 2.15　Yarn 容量调度队列

队列以分层方式组织资源,设计了多层级别的资源限制条件以更好地让多用户共享一个 Hadoop 集群,如队列资源限制、用户资源限制、用户应用程序数目限制。队列里的应用以

FIFO 方式调度,每个队列可设定一定比例的资源最低保证和使用上限,同时,每个用户也可以设定一定的资源使用上限以防止资源滥用。当一个队列的资源有剩余时,可暂时将剩余资源共享给其他队列。

(2)调度特性。capacity schedule 调度器具有以下特性:

1)层次化的队列设计。这种层次化的队列设计保证了子队列可以使用父队列设置的全部资源。这样通过层次化的管理,更容易合理分配和限制资源的使用。

2)容量保证。队列上都会设置一个资源的占比,这样可以保证每个队列都不会占用整个集群的资源。

3)安全。每个队列有严格的访问控制。用户只能向自己的队列提交任务,不能修改或访问其他队列的任务。

4)多租户租用。通过队列的容量限制,多个用户可以共享同一个集群,同时保证每个队列分配到自己的容量,提高利用率。

5)操作性。Yarn 支持动态修改调整容量、权限等的分配,可以在运行时直接修改,还提供给管理员界面,来显示当前的队列状况。管理员可以在运行时添加一个队列,但不能删除一个队列。管理员还可以在运行时暂停某个队列,这样可以保证当前的队列在执行过程中,集群不会接收其他的任务。如果一个队列被设置成了停止,就不能向它或子队列上提交任务了。

2.4.5.3 Yarn 的共享调度算法

容量调度的最大缺点是容易造成"资源饥饿"或"资源过载",即当一个队列中作业较多时,其一些作业无可用资源;当一些队列作业较少时,其大部分资源处于空闲状态[186]。为了避免这类问题的发生,Yarn 提供一种弹性资源分配策略,即 Yarn 的共享调度算法(fair scheduler)。

(1)调度策略。在整个时间线上,所有的作业(job)平均获取资源。默认情况下,fair scheduler 只是对内存资源做公平的调度(分配)。当集群中只有一个作业运行时,那么此作业独占集群资源。当其他的 job 提交后,那些释放的资源将会被分配给新的 jobs,因此,每个 job 最终都能获取几乎一样多的资源。

fair scheduler 将 jobs 以队列的方式组织,在这些队列之间公平地共享资源。默认所有的用户共享一个队列,名称为"default"。如果 job 在请求资源时指定了队列,那么请求将会被提交到指定的队列中,仍然可以通过配置,根据请求中包含的用户名称来分配队列。在每个队列内部,调度策略是在运行中的 job 之间共享资源。

fair scheduler 允许为队列分配担保性的最小共享资源量,这对保证某些用户、分组(groups)或 job 总能获取充足的资源是有帮助的。当一个队列中包含 job 时,它至少能够获取最小共享资源量,当队列不再需要资源时,那些过剩的资源将会被拆分给其他运行中的 job。

(2)调度特性。共享调度算法具有以下特性:

1)弹性分配。空闲的资源可以被分配给任何队列。当多个队列出现争用的时候,会按照比例进行平衡。

2)多租户租用。通过共享将空闲资源分配给其他用户,当新用户达到时,释放资源用于新用户。

3)操作性。与容量调度一样。

4)内存资源的公平性。对于 CPU 资源,可以弹性扩展或收缩;对于内存资源,无法弹性分配,采用公平策略。

2.5　结　束　语

大数据处理业务种类的增加,以及多用户对集群基础设施的共享,使得大数据和云计算中的资源管理变得非常重要。大数据和云计算环境下资源管理的核心在于资源调度框架,不同的调度框架对调度效率、调度延迟、系统吞吐量都有较大的影响。大数据和云计算环境下资源的最基本要求是资源的合理分配,共享用户的作业之间不能出现资源竞争的局面,因此,资源调度框架以及资源分配算法是研究重点。

第 3 章　面向大数据和云计算的异构集群集中式资源调度框架

3.1　概　　述

3.1.1　异构结构集群

大数据的兴起,多样化的计算框架通过数据计算以分布式的方式并行运行,达到任务运行效率的提高。在这个过程中,集群资源管理的作用是为作业提供共享计算资源。资源分配策略的好坏以及管理系统架构的不同都会影响作业的运行效率和集群资源的利用率。

随着视频、声音等数据的不断出现以及规模的增加,CPU 处理器在视频、声音等的处理能力上逐渐成为整个系统的瓶颈,作为 CPU 加速器的通用图形处理器(GPU)被广泛使用,为大数据处理的高通量要求提供了有力的支撑。使用 GPU 应用程序越来越广泛,必然会面对多样化资源需求的应用程序,而集群系统不该仅仅局限于 CPU、内存、磁盘这些因素。因此,综合考虑 CPU – GPU 混合场景下的分布式异构结构系统的整体负载情况,是异构结构集群必须面临的挑战[91,97,117,127]。

从调度算法方面分析,无论是 Yarn 的 FIFO 调度、容量调度、公平调度,还是 Mesos 的 DRF 主资源公平调度,都是以 CPU 资源为主,GPU 以附属资源进行分配,缺少对 GPU 作为主资源的细粒度管理方案。然而,一个 GPU 任务,初始化及启动过程需要 CPU 资源,GPU 资源与 CPU 资源交替使用,这种方式不仅导致 GPU 资源浪费,而且 CPU 资源也存在空闲。最终,GPU 计算任务会因串行等待 CPU 或 GPU 资源而严重影响任务的时效性。

从负载因素影响分析,通常,机器的负载与性能有着直接的关系。如果该节点的负载较重,其机器性能就会受到影响,进而影响任务的执行效率。然而,Yarn、Mesos 的调度原则是只要节点有 CPU,内存资源将继续提供资源给有需求的任务。虽然有健康监测,但通常是针对磁盘容量不足的问题。因此,它们仍缺少考虑节点的真实负载所带来的性能差异。目前虽有相关的研究,如基于 Yarn、Mesos 等调度算法进行优化,即考虑对 CPU 与内存负载占比情况,并对资源排序后,对负载压力较小的节点优先进行分配,但是这些优化措施无法应用于 CPU-GPU 混合的集群系统。

综上所述,与传统的集群不同,本文中的异构集群,不是指不同配置的节点构成的集群,而是集群的计算节点上的处理器的混合,即一些计算节点既包含 CPU 也包含 GPU,另外一些计算节点只包含 CPU 不包含 GPU。由这样的计算节点组成的集群称为异构集群,而本书的核心在于研究这类集群的资源调度框架。

3.1.2　GPU 计算以及 CUDA 编程简介

(1)GPU 计算简介。GPU 由英伟达(NVIDIA)在 1999 年发布 GeForce256 图形处理芯片时首次提出。最初 GPU 旨在加速图形渲染,是一种专用的处理器。经过设备生产商对硬件和软件进行一系列升级和改进,使得 GPU 的浮点计算能力和可编程性越来越强。研究人员开始将 GPU 应用于除图形渲染之外的领域,并使用 GPU 代替 CPU 完成计算。由于高效的计算能力和较低的价格,因此,GPU 广泛应用于图像处理、机器学习和数据挖掘等领域。图3.1 是 CPU 和 GPU 硬件架构的整体对比。

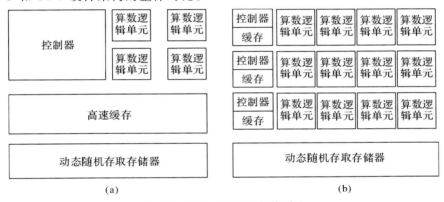

图 3.1　CPU 和 GPU 架构对比

(a)CPU 架构;(b)GPU 架构

首先,从性能方面分析,GPU 在并行计算能力、内存带宽方面比 CPU 具有明显优势。GPU 的基本调度单位是线程束(warp),每个 warp 由 32 个线程组成,所有线程执行同一指令但处理不同的数据,这种单指令多线程(Single Instruction Multiple Thread,SIMT)模式使 GPU 在计算并行任务时效率非常高。另外,GPU 的成本效益比和功能消耗相对较低,可通过增加计算单元提升效率。

其次,从应用场景来看,GPU 擅长处理类型高度统一、数据相互独立的任务,通过大量计算核心并行计算来提升效率。相比之下,CPU 可以同时处理不同类型的数据,并承担控制和逻辑判断工作,计算能力只是其中很小部分。总的来说,CPU 更适合逻辑控制密集型任务,GPU 适合数据密集型任务。

除此之外,CPU 与 GPU 在处理不同类型任务时的计算方式不同。CPU 对浮点计算、逻辑判断、分支跳转、整型计算等任务,分别采用不同的执行单元计算,因此,产生不同的效果。而 GPU 针对不同类型都使用统一计算单元,不同类型任务的计算效率大致相同。

综上所述,GPU 相对 CPU 具有很大的优势。目前,CPU-GPU 异构集群被广泛应用于大数据处理领域,典型的异构计算节点由多个 CPU 和 GPU 组成,两种处理器间通过通用的总线规格(也称 PCI-E)连接。由于 CPU 内存和 GPU 显存是独立的地址空间,因此,需要在两种内存之间拷贝传输计算数据,由 GPU 执行数据密集的计算。随着 GPU 的广泛使用,如何避免 GPU 资源浪费成为重要研究课题。本书的研究关注于通过软件框架和调度算法来提升 GPU 资源利用率和任务处理效率。

(2)CUDA 编程简介。为了更好地利用计算潜力,许多 GPU 通用计算技术被提出,其中 NVIDIA 发布的统一计算设备架构(Compute Unified Device Architecture,CUDA)最为流行。CUDA 是一种在 C 语言基础上扩展的通用并行计算架构,由指令集架构(ISA)和 GPU 内部的并行计算引擎组成,支持 C、C++和 Fortran 等多种编程语言的 API 扩展。CUDA 向用户提供了硬件的直接访问接口,避免像传统方式一样依赖图形 API 接口实现对 GPU 的访问。图 3.2 是一个典型的 CUDA 编程模型示例。

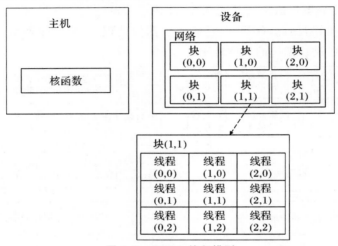

图 3.2　CUDA 编程模型

CUDA 程序包括主机代码和设备代码两个部分,并根据执行需要,利用函数接口在主机和设备端分配内存和拷贝传输数据。CUDA 的线程模型分为线程(thread)、线程块(block)和线程网格(grid)3 个层次,其中 thread 是程序并行计算的基本单位,程序中必须指定线程模型的配置。启动一个核函数,则 CUDA 运行时,系统会生成对应的 grid,其包含的多个 block 共享全局内存,GPU 会以 block 为基本单元发送到流多处理器单元(SP)上执行。一个典型的 CUDA 程序执行流程如下:

　　分配主机内存,并进行数据初始化;

　　分配设备内存,并将数据从主机内存拷贝到设备内存中;

　　调用核函数在设备上完成指定的运算步骤;

　　将设备内存中的计算结果拷贝回主机内存;

　　释放分配的主机和设备内存,执行结束。

CUDA 中核函数通过"函数名<<<grid,block,shared_mem,stream_id>>>(参数)"格式调用,其中 stream_id 指定核函数所在的流编号。CUDA 流表示一个 GPU 异步操作队列,该队列中的操作按照顺序执行。可以将每个流视为 GPU 上的一个任务,不同流可以并行执行。CUDA 流在加速应用程序方面有着重要的作用。如果程序中采用多个流的计算模式,就可以重叠核函数执行和数据传输操作,有效减少程序计算时间。

3.1.3　异构集群调度框架的起源

map/reduce 是一款非常出众的针对大数据处理的编程模型,在 Hadoop 集群上成为一种大数据处理的标准。最早的用户会在少数节点上建立一个 Hadoop 集群,将它们的数据加载到 Hadoop 分布式文件系统(HDFS),通过编写 map/reduce 作业来计算其业务的需求,业务完成后进行卸载。但是,伴随着 Hadoop 性能以及容错能力的提高,企业不再计算完成后就立即卸载,而是将数据持久化到 HDFS 中。

使用 HDFS 数据存储数据后,一些计算任务可以从当前计算节点上获得数据,而一些任务就需要从远程计算节点获得数据。由于从本地读取数据能够得到更大的性能提升,因此,尽量在数据节点上启动任务是大数据计算的一种趋势。随着以 HDFS 为架构的数据存储中心的出现,各种各样的大数据计算框架不断涌现[187-190],如 map/reduce、Dryad、Spark、Flink 等。但是,从现有的趋势看,由于无法使用一个通用的计算框架来满足所有的用户需求,因此,造成了同一个企业或组织内存在同时运行多个计算框架的局面。

另外,由于数据在 HDFS 集群上进行持久化,经常存在着一些被众多开发者"共享"的数据,大大提高了数据的共享性。

因此,出现了多个用户对相同的 HDFS 数据共享访问的问题,以及种类不同的应用程序对集群资源的共享问题,即出现了多租户操作的事实。

为了解决 Hadoop 集群上的多租户问题,HoD 被方案提出和部署。虽然 HoD 为不同用户解决了各自的集群资源访问问题,但是大多数用户跨越共享 HDFS 实例部署计算节点,造成集群资源利用率不高的问题。为了减少基础设施的投入和提高集群资源利用率,一种采用集中方式管理和分配整个集群资源的中间件被提出,为各个作业提供资源的分配和调度,如 Yarn、Mesos、Borg、Omega 等,实现在各个计算框架之间共享集群计算资源。资源管理系统是衔接计算作业与异构集群资源的纽带,一方面,它是计算框架的服务者,响应计算框架的资源请求,为多计算框架合理分配异构集群资源,并与之协商;另一方面,充当着计算节点的"管理者",管理异构集群节点的资源使用与负载情况,保证资源的使用有始有终。

近年来,随着机器学习等技术的广泛使用,声音、图像、视频等类型的数据逐渐成为大数据处理的主要对象。使用传统的 CPU 来处理这种类型的数据,计算能力有限,导致整个大数据处理的吞吐量降低,同时也伴随着延迟的增加。为了解决吞吐量和延迟的问题,业界开始使用 CPU 加速技术,即 GPU 来提高整个系统的数据处理能力。

GPU 越来越成为视频、图像、声音等数据处理程序的关键设备。例如,在深度学习/机器学习、数据分析、基因组测序等领域,存在大量的应用程序,这些程序依靠 GPU 进行加速。在大多数情况下,GPU 能够使程序的速度提高 10 倍;而在一些特定的场合,GPU 甚至可以使程序的速度提高 300 倍。另外,许多现代深度学习程序直接建立在 GPU 深度学习库上,如 CUDA 深度神经网络库(CUDA Deep Neural Network Library,cuDNN)。可以说,深度学习等许多应用程序没有 GPU 支持就无法生存。

然而,CPU-GPU 混合的异构集群资源管理系统现有的资源调度框架对 GPU 的支持不尽人意。最早支持 GPU 的资源管理系统是 Mesos,它能够像 CPU、内存等资源一样支持

GPU。但是,它是粗粒度支持,无法实现 GPU 资源的共享,亦缺乏对 GPU 的显存、对 GPU 核的管理。虽然它在 MPI 程序中被很好地使用,但是在大数据处理环境下的应用程序中较少被使用。最近,Yarn 也开始支持 GPU 资源,亦将 GPU 作为一种资源来管理和调度,目前可以有效支持 NVIDIA 设备。通过资源配置文件设置 GPU 资源类型,在每个节点上进行调度,隔离的粒度是每个 GPU 设备,支持将 N 个 GPU 设备分配给每个任务(N 小于每个节点上可用的 GPU 设备数)。但是,它也将一个或所有 GPU 设备分配给任务,是一种粗粒度分配模式,通过控制组群(Control groups,Cgroups)对 GPU 进行限制,也支持通过 Docker 进行资源限制。由于 CUDA 在 Java 语言方面的不足,因此,Yarn 通过第三方监视框架来监视 GPU 的使用状况。Kubernetes 是借鉴 Borg 系统的容器管理系统,通过容器来隔离 GPU 计算资源,实现 GPU 资源的共享访问。但是,它是一个应用级别的资源管理系统,如果直接应用于大数据计算环境下的资源管理,无法实现灵活的调度和共享。

一些文献对异构集群的资源管理提出了很好的方式和策略[191−200],但是它们存在着一些不足之处。一些研究机构对 Yarn 进行了扩展,支持 GPU 计算资源。但是该文献只研究了如何根据设置的 GPU 资源特性,防止任务数量超过可用 GPU 数量限制问题,对 GPU 的资源共享,以及多个任务之间分配 GPU 计算资源的研究相对缺乏。

其他的 GPU 集群资源管理系统只实现了粗粒度方式的资源调度,缺乏细粒度的资源调度系统。针对 GPU 资源的细粒度管理和分配,学术界也存在一些研究:一种是按照时间分片来调度 GPU 资源,即将多个内核(kernel)函数采用并发的方式,依次共享计算资源;另一种是空间分片,将 GPU 按照流多处理器(Streaming Multiprocessors,SM)粒度来进行调度,即多个 kernel 函数并行提交到不同的 SM 上。按照空间共享可以真正实现 kernel 函数的并行,但是在缺乏统一计算设备架构相关调度指令的前提下,研究比较困难。因此,在时间分片的方面研究较多。但是这些细粒度的资源管理很少涉及 GPU 集群的管理,也未涉及 CPU-GPU 混合的集群资源管理。

综上所述,针对 CPU-GPU 混合的异构结构集群系统,设计和实现一个异构集群集中式资源调度框架(Heterogeneous Resource Management,HRM)就成为重中之重。与现有的集中式资源管理系统不同,HRM 在以下方面进行了优化和改进:第一,提出了队列对异构资源节点细粒度的灵活划分,解决了 GPU 资源使用不充分的问题,提高了异构资源使用率;第二,提出队列排队机制,缓解调度延迟,并在此基础上解决了异构资源的负载平衡问题,形成了分布式二级任务调度架构,减少了调度延迟问题。

3.2　集中式调度框架的问题

集中式资源调度框架有三个主要的服务:一是计算框架管理服务,负责与计算框架的交互;二是资源调度器根据资源负载与公平调度原则,为分布式计算框架提供计算资源;三是资源监控服务,它是调度器与计算节点之间连接的纽带,负责接收集群计算节点的加入和退出消息,同时周期性地捕获计算节点的心跳信息,即将各个集群节点的容器(任务)状态信息进行汇总处理后,通知调度器更新集群资源的最新状态。这些更新信息对资源调度器来说非常重要,是资源分配的依据。

对大多数用户来说,实现了以上描述的 3 项主要的服务的集群调度框架,就可以满足常用的计算框架(如 Hadoop、Spark、Flink 等)的资源分配需求。但是,随着诸如视频、图像等类型的数据量的增加,以及集群规模的不断扩大,现有的主流、开源集中式调度框架(Yarn 和 Mesos)存在两个方面的挑战[145-150]。

(1)调度延迟问题。目前,大多数集中式资源管理方面都面临着调度延迟问题。该调度延迟主要来源于调度时机与调度性能。在调度时机方面,都遵循节点剩余资源满足任务需求时,才可进行资源的分配。如果此时集群节点上无可用资源,那么计算任务将要等待一定时间。直到存在其他任务释放集群节点资源,并伴随周期性心跳汇报时间被汇报到中心节点。此时,调度器将根据当前资源使用情况重新进行资源匹配。在此过程中存在周期性心跳汇报时间间隔,以及周期性资源调度时间间隔,因此,导致任务调度延迟,这类延迟也称为反馈延迟。当然存在一些系统,如 Yarn 采用的是事件触发的方式减少调度时间间隔,即一旦有节点汇报心跳信息,就检查节点资源是否可以为计算任务分配资源。触发式资源调度无法考虑负载平衡与节点性能相关问题。同时,随着节点规模增大,触发式的调度会受到大规模通信带来的延迟问题,不利于集群的可扩展性。在调度性能方面,部分资源管理系统将调度服务启动在多台节点上,扩展为分布式并行为计算框架分配资源,以达到调度性能的提升。但是面临资源一致性管理,以及资源分配冲突的问题,Omega 对此解决的方式是通过中心节点协调器对冲突分配的资源予以拒绝,要求相关调度器重新进行相关资源分配等问题。

(2)异构资源细粒度管理问题。现阶段,主流集群资源针对 GPU 的管理粒度主要还是按照整个 GPU 设备进行分配。导致 GPU 资源利用率不高与大量计算任务对 GPU 资源需求之间的矛盾。通常,GPU 的计算任务不只是使用 GPU 资源,还需要 CPU 内存等多种资源,因此,存在与 CPU 计算任务竞争 CPU 资源的问题。例如,大量 CPU 计算任务占据了含有 GPU 的服务器,导致后来的大量 GPU 计算任务长时间等待问题。这种情况下造成异构资源的负载不均衡,以及异构资源无法充分利用问题,即 GPU 资源空闲而 CPU 资源繁忙。

本章分析了现有的集群资源管理框架,提出在工作节点上添加队列的方式,进行二次调度,解决了现有的调度架构中心节点的瓶颈问题,以及视频流数据处理中的调度开销,保证了系统中的高可扩展性和低延迟。通过在计算节点上建立管道队列以及作业执行队列组合,形成由队列组成的虚拟"集群",满足资源的灵活分配和控制。设置任务在队列中的等待、排队和执行等状态,预调度候补任务,达到高通量的目的。各个计算节点上设置队列的本地调度,建立全分布调度体系,达到低延迟的要求。各个管道队列采用不同的调度策略,很好地解决了负载不平衡问题。

3.3　异构集群集中式调度框架的总体流程

集中式异构资源管理系统(HRM)总体结构及其功能主要分为两项服务:①中心节点资源管理服务;②计算节点资源管理服务。中心节点完成与计算框架的交互以及集群计算节点的交互,通过维护全局集群资源一致性,管理整个计算框架的任务运行情况,最终完成资源与任务的调度工作。计算节点资源管理服务收到中心节点的调度结果后,负责对本机自身节点资源进行实时监控与管理,确保任务运行环境的资源与需求的资源一致,监控任务的运行状况,通过周期性检测节点状态变化与否,向中心节点发送节点资源状态的更新。中心节点与计算节点两大服务相互交互与配合,是完成集群资源管理的基本功能保证。本系统的设计原则借鉴轻量级 Mesos 的资源管理方式,支持粗、细粒度资源调度。

3.3.1 总体运作流程

HRM 的中心节点上包含资源调度服务、资源监控器服务、计算框架管理服务 3 项主要的服务模块。计算节点服务主要是节点资源管理服务与队列管理服务。通过这几个服务的信息异步交互与协作完成集群异构资源管理,以及计算作业公平共享集群异构资源。图 3.3 所示是 HRM 整体流程运行图。

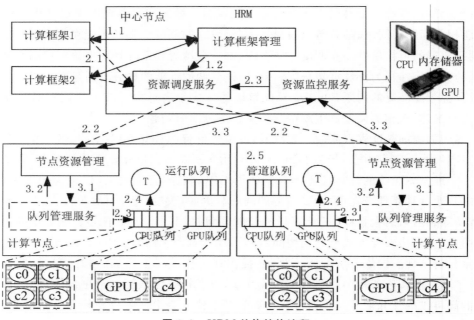

图 3.3　HRM 总体结构流程

计算框架向 HRM 的计算框架管理服务进行信息注册,其中包含资源具体需求描述信息,并收到注册成功的返回消息(步骤 1.1)。计算框架服务将新计算框架加入通知调度器,更新计算框架待分配资源列表(步骤 1.2)。

资源调度服务收到计算框架管理服务通知,保存计算框架相关信息,可以知道计算框架待分配的资源需求情况。另外,资源调度服务收到资源监控服务通知:集群节点的注册、注销、更新,可以知道异构集群资源可用量,以及负载情况等。资源调度服务根据资源与任务情况,按照负载平衡策略为任务分配异构资源,并将资源分配结果与计算框架协商(步骤 2.1)。资源调度服务根据计算框架所接收的相应分配结果与集群节点资源管理服务通信(步骤 2.2)。集群计算节点的资源管理服务将信息通知给队列管理服务,由队列管理服务将任务投入相应的资源队列上,并维护任务的生命周期。资源队列包含 CPU 资源队列、GPU 资源队列,不同队列的绑定资源比例可能不一致(步骤 2.3)。计算节点资源队列后,根据当前剩余资源与任务所需资源进行对比,如果资源足够,就启动任务。否则,任务处于等待状态(步骤 2.4)。任务监控管理器监控资源队列上任务的生命周期,如排队等待、运行、运行结束(步骤 2.5)。

计算节点的资源管理服务初始化后,启动队列管理服务,并周期性地获取队列管理服务的任务状态信息(步骤 3.1 和步骤 3.2)。节点资源管理服务向资源监控服务汇报心跳消息,包含资源与任务状态的详细信息(步骤 3.3)。一旦资源监控服务收到来自集群节点的心跳汇报信息后,就通知资源调度服务更新全局资源视图与相关任务状态。

3.3.2　HRM 的通信技术

HRM 采用的是便捷且高效的基于 Actor 的异步通信技术、Libprocess 开源库。Libprocess 具有异步性、隔离性,无锁运行,通信过程透明。其中,异步性表现为通信过程消息接收与处理的异步性,可以提高消息处理效率。隔离性主要是指消息的不同服务之间资源不可共享,底层物理资源级别的隔离,保证不同服务正常运行。无锁运行主要是指服务串行处理不同消息内容。通信过程透明主要是针对开发者在编程方面的便捷性,即本地与远程通信函数使用一样,只需提供 IP 与端口号即可。

基于 Libprocess 的通信原理如图 3.4 所示,每一个处理(process)进程通过继承 Libprocess 提供的功能,可以继承 Libprocess 的基本功能。每一个 process 包含一个分发器和一个消息队列。Libprocess 的消息队列用来暂存其他 process 发来的消息。Libprocess 的分发器通过 map<Message,HandlerFunction>维护消息与执行函数的映射关系,根据消息队列上的消息,分别调度执行对应的消息响应函数。在响应函数执行过程中,可能也会产生其他消息,可能是内部的,也可能是外部的,完全依赖于程序设计者的处理逻辑。另外,Libprocess 提供了几种方便的功能函数,如 delay 函数,该函数的功能为等待设点时间结束时,产生一个消息,等待调度器再次调度与执行。

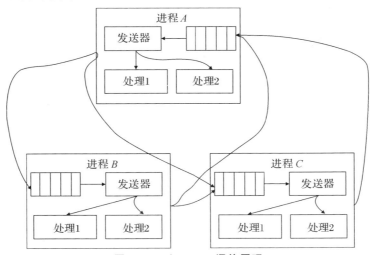

图 3.4　Libprocess **通信原理**

HRM 系统运行时,每个 process 是一个线程或进程,它可以代表一种服务。图 3.4 中有 3

个 process 服务, process 之间在消息通信时,消息会被排队到消息队列中。之后由发送器 (dispatcher)分发器依次处理消息内容,主要流程是根据消息格式调度执行相应的响应函数。可以看出,在同一个 process 中,消息的处理是串行进行的,因此,对于资源的访问也是串行的,避免了同步锁问题。

3.3.3 HRM 中心节点相关功能

3.3.3.1 计算框架管理服务

计算框架管理服务主要是实现与计算框架的交互功能,在该过程中较为重要的是响应计算框架的注册消息(register framework message)与注销消息(unregister framework message)。通过提出资源框架管理服务与调度服务的分离,以异步的方式协作,可以防止计算作业时注册消息量过大而造成注册信息丢失,以及消息响应延迟问题,其流程如图 3.5 所示。

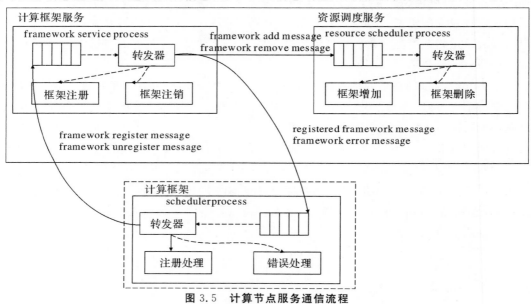

图 3.5　计算节点服务通信流程

(1)注册流程。计算框架向计算框架服务发送 register framework message。该消息主要包含的是计算框架自身的基本信息(framework Info),如计算框架名称、计算框架类型、计算框架是否活跃等信息,以及资源需求,如 Labels 资源配置描述。该信息可以有多条,分别描述了 excutor 请求所需资源的详细信息,如内存大小、CPU 核数、GPU 卡号、显存大小等。

计算框架服务收到消息后,先检查该计算框架是否重复注册,然后检查该计算框架申请资源情况。例如,一个 excutor 所需资源是否超过一个节点的资源总量。若未通过安全性检查,则返回 framework error message,内有 string 类型字符串,记录错误原因。一旦基本安全性检查通过后,计算框架服务向 framework 返回一个 framework registered message,表示接收计算框架的资源申请,并为该计算框架生成一个新的 ID 编号,方便统一资源分配的管理。同时,将已接受的计算框架排入队列中,并由资源调度服务异步读取这些信息后再做处理。Framework registered message 里面包含了 framework_id 消息和 master_Info 消息。其中,framework_id 可以改善信息交互与管理的方便性。Master_Info 包含 IP、Port、Hostname、Version 版本号等基本信息。HRM 中心节点的基本信息包括节点 IP、HRM 服务的端口号、pid、主机名等。最后,将 framework info 消息以及相应 excutor 任务消息通知资源调度服务,即发送 framework add message。

(2)注销流程。当计算框架完成全部的工作任务或强制停止正在运行的任务,即不需要再向 HRM 申请资源,计算框架发送 unregister framework message 给计算框架服务,该消息仅包含 framework_id,该 ID 信息有 HRM 在计算框架管理服务时分配的。

计算框架服务收到 unregister framework message 后,根据 framework_id 判断是否是所管理的计算框架。若是,则通知资源调度服务进行相应任务状态的更新与计算框架信息的移除,即发送 framework remore message。否则,返回 framework error message,内容为未知计算框架。

转发器的主要作用是在各个服务器之间转发消息。

3.3.3.2　资源监控服务

资源监控服务管理集群节点的详细信息支持计算节点的动态的加入与退出,以及动态变化的过程。它为每一个节点创建一个对象,并管理生命周期。当存在节点资源变化或任务变化时,通知调度器维护全局资源视图。为了更新资源监控服务的处理性能,降低中心节点的通信开销与负载压力,系统对资源监控服务与计算节点交互过程做出一定改进,提出基于查分的心跳信息处理模型与基于环形监视的节点监控模型,对 3.1 节所提到的问题三给出了解决方案。资源监控服务的流程如图 3.6 所示。

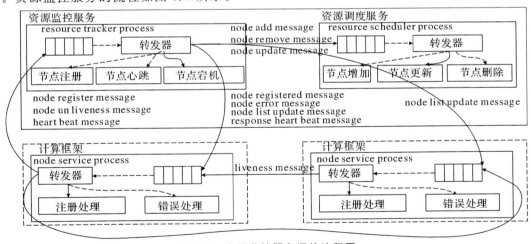

图 3.6　资源监控服务通信流程图

(1)计算节点注册。计算节点加入集群的过程表示为,计算框架向资源监控服务发送 register node message,其中包含计算节点网际互连协议(Internet Protocol,简称 IP)、端口号(port)、节点名(host name)、节点资源总量、队列信息。总资源包含 CPU 总体核数、内存大小、磁盘容量、GPU 卡数、GPU 显存大小。队列信息包含队列属性、队列所绑定资源大小、队列的最大可运行任务数量、可排队任务数量。

资源监控服务收到 register node message,首先,检查该计算节点 IP、port 是否符合正常标准规范。其次,检查该节点是否是已经注册过的节点,以避免节点重复注册。再次,检测该节点总资源是否小于系统最低预期标准,如果低于标准,就拒绝该节点的注册。对于不满足条件的注册节点,发送 node error message,其中包含 string 类型变量、记录错误原因。否则,将该节点加入管理列表中,更新全局资源视图,并回复 node registered message。该消息包含节点编号、节点的监控列表,以及 IP、Port、Hostname 详细信息。

(2)计算节点状态更新。计算框架将节点任务状态、节点资源信息封装成 heart beat message 发送给资源监控服务。任务状态包含运行状态、所属 framework_id、所需资源信息。节点资源信息一般包含队列资源、节点健康状态。通常,为了防止计算节点与资源监控服务频繁通信而导致消息处理不及时的丢失,基本开源的集群资源管系统将心跳汇报过程设为周期性。本系统进一步优化,节点通过周期性检测,有任务状态变化或节点健康状态变化,则资源监控服务进行汇报。

资源监控服务收到 heart beat message 后,首先,检查该计算节点是否是当前所管理的计算节点。其次,检查该节点的消息序列号。由于节点的状态是动态变化的,若存在之前消息未及时处理而导致前一个心跳周期所发送消息后到达,则会引起状态管理出现错误,因此需要严格控制每个节点的消息序列号。若本次序列号等于资源监控服务所记录的上一次心跳回复的序列号加 1,则任务当前心跳信息在有序汇报。否则,发送消息上一次心跳回复序列号,使计算节点重新发送最新消息。再次,根据任务状态通知计算服务框架更新所管理的任务状态,并根据结束的任务回收更新相应节点的资源信息,回复 response heart beat message,其中包含消息序列号。最后,将有变化的任务与资源信息汇报给资源调度服务,即发送 node update message。

(3)宕机节点更新。计算框架组成了环形监控的网络结构,通过向后继节点发送生存状态消息(liveness message),证明当前节点处于正常运行状态,一旦存在某节点发现前驱节点在一定时间间隔内未发送 liveness message,就向中心节点汇报前驱宕机节点详细信息(unliveness message),该消息包含当前节点 ID,宕机节点 ID。资源监控服务收到 unliveness message 后,判断当前节点所监控的前驱节点是否符合节点监控列表,如果不符合,则仅通知当前节点更新节点监控列表。否则,更新节点监控列表后,通知集群各节点更新节点监控列表。消息类型为 node list update message,其中包含中心节点详细信息、节点监控列表。

3.3.3.3 资源调度服务

前两小结分别介绍了计算框架管理服务与资源监控服务。它们的作用是为调度服务分担通信开销与处理压力,避免调度服务不必要的远程通信,使得调度服务更专注于资源分配的过程,减少调度延迟。调度服务维护全局的计算框架运行状态及集群节点资源状态。这两者的状态信息都是调度过程不可缺少的对象。资源调度服务通信流程如图 3.7 所示。

(1)计算框架状态变化消息。计算框架管理服务主要是通知调度服务计算框架状态变化的情况,一般包含计算框架增加(framework add)、计算框架删除(framework remove)。这两种消息表示计算框架的加入、计算框架的移除。

当资源调度服务收到 framework add,调度服务为该计算框架及相应任务创建新的对象,标记相应状态为 new,并管理其生命状态。当调度服务收到 framework remove 时,调度服务检查该计算框架相应的任务是否结束运行。若存在未结束的任务,则将相应任务转化为 kill,并与相关计算节点异步通信终止任务的运行,等待资源监控服务监控到相应任务都变为结束状态后,便可将计算框架与任务信息彻底移除。如果全部任务都为 finish,则说明该计算框架时正常结束,直接移除相关信息即可。

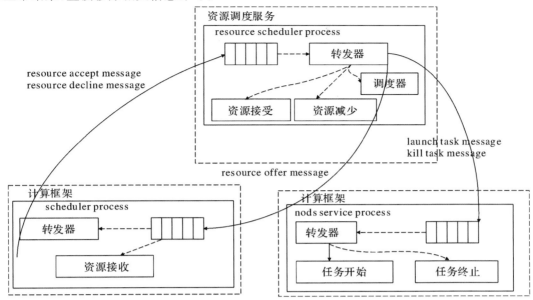

图 3.7　资源调度服务通信流程图

(2)节点状态变化消息。资源监控服务主要是通知调度服务节点变化的信息,一般包含 3 种:节点增加(node add)、节点删除(node remove)、节点更新(node update),这 3 种消息分别表示新节点的加入、节点的移除,以及节点资源的更新。每个消息都是由集群节点资源的变动引起的,调度服务收到该消息后便更新相关资源。

当调度服务收到 node add,node update 时,将资源信息更新到全局资源视图中。当收到 node remove 时,先将该节点从全局资源管理中移除,然后需要检查该节点上是否有任务。若节点之前存在任务,则将相应任务标记为失败(fail)。

(3)资源调度。资源调度函数会被周期性调度,该实现依赖于 libprocess 的 delay 方法实现。在该过程中,主要是按照负载平衡调度策略,确定哪些节点资源可分配以及哪些计算框架需要分配多少资源。最后将分配好的资源生成 resource offers message 发送给计算框架,等待计算框架根据任务需求选择合适的资源。其中,resource offers message 包含 offer 与 pid。offer 可以是多个,offer 内部详细信息包含 offer ID、framework ID、slave ID、hostname、resource、excutor ID。offer ID 指的是资源编号。resource 包含 CPU、GPU、内存等具体资源大小信息。excutor ID 表示对应 framework 的部分或全部任务的 ID 编号。

当计算框架选择好资源信息后封装成 resource accept message 发送给资源调度服务,资源调度服务遍历资源请求(offers),并将相应资源进行更新后,向相应异构集群节点发送 launch task 消息,启动相应任务。对于 resource decline message,将遍历其中 offers,并对相应资源进行记录,在之后的资源推送中不再将相关资源推送给相应计算框架,当用户终止任务时,资源调度服务向计算框架发送 kill task message,由计算框架终止任务。

3.3.4　队列系统

在计算节点上,相比于其他集中式资源管理架构,异构资源管理系统在计算节点上增加队列,实现异构资源细粒度管理,以及异构资源利用率的提升。资源队列的优势:第一,在资源划分方面,每个集群节点上的队列是异构资源分配的最小单位,异构资源主要包含 CPU、内存、GPU 显存。GPU 任务与 CPU 任务存在 CPU 资源的抢占问题,队列通过与物理资源灵活的绑定与划分,较好地解决 CPU-GPU 资源竞争问题。第二,在资源调度方面,队列支持调度服务的预分配资源问题,对超过当前节点使用量的计算任务在队列上排队等待,一旦前面的任务运行结束,就可直接运行。这既可以减少调度延迟,也可以在调度间隙提高异构资源使用率。

3.3.4.1　队列的概念

此处所说的队列并非数据结构中所说的具有先进先出特性的队列,而是操作系统中所说的队列。队列是建立在 Linux 操作系统之上的一个子系统,需要操作系统执行的各个进程被提交给该子系统,由它对这些进程进行调度和执行,同时负责系统资源的有效利用及进程控制。它是任务在操作系统中的逻辑上归宿。

在异构集群资源管理系统中,队列主要分为资源队列(也称批处理队列、batch 队列)和管道队列(也称 pipe)。资源队列主要包含 CPU 资源队列与 GPU 资源队列。管道队列负责任务转发。

每个队列有一组同其相关的属性,这些属性决定了处于队列中的作业如何执行。比较典型的属性有队列名称、队列优先级、资源限制、最大可执行进程数等。

用户可以在每个集群计算节点上建立自己的队列,并可以将这些队列组合起来,形成一个队列系统。集群系统中设置队列系统的目的在于提高系统资源的使用率,减少反馈延迟及资源空闲。队列系统接收作业引擎提交的作业,将接收到的作业转化为请求,然后对这些请求进行批处理。

在同一个计算节点上,可以定义两个以上的队列,每个队列可以定义各自的属性,如队列中可同时运行的作业数、队列的执行权限等。还可以定义一些特殊类型的队列,如管道队列,可以根据提交请求的属性和目标自动将执行请求通过网络投入到远程主机上,这样一来,通过向集群中的其他机器转送执行请求来实现负载平衡。

3.3.4.2　队列的分类

如图 3.8 所示,用户可以按照需求在每个计算节点上建立队列。队列分为管道队列及执行队列(也称资源队列),执行队列又分为 CPU 队列、GPU 队列及 CPU-GPU 混合的队列。

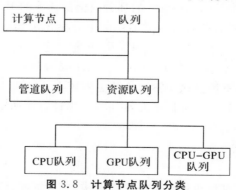

图 3.8　计算节点队列分类

集群系统的计算节点分为两类:一类是调度机器,负责整个数据中心计算资源的协调管理,称为主节点,也称为资源管理器;另一类是成员机器,这类机器作为集群成员,提供计算所需要的计算资源,称为从节点,也称为计算节点。

(1)资源队列。资源队列的任务在于提供资源,执行用户提交的任务。计算节点上可以包含多个执行队列。执行队列占用计算节点上的计算资源,是任务调度和执行的主体,每个执行队列都包含一定的计算资源。按照队列中包含 CPU 和 GPU 的情况,可以将队列分为 CPU 队列、GPU 队列及 CPU-GPU 队列。CPU 队列中只包含 CPU 计算资源;GPU 队列只包含 GPU 计算资源;CPU-GPU 队列中既包含 CPU 资源,也包含 GPU 资源。当然,执行队列也包含内存、显存、I/O 带宽等其他计算资源。

资源队列的本质是与物理资源的绑定,任务被分配到的相应队列时,可以享用该队列所划分的物理资源,并在该资源空间内任意使用资源。因此,资源队列是任务执行调度的基本载体,也可与不同异构资源进行绑定,满足不同资源使用策略。每个资源队列代表一组资源集合,底层通过 Cgroup 资源隔离机制保证资源的独立性。根据资源队列所绑定的 CPU、内存、GPU 使用占比不同,可以分为 CPU 资源队列、GPU 资源队列。资源队列属性如下:

1)队列名称:同一节点可以创建多个资源队列,因此,队列名作为同一节点上唯一区分的标志。

2)资源队列属性:0 是 CPU 资源队列,1 是 GPU 异构资源队列。

3)绑定资源量:其基本类型为结构体,包含 CPU 核编号、GPU 卡号、GPU 显存数组及内存大小。当任务在获取匹配资源时,调度器根据相应节点的队列资源量与任务资源需求进行对比,如果任务资源需求量未超过队列所绑定的资源总量,那么该任务可以被投交到该队列,并等待被调度执行。

4)资源剩余量:资源使用量根据资源队列所绑定的资源总量减去正在运行的计算任务所申请的资源量。计算节点将排队任务的资源需求量与资源剩余量比较,决定是否启动该排队等待的任务。不同资源队列参考的剩余资源量有所不同,如 GPU 资源队列,根据 GPU 计算任务特点允许 CPU 资源被多个 GPU 计算任务共享,资源剩余量仅参考 GPU 显存。

5)队列中任务数量:通过结构体的方式,将任务正在运行数、等待数进行保存,以供调度服务在资源控制与负载平衡方面的资源分配时提供参考依据。同时,当任务执行结束时,等待的任务可以转为运行状态,其描述值也会动态变化。

6)任务描述指针:该指针指向一个链表,表示挂载到当前队列的详细任务描述信息。用于记录当前该队列上的全部任务,并描述相应任务运行状态及资源使用量。该详细描述,一方面,提供给资源调度服务的资源分配决策;另一方面,保证与中心节点任务以及资源状态一致性同步。

(2)管道队列。管道队列主要作为待转发任务的载体,作用在于任务传送与通信,实现将排队任务转发到指定节点的资源队列上,因此,不对物理资源进行直接绑定。通过借助 pipe 管道队列,可以实现负载平衡策略的需求转发功能,从而实现任务的二级调度。

管道队列特有的属性如下:

1)队列名称:同一节点可以创建多个管道队列,因此,队列名作为区分标志。

2）目标队列列表：中心节点根据负载平衡策略选定指定节点的资源队列后，将相关节点的队列信息返回到计算节点，计算节点将该信息加入管道队列的目标队列列表中进行保存。管道队列将根据目标队列列表，将指定任务转发到目的节点上，因此，列表中可以有一个或多个目标队列。

3）任务描述指针：指向带转发任务列表。

4）待转发运行数量：记录了排队的任务数量，用于展示管道队列转发效率。

3.3.4.3　队列的状态

队列的状态控制着作业是否能排队或执行，队列状态可分为两类，两类状态搭配使用，如图3.9所示。

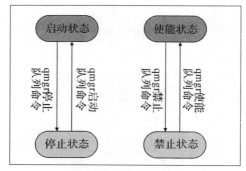

图3.9　队列的状态

（1）队列是否可接收请求。

1）启动状态（start）：表示此队列已经准备好，若是执行队列，则准许运行作业；若是管道队列，则准许进行作业的转送。

2）停止状态（stop）：表示此队列已经停止，若是执行队列，则不准许运行作业，正在执行的作业会继续运行直到完毕；若是管道队列，则不准许进行作业的转送，正在进行转送的作业会继续执行完毕。

3）使能状态（enable）：表示此队列准许接受请求进入队列。

4）禁止状态（disable）：表示此队列不准许请求进入队列，已经在队列中的请求，若是执行队列，会继续运行（running）直到完毕；若是管道队列，则会继续转送（routing）到其他的管道队列或执行队列。

（2）请求是否能执行。

1）已经停止状态（stopped）：表示队列处于不可接受状态，且其中已无请求处于运行状态，或本地的队列管理服务处于无效状态。

2）正在停止状态（stopping）：表示队列已处于不可接受状态，但其中仍有请求处于运行状态，而且本地的队列管理服务也处于有效状态。

3）准备状态（inactive）：此状态是启动状态的一个子状态，表示此队列已经准备好，但是没有处于活动状态。若是GPU队列，则表示队列中没有请求在运行；若是pipe队列，则表示队列中没有请求正在转送。

4）无效状态（shutdown）：表示本地的队列管理服务处于未启动状态。

5）运行状态（running）：表示目前队列中至少有一个 executor 请求处于运行状态。

3.3.4.4　队列的状态迁移

系统可以根据队列的当前状态对队列的状态进行改变。

当队列处理启动状态时，通过 stop 命令，可以使得队列变为停止状态；反之，停止状态的队列通过命令可以变成启动状态。

使能状态的队列通过 disable 命令可以变为禁止状态，反之，禁止状态的队列通过 enable 命令可以变为使能状态。

3.3.5　请求概述

3.3.5.1　请求

请求是指一个个可以被操作系统执行的进程。请求分为批处理请求及网络请求。批处理请求用于使用本地的计算资源来完成任务的执行，而网络请求则用于通过网络向其他计算节点传送批处理请求的执行结果。用户可以对投入的请求进行状态监控、撤销、属性修改及移动等操作。

在大数据计算应用中，请求可以是一个编程框架的执行器（executor），也可以是一个容器，甚至可以是一个 shell 脚本或一个二进制程序。

下述章节中，我们讲的请求主要指的是执行器请求。

3.3.5.2　executor 请求的状态

一个请求包含 executor 请求的环境变量配置信息、启动资源参数信息及请求的执行文件位置。executor 请求分为 8 种状态：

（1）离开状态（departing）：当 executor 请求处于管道队列中，并正处于准备离开所在队列，转向其他队列的状态。

（2）结束状态（exiting）：也称退出状态，即 executor 请求处于执行队列中，并处于执行终止的状态。其标准输出（stdout）或标准出错文件（stderr）将被拷贝（或传送）到目标文件中去。这个状态是所有 executor 请求的终态。

（3）运行状态（running）：executor 请求正在运行，对于执行队列，这种状态称为运行状态；对于管道队列，这种状态称为转送状态（Routing）。

（4）排队状态（queued）：executor 请求已准备就绪正在等待执行，它的下一个状态是运行状态。

（5）等待状态（waiting）：executor 请求的预定开始时间晚于当前时间，则该 executor 请求处于此状态。

（6）保持状态（holding）：executor 请求被锁住，状态不能改变到其他状态，如 queued 和 running，只能保持在该状态，只有当其被"释放"后，才会回到进入该状态前的状态。

（7）到达状态（arriving）：executor 请求刚被转送到本队列系统中，转送完毕后，executor 请求进入等待状态或排队状态。

（8）转送状态（routing）：executor 请求在源计算节点上开始向目标节点发送的状态，是目标节点的状态，与源计算节点的离开状态对应。

3.3.5.3 executor 请求的状态迁移

（1）executor 请求在执行队列中的状态迁移。请求在执行理队列中会有保持、到达、等待、排队、运行、退出 6 种状态，请求在批处理队列中的状态迁移如图 3.10 所示。

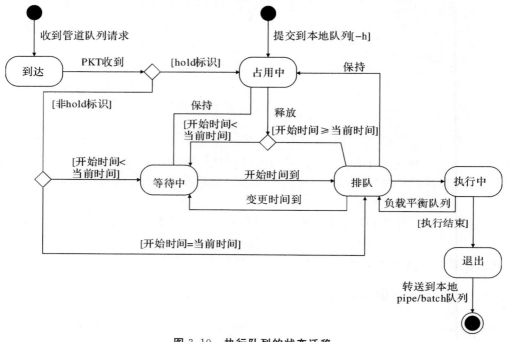

图 3.10 执行队列的状态迁移

（2）executor 请求在管道队列中的状态迁移。请求在管道队列中有保持、到达、等待、排队、转送、离开 6 种状态，请求在管道队列中的状态迁移如图 3.11 所示。

请求的状态迁移图中充分体现了以下 12 条迁移规则：

1）当要求执行一个 executor 请求时，若请求有 hold 标志，则该请求进入保持 状态；否则，若请求的预定开始时间未到，则该请求被置于等待状态，否则，置于排队状态。

2）若请求是从远程管道队列或本地管道队列传送过来的，则该请求处于到达状态。

3）若收到保持请求的命令，则处于等待状态或者排队状态的请求会进入保持状态。

4）若收到释放请求的命令，则处于保持状态的作业回到进入保持状态前的状态。

5）若请求的预定开始时间已经到达，处于等待状态的请求将进入排队状态。

6）若请求的预定开始时间被向后修改了，则处于排队状态的请求将进入等待状态。

7）当请求的执行时机到达时，处于管道队列中的排队的请求将进入运行状态，处于批处理队列中的排队状态的请求将进入转送状态。

8）若给管理者机器发送的命令包发送失败，则处于负载平衡管道队列中的请求，将从正在转送状态迁移到排队状态。

9)请求完全到达本机后,若请求有 hold 标志,则廖请求从到达状态进入保持状态;若请求的预定开始时间未到,则该请求被置于等待状态,否则,置于排队状态。

10)若处于管道队列中的请求要被转送到远程机,则处于转送状态的请求将进入离开状态。

11)请求在批处理队列中执行完成后,请求的状态改变为退出状态,从队列中消除。

12)除处于运行状态的请求不能被删除继续运行之外,其余的请求均可被 qdel 命令删除,进入退出状态,从队列中消除。

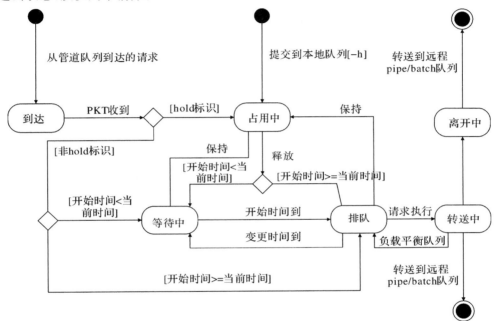

图 3.11 executor 请求在管道队列中的状态迁移

3.3.5.4 executor 请求的生命周期

一个 executor 请求从产生到运行结束的状态迁移的实现,整个生命周期的变化如图 3.12 所示。通过使用队列管理系统提供的工具包 qsub、qhold、qrls、qdel、qmove 及 qmgr 来变更请求的状态。

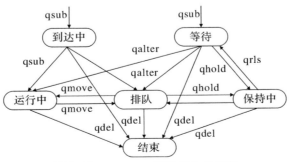

图 3.12 executor 请求的生命周期

当用 qsub 命令向本地执行队列启动一个 executor 请求时,请求的状态是等待状态;当用 qsub 命令,从本地计算节点向其他计算节点的执行队列启动一个 executor 状态请求时,请求的状态是到达状态。

arriving 状态的请求通过 qalter 命令,其状态为排队状态;当执行队列中的资源满足要求时,其状态变为 running 状态。

处于 waiting 状态的请求,使用 qalter 命令时,其状态变为 queued 状态。

处于 waiting 状态的请求,使用 qhold 命令时,其状态变为保持状态。

处于 holding 状态的请求,使用 qrls 命令时,其状态变为 waiting 状态;使用 qdel 命令时,请求结束;保持(hold)状态的请求,自动会变为 queued 状态。

处于 queued 状态的请求,使用 qdel 命令时,请求结束;使用 qhold 命令时,请求变为 hold 状态;使用 qmove 命令时,请求运行中。

处于 running 状态的请求,使用 qdel 命令时,请求结束;使用 qmove 命令时,请求变为 queued 状态。

总之,根据请求的来源和目的,可以将请求的状态迁移分为以下 3 种模式:

1)请求从本地产生,并且直接投交到本地队列。若请求被直接投交到本地批处理队列中,则请求的状态迁移会是"holding →queued →running →exiting";若请求被直接投交到本地管道队列中,并且该管道队列的目标队列不是远程队列,则请求的状态迁移会是"holding →queued →routing";若请求被直接投交到本地管道队列中,且该管道队列的目标队列是远程队列,则请求的状态迁移会是"holding →queued →routing →departing"。

2)请求是从本地管道队列转送出来的,目标仍是本地队列。例如,请求被先投交到本地的管道队列,然后转送到本地的批处理队列中,那么请求的状态迁移会是"holding →queued →routing →arriving →queued →running →exiting"。

3)请求从远程管道队列转送过来的,目标是本地队列。例如,请求被先投交到远程的管道队列,然后被转送到本地的批处理队列中,那么请求的状态迁移会是"holding →queued →routing →departing →arriving →queued →running →exiting。

3.3.5.5　请求调度

请求是网络队列系统的基本调度单位,在网络队列系统中的调度都是基于队列的。根据调度队列所在的机器数量,可分为使用多机器的请求调度和使用单一机器的请求调度。使用多机器的请求调度也就是通常我们所说的负载平衡。使用单一机器的请求调度可根据调度队列的个数,分为多队列的请求调度和单一队列的请求调度。

使用单一队列来调度请求时,系统中只有一个队列。这个队列中包括所有的用户请求,调度程序依据自己特定的一组规则,检查每个请求对资源的需求情况和请求的优先级,对所有的请求进行动态排队,重新确定请求在队列中的执行顺序。

使用多队列的调度请求时,系统中有多个队列。请求分布在多个队列中,各个队列可能设置不同的属性,调度程序在选择要运行的请求时,会先查询队列的属性信息,根据队列是否处于活动状态、队列的优先级、队列中请求的个数、队列的负载等属性决定从哪个队列中选出请求,确定出合适的队列后,再根据队列的运行限制和请求的属性,决定执行哪个请求。本节所讨论的请求调度就是这种使用单一机器的请求调度方式,调度算法通常有以下几种:

（1）先进先出式调度。FIFO 调度是一种基本的调度方式，对多队列和单一队列调度都是适合的。对单一队列调度而言，FIFO 调度完全以请求进入队列的时间为顺序，实行"先到先服务"的策略。对于多队列调度而言，FIFO 调度还要考虑多个队列的选择因素，通常会有以下的一些选择策略：

1）先顺序检查完一个队列中的所有请求，然后再开始检查其他队列中的请求。

2）检查完某个队列中排在第一的请求后，离开该队列，再去检查其他队列中的排在第一的请求（轮循）。

3）以队列优先级的高低为队列的选择次序。

（2）公平共享式调度算法。公平共享式调度算法要求对资源进行公平分配，每个请求在系统中执行的机会是公平的，请求运行时得到的资源也是公平的。公平共享式调度更适合单一队列调度模式。具体实现方法是这样的：如果某个用户提交的请求正在系统中运行，那么该用户继续提交的请求会排在执行次序的后面，其他用户提交的请求会排在执行次序的前面。公平共享式调度的不足是明显的，有 10 个请求在运行的用户和有 2 个请求在运行的用户并没有什么不同，有 2 个请求在运行的用户新提交的请求并没得到执行的优先权。实际证明，公平共享式调度是最缺乏公平性的一个算法。

（3）抢先式调度算法。抢先式调度算法是基于请求或队列的基本优先级来调度的。基本优先级是指系统管理员给队列设置的优先级——队列的基本优先级或用户提交作业时指定的优先级——请求的基本优先级。它适用于多队列调度和单一队列调度两种模式。对多队列调度而言，当高优先级的队列中有请求适合执行时，它可以抢占从低优先级队列中投入运行的请求的运行权；对单队列调度而言，有高优先级的请求适合运行时，它将抢占较低优先权请求的执行权。

当实现抢先式调度算法时，还要考虑一个因素，即正在运行的低优先级请求可能有多个，哪个请求将被挂起也需要通过一个算法来裁定。这个算法的基础是正在运行的请求的动态优先级，与请求的基本优先级不同，动态优先级与请求已经运行的时间、资源的占用等指标都有关系。动态优先级最低的一个请求将被剥夺执行权。

上面对几种基本的请求调度算法做了一个介绍。在实际队列请求调度中，请求的调度算法总是对上面几种方法的综合应用，以满足不同应用场合请求调度的复杂性。另外，由队列调度系统提供基本的 API，允许用户订制不同的调度算法。

3.3.6　队列管理系统

集群计算节点上运行着队列管理系统，管理计算节点上的队列，队列是资源管理的最小单位。它不但可以对请求的执行次序进行排序，而且可以将一个请求从一个计算节点转送到其他计算节点上。

3.3.6.1　队列管理系统的结构

当一个作业达到队列管理系统后，服务程序立即查看当前各个队列的状态，如果该请求可以在本地节点执行，就将其转送到传输队列排队，等待执行；如果不能被本地节点执行，就转送到其他计算节点的管道队列进行排队，等待请求被分散。

队列管理系统(NQS)的结构如图 3.13 所示,主要包括以下功能模块。

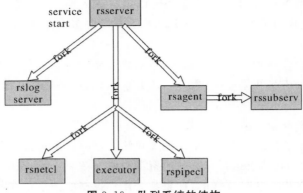

图 3.13　队列系统的结构

rsserver:是 NQS 的主进程。它常驻内存,接受各种队列的操作。

rsagent:是常驻内存的进程,由 rsserver 在初始化时调起该进程。它捕获各类网络消息,并将此消息缓冲后转发到 rssubserv 中处理。

rssubserv:是非常驻进程,由 rsagent 在收到请求时调起该进程。作为网络服务程序接收远程发送过来的请求信息和远程过来的执行结果。

rspipecl:是非常驻进程,由 rsserver 调起。它向本地或远程转发请求入队的信息,并分析对方各类队列的类型,通过不同的负载算法将请求传输出去。当转运的目标是远程机时,它同远程机上的 nsnetd 及 nsnetsv 通信。

rsnetcl:是非常驻进程,由 rsserver 调起。它向其他计算节点转送用户请求执行结果的模块,为了防止对方机器崩溃,使用数据传输队列存放结果,这样即使对方的机器没有运行 NQS,请求的执行信息也不会丢失。

rslog:是常驻内存的进程,由 rsserver 在初始化时调起该进程。它是系统的日志,跟踪系统各个进程的执行情况,分等级地将各种系统返回的信息记录到系统的日志文件中。

3.3.6.2　队列系统的进程调用关系

操作系统启动时将调起 rsserver,并常驻内存;rsserver 初始化时,调起 rsagent、rslog server,并常驻内存;当有请求提交时,rsserver 捕获请求,并对其进行分析,根据请求的目标分别处理,若为本地请求,rsserver 根据需要直接启动用户的 executor 请求,完成执行;若为远程请求,则分别调起 rsnetcl 和 rspipecl 进行处理,再调用 rsagent 将请求转交 rssubserv 处理。

(1)NQS 本地请求的投入与执行。由 QSUB 投交的 executor 请求,被 rsserver 捕获后,开始请求的启动和执行,如图 3.14 所示。

1)rsserver 处理投交的 executor 请求。投交的 executor 请求包括以下几个步骤:①rsserver 将 executor 请求解包;②检查系统资源,根据 executor 请求是否是将远程 executor 请求的执行结果返回给远程机,启动 executor 请求或 rsnetcl 处理;③executor 请求启动处理;④executor 请求同时接受来自用户的任务,将执行结果输出到标准输出文件,并将错误输出到标准错误输出文件中;⑤将结果文件放到输出目录中。

2)同时创建请求的执行文件。创建请求的执行文件包括以下几个步骤:①rsserver 创建捕获的 executor 请求的执行文件;②executor 请求发起处理;③将 executor 请求的处理结果输出到标准输出,将错误输出到标准错误输出中;④将标准输出和标准错误输出的内容保存到目录中;⑤将创建的 executor 请求执行文件、标准输出及标准错误输出中的内容删除。

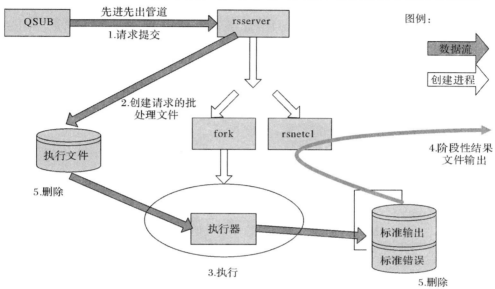

图 3.14　NQS 本地请求的投入与执行

(2)NQS 远程请求的转送与执行。当有其他计算节点的请求投交并被 rsserver 捕获后,开始请求的启动和执行,如图 3.15 所示,执行后,结果数据的返回如图 3.16 所示。

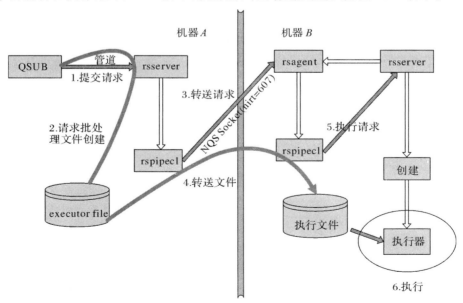

图 3.15　远程请求投交并执行过程 1

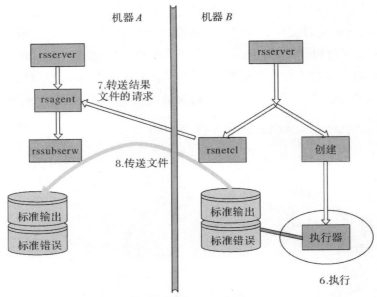

图 3.16　远程请求投交并执行过程 2

1）Rsserver 处理投交的请求。①请求通过 QSUB 提交，QSUB 通过 FIFO 将命令包发给 rsserver 处理；②rsserver 接到作业信息后，检查系统资源，若系统资源足够，则调起 rspipecl；③rspipecl 接到请求后，通过 SOCKET 与其他计算节点的 rsagent 通讯将包发给它；④远程机的 raagent 接到请求后将其上的 rssubserv 调起；⑤远程机的 rssubserv 向其上的 rsserver 提出请求作业；⑥远程机的 rsserver 接到请求，检查系统资源；⑦远程机的 fork 子进程后，启动作业的处理内容、executor 请求；⑧executor 请求同时接受来自请求的执行文件（即脚本文件），将执行结果输出到标准输出文件，并将错误输出到标准错误输出文件中。

2）同时创建作业的处理文件。①通知 rspipecl 有请求处理文件转送；②rspipecl 与远程的 rssubserv 通信将文件转送到远程机上；③将请求处理文件交给 executor 请求执行；④执行结束后，executor 请求将结果传送到标准输出文件和标准错误输出文件中；⑤远程机器将这些文件通过 FIFO 返回给本机。

3.3.6.3　队列的创建

队列管理系统中最重要的是队列。运行队列管理程序后不会存在任何队列，因此，需要先创建队列。可将队列根据其作用分为以下两种类型。

（1）资源队列。用于提交用户 executor 请求的队列。

资源管理系统提供 qmgr 命令，使用 create 子命令创建队列。

　　create batch_queue 子命令

例子：

qmgr

Mgr：create batch_queue batch1 priority＝20

进行以上操作后即创建出资源队列 batch1。此时指定的 priority 表示队列优先级，请根据队列结构方案指定适当的值。同时还可以指定其他队列的属性，下节内容中将详细说明。

（2）管道队列。用于向其他队列转发用户 Executor 请求的队列，使用 create pipe_queue 子命令来创建。

例子：

♯ qmgr

Mgr：create pipe_queue pipe1 priority＝20 \

　　　server＝(/usr/lib/NQS/pipeclient)

进行以上操作后即创建出管道队列 pipe1。此时指定的 priority 表示队列优先级，请根据队列结构方案指定适当的值。此处指定的 server 是指进行请求转发处理的程序，下节内容中将予以说明。同时还可以指定其他队列的属性。

3.3.6.4　队列属性的设置

队列属性包括队列优先级别、可同时运行请求数量、资源限制。

（1）执行队列的属性设置。

1）队列优先级。也称为队列间优先级。其决定最先执行哪个队列中所注册的请求。该值越大，优先级越高，相等时按照请求被提交到队列的时间顺序执行请求。该属性仅与执行队列有关，与其他类型的队列的优先级无任何关系。创建执行队列时必须指定该属性。

该属性在创建队列时必须设置，但创建队列之后也可以对其进行修改。队列优先级的修改通过 qmgr 的 set priority 子命令进行。

♯ qmgr

Mgr：set priority＝10 batch1

进行以上操作后 batch1 的队列优先级即被修改为 10。

2）可同时执行的请求数。该属性是指队列中所注册的请求中可同时执行的个数。该属性在创建队列时可以指定也可以不指定，并且创建完成后也可修改该属性。此处仅对创建队列时的指定方法进行说明。有关队列创建后的设置与修改。

♯ qmgr

Mgr：create batch_queue batch1 priority＝20 run_limit＝3

进行以上操作后即创建出可同时执行的请求数为 3 的执行队列 batch1。未指定 run_limit 时，可同时执行的请求数为 1。

该属性可在创建队列之后进行定义及修改。使用 qmgr 的 set run_limit 子命令可以对其进行修改。

♯ qmgr

Mgr：set run_limit＝5 batch1

进行以上操作后执行队列 batch1 的可同时执行的请求数即被修改为 5。

3）资源限制。资源限制用于限制队列中所注册的请求能够使用的资源。

资源限制是执行队列的属性之一。该属性用于限制执行队列中所注册的作业的资源使用量。要注册到队列的作业中指定的资源使用量若超过队列中所定义的资源使用量，则注册将被拒绝。使用该属性可以对队列进行分类，如允许使用大量资源的队列或仅允许使用少量资源的队列。资源限制的定义使用 qmgr 的 set 子命令进行。HRM 中支持以下资源限制：

A. 各进程的 GPU 数量限制。

B. 各 GPU 的显存大小限制。

C. 各进程的内存大小限制。

D. 各进程的最优执行值。

E. 各进程的 GPU 编号。

F. 各进程的 CPU 时间限制。

下面举例说明各进程的永久文件大小限制的修改。

♯ qmgr

Mgr：set per_processmemeory_limit＝（100Mb）batch1

队列 batch1 的各进程的内存大小限制将为 100.5 KB。

4）最优执行值。该属性在创建队列之后进行定义及修改。创建队列时的默认值为 0。使用 qmgr 的 set nice_limit 子命令可以对其进行修改。

♯ qmgr

Mgr：set nice_limit＝5 batch1

进行以上操作后执行队列 batch1 的最优执行值即被修改为 5。

5）队列内的调度方式的设置。该属性在创建队列之后进行定义及修改。队列内的调度方式是指一个队列内存在多个优先级相同的请求时决定其执行顺序的方法。其为 type0 时请求将被按照提交顺序执行，为 type1 时队列将会改变执行顺序，以确保所有用户的请求均能得到公平的执行。

创建队列时的默认值为 type0。使用 qmgr 的 set intra_queue_scheduling_type 子命令可以对其进行修改。

♯ qmgr

Mgr：set intra_queue_scheduling_type type1 batch1

进行以上操作后执行队列 batch1 的队列内的调度方式即被修改为 type1。

6）连续时间表数。该属性在创建队列之后进行定义及修改。连续时间表数是指一个用户可以连续执行的请求数。创建队列时的默认值为 1。使用 qmgr 的 set continuous_scheduling_number 子命令可以对其进行修改。

♯ qmgr

Mgr：set continuous_scheduling_number 3 batch1

进行以上操作后执行队列 batch1 的连续时间表数即被修改为 3。

需求转发功能可在创建队列之后进行定义及修改。

将守护进程重新启动时停止执行队列等功能定义为队列的属性。使用 qmgr 的 set queue reboot_mode 子命令可以对其进行修改。

可以设置为队列属性（rebboot_mode）的值及其相应的运行方式如下所示。

队列属性	重新启动时队列的运行方式
restar	与平常一样自动重启请求
stop	使队列处于 stop 状态
purge	删除队列上的请求

下面为设置示例。

例　向队列 batch 设置 PURGE。

> qmgrMgr：set queue reboot_mode＝PURGE batch

　　NQS manager[TCML_COMPLETE　]：Transaction complete at local host.

使用命令以下命令可以确认队列属性的 reboot_mode 项中是否已设置 PURGE。

> qstatq -f batch

(2)管道队列的属性设置。管道队列的属性包括队列优先级、可同时转发的请求数、要使用的服务器以及目的地。管道队列用于给作业提供路由,投入到该队列的作业可被转移到其他队列中。路由的目的队列可能是本地主机或网络上的远程主机。投入到远程主机上的作业必须通过管道队列。

管道队列具有以下属性：

目标队列列表：投入到该队列的作业被转送到目标队列列表中所列的队列中,可以有一个或一个以上的队列处于队列列表中。

目前采用如下的路由策略：如果将远程主机队列设置为目标队列,那么这个队列一定是管道队列。

队列的优先级：同执行队列。

最大可同时运行的作业数：同执行队列。

队列访问权限：同执行队列。

管道属性：同执行队列。

检查功能：如果说明了这个属性,那么 NQS 系统会在将作业投入到管道队列前检查目标队列的状态。

只有当返回的结果状态满足以下两种情况时才可将作业投入：①作业可被投入并在目标队列中执行；②作业的资源限制小于或等于目标队列的资源限制。

挂起等待：如果作业指定运行时间,那么当它被投入管道队列时可保持等待状态。

调度程序：向其他队列传递作业的程序,目标队列选择策略取决于选择何种引用程序。

使用队列管理系统创建新的管道队列或添加其他管道队列。创建新的管道队列时请注意与已有管道队列的关系。

1)使用 create pipe_queue 子命令来创建管道队列并设置属性。

例子：

```
♯qmgr
Mgr：create pipe_queue pipe1 priority＝20 \
    server＝(/usr/lib/NQS/pipeclient)
```

进行以上操作后即创建出管道队列 pipe1。此时指定的 priority 表示队列优先级,请根据队列结构方案指定适当的值。此处指定的 server 是指进行请求转发处理的程序,下节内容中将予以说明。同时还可以指定其他队列的属性。

2)队列优先级别设置。管道队列具有以下属性：队列优先级,它与执行队列的物理意义相同。

以下例子为指定该管道队列 pipe1 的属性。

```
♯ qmgr
Mgr：create pipe_queue pipe1 priority＝20 run_limit＝3 \
    server＝(/usr/lib/NQS/pipeclient)
```

进行以上操作后即创建出可同时执行的请求数为 3 的管道队列 pipe1。未指定 run_limit 时,可同时执行的请求数为 1。

3)请求的目的地设置。目的地是指管道队列转发请求时要转发到的目标队列。可在创建队列时定义该属性,也可以在队列创建完成后定义或修改该属性。此处对创建队列时的定义方法进行说明。关于队列创建完成后的设置或修改在下节内容中进行说明。

#qmgr

Mgr:create pipe_queue pipe1 priority=20 server=(/usr/lib/NQS/pipeclient) \

destination=(batch1@host1,batch2@host1)

进行以上操作后即创建出请求转发目标队列为 batch1@host1 或 batch2@host1 的管道队列 pipe1。如上例所示,可以定义多个目的地。转发请求时将按照设置顺序选择目标队列,即先选择 batch1@host1 作为目标队列,若 batch1@host1 中不能提交请求,则选择 batch2@host1 作为目标队列。

"batch1@host1"表示机器 host1 上名为 batch1 的队列。

4)请求资源的事先检查功能。若指定该属性,则向管道队列注册请求之前会检查管道队列的目标队列的状态;若不能向任何队列转发,则不能向管道队列提交请求。

判断能否向其他队列转发请求时使用如下条件,满足以下条件时将向管道队列注册请求。

5)目标队列上可以提交请求并且可以执行请求。请求的资源限制≤目标队列的资源限制(该功能仅在目的地为本地队列时有效)。若未设置该属性,则即使不能向目的地转发请求,请求也将被注册到管道队列中。

以下所示为创建队列时的定义方法。

#qmgr

Mgr:create pipe_queue pipe1 priority=20 server=(/usr/lib/NQS/pipeclinet) \

Check

请向开启该检查功能的管道队列最少指定 1 个本地执行队列作为目的地。若指定远程机器的队列,则本地设备队列以及管道队列将发生错误。

6)延缓等待(stay wait)。设置该属性后若向管道队列提交了指定时间(qsub 命令的"-a"选项)的请求,将使该请求在管道队列上处于等待状态。

到达指定时间后,将向目的地转发请求。为了进行负载平衡而使用管道队列时使用该功能。负载平衡功能仅在集群系统上有效。

7)调度程序。调度程序是指在管道队列上进行请求转发处理的程序。创建管道队列时必须定义该属性。

#qmgr

Mgr:create pipe_queue pipe1 priority=20 \

server=(/usr/lib/NQS/lbpipeclinet -n 3 -i 30) \

destination=(batch1@host1,pipe1@local1,pipe2@local2) \

staywait

8)可同时转发的请求数.该属性可在创建队列之后进行定义及修改。使用 qmgr(1M)的 set run_limit 子命令可以对其进行修改。

♯ qmgr

Mgr：set run_limit＝5 pipe1

进行以上操作后管道队列 pipe1 的可同时转发的请求数即被修改为 5。

9）检查功能。该属性可在创建队列之后进行设置及解除。检查功能的设置通过 qmgr（1M）的 set check 子命令进行。

♯ qmgr

Mgr：set check pipe1

检查功能的解除通过 qmgr 的 set no_check 命令进行。

♯ qmgr

Mgr：set no_check pipe1

10）要使用的服务器。该属性在创建队列时必须设置，但创建队列之后可以对其进行修改。使用 qmgr 的 set pipe_client 子命令可以对其进行修改。

♯ qmgr

Mgr：set pipe_client＝（/usr/lib/NQS/lbpipeclient -n 3 -i 30）pipe1

进行以上操作后要使用的服务器即被修改为/usr/lib/NQS/lbpipeclient。

11）队列之间的转发设置。队列的目的地属性是指管道队列中所注册的请求要转发到的目标队列。可以设置多个队列作为目的地。目的地的选择顺序因服务器的不同而不同。

例如：管道队列的目的队列有 3 个，分别是队列 1、队列 2 及队列 3，按照队列的状态，在 3 种不同的情形下，管道队列向目的队列转发结果如图 3.17 所示。

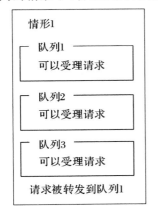

图 3.17　管道队列转发情形

若所定义的所有队列均不能受理请求，则等待一定时间后会重新尝试转发请求。这时会在一定的时间范围内反复重新转发请求，若超过这一时间范围仍不能转发，则将通过邮件向提交请求的用户通知不能转发的原因。此处所述的重新转发间隔、反复进行转发的时间范围均设置在队列管理系统的环境参数中。

12）目的地进行定义、修改及追加。使用 qmgr 命令的 add、set 子命令可以对管道队列的目的地进行定义、修改以及追加。

♯ qmgr

Mgr：set destination＝（batch1@host1）pipe1

进行以上操作后,host1 上的 batch1 队列即被定义为管道队列 pipe1 的目的地。进行该定义后,之前所设置的所有目的地将全部被清除。

　　♯qmgr

　　Mgr:add destination＝(batch2@host1) pipe1

进行以上操作后,host1 上的 batch2 队列即被追加为管道队列 pipe1 的目的地。若已将batch1 定义为 pipe1 的目的地,则 batch1 与 batch2 均为 pipe1 的目的地。

若将远程机器上的队列定义为目标队列,则该管道队列将成为就可以向其他计算节点的管道队列转发请求。若要向远程机器提交请求,则必须创建网络管道队列。指定目的地队列时要使用以下格式:队列名@机器名。

因此,若要创建网络管道队列,则只需将机器名指定为远程机器名即可。

　　♯qmgr

　　Mgr:set destination＝(batch2@host2) netpipe1

在机器 host1 上进行以上操作后,host1 上的 netpipe1 管道队列即成为向远程机器 host2 上的 batch1 队列提交请求时使用的网络管道队列。

(3)数据转送队列的属性设置。数据转送队列用于异步地在计算节点之间传输数据。它们采用系统默认的调度方式,使用 create network_queue 子命令可以创建数据转送队列。

　　♯qmgr

　　Mgr:create network_queue net1 destination＝[103] priority＝20

进行以上操作后即创建出数据转送队列 net1。此时指定的 priority 表示队列优先级,请根据队列结构方案指定适当的值。Destination 中可以不指定机器 ID 而直接指定机器名。同时还可以指定其他队列的属性:

1)队列优先级。它与执行队列的属性和设置相同。

2)可同时转发的请求数。它与执行队列的属性和设置相同。

3)转送程序。转送程序是指在执行队列上进行结果文件转发处理的程序。队列管理系统中将/usr/lib/NQS/rcnetcl 作为标准转送程序,若创建队列时不指定转送程序,则将使用缺省的转送程序。创建队列时若指定空字符作为转送程序,或参数中未指定任何转送程序,则将不会向执行队列设置服务器程序。此时执行队列将不使用服务器程序转发结果文件。

4)转发目标机器。转发目标机器的机器 ID。也可以不指定机器 ID 而直接指定机器名。下面举例说明。

　　♯qmgr

　　Mgr:create network_queue net1 dest＝[3] priority＝10 run_limit＝5 \
　　server＝(/usr/lib/NQS/netcl)

进行以上操作后即创建出执行队列 net1,该执行队列以机器 ID 为 3 的机器为转发目标队列,可同时转发的请求数为 5。未指定 run_limit 时,可同时转发的请求数为 1。

5)调度参数。调度参数是指实际执行各请求时,Linux 内核进行的 CPU 分配等调度的相关参数。执行队列中所设置的参数值将被继承到其中所注册的请求,执行请求时这些参数将被自动设置。

6)其他属性。除以上所述属性之外,还有队列内的请求调度方式、连续时间表数。

3.3.7　资源队列的隔离策略

针对 CPU 队列、GPU 队列及 CPU-GPU 队列，分别设置了不同的资源属性。CPU 队列中不包含 GPU 相关的资源数量，GPU 队列不包含 CPU 资源相关的数量，CPU-GPU 队列则既包含 CPU 资源属性，也包含 GPU 相关的资源属性。总的资源信息属性包括 CPU 核数量、CPU 核编号、内存节点数量、内存节点编号、内存大小、GPU 数量、GPU 编号以及显存大小。然后根据执行队列上的资源类型是否包括 GPU 资源，将执行队列细分为 CPU 队列和 GPU 队列两种类型。在 CPU 队列中，仅包含若干 CPU 核和若干内存资源，不包含 GPU 资源。在 GPU 队列中，包含一个 GPU 设备、若干 CPU 核和若干内存资源。为了易于资源的管理以及公平性的考量，CPU 队列和 GPU 队列上的 CPU 和内存资源是相等的，具体执行队列上设置的 CPU 和内存资源量根据集群中各个服务器的总资源量而定。如此划分，我们为计算框架分配资源时，可以根据其计算任务是否需要 GPU 资源，为其分配 CPU 或 GPU 队列。当计算任务为 CPU 任务时，我们尽可能为其分配 CPU 队列，当 CPU 队列已占满，而当前 GPU 队列上仍有空闲资源时，才为 CPU 任务分配 GPU 队列。当计算任务为 GPU 任务时，理所应当为其分配 GPU 队列。GPU 队列的信息如下 batch1@slave01 所示，其上有 1 个正在运行的请求；CPU 队列的信息如下 batch2@slave01 所示，其上有 2 个正在运行的请求。通过 qstat 命令可查看服务器上的队列信息，执行队列上的资源负载信息并未实时显示，仅保存在各服务器节点上。

```
batch1@slave01：type = batch；runlimit = 2；priority = 1；[Enable，Running]；
    nGpuset = 1；ncpuset = 8；Cpumem = 15G；ncpusetmem = 1；cpusetmem = 0；
    Gpuset = 0；Gpumem = 10989MiB；Gpusp = 4352；cpuset = 0 1 2 3 4 5 6 7；
    0Arriving；0Holding；0Queued；1Running；0Exiting；
        RequestName    RequestID    RequestPriority    RequestState
    1：      xxx           xxx            xxx              Running

batch2@slave01：type = batch；runlimit = 2；priority = 1；[Enable，Running]；
    nGpuset = 0；ncpuset = 8；Cpumem = 15G；ncpusetmem = 1；cpusetmem = 1；
    cpuset = 8 9 10 11 12 13 14 15；
    0Arriving；0Holding；0Queued；2Running；0Exiting；
        RequestName    RequestID    RequestPriority    RequestState
    1：      xxx           xxx            xxx              Running
    2：      xxx           xxx            xxx              Running
```

在对执行队列进行资源设置后，还需使执行队列与资源进行真正绑定，从而使得投交到执行队列中的请求只能使用该队列上设置的资源。我们通过 cgroups 资源限制技术来实现这一需求。大致过程分为三步：为执行队列创建控制组、根据执行队列上的资源信息设置控制参数、将投交到队列上的请求进程加入到控制组的 tasks 文件中。本文 HRM 系统所使用的 cgroups 子系统[37]有 cpuset、devices、memory 和 cpuacct，各子系统功能及其使用的控制参数如下：

（1）cpuset 子系统是对 CPU 核的设置。所用的控制参数：①cpuset. cpus：设置可使用的 CPU 核，必选。②cpuset. mems：设置可使用的内存节点，必选。

（2）devices 子系统是对设备访问权限的设置。所用的控制参数：①devices. allow：设置允许访问的设备。②devices. deny：设置禁止访问的设备。③devices. list：报告 Cgroups 对设备的使用情况。

devices. allow 和 devices. deny 的输入数据如´c 244:0 r´，包括 4 个字段，依次为 type（设备类型）、major（主设备号）、minor（次设备号）、access（访问方式）。Type 有 3 个可选值：a 表示所有设备，包括字符设备和块设备；b 表示块设备；c 表示字符设备。major 和 minor 可以使用具体的数字表示，也可以使用符号"＊"表示所有，如：9：＊ 、244:0。Access 有 3 个可选值：r 表示读；w 表示写；m 表示创建不存在的设备。

（3）memory 子系统是对内存使用情况的设置。所用的控制参数：①memory. limit_in_bytes：设定最大的内存使用量，可以加单位（k/K、m/M、g/G），不加单位默认为 bytes。②memory. usage_in_bytes：统计内存的使用情况。

使用 memory 子系统需注意的是子控制组的限制值要小于父控制组的限制值。

（4）CPU 使用时间的设置及 CPU 使用信息的统计。cpu,cpuacct 子系统与 CPU 子系统与 cpuacct 子系统的文件相同，所用的控制参数：①cpu. cfs_period_us：设置 CPU 分配的周期，默认为 100 000。②cpu. cfs_quota_us：设置在单位时间内（即 cpu. cfs_period_us 设定值）可用的 CPU 最大时间。当设置 cpu. cfs_quota_us 的值为 30 000 时，代表可占用 30％的 CPU 时间。③cpuacct. usage：统计 CPU 使用时间。

在系统中 Cgroups 的实际应用如下所示。为验证 Cgroups 的作用及优势，系统中设置 LimitType 参数来确认是否使用 Cgroups 技术，0 为不使用，1 为使用：

```
//当执行队列创建成功后,为执行队列创建控制组,并根据执行队列的资源信息设置控制参数
if (codecheck == TCML_COMPLETE) {
    //为执行队列创建控制组
    char buffer[128];
    sprintf(buffer, "mkdir /sys/fs/cgroup/cpuset/%s",quename);
    system(buffer);
    sprintf(buffer, "mkdir /sys/fs/cgroup/cpuacct/%s",quename);
    system(buffer);
    sprintf(buffer,"mkdir /sys/fs/cgroup/memory/%s",quename);
    system(buffer);
    sprintf(buffer, "mkdir /sys/fs/cgroup/devices/%s",quename);
    system(buffer);
    //为执行队列设置控制参数
    sprintf(buffer,"echo %s > /sys/fs/cgroup/cpuset/%s/cpuset. cpus",cpus, quename);
    system(buffer);
    sprintf(buffer,"echo %s > /sys/fs/cgroup/cpuset/%s/cpuset. mems",cpusm, quename);
    system(buffer);
    sprintf(buffer,"echo %s >
/sys/fs/cgroup/memory/%s/memory. limit_in_bytes",cpum,quename);
```

```
        system(buffer);
        for(i=0;i<gpucount;i++) {
                if(allgpus[i][1]==1) {
                        sprintf(buffer,"echo 'c 195:%d
rwm' >/sys/fs/cgroup/devices/%s/devices. allow",allgpus[i][0], quename);
                        system(buffer);
                }
                if(allgpus[i][1]==0) {
                sprintf(buffer,"echo 'c 195:%d rwm' >
/sys/fs/cgroup/devices/%s/devices. deny",allgpus[i][0], quename);
                        system(buffer);
                }
        }
}
//在调起任务的进程中,将该进程 pid 放入相应控制组的 tasks 文件中
if(LimitType==1) {
        char buffer[128];
        sprintf(buffer,"echo %u >
/sys/fs/cgroup/cpuset/%s/tasks",getpid(),queue->q. namev. name);
        system(buffer);
        sprintf(buffer,"echo %u >
/sys/fs/cgroup/cpuacct/%s/tasks",getpid(),queue->q. namev. name);
        system(buffer);
        sprintf(buffer,"echo %u >
/sys/fs/cgroup/memory/%s/tasks",getpid(),queue->q. namev. name);
        system(buffer);
        sprintf(buffer,"echo %u >
/sys/fs/cgroup/devices/%s/tasks",getpid(),queue->q. namev. name);
        system(buffer);
}
```

3.4　异构集群的细粒度资源分配算法

3.4.1　CPU-GPU 资源分配算法的研究现状

随着分布式环境下计算密集型计算任务及视频数据处理需求的增加,如分布式机器学习领域等,这些新型计算框架通常采用 CPU 加速(GPU)的方式来提高性能。针对 GPU 资源的分配,一些研究者(GPUhd)扩展了 YARN 的 GPU 资源管理方式,采用任务独占 GPU 资源,缺点是缺乏 CPU、GPU 资源的混合共享。Mesos 是只考虑 CPU 及内存资源,GPU 资源采用

粗粒度分配方式,不利于 GPU 资源的共享。另外,算法采用串行方式分配资源,存在延迟情况。Omega 解决了 Mesos 的串行分配的缺点,但是需要处理分配冲突,而且尚未发现有 GPU 资源的管理。分布式资源管理框架(mercury)很好地解决了实时任务的延迟分配问题,但是,不支持 GPU 资源的管理。Kubernetes 虽然实现了 GPU 资源的管理,但是 GPU 资源亦采用独占方式。Borg 使用集中模型,尚未发现对 GPU 资源的管理。Mesos 以及 Kubernetes 等资源管理系统由于只是按照 GPU 卡的个数来管理 GPU 资源,因此,很难实现 GPU 资源的共享,即很难实现细粒度的 GPU 资源管理。本章中,通过将 GPU 显存引入集群资源管理范围,通过 GPU 可用显存的大小来调度任务,从而实现 GPU 细粒度的资源分配。

这种粗粒度的资源分配方式的缺点是,当任务只使用少量 GPU 资源(如显存)时,由于任务对 GPU 的独占,其他任务就无法实现 GPU 资源的共享,浪费了部分 GPU 计算资源,因此,迫切需要设计和实现一种任务之间共享 GPU 的细粒度资源管理系统,提高 GPU 资源的使用效率。这种新的异构集群资源分配方法,既能保证各种不同的计算框架在共享异构集群计算资源时,避免 CPU 任务分配过多而使 GPU 资源"饥饿",或者 GPU 任务过多而使 CPU 资源"饥饿",也能保证 GPU 计算资源在任务之间实现细粒度的共享,提高 GPU 计算资源的使用率。

针对单纯的 GPU 集群,现有资源管理系统主要研究如何构建 GPU 集群并管理 GPU 资源,这些系统按照日历或静态方式分配 GPU 资源,无法满足不同计算框架之间的动态资源分配。而本章提出的异构集群资源管理策略,既可以管理 CPU 资源,也可以管理 GPU 资源,并且实现了不同计算框架之间的动态资源分配。

接下来的主要工作是提出一种集中式异构集群细粒度资源分配算法,即混合主资源公平(Hybrid Dominant Resource Fairness,HDRF)分配模型,通过对 GPU 显存的分割,实现 GPU 资源的细粒度分配,满足了 GPU 资源在不同任务之间的共享,从而提高集群计算资源的整体利用率。

3.4.2 混合 DRF 资源分配算法

对于异构集群资源,本文提出混合 DRF 资源分配算法[100],该算法能够保证 CPU 计算框架和 GPU 计算框架共享计算资源。对于每个计算框架,除计算其占用的 CPU 核以及内存的份额之外,还需要单独计算其 GPU 资源使用。对于单纯的 CPU 计算任务,采用 CPU 的逻辑核作为分配单元;对于 GPU 计算,只需要较少的 CPU 资源完成初始化和启动,主要考虑 GPU 资源,为实现细粒度共享,任务需要的 GPU 显存大小需要确定,根据显存大小,就可以确定共享的任务的数量。综合考虑 GPU 资源显存份额,再考虑 CPU 以及内存的份额,实现这些资源份额在不同框架上的公平共享,即混合 DRF 算法。

算法 3.1:HDRF

输入:计算框架集合 F,可用资源容量 R,超时时间 overTime
输出:计算框架的任务分配的资源容量
过程:S1 A=<vCore,Mem,Gmem>　　　//全部资源容量
S2　R=<vCore,Mem,Gmem>　　　//已经使用的资源容量
S3　F={f_1,f_2,…,f_n} //n 个计算框架

S4　$R_1,R_2,\cdots,R_n$　　　//n 个计算框架使用的资源

S5　$s_1,s_2,\cdots,s_n$　//n 个计算框架的主资源

S6　while($F \neq null$){

S6.1　　computings_c^i　//计算 CPU 比值

S6.2　　computings_m^i　//计算内存比值

S6.3　　computings_g^i　//计算显存比值

S6.4　　computings_i　//计算主资源

S6.5　　}

S7　if($\exists (t_j^i . \text{waitTime} > \text{overTime}) \wedge t_j^i . r \geqslant A-R$){//存在超时任务

S7.1　　reservet_j^i ;

S7.2　　return;

S7.3　　}

S8　$f_l = \min\{s_1,s_2,\cdots,s_n\}$　　//选择主资源最小的计算框架

S9　if($\exists (\max(t_j^i . \text{waitTime}) \wedge t_j^l \in f_l \wedge t_j^i . r \leqslant A-R)$){//满足任务的资源要求

S9.1　　　updateR,R_l

S9.2　　}

集群中的资源包括 CPU 核数 vCore、内存大小 Mem、GPU 显存大小 Gmem,集群全部资源表示为 $A(\text{vCore},\text{Mem},\text{Gmem})$,已经使用的资源表示为 $R(\text{vCore},\text{Mem},\text{Gmem})$,可用资源表示为 $A-R$。

计算框架表示为 f,计算框架中的任务表示为 t,每个任务使用的资源表示为 r。假如集群中有 n 个计算框架,则可表示为 $F=\{f_1,f_2,\cdots,f_n\}$,其中 f_i 代表第 i 个计算框架。如果 f_i 中有 k 个任务,那么表示为 $T^i=\{t_1^i,t_2^i,\cdots,t_k^i\}$,其中 t_j^i 表示计算框架 f_i 的第 j 个任务。任务 t_j^i 需要的计算资源表示为 $r_j^i=<\text{vCore},\text{Mem},\text{Gmem}>$。

如果计算框架 f_i 中有 p 个任务正在运行,那么其使用的资源总和表示为 $R_i(\text{vCore},\text{Mem},\text{Gmem})$,其中 CPU 核数为 $R_i.\text{vCore} = \sum_{l=1}^{p} r_l^i.\text{vCore}$,内存的使用量为 $R_i.\text{Mem} = \sum_{l=1}^{p} r_l^i.\text{Mem}$,GPU 显存总和为 $R_i.\text{Gmem} = \sum_{l=1}^{p} r_l^i.\text{Gmem}$。

正在运行的任务使用的资源量与系统的总资源量的比值称为资源比,用 s 表示。计算框架 f_i 的 CPU、内存和显存的资源比分别为 $s_c^i = R_i.\text{vCore}/A.\text{vCore}$,$s_m^i = R_i.\text{Mem}/A.\text{Mem}$ 和 $s_g^i = R_i.\text{Gmem}/A.\text{Gmem}$。资源比中最大的记为主资源 s_i,即 $s_i = \max\{s_c^i,s_m^i,s_g^i\}$。

当系统的可用资源为 $A-R$ 时,资源分配器先计算各个计算框架的主资源,选择主资源最小的框架作为优先分配可用资源的计算框架,然后再根据计算框架中未执行的任务的资源需求与可用资源的大小决定哪个任务获得计算资源。假如计算框架 f_i 的主资源 s_i 最小,计算框架 f_i 获得资源分配权力,从自己未执行的任务中选择一个可以符合以下要求的任务 t_j^i 执行。对于 CPU 任务,任务 t_j^i 的 CPU 核数需求小于 $A-R$ 中的 CPU 核数,$t_j^i.\text{vCore} \leqslant (A-R).\text{vCore}$;任务 t_j^i 的内存需求小于 $A-R$ 的内存大小,$t_j^i.\text{Mem} \leqslant (A-R).\text{Mem}$;对于 GPU 任务,任务 t_j^i 的 GPU 显存需求小于 $A-R$ 的显存大小,$t_j^i.\text{Gmem} \leqslant (A-R).\text{Gmem}$;当前计算框架没有任务满足要求时,可根据主资源选择下一个计算框架。

为了避免某些资源要求高的任务的"饥饿"问题,可使用资源预约机制。在资源分配器中提前设置了一个超时时间 overTime,而对每个任务都有一个等待资源的时间,记作 t. wait-Time,这个时间从任务提交到任务队列上开始计时,当任务等待资源的时间达到了超时时间时,就为这个任务进行资源预留。一旦集群的可用资源满足该任务的预留资源要求,就分配资源。在资源分配时,资源分配器检查是否存在延迟超过的任务,如果有,那么该资源保留,直到为任务 t_i^j 预留到需求的资源为止。

算法的 S1 到 S5 为设置初始值;S6 计算各个计算框架正在使用的资源比值;S7 检查延迟超时任务;S8 根据各个计算框架的主资源值,选择主资源最小的计算框架;S9 选择最等待资源时间最长及资源需求小于可用资源的任务,并更新系统的使用资源量,以及当前计算框架的资源使用量。

3.5 系 统 评 价

系统在一个集群上进行试验,集群中包含 8 台 NF5468M5 服务器,每台服务器有 2 个 Xeon2.1 处理器,每个处理器包含 8 核、32 GB DDR4 内存、2 块 RTX2080TI GPU 卡、10 GB 显存,所以总的资源容量为 128 核、256 GB 内存、160 GB 显存。1 台 AS2150G2 磁盘阵列,用于存储数据。

3.5.1 资源使用率的评价

测试时,使用了 2 个计算框架 JOB1 和 JOB2,JOB1 是字符串统计程序,其每个任务使用 <2 core,2 GB 内存>,主资源为 CPU;JOB2 是完全 GPU 实现的矩阵乘法,其每个任务使用 <1 core,4 GB 内存,4 GB 显存>,主资源为 GPU。

图 3.18 (a)是 JOB1 中的任务随着时间变化而分配得到的 CPU 和内存资源曲线,图 3.18 (b)是 JOB2 中的任务随着时间变化而分配得到的 CPU、内存和 GPU 显存资源曲线,图 3.18 (c)是 JOB1 和 JOB2 随着时间变化而分配得到的主资源曲线。在前 1 分钟,JOB1 的主资源是 CPU,JOB2 的主资源为 GPU 内存,在后续的时间里面,每个作业都能够使用 60% 左右自己的主资源,高于平均分配资源给不同的作业的方式。因此,从测试的数据看,使用混合主资源分配方法可以很好地利用 CPU 资源和 GPU 资源。

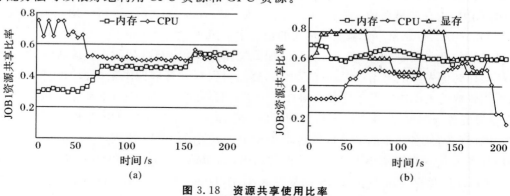

图 3.18 资源共享使用比率

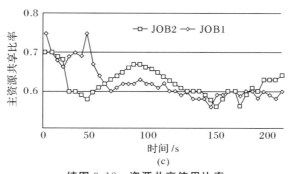

续图 3.18　资源共享使用比率

3.5.2　任务执行数量的评价

接下来,本章评价了使用混合 DRF 资源分配方法与其他资源分配方法的比较,一个是先来先服务,另外一个是只使用 CPU 和内存的 DRF 方法。

实验中采用大、小两种规模任务,小任务包含的计算资源:CPU 任务<1 core,0.5 GB>,GPU 任务<2 core,2 GB 内存,2 GB 显存>;大任务包含的计算资源:CPU 任务<2 cores,2 GB>,GPU 任务<1 core,4 GB 内存,4 GB 显存>。同时运行两个计算框架,每个计算框架中包含的任务数量为 80,一半是 GPU 任务,一半是 CPU 任务。实验中一个计算框架完成后,继续提交相同类型的任务,实验持续时间为 10 min。实验结束后,我们计算完成的任务数量,结果如表 3.1 所示。

表 3.1　不同分配模式下完成任务数量

任务规模	大任务			小任务		
分配方式	FIFO	DRF	HDRF	FIFO	DRF	HDRF
CPU 任务数	2 700	2 140	2 749	5 401	5 013	5421
GPU 任务数	2 683	2 858	2 753	5 212	5 109	5 463
总任务数	5 383	4 998	5 502	10 613	10 122	10 884

从表 3.1 的数据看,不管是大任务还是小任务,FIFO 调度方式中,CPU 任务完成的数量与 GPU 任务完成的数量大致相同,这是由于 FIFO 调度时不考虑任务对主资源的要求,两种不同类型的任务数同样对待的结果。对于 HDRF 来说,完成的 CPU 任务数明显比完成的 GPU 任务数少,这说明把 GPU 任务按照 CPU 或内存来计算主资源时,获得的计算机会较多,因此其完成的任务数较多。对 HDRF 来说,完成的 GPU 任务数量与完成的 CPU 任务数大致相同,原因在于各自按照 CPU 和 GPU 作为自己的主资源,每种主资源占比相同,因此其完成的任务数大致相当。从总任务来看,虽然 FIFO 及 HDRF 中完成的 CPU 与 GPU 任务数大致相同,但是由于 HDRF 考虑各自的主资源,使得每种主资源都得到最大的分配,因此,HDRF 中,总的完成任务数明显比 FIFO 中总任务数多出许多。这说明 HDRF 使得不同类型的任务最大化自己的主资源,因而系统的总体资源得到更高效的利用。

3.5.3　粗、细粒度 GPU 资源使用率的比较

　　针对实验中的任务,计算框架分别按照粗粒度和细粒度方式分配 GPU 计算资源,实验中一个计算框架完成后,继续提交相同类型的任务,实验持续时间为 75 min。实验中的计算框架与任务与 4.2 中的相同,实验结束后,图 3.19 所示为粗、细粒度资源调度下 GPU 资源使用率曲线。

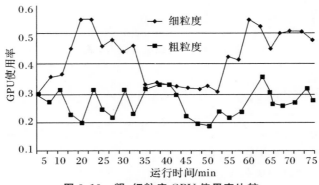

图 3.19　粗、细粒度 GPU 使用率比较

　　由图 3.19 可以看出,当任务独占 GPU 时,GPU 利用率只有 30% 左右;当根据 GPU 显存大小来进行细粒度 GPU 分配时,由于同一个 GPU 上存在多个任务对 GPU 的共享,数据从主机内存拷贝到显存及从显存拷贝到主机内存是并行运行,间接提高了 GPU 中 kernel 函数的执行效率,GPU 使用率平均达到 45% 左右。因此,使用 GPU 资源的细粒度共享,可以提高GPU 资源利用率。

3.6　结　束　语

　　集中式资源管理框架的最大优点是易管理、容易实现,因此,现有的资源管理框架大都采用集中式。但是,由于资源管理节点既要处理心跳监控信息,又要进行资源的分配和决策,因此,管理节点是系统的最大瓶颈,可导致整个集群的可扩展性变差,集群的规模不能太大。另外,管理节点的失效往往会导致整个集群不可用,因此,高可用性功能是必须包含的。

第 4 章　集中式资源调度框架的负载平衡和优化

4.1　异构集群上的负载平衡策略

4.1.1　概述

异构集群资源管理系统是应用程序运行的基石,感知用户的应用,提供计算资源给不同的应用程序,同时按照用户的配置要求在各种不同的用户之间分配计算资源,最大限度地满足用户的计算需求。资源管理器给应用程序分配计算资源时,通常的过程是资源释放、分配、使用资源、释放资源的循环过程,即当计算节点在心跳时间到达后,发现有空闲的计算资源,就向资源管理器汇报,资源管理器收到"存在空闲资源"事件后,调用一定的算法选择一个任务,将任务提交到该计算节点。一旦任务结束,任务释放资源,计算节点就可以监控到空闲资源,这样周而复始地进行分配、释放的过程。实施分配、释放的过程会产生两种资源浪费:①当任务结束,但计算节点的心跳时间未到时,该计算资源就闲置;②计算节点汇报空闲资源以及资源调度服务分配任务的过程花费一定的时间,此过程中资源也会闲置。因此,计算节点上使用队列的机制被提出,成为解决上述问题的主要方式。特别是针对包含 CPU 和 GPU 的异构集群,能够更好地提高资源使用率。

当异构集群的计算节点上运行了队列系统后,能够最大限度地提高 CPU 和 GPU 资源利用率,反映在以下几方面:①支持队列与异构资源的物理映射,使得集群 CPU 资源与 GPU 资源灵活且合理划分,并且支持 GPU 细粒度的资源共享,提高异构资源的利用率。②各个计算节点支持队列的调度服务,可以对分配到计算节点的请求进行调度控制,满足用户的不同调度需求。③队列调度服务可以在计算节点上实现请求的排队,一旦正在运行的任务结束运行后,等待的任务就可以立即执行,从而减少心跳时间间隔带来的延迟,减少资源空闲的情况发生。

虽然引入队列可以解决异构资源细粒度分配及减少调度延迟问题,但是可能存在负载不平衡的现象发生。采用队列机制后,就可以提前为部分作业分配计算节点,如果这些计算节点上剩余的资源无法满足这些任务,部分任务就在计算节点上等待资源,一旦资源可用,计算节点上的队列调度程序就立即将这些任务设置为运行状态。然而,由于任务运行的时间不确定,某些集群上必然存在大量的任务。它们所在的计算节点由于运行中的任务占用太多时间而使得等待时间变长。同时,另外一些计算节点上由于运行中的任务很快结束而导致处于空闲状态。这就是说存在负载不平衡的问题,一部分计算节点缺乏任务而处于"饥饿"状态而导致另外一些计算节点任务太多而处于"超载"状态。这种负载不平衡现象的发生,必然造成部分任务执行时间的延迟,同时也会影响整个集群的资源使用率。

针对队列系统带来的集群资源调度中的相关问题,可以使用负载平衡来解决。本章提出了三种负载平衡策略,即轮询法、最小负载分配法、需求转发法。

4.1.2 异构集群资源上负载平衡策略的实现

4.1.2.1 轮询法

轮询法是一种传统的负载平衡策略,目的是让集群中的各个计算节点尽可能"公平"地执行所有请求,使得请求(任务)在节点上运行平衡,从而提高整体集群资源利用率。轮询法不考虑各个节点的负载情况,而主要考虑各个节点"公平"地执行所有的请求。因此,对节点特性相同、作业执行开销平均的情况是一个非常好的方法。

本节依据轮询法的思想,在资源调度服务中实现了基于队列轮询的异构资源分配方法。它以不同资源属性队列为基础,不必过分干预异构资源合理划分问题,避免考虑 CPU 计算任务与 GPU 计算任务对 CPU 资源的需求冲突问题。在该过程中不考虑变化的资源负载,通过轮询的方式遍历各个计算节点的资源队列,只要节点上队列所映射的资源满足作业申请资源的需求即可分配。另外,为了考虑节点性能差异,可以使用在性能较高的节点上增加资源队列的方式,使得更多任务在高性能的节点上运行。

当有请求提交到调度器时,调度器则按照上一次调度的结果,将该请求按照一定的次序投入到相应计算节点的队列中并启动执行过程。图 4.1 所示为请求 147~153 在各个计算节点上的分散情况。

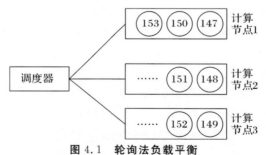

图 4.1 轮询法负载平衡

以下是轮询法负载平衡的调度算法。

【流程 4.1】 基于轮询法的资源调度。

输入:上一次调度节点序号 LastNodeNumber 及请求集合

输出:请求到队列的映射

S1 调度器获取 Framework 未分配资源的请求集合 unallocateTask

S2 调度器获取节点信息 Node=\{Node_1, Node_2, \cdots, Node_n\}

S3 调度器根据节点信息得到集群节点全部资源队列信息 $Queue_k^i$, i 表示节点序号, k 表示队列序号

S4　初始化当前节点序号 CurrentNode ＝ LastNode＋1

S5　初始化当前节点队列的序号 CurrentQueue ＝ －1

S6　WHILE unallocateTask. Number ！ ＝0

S7　　get task← unallocateTask　　//获取待分配资源的任务

S8　　　　WHILE　CurrentNode≠　LastNode　　//轮询遍历节点

S9　　　　　　CurrentQueue ＝CurrentQueue＋1

S10　　　　　　WHILE　CurrentQueue≠　$Node_{CurrentNode}$. QueueNumber

//顺序遍历队列

S11　　　　　　　　IF task. Resource≤ $Queue_{CurrentQueue}^{CurrentNode}$. Resouece

S12　　　　　　　　　FW_j. preAllocate ＋＝ ｛task，$Queue_{CurrentQueue}^{CurrentNode}$ ｝

S13　　　　　　　　　BREAK

S14　　　　　　　　END IF

S15　　　　　　　　CurrentQueue ＝CurrentQueue ＋1

S16　　　　　　END WHILE

S17　　　　　　IF　CurrentQueue ＝＝ $Node_{CurrentNode}$. QueueNumber

//未找到资源匹配的，则进入下一个节点的查询

S18　　　　　　　　LastNode ＝ CurrentNode

S19　　　　　　　　CurrentNode＝ (CurrentNode ＋1)％n

S20　　　　　　　　CurrentQueue＝－1

S21　　　　　　ELSE //找到匹配的资源

S22　　　　　　　　CurrentQueue ＝CurrentQueue ＋1

S23　　　　　　　　BREAK

S24　　　　　　END　IF

S25　　　　END WHILE

S26　　　unallocateTask. Number --

S27　END WHILE

S28 通知 FW 资源分配结果

　　S1～S5 表示变量的初始化过程；S8 表示轮询遍历节点的开始，且开始节点不固定，取决于上次作业分配结束后的节点停止位置；S10～S16 表示顺序遍历队列序号，此时队列中包含 CPU 资源队列及 GPU 资源队列。其中，S11～S14 是任务与队列资源的匹配过程，一旦资源队列符合任务请求的资源要求就可以停止匹配。该过程会根据请求的属性进行相应属性队列资源的比较，这样做的目的是遵循队列划分异构资源原则以及合理利用集群异构资源。队列的出现可以通过绑定不同比例的异构资源，实现异构资源的高效利用。S17～S20 表示当前节点相应属性队列无满足请求的资源需求，需进入下一个节点继续探查；S21～S24 表示当前节点资源匹配成功，在更新下一个队列序号后，进入下一个任务的资源匹配流程。如果作业全部资源分配完毕，那么当有新的作业请求，将继续 LastNode 节点标号，继续轮询。

　　在上述轮询法中，资源的分配是一个预分配的过程，需要与 framework 交互确定最终的资源分配结果。本系统轮询法的资源分配过程适合的场景是计算框架的每个任务运行时长基本一致，并在测试过程中得到较好的运行效果。但是由于大多数场景下，任务运行是动态变化

及不确定的,在任务运行时长差距较大的情况下,负载平衡的有效性不能得到保证。

4.1.2.2　最小负载分配法

最小负载分配法是一种集中式算法。它通过收集各个节点的负载信息,求得一个负载最小的节点,将请求执行的作业提交到这个节点上。其最终目的是在一定时间内使各个节点上执行的负载达到相对的平衡。

由于计算节点负载状态影响任务的执行效率,因此,资源管理系统考虑集群计算节点的负载情况,尽可能将任务分配到负载较小的节点上运行,提高任务运行效率,减少任务执行失败概率。基于负载的资源分配方法需要考虑以下事项:①负载的定义,选取哪些指标作为负载的衡量参数;②负载的评估,根据什么方法将负载分为哪几种程度;③负载信息的采集,每一轮的分配将会参考当前阶段负载信息进行资源的调度。

(1)负载的定义。衡量负载的高低需要指定一个标准,通过该标准确定集群是否出现严重的负载不均衡的现象。当然,不同的指标针对不同的应用场景。由于资源的充足与否直接影响任务的执行效率,因此,集群计算节点的负载应参考计算任务所需资源。

通常,一个 CPU 计算任务基本包含从磁盘将数据进行读取、计算处理,以及写入的过程,该过程需要磁盘 I/O、CPU 及内存等资源。一个 GPU 计算任务既需要一定的 CPU 资源,还需要使用 GPU 设备资源。一方面,GPU 没有 CPU 的虚拟内存管理机制,一旦任务使用量超过 GPU 的显存大小,就会导致任务运行失败,因此,显存的大小应严格控制。另一方面,在 GPU 上运行的主要是核(kernel)函数,GPU 使用率是每隔几秒统计核函数使用的时间。当多任务在 GPU 上运行时,其核函数的调度与 CPU 时间片轮转调度思想一致,会存在更多核函数等待被执行,使得更多任务数据拷贝与核函数并行执行,提高了任务执行效率。相比较独占GPU 的核函数,多个核函数并发运行时使得各个核函数执行时间增加,但是整体的 GPU 使用率会增高。因此,GPU 的使用率与显存也应该作为负载考量的一个因素。

综上,我们将 CPU、内存、GPU、磁盘剩余容量作为影响负载的因素。

(2)负载的度量。测试表明,计算密集型任务的运行会迅速提高 CPU 利用率,使 CPU 利用率达到 85%～95% 的程度,也就是说,对于科学计算应用程序,CPU 利用率只能明显地区分空闲状态和非空闲状态,而不能够进一步区分忙闲的程度,于是也就不足以用来准确地进行负载决策和预测。下述给出两种负载信息计算方法。

1)分类方法。根据任务的性质(CPU 类、GPU 类、I/O 类等)确定主负载指标,例如:

CPU 类:以 CPU 利用率、CPU 队列长度为权重负载分量;

I/O 类:以磁盘读写速率、磁盘访问频率及磁盘可利用空间为权重负载分量;

GPU 类:以显存大小和 GPU 利用率为主要指标。

2)权重向量法。综合考虑各种物理设备的"忙闲"程度,通过加权计算出一个负载状态。

◆CPU 负载

由于每个节点上存在多个 CPU 核数,因此,CPU 的每个核的负载表示为 $CPU_j = \frac{CPU_{j.use}}{CPU_{j.total}} \times 100\%$,即一定时间内 CPU 的使用时间,$j$ 为核数编号,然后需要将该节点上的全部核求一次平均值,作为该节点的 CPU 负载,即 $CPU_i = \frac{1}{cn}\sum_{j=0}^{cn}CPU_j (i = 0, 1\cdots, cn)$,$i$ 为节

点编号，cn 为节点的 CPU 核总数目。

◆内存负载

内存使用率较高，可能导致部分内存与磁盘之间数据频繁换进换出，进而造成任务运行效率的降低。内存作为参考指标，负载表示为 $\mathrm{Mem}_i = \dfrac{\mathrm{Mem}_{i,\,\mathrm{use}}}{\mathrm{Mem}_{i,\,\mathrm{total}}} \times 100\%$，其中，$\mathrm{Mem}_{i,\,\mathrm{use}}$ 代表内存的使用量，$\mathrm{Mem}_{i,\,\mathrm{total}}$ 代表全部的内存大小。

◆GPU 负载

GPU 负载将两个因素作为参考，一个是显存的使用量，其负载为 $\mathrm{GPU}_{j,\,\mathrm{mem}} = \dfrac{\mathrm{GPU}_{j,\,\mathrm{mem,\,use}}}{\mathrm{GPU}_{j,\,\mathrm{mem,\,total}}} \times 100\%$，其中 $\mathrm{GPU}_{j,\,\mathrm{mem,\,use}}$ 代表显存的使用量，$\mathrm{GPU}_{j,\,\mathrm{mem,\,total}}$ 代表全部的显存大小。另一个是 GPU 使用率，其负载为 $\mathrm{GPU}_{j,\,\mathrm{util}} = \dfrac{\mathrm{GPU}_{j,\,\mathrm{util,\,use}}}{\mathrm{GPU}_{j,\,\mathrm{util,\,total}}} \times 100\%$，其中 $\mathrm{GPU}_{j,\,\mathrm{util,\,use}}$ 代表 GPU 的有效使用时间，$\mathrm{GPU}_{j,\,\mathrm{util,\,total}}$ 代表全部时间。我们将这两个因素以一定权重比例合为一个，即 GPU 最终负载表示为 $\mathrm{GPU}_i = g_1 \cdot \dfrac{1}{gn} \sum\limits_{j=0}^{gn} \mathrm{GPU}_{j,\,\mathrm{util}} + g_2 \cdot \dfrac{1}{gn} \sum\limits_{j=0}^{gn} \mathrm{GPU}_{j,\,\mathrm{mem}}$，其中 j 表示 GPU 卡的编号，i 为节点标号，g_1、g_2 代表权重系数，gn 代表计算节点上的 GPU 的数量。

◆磁盘负载

磁盘负载是大多数集群资源管理要考虑的一个较为重要的指标，计算任务在运行过程中可能远程拷贝大量的输入数据或计算结果等输出数据。因此，当相关作业执行完后，如果磁盘超过一定容量，就需要进行相关文件的清理。我们将相关磁盘负载表示为 $\mathrm{Disk}_i = \dfrac{\mathrm{Disk}_{i,\,\mathrm{use}}}{\mathrm{Disk}_{i,\,\mathrm{total}}} \times 100\%$，其中 $\mathrm{Disk}_{j,\,\mathrm{use}}$ 代表 I/O 操作时间，$\mathrm{Disk}_{j,\,\mathrm{total}}$ 代表全部时间。

上述各资源负载量进行计算后，采用权重法评估方法，对节点整体资源负载值进行初步评估，公式如下：

$$HL_i = \sqrt{\sum_{i=1}^{n} (k_i \cdot a_i^2)}$$

式中：HL_i 表示当前节点的资源负载初步评估值；$a_1, a_2, \cdots, a_n$ 表示上述异构资源负载的计算分量；$k_1, k_2, \cdots, k_n$ 代表每个分量对应的权重，这些权重值是静态写入配置文件中的。我们根据权重法公式可以得到集群每个节点的一个负载评估值，进一步得到集群的平均负载。在集群资源较为充足时，通过节点负载与平均负载对比，可以使调度决策者优先选择负载较小的节点进行资源的分配。当集群资源不充足时，可能出现部分异构集群计算节点上任务排队的现象，导致资源决策后负载不平衡的现象发生。因此，本系统从本质出发，我们还需要考虑队列的排队任务长度。

我们规定队列中等待任务数量的上限与下限作为当前队列的负载状态，下限为 TH_u，上限为 TH_v。最终结合负载与队列排队长度确定节点负载的 3 个阶段：如果当前节点作业长度小于 TH_u，且当前节点负载低于平均负载，就认为该节点处于轻负载的阶段。如果当前节点作业长度大于 TH_v，或队列长度小 TH_v 但大于 TH_u，且当前节点负载高于平均负载，就认为该节点处于重负载的阶段。其他情况视为中等负载阶段。

（3）调度过程。资源调度服务采用周期性负载信息收集，并依据上述评估过程确定负载所处阶段，选出处于轻负载阶段与中等阶段的节点进行资源分配。但是调度过程中考虑两个问题:①采集负载信息的时间间隔问题。时间间隔的长短影响集群节点负载状态的真实性。例如,时间间隔太短,而任务运行时间过长,只能反映当前任务部分负载状态,不能直接作为资源调度的依据。因此,针对该问题,我们需要计算节点选择 $1\sim2$ s 为周期进行负载汇报。该负载计算过程为每隔 1 s 采集一次相关资源负载状态,最后求其平均值作为当前阶段的节点负载状态。②预分配资源的任务数量控制问题。由于队列支持任务的排队,因此,在一次资源调度过程中,可能分配过多资源,最终导致部分任务排队在计算节点排队执行的现象。因此,通过资源负载与队列长度判断节点性能,此时如果全部集群节点处于重负载状态,那么本次周期性资源调度将停止为作业分配资源。

考虑了上述两个问题所提出的方案,解决由于无法确定作业运行时长等情况而造成资源调度过程带来的过大偏差,进而导致不可控的负载不均衡现象。最终可以使得调度服务在资源分配时,根据负载状态周期性调整资源调度过程,缓解部分节点任务排队过长而不可挽回的问题。

【流程 4.2】 基于最小负载的调度函数。

输入:请求集合

输出:请求到队列的映射

S1　初始化调度服务

S2　获取当前集群节点的异构资源负载的平均值 HL,以及各个节点异构负载值 $Node_{i, HLB}$。获取队列各个节点各个队列长度 $RQ_{i, length}$

S3　选取 HL_{low} 与 HL_{mid} 阶段的节点,$Node=\{Node_1, Node_2, \cdots, Node_n\}$

S4　初始化队列 PriorityQueueNode ← Node

S5　获取注册计算框架 $FW=\{FW_1, FW_2, \cdots, FW_m\}$ 上未分配资源的请求集合 unallocated

S6　WHILE unallocated. Number ≠ 0 且 ! PriorityQueueNode. empty

S7　　get task ← unallocated

S8　　get $Node_i$ ← PriorityQueueNode. front

S9　　For　k:$Node_i$. QueueNumber

S10　　　IF　task. Resource ≤ $Queue_k^i$. Resource

S11　更新 $Node_i$ 与 FW_j 的资源分配情况

S12　　　　FW_j. preAllocate += {task, $Queue_k^i$. Resource}

S13　　　　unallocated. Number- -

S14　　　　IF check($Node_i$)

//如果当前节点未处于重负载,就将该节点重新加入队列

S15　　　　　　PriorityQueueNode. push = $Node_i$

S16　　　　　END IF

S17　　　　BREAK

S18　　　END IF

S19　　END FOR

S20　END WHILE

S21　通知 FW 资源分配结果

S1 表示调度器调度模块执行启动,该调度函数主要借助 libprocess 的 delay 方法实现函

数周期性被调用与运行。与大多数集群资源管理系统如 Yarn 相比,其主要还是采用节点心跳触发的方式进行资源调度,即当一个节点周期性发送心跳时,调度器会优先根据先收到的节点资源为任务进行资源分配。然而,这样的方式忽略了集群整体情况,无法确定该节点负载是否是集群中最轻或最优的节点。通过周期性调度,本系统可以实现全局节点资源、负载的灵活管理与调度。换句话说,本系统可以充分考虑集群节点负载情况进行资源分配,尽可能提高集群异构资源使用率。S2 主要是调度器需要周期性获取资源监控服务所计算的负载平均值及各个集群节点的负载值、队列长度为下一步的负载评估做准备。S3 表示选取处于轻负载与中等负载阶段的节点信息。S4 表示调度服务根据当前负载评估标准作为优先级队列的排序原则,将 S3 读取的相关节点加入优先级队列中。S5 表示调度器获取当前请求的计算作业信息,包含总共需要的资源数、已经使用的资源数。S6~S20 表示如果此时存在非重阶段负载的节点且存在等待分配资源的任务时,资源调度器就进入最小负载分配流程。其中,S7 表示调度服务根据 FIFO 或公平调度原则,选出合适的计算框架与相应的任务,并为之选资源。S8~S9 表示从优先级队列中取出负载最小的节点,并遍历节点相应的资源队列 $Queue_k^i$,i 表示节点序号,k 表示队列序号。S10~S18 表示如果任务需求量是否小于资源队列资源量,以及任务属性与资源队列属性相同,就予以作业资源的分配,并更新相关控制变量与资源分配量。S14~S16 表示在资源分配过程中,如果节点仍未处于重负载阶段,就将该节点重新加入优先级队列中,继续之后资源的分配。S21 最终将资源调度结果与相关计算框架协商。

通过周期性收集负载信息,可以不断调整资源状态,通过节点负载从小到大排序后,将后来到达或未分配资源的作业的任务分配到状态较佳的节点运行。然而,作业的运行时间无法估计、已经分配好资源的任务仍存在长时间在计算节点上排队等待运行的情况,影响作业执行效率与集群异构资源利用率。

4.1.2.3　需求转发法

对于最小负载调度,其实是通过周期性调度,并根据阶段性收集到的负载信息,使得资源分配更加均衡。但是,当调度器将所有需要长时间执行的请求全部集中在某一个计算节点上,或者一个需要很短执行时间的请求必须等待一个需要长时间执行的请求结束情况时,就有可能导致一些请求在某个计算节点上等待,然而其他计算节点可能没有请求而处于闲置状态。

正如上述描述的问题,负载最小调度策略仍可能存在任务长时间等待的现象。因此,需求转发的负载平衡策略发生在最小负载分配之后,即针对已经获得资源却长时间等待的请求进行节点的迁移,而这些请求主要是在重负载的节点上。虽然需求转发可以完全由中心节点控制,但是本系统为了进一步减轻中心节点负载压力,提出基于队列的二级调度,允许计算节点之间的任务迁移,以作为动态调整。

其整体运行流程如图 4.2 所示,管理节点上运行着调度服务,它收集集群节点的整体状态,根据各个计算节点的负载情况来决策请求的迁移,每个计算节点上运行着队列管理服务,用于检查队列的状态、请求的调度以及向调度器发送消息。队列管理服务周期性地检查当前计算节点上处于运行状态的请求的数量、负载评估相关信息。为了精确地统计计算节点的负载,除按照最小负载调度算法中涉及的负载信息之外,还需要考虑计算节点的队列中排队的请求数量,当排队状态的请求等待时间超过系统设置的阈值时,请求就需要向其他负载较小的计算节点转移。

计算节点上的队列管理服务一旦发现某个请求排队时间超过阈值,就需要向调度服务发送转移请求的消息。计算节点根据转移策略选取需要转移的请求,并在该请求中加入配置要求信息及对应的资源需求信息,将这些信息打包并发送到调度服务,如图 4.2 中步骤 1 所示。调度服务收到需求转发请求后,根据各个计算节点的最新负载信息,判断该集群各个计算节点的运行状态,并进行待转移请求的确认检查。根据最小负载调度策略选择一个满足请求资源需求的最小负载的计算节点,并将结果返回给计算节点的队列管理服务,如图 4.2 中步骤 2 所示。计算节点的队列管理服务,检查与确认请求相关信息后,将请求提交到 pipe 队列上,如图 4.2 中步骤 3 所示。当前计算节点的队列管理服务从 pipe 队列中取出需要转移的请求,然后根据目标计算节点信息,向目标节点的队列管理服务通信,将需要转移的请求发送到目标节点,目标节点的队列管理服务将转发至 pipe 队列上,如图 4.2 中步骤 4 所示。最后,目标节点的队列管理服务将 pipe 队列的提交到对应的 CPU 队列上(或 GPU 队列上),如图 4.2 中步骤 5 所示。一旦队列上资源可用,被转移的请求就立即开始运行。

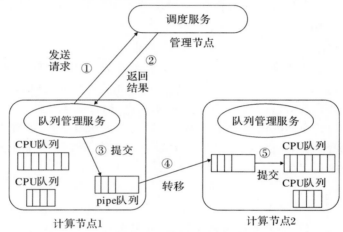

图 4 - 2   需求转发过程

为了支持计算节点需求转发请求功能,管理节点的调度服务与集群计算节点的队列管理服务需要进行通信并且各自有对应的执行过程,下面分别介绍这两个对应的过程。

(1)管理节点的实现。调度服务增加了需求转发响应模块,用来接收计算节点发送的需求转发消息,并根据集群资源负载情况,最终决定是否同意转发并向哪个节点转发的问题。管理节点调度模块流程如下:

【流程 4.3】   基于需求转发调度过程。

输入:TransformRequest

输出:TransformResponse

S1   IF Transform_Request. Node 无效

S2   RETURN   TransformResponse(NotValid)消息

S3   END IF

S4   选取 HL_{low} 与 HL_{mid} 阶段的节点,Node$=\{Node_1, Node_2, \cdots, Node_n\}$

S5   初始化 PriorityQueueNode ←Node

S6   初始化 Res

S7　　WHILE！PriorityQueueNode. empty 且！TransformRequest. Task

S8　　　get task←TransformRequest. Task

S9　　　get $Node_i$←PriorityQueueNode. front

S10　　　FOR k：$Node_i$. QueueNumber　//遍历节点上资源队列

S11　　　　IF task. Resource≤$Queue_k^i$. Resource

S12　　　　　Res ＋＝｛task，$Queue_k^i$. Resource ｝

S13　　　　　update FW，$Node_i$

S14　　　　　TransformRequest. Task －＝ task

S15　　　　　IF check（$Node_i$）

S16　　　　　　PriorityQueueNode. push ＝ $Node_i$

S17　　　　　END IF

S18　　　　　BREAK

S19　　　　END IF

S20　　　END FOR

S21　　END WHILE

S22　　RETURN TransformResponse（Res）

上述功能主要靠 libprocess 通信机制进行消息与函数的绑定,一旦接收到需求转发消息请求,其内部机制就根据消息类型自动调用该函数并执行。因此,此服务功能是触发方式下的资源调度转发。S1～S3 表示当调度服务收到计算节点发来调度请求后,调度服务功能先检查该节点是否是当前所管理的节点,并根据负载评估该节点是否属于重负载的节点。如果不符合,那么转发信息无效。否则处理该请求信息。S4 选取集群中处于轻负载与中等负载的计算节点。S5 表示将 S4 所选节点加入优先级队列中。S7～S20 表示当存在待转发的任务以及非重负载计算节点时,执行请求调度转发算法。其原理仍根据最小负载原则,将待转发的请求分配至轻负载的节点上。S11～S19 表示对满足资源需求的请求进行资源分配,并将相关节点资源以及计算框架管理信息进行更新。S22 将目标计算节点的信息返回,再由调度服务将消息通知给原计算节点。

（2）计算节点的实现。为了支持功能转发及减轻中心节点负载压力,计算节点通过 pipe队列实现任务二级调度功能。计算节点请求功能模块流程如下:

【流程 4.4】　需求转发请求函数。

输入:NULL

输出:TransformRequest

S1　获取本节点队列排队长度以及当前节点负载信息 loadHL

S2　初始化 TransformTask

S3　while（notExit）

S4　Case SendRequest：

S5　获取当前全部队列信息 Queue＝｛$Queue_1$，$Queue_2$，…，$Queue_k$｝

S6　初始化 flag＝TRUE　//用于标记是否结束减负过程

S7　　IF LoadHL 不是重负载阶段

S8　　　continue

S9   END IF

S10   FOR i < k && flag //按照队列编号遍历队列

S11   FOR j<Queue_i . waitNumber&& flag   //遍历处于等待状态的任务

S12   IF task$_j^i$. waitTime >= limitTime

S13   loadHL. length =loadHL. length − 1

S14   TransformTask. addtask(task$_j^i$)

S15   Update LoadHL

S16   IF   LoadHL 不是重负载阶段

S17   flag=FALSE

S18   END IF

S19   END IF

S20   END FOR

S21   END FOR

S22   send TransformRequest(TransformTask)

S23   Case ReceiveRequest：

S24   receive TransformRespose

S25   FOR res：TransformRespose. Resource

S26   pipe. add(res. task ，res. QueueInfo)

S27   update Queue

S28   END FOR

S1、S2 为变量信息的初始化。S3、S4 及 S23 用来检查接收消息还是发送消息。S7～S9 表示如果检测到当前节点未处于重负载的状态，就结束本轮任务转发请求。否则，继续减负操作。S10～21 表示遍历当前节点队列上全部待排队任务，并根据任务等待时间选取待转发任务。其中，S16～S18 表示如果节点负载已不再处于重负载阶段，就可停止任务的需求转发。S22 表示将最终转发任务及详细资源信息发送到中心节点调度服务，请求调度节点。S23～S27 表示接收到分配结果后的处理。根据相应任务与相应节点的资源队列信息，通过 pipe 队列完成任务转发功能后，并更新当前节点队列中待排队的任务信息。如果中心节点返回消息为空，就说明目前集群各个节点都处于重负载阶段，不适合任务转发。因此，计算节点放弃本次的任务转发请求而等待下个周期，根据节点情况判断是否再次进行任务转发请求。

通过计算节点主动判断负载情况后，适当选择处于排队中的请求，进行请求的转发。当管理节点收到信息后，给予回应。计算节点根据资源调度结果与其他节点通信，完成请求的转发功能。

经实验验证，请求发送法在负载平衡整体调整方面取得了较有效的结果，能够有效地缓解负载压力较重的计算节点上请求的延迟等待问题，提高了整个集群的资源使用效率。

4.1.3   实验验证

在本节实验中，主要验证本系统在异构集群资源的利用率及负载平衡管理方面的能力，并与主流集群资源管理系统 Mesos 进行对比。

4.1.3.1 运行环境

(1)硬件环境。本系统主要部署在 8 台服务器上运行,服务器的型号为浪潮 NF5468M5,其中 CPU 型号为 Intel(R) Xeon(R) Silver 4110,GPU 型号为 NvidiaGeForce RTX 2080 Ti,内存型号为 ECC Registered DDR4 2666,磁盘为 3.5″ 7.2Krpm SAS 硬盘,网络使用锐捷 S2928G-E 千兆以太网交换机。每台服务器具体的资源量见表 4.1。

(2)软件环境。首先,本系统所依赖的环境配置设置主要有 Linux 操作系统 ubuntu18.0 版本、文件管理系统 Hadoop-3.2 版本、Nvidia 驱动程序 CUDA10.0 版本、JDK1.8.0_232 版本。其次,本系统在开发中通信架构使用的开源库版本为 Libprocess3.0。最后,在系统对比方面,本章选取与 Mesos-1.6.1 版本进行对比实验。计算框架选取 Spark-3.0.0 版本。

表 4.1　节 点 资 源

硬件	容量	数量
CPU	8 核	2
GPU	10 GB 显存	2
内存	32 GB	1
磁盘	2 T	2

4.1.3.2 异构集群的性能

针对关于 GPU 资源的细粒度管理的实验验证,我们只需要一个主节点 master 和一个从节点 slave01,并在实验运行过程中记录从节点 CPU 资源使用率与 GPU 资源使用率,以及作业运行时间。本实验使用 Spark 支持的 k-means 算法作为计算作业。k-means 是一种常见的聚类算法,通过不断计算与迭代寻找聚类中心,将不同对象计算到不同聚类中心距离,得到与簇内高度相似的新的聚类中心。目前,已分别存在支持 CPU 的 k-means 算法与支持 GPU 的 k-means算法。我们设置 k-means 的相关参数,定义生成的簇有 64 个,待处理数据的坐标点为 150 000 个,数据维度为 1 000,迭代次数为 10。通过 Spark 参数配置一个作业申请 excutor,数量为 2,每个 excutor 所需资源为 <1 核 CPU,2 GB 内存,2 GB 显存>。HRM 相应配置为 slave01 节点上设置 2 个 GPU 资源队列,每个队列所管理资源为 0~4 核与 1 个 GPU 卡。实验分别在 HRM 与 Mesos 系统下,测试不同作业数量同时启动向资源管理系统注册,记录相关运行情况。其中,作业数量从 1 增加 4。图 4.3 与图 4.4 分别给出 Mesos 与 HRM 系统下,不同作业数量的平均完成时间以及每个任务的 GPU 使用时间。

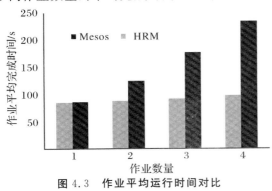

图 4.3　作业平均运行时间对比

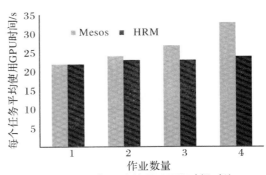

图 4.4　任务平均使用 GPU 时间对比

由图 4.3 可以看出,在 Mesos 下运行的计算作业随着作业数量增多,其平均运行时间增加,且作业数量为 1 时其平均执行效率最高。主要原因在于 Mesos 对 GPU 管理仅支持 GPU 设备独占的分配方式,因此,GPU 资源的作业需要串行等待 GPU 资源,作业的平均执行时间呈线性增加。由图 4.4 可以看出,在 Mesos 下运行的计算作业串行使用 GPU 资源,其计算任务平均使用 GPU 的时间无明显变化。

相比之下,HRM 的资源管理方式支持 GPU 细粒度管理,只要任务所申请的显存不超过计算节点资源队列所管理范围内,便支持计算任务并行运行。因此,随着作业数量增多,作业总体平均运行时间无较明显延长。但是,当作业数量增长到 4 时,由于作业共享 GPU 资源,使得 GPU 使用率升高,其 kernel 函数的调度与竞争导致在 GPU 计算过程中受到较大影响,作业总体完成时间延长。图 4.4 可以看出,在作业数量为 4 时,其任务平均使用 GPU 时间开始出现较明显延长。

K-means 的计算任务包含三个阶段:第一阶段是坐标点数据从内存向 GPU 设备拷贝的阶段;第二阶段是迭代寻找聚类中心,该过程中计算任务交互使用 CPU 资源与 GPU 资源;第三阶段是将最终结果从 GPU 设备向 CPU 设备的拷贝阶段,最终整理出每个簇相应的坐标点。图 4.5 与图 4.6 所示分别给出了上述环境的测试中,计算作业数量为 4,且总任务数量为 8 时,HRM 与 Mesos 的计算节点上的资源使用率情况。

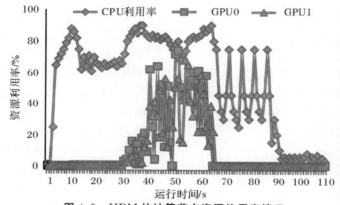

图 4.5　HRM 的计算节点资源使用率情况

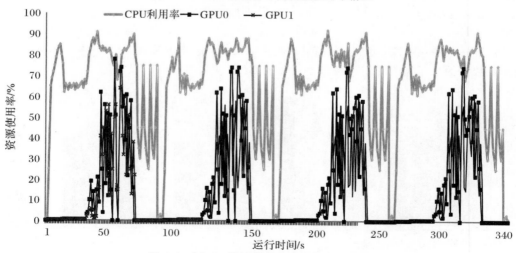

图 4.6　Mesos 的计算节点资源使用率情况

由图 4.6 可知,在 Mesos 的计算节点在大多数时间里的 CPU 使用率不到 25%,且 2 块 GPU 的使用率不到 25%。而图 4.5 给出了在 HRM 的计算节点大多数时间 CPU 使用率在 80% 以上,且 2 块 GPU 的使用率均在 40% 到 80% 之间上下浮动。我们可以验证由于 Mesos 以 GPU 设备为单位进行的资源分配,使得计算作业串行运行,进而导致作业总体运行时间延长,以及异构资源利用率不高。相比较而言,通过 HRM 的资源管理方式下,其全部的计算任务并行使用 CPU 资源与 GPU 资源,使得异构资源得到较充分利用,且作业总体执行时间大大减小。另外,在当前计算任务运行过程中,其 CPU 使用率未超过一个核的使用量,在后期的资源分配过程可以减少 GPU 资源队列所绑定 CPU 的核数,以便将 CPU 资源让给 CPU 计算任务。这种方式使得 GPU 计算任务在获得足够的 CPU 资源后,也使得 CPU 计算任务也有足够的 CPU 资源。

4.1.3.3　负载平衡验证

基于资源队列实现了异构资源使用率提升及减少调度延迟的问题。但是,由于任务运行时间的不确定性导致计算任务出现排队等待现象后,会引起集群节点的负载不均衡现象。为验证 4.2 节三种负载平衡策略,本实验在 8 个节点的环境下,通过提交大量不同种类计算作业进行实验。

本实验集群一共有 8 个节点,资源情况如 4.3.1 节。本实验 CPU 计算作业选择 Spark 官方自带的 wordcount 的程序,通过传入不同文件数据量大小,可以得到相应长时间运行以及短时间运行的作业。GPU 计算作业选择基于 Spark 计算框框架平台的 k-means 程序,通过控制聚类算法的各个参数:簇个数、待处理数据的坐标点数量、数据维度、迭代次数次,可以控制作业相应长短执行时间。每个作业相应任务的资源需求量见表 4.2,并测试在资源充足情况下每个作业的正常执行时间。HRM 为计算节点配置 3 个资源队列,一个 CPU 资源队列其资源绑定为<12 CPU,20 GB 内存>,2 个 GPU 资源队列分别资源绑定为<2 CPU,2 GB 内存,10 GB 显存>。两种资源队列负载参数设定 $TH_u=4, TH_v=8$。实验设置每隔 180 s 将上述不同类型计算作业按表 4.2 的作业数量同时向 HRM 投交作业,并持续 3 次。测试 HRM 的三种不同策略下,最终不同作业属性的平均完成时间。同时,中心节点将每个任务运行过程录入任务日志中,通过分析任务日志信息得到每个计算节点从第一个任务执行启动到最后一个任务执行结束所经历的时间,作为最终负载平衡的一个重要评判结果。

表 4.2　节点资源

作业类型	CPU 计算作业		GPU 计算作业	
作业内容	wordcount		k-means	
参数配置	5 G	20 G	<16,8 000,200,10>	<64,15 000,1 000,10>
作业数量	10	5	12	84
任务数量	4	4	2	2
一个作业的运行时间/s	51	220	22	83
任务资源需求量	<4 CPU,4 GB 内存>	<4 CPU,4 GB 内存>	<1 CPU,2 GB 内存,2 GP 显存>	<1 CPU,2 GB 内存,2 GP 显存>

实验结果如图 4.7 与图 4.8 所示。由图 4.7 可以看出,由于作业运行时长的不同,节点轮询过程受节点数量的影响,容易将长任务多次堆积在同一节点上运行,导致部分节点上作业执

行时间严重增长,而部分节点长时间空闲等待的现象。相对于最小负载策略下,我们看到每个节点运行任务总时长相对较为平均,主要原因是周期性分配资源时,优先将作业分配在负载较轻的节点上,缓和了长任务在部分节点上长时间聚集的现象。需求转发的负载平衡策略下,节点运行作业的时间比另外两种策略的节点运行作业时间更短,且节点之间运行时间更加接近。通过查看其任务日志,发现每一批作业请求到达之前,存在长时间等待的部分短任务被转发至刚运行任务结束的空闲计算节点。图 4.8 所示为在不同策略下的每个作业类型的平均执行时间,虽然在轮询策略下,短作业平均执行时间最快,但同时存在着长任务平均作业执行时间过长与集群异构资源利用不充分的问题。在最小负载的策略下,根据节点的负载情况,周期性均衡调整作业分布,使得长任务等待时间有所减少。需求转发策略下在最小负载基础上,对排队时间过长的部分长、短任务进行适当调节,短作业效果较为显著。

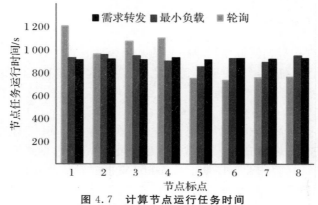

图 4.7　计算节点运行任务时间

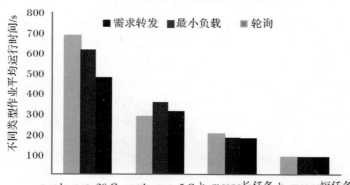

图 4.8　不同作业平均运行时间

　　虽然 GPU 计算作业非常多,但是 GPU 资源的细粒度资源方式可以支持大量作业并行快速完成。图 4.8 中,最小负载策略与需求转发策略下 GPU 计算作业平均运行时间较为接近,主要原因为在最小负载策略下,通过控制队列最大负载排队数量,使得每一批作业达到后,保留了部分未分配资源的作业。随着运行过程中,集群部分节点负载减轻后,调度器将这些未得到资源的作业分配在负载较轻的节点上运行,从而避免计算作业因提前分配资源在计算节点长时间等待的现象。因此,在作业运行时间短且数量较大的情况下,需求转发策略并未出现作业转发至其他节点的现象。

　　通过上述实验可以得出结论:轮询策略仅在作业性质相似的情况下,其负载平衡可以达到较好的效果。最小负载采用周期性调度方式,根据集群负载进行资源分配,避免部分节点长期运行而部分节点空闲无任务可运行的现象。需求转发适用于在任务排队等待时间过长,通过转发至较轻节点负载情况下,缓解长时间的排队任务执行延迟的现象。

4.2　异构集群上集中式调度的可扩展性优化

4.2.1　概述

集中式资源调度框架有三个主要的服务:一是应用程序管理。用户的应用程序将资源请求发送到计算框架管理,资源请求格式相同,包括请求的容器数量、每个容器包含的内存大小和 CPU 核数、本地优先等级及请求的优先级别。二是资源调度服务。集群计算资源上运行着许多应用程序,而每个应用程序会包含大量的任务,这些任务会分散在不同的计算节点上并行运行,资源调度服务的任务是将不同应用程序的不同任务映射到分布式计算节点上。三是资源监控服务。资源监控服务的主要作用是接收集群计算节点的加入和退出,同时通过对周期性心跳信息的收集,将各个集群节点的状态汇报信息进行节点管理列表的更新。计算节点的加入和退出直接影响集群规模,即可用计算资源的多少。周期性心跳,一方面,用来向资源监控服务提供计算节点的健康信息;另一方面,向资源监控服务汇报计算节点上容器的状态信息。这些信息对调度服务来说非常重要,是资源调度的依据。因此,这些信息提供的速度对资源调度的准确性来说是至关重要的。

现有的集群资源管理系统种类非常丰富[144-185],主要研究的都是有关集群资源管理和用户应用程序调度的系统。从集群资源调度框架的观点看,集群资源管理系统分为三个大类,即集中式资源调度框架、分布式资源调度框架及混合式资源调度框架。集中式资源调度框架又分为单一资源调度和二级资源调度,二级资源调度有“推”和“拉”两种模式。

对于集中式资源调度框架,优点是调度实现简单,应用广泛,但是存在着可扩展的瓶颈。相比于集中式资源调度框架,分布式资源调度框架不存在单一的资源管理节点,在可扩展性方面具有较大的优点,但是缺乏集中管理,增加了资源状态的同步和并发控制的难度,也无法做到最优全局决策与资源控制,真正应用的系统较少。混合式调度管理框架结合了两个系统,由于存在集中式调度框架,虽然在一定程序上缓解了分布式资源调度框架的不一致问题,但是其集中式资源调度框架和分布式资源调度框架相互独立,需要维护两套代码,代价较大。另外,分布式资源调度框架和集中式资源调度框架相互预留资源,影响总体资源利用率,因此,混合式资源管理框架处于研究状态,很少有成熟的系统被广泛使用。

从现有的研究文献看,80% 以上的集群资源管理模型采用集中式资源调度框架,再加上混合式中的集中式资源调度框架模型,集中式资源调度框架可以达到 85% 左右。一些大的互联网公司,如微软、腾讯、百度等,目前也使用集中式资源调度框架来处理自己的大数据业务。但是,集中式资源调度框架中,资源管理器为了获得集群可用资源,需要集群上的每个计算节点周期性地发送健康状态信息及容器状态信息到集中式调度器,以便监控整个集群计算节点的健康状态及整个集群节点上容器的运行情况。当计算节点的数量扩大到一定规模后,大量心跳信息的存储和处理给资源管理器带来较大的负载压力。另外,网络延迟及通信次数的快速增长使得集群资源管理中的调度器无法在调度许可的时间内处理完全部的心跳信息,造成调度过程的失效。

随着大数据分析处理应用的增加,可以通过集群资源的可扩展性来满足要求。为了支持更多的大数据处理程序,就需要增加集群计算节点。而集群计算节点的增加,每个计算节点都会周期性地发送健康状态信息及容器状态信息,这就意味着资源监控服务需要处理更多的心跳信息。当计算节点的数量扩大到一定的规模后,网络延迟及通信次数的快速增长使得资源监控服务无法在调度许可的时间内处理完全部的心跳信息,集群资源的可扩展性失效。因此,资源监控服务是影响可扩展性的关键因素。

在可扩展性方面,心跳间隔与调度延迟存在着矛盾。大规模的集群资源管理通常采用增加心跳间隔的策略来减少心跳数据的产生和发送,但是带给用户的作业需要等待更长的时间才能被调度。Yarn 目前可支持的机器数量为 4 000 台,一些研究者对 Yarn 资源管理进行了改进,采用分布式数据库方式来增强心跳信息处理能力,虽然可以满足较好的可扩展性,但是并没有减少集群节点内的通信代价。Mesos 是集中式资源管理二级调度框架,与 Yarn 相比,其中心节点不关注计算任务级别的资源分配,通过资源提供的方式,让计算框架自己选择资源,并由计算框架进行计算任务的资源分配与调度,使得中心节点扩展性进一步提高,支持 5 000 台机器的管理。Omega 尽管对集中式的资源分配方式做出了改进,通过多调度器共享全局资源状态大大提高了作业分配与调度的并发性,但是其资源分配的效率仍受中心节点的性能限制。相比于集中式资源调度框架,分布式资源调度框架在可扩展性方面具有优点,但是增加了状态同步和并发控制的难度,且无法做到最优全局决策与资源控制。混合式资源调度框架由于存在集中式资源调度框架监视,虽然在一定程序上缓解了任务调度的压力,但是其通信开销非常巨大,无法彻底解决可扩展性问题。

针对集中式资源调度框架的可扩展性问题,经研究发现,其根本原因在于资源监控服务需要处理大量的心跳信息。资源监控服务为了监控集群节点的健康状态及整个集群节点上容器的运行情况,需要周期性地与集群各个节点建立通信。随着集群规模的增大,大量心跳信息的存储及处理给中心节点带来较大的负载压力,并且在较短的心跳间隔内便很快达到心跳信息处理的瓶颈,限制了资源管理系统的可扩展性。与此同时,心跳消息的增多意味着中心节点的通信开销也将急剧增加。

为了解决可扩展性的问题,集中式资源调度框架开始将各个功能服务从集中在一个节点上运行转变为扩展到多个节点上运行,形成分布式资源调度框架,从而提高相应功能的执行效率,减少任务从申请资源开始到真正执行的时间开销。例如,从 Hadoop1.0 到 Hadoop2.0 的跨越,主要在于任务调度服务从中心节点分离,支持任务调度服务在集群各个节点上并发运行,提高了任务调度过程的效率,减小了任务调度过程的时间开销。Mesos 的特点在于粗粒度的资源分配,使得细粒度的资源调度过程以及细粒度的任务调度功脱离中心节点,而在计算框架中完成,进一步提高了资源调度与任务调度的性能,减小了资源调度与任务调度的时间开销。

虽然功能的分解以及分布式部署减轻了中心节点的负载,在一定程度上缓解了可扩展性的问题,但是中心节点与计算节点之间的通信数量没有变化,并没有解决心跳间隔与调度延迟之间存在的矛盾。下面的内容在集中式资源调度框架下,对异构集群资源的调度做出进一步的优化:提出基于差分的心跳信息处理模型与基于环形监视的节点监控模型,形成分布式资源调度框架,提高异构集群的可扩展性。

4.2.2　问题分析

异构资源管理系统的运行流程及具体实现已经在第 3 章进行了详细的描述。整个集群资源管理分割成两个主要部分:位于中心节点上的全局资源抽象及位于集群计算节点上的具体资源管理。中心节点和各个集群节点通过信息交互负责集群节点的加入、退出,周期性收集集群上资源状态及任务运行状态,为调度服务提供调度决策依据。

计算节点的节点资源管理会监控本地资源队列的请求状态,并记录和保存当前节点的全部任务,一旦有请求状态发生变化,就更新相应请求状态信息。计算节点的心跳汇报服务会周期性地从队列管理服务读取全部请求状态信息,最终将信息封装成心跳消息,发送给中心节点的资源监控服务。其中,请求状态信息主要包含请求运行状态、请求所在队列信息、请求的占用资源信息。请求运行状态意味着资源的使用情况,请求在运行,说明该请求正在占用节点资源;请求在等待,说明请求没有在节点上立即执行,反映了当前排队情况;请求处于结束运行的状态,说明该请求所占用的资源已经使用完毕,资源监控服务可以进行资源的回收。

当用户的应用请求计算资源时,计算框架管理服务登记应用,并向资源调度服务发送请求。资源调度服务根据应用的资源需求以可用计算资源信息,将资源与应用进行映射,然后通知应用程序提交任务。资源监控服务要想获取集群最新状态信息,就需要及时与集群节点通信,得知集群的资源信息与任务运行状态。

资源监控服务是调度服务与计算节点之间连接的纽带,负责收集整个集群中计算节点的状态信息。资源监控服务处理信息的效率将会影响资源分配的快慢及资源分配的公平性,进一步影响整个系统的执行效率。资源监控服务主要是接收两种消息类型:第一种是集群节点的注册请求消息;第二种是集群节点的周期性汇报心跳消息。

(1)节点注册流程。计算节点将本机的资源信息封装成注册请求消息发送给中心节点的资源监控模块,该信息包括当前该机器节点资源总体信息,如磁盘、CPU 核、内存大小及 GPU 显存信息等。

资源监控服务通过接收集群节点的注册,将将该节点加入监控管理列表,并产生节点增加事件通知给资源分配模块。资源分配模块将该节点资源加入集群资源维护视图中,可进一步进行资源分配。注册成功的计算节点可以周期性地汇报心跳信息。

(2)心跳信息汇报与处理流程。集群节点注册到资源监控模块后,便周期性地向中心节点的资源监控模块汇报心跳消息。周期性心跳是主节点资源监控程序与集群节点联系的重要通信机制。该心跳信息包含两个重要的内容,即机器的健康状态检测和集群节点上全部任务的运行状态信息。健康状态检测的主要目的是检测资源的使用情况及系统性能分析等。目前的资源管理系统对 CPU、GPU、内存等资源进行了实质的限制与隔离,然而还存在磁盘 IO、网络等资源的隔离较难控制。这将导致不同任务之间运行过程中可能会因相互干扰而影响任务的执行效率。为了综合考虑其他资源的使用状况,通过集群节点启动一个健康检测程序,通过启动 shell 脚本方式定期检测网络、磁盘、文件系统等运行情况。如果出现网络拥塞、磁盘不足、文件系统出错等问题,集群节点在心跳汇报时,就将节点相应的健康状态描述为 false,否则为 true。计算节点的全部任务运行状态汇报是为了与中心节点所维护的任务状态保持一致。

同时任务状态的变化影响资源状态的变化。因此，周期性的心跳汇报使得中心节点与集群保持联系，并保证集群资源与任务状态的一致性。

当资源管理器的资源监控服务收到心跳信息后，先检测其节点的健康状态，若该节点为非健康状态，则通知资源调度服务相关节点资源信息减少，防止进一步将该机器相关资源分配给其他计算任务；若为健康状态，则进一步检查该节点上任务运行状态，通过与上次心跳信息的对比，提取出刚开始运行的任务与运行结束的任务的相关信息，即这些任务状态一定是与上次任务状态不重复。如果此时有任务状态的变化，那么资源监控服务产生一个节点更新事件通知给资源调度服务，资源调度服务将相关任务运行状态进行更新维护，并对集群资源视图进行更新维护，最终将可用资源分配给计算任务。同时，将已经结束的计算任务的运行过程保存到任务日志中，以便资源分配模块进行系统优化时借助任务日志相关信息作参考依据。否则，资源监控服务不对资源调度服务通知任何事件。

在上述过程中，资源管理的资源监控服务要承受的通信量及计算量将会给中心节点带来较重的负载压力。随着集群规模的增大，该问题将越显突出。究其原因，有两方面问题：第一，当集群节点上无运行任务时，仍会周期性地向中心节点资源监控器发送心跳信息，以便记录心跳更新时刻，作为新的心跳信息处理依据。这些信息仅能代表节点的健康状态，并没有实质的数据传输，不但代理集群节点内部的通信开销，也增加了资源监控服务的处理开销。第二，集群计算节点只是按心跳时间间隔定期将本机所有容器及任务状态等相关信息汇报给集群节点。如果任务的运行时间较长，心跳间隔期间状态没有发生变化，那么运行状态信息会被重复汇报。这将给资源监控服务增加额外的工作量，浪费计算资源。

综上，当集群节点进行大规模扩展后，集群资源管理的资源监控服务需要处理大量的心跳信息，导致负载过重，无法及时处理全部的心跳信息，延迟了调度服务的执行。扩大心跳间隔虽然减少了心跳信息的发送和处理，但导致计算节点的状态信息无法被及时收集，导致陈旧的集群状态信息出现，从而影响调度效果。因此，为了解决集群节点的扩展性问题，改变定时状态汇报策略，采用有变更汇报策略，既可以减少计算节点与资源监控服务之间的通信次数，也能够降低资源监控服务的数据处理强度，支持大规模的集群资源管理系统的扩展性。

因此，基于分布式异构资源管理的思想，本章提出基于查分的心跳信息处理模型及环形监视的节点监控模型，减少两者之间的通信次数与数据规模，提高中心节点资源监控服务效率。

4.2.3 可扩展性设计

首先提出基于差分模型的心跳信息处理流程，在计算节点上对心跳信息进行预处理，并提出基于环形模型的节点生存状态监控处理过程[112]。

4.2.3.1 基于差分的心跳信息处理模型

资源监控服务接收到心跳信息后，如果有状态变更，那么产生可用事件，并转发给资源调度服务；如果没有状态变更，那么只需要记录心跳事件。心跳信息包含两个重要内容，即节点健康状态信息和容器状态信息。任务状态的变化影响中心节点对任务状态的跟踪与集群资源的维护，节点健康状态影响中心节点对任务的资源分配。因此，本节考虑容器状态信息的处理及健康状态的对比，在各个计算节点承担容器状态过滤功能，以及对比健康状态是否变化，当无任务状态变化,且无健康状态变化时,不向资源监控服务发送心跳消息,减少心跳消息发送的次数,降低资源监控服务的负荷。

各个集群计算节点缓存上一次心跳时的节点容器状态信息及健康状态信息,当心跳时间间隔到达时,获取最新的状态信息。对两次状态信息进行比较,得到任务状态变化信息及健康状态变化信息。如果这两者中其中一种有变化,就通知资源监控服务,否则,不发送心跳信息。通过计算节点的资源状态过滤后,可以有效减少通信压力及心跳数据的发送。图 4.9 所示为基于差分的心跳信息处理模型。

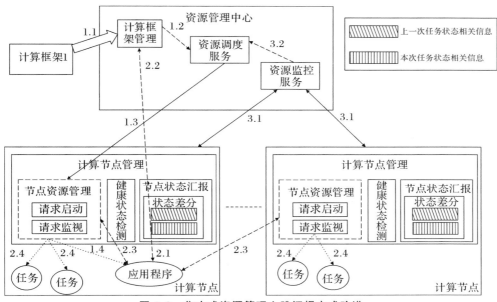

图 4.9　集中式资源管理心跳汇报方式改进

计算框架向资源管理中心的客户端管理服务进行注册,并提交应用程序,如图 4.9 中的步骤 1.1 所示。资源分配模块为该计算框架分配第一个容器资源用于运行应用程序,并通知计算节点的资源管理服务启动该应用程序,如图 4.9 中的步骤 1.2～步骤 1.4 所示。

应用程序成功启动后向计算框架管理注册为执行任务申请资源,如图 4.9 中的步骤 2.1 所示。计算框架管理从资源调度服务读取资源的分配结果返回给应用程序,如图 4.9 中的步骤 2.2 所示。应用程序拿到资源后,将资源与任务映射匹配后,通知各计算节点资源管理服务,如图 4.9 中的步骤 2.3 所示。计算节点资源管理服务接收到启动容器消息,启动容器并配置任务所需的运行环境,监控与管理任务的生命周期,如图 4.9 中的步骤 2.4 所示。本文将心跳汇报程序的功能改进:先从周期性健康检测程序中读取健康状态进行保存,并与上次所保存的健康状态进行对比。然后读取任务管理器当前任务相关状态信息,进行本次状态的保存,并与上一次任务状态进行对比,得到有任务状态变化的信息,即差分方法。如果有任务状态变化或健康状态变化,就向资源监控服务发送心跳信息,如图 4.9 中的步骤 3.1 所示。否则,省略本次心跳汇报过程。

此时的中心节点资源监控程序收到心跳信息后,无须再次处理心跳信息,直接将本次接收的任务状态信息更新,并通知资源分配模块进行节点资源更新事件,如图 4.9 中的步骤 3.2 所示。资源分配模块收到事件通知后,对相关资源进行更新维护,并通过一定资源分配方法将可用资源分配给应用程序,等待应用程序资源,请求并领取资源。

4.2.3.2　基于环形监控的节点健康消息处理模型

定时发送心跳信息是资源管理器判定节点正常运行的依据,如果长时间不发送心跳信息,就可以认为节点出现故障,资源管理器将该节点纳入不可用节点列表中。基于差分的心跳信息处理模型中,任务状态或健康状态不发生变化就不产生心跳信息,会导致错误判断节点的运行状态。由于资源监控模块取消心跳机制下对集群节点运行监控,从而无法辨别长期不发送心跳信息的节点是宕机或死机还是无状态变化,因此,在运行过程中存在节点宕机后,在该宕机节点上的任务会在很长一段时间不被汇报,作业等待该任务完成所接受时间超过一定范围后,计算框架的应用程序才会终止该任务,并重新申请资源,进而影响相关作业的执行效率。针对该问题,本文提出将所有的集群计算节点组成对等环形监控网络,前驱节点向后继节点定时发送自己的心跳消息,如果后继节点没有收到前驱节点的心跳消息,就认为前驱节点出现故障,立即向资源监控服务发送该节点不存在信息描述,以便资源管理器做出相应的处理。当存在新的节点加入或一个节点出现故障时,系统需要重组对等环形监控网络,保证集群节点的正常运行,实现节点监控心跳信息的及时收集和发送。

针对对等环形监控网络,资源管理器对集群中的节点分配一个唯一的机器编号,为了便于管理,编号按照从小到大的顺序产生。这些信息被各个计算节点维护,当新加入计算节点或节点故障退出时,需要同步这些信息。节点的健康状态发送过程按照节点的机器编号大小来进行,即编号为 N 的节点接收编号为 $N-1$ 的节点的心跳消息。当 $N-1$ 节点出现故障时,既不能接收消息,也无法发送消息。当心跳周期到达期间,N 节点未收到 $N-1$ 节点的健康状态汇报消息,则立即将 $N-1$ 节点出现故障的消息通知资源管理器,资源管理器则将该节点设置为不可用状态,并通知各个集群节点更新缓存的机器编号信息。当新节点加入或从故障中恢复时,这些节点向资源管理器发送注册消息,资源管理器中机器编号缓冲中获得一个编号,发送给当前节点,同时通知各个集群节点更新缓存的机器编号信息。计算节点接收到这些消息后,重新设置自己接收心跳消息和发送心跳消息的节点,维持一个完整的对等环形监控网络。

当计算节点宕机或死机时,对等环形监控网络处理流程如图 4.10 所示。图 4.10 中的 1.1 表示集群中有 5 个节点组成了对等环形监控网络。如果 4 号节点宕机,5 号节点在当前心跳时间内未收到 4 号节点的健康状态汇报信息,则默认该节点不可用,并向资源监控器汇报监视节点的故障信息,如图 4.10 中的 2.1 所示。资源监控服务收到节点该信息后,先将该节点从节点管理列表中删除,并释放节点编号,然后在监视序列表中删除对应序号,通知集群节点更新监视序列表,如图 4.10 中的 2.2~2.5 所示。当计算节点收到监视序列表更新通知后,重新设置监视节点与汇报节点。因此,在下一个心跳周期到达后,3 号节点向 5 号节点汇报心跳消息,同时,5 号节点等待 3 号节点的心跳汇报,如图 4.10 中的 2.6 所示。最终,slave01、slave02、slave03、slave05 组成了对等环形监控网络。

当新的计算节点加入时,对等环形监控网络处理流程如图 4.11 所示。图 4.11 的中 1.1 表示集群中有 4 个节点组成了对等环形监控网络,该节点向资源监控服务注册节点信息,如图 4.11 中的 2.1 所示。资源监控服务检查节点管理列表,找到一个可用编号为该节点分配,然后更新监控序列表,并通知集群节点更新监控序列表,如图 4.11 中的 2.1~2.5 所示。计算节点收到节点列表更新通知后,重新设置监控节点与汇报节点。因此,在下一个心跳周期到达后,3 号节点向 4 号节点发送心跳信息,且 4 号节点向 5 号节点发送心跳信息,如图 4.11 中的 2.6 所示。最终这 5 个节点重新组成了对等环形监控网络。

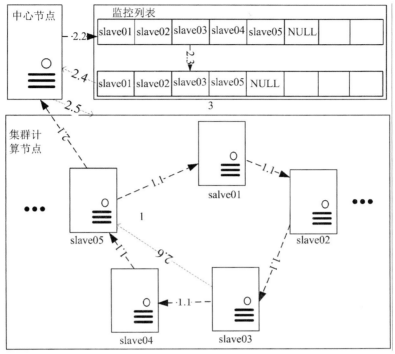

图 4.10 节点移除

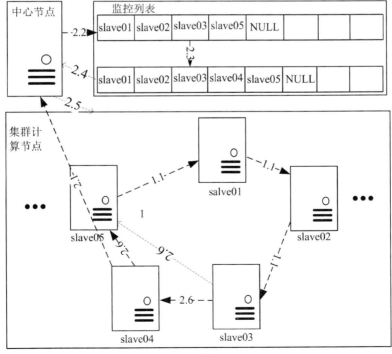

图 4.11 节点加入

在以往过程中,资源管理需要通过接收集群的周期性心跳汇报信息知道该节点是否宕机或死机,以及节点健康问题。通过对图 4.10 的过程进行改进,使得计算节点互相监控机器状态,只有当出现问题时才会向中心节点汇报,从而减少向中心节点汇报的心跳数量。尽管资源监控服务加入了管理监控列表等功能,但是在通常运行过程中,资源监控模块的主要功能是处理集群节点汇报的任务更新消息,因此,中心节点的可扩展性问题仍是提高节点任务运行状态信息的处理效率的关键。

总之,集群的计算节点通过增加有状态变化的心跳汇报及对等环形监控网络,改变资源监控服务严格接收周期性心跳机制问题,并加快资源监控模块心跳信息处理效率,降低资源更新延迟,改善中心节点可扩展性问题。

4.2.4　可扩展性实现

由于集中式 HRM 资源管理架构同样存在上述问题,因此我们针对 HRM 进行上述理论的实现。HRM 的资源管理中心称为 resource manager,其资源监控服务称为 resource tracker service。计算节点管理程序称为 node manager,该程序的 node status updater 组件负责与 resource tracker service 建立 RPC 通信机制,完成节点相应的节点注册及心跳的汇报。为了使 HRM 支持上述改进,我们主要针对计算节点组件 node status updater 以及中心节点的 resource tracker service 进行相关修改。

4.2.4.1　集群计算节点处理修改

本文在原计算节点的心跳消息汇报过程中增加容器状态或任务状态的差分计算功能,如果存在状态变化,形成心跳信息通知资源监控服务。并额外增加消息 3 种消息,保证计算节点之间宕机状态的环形监控:①向自己的后继节点发送节点生存状态消息;②接收前驱节点发送来的生存状态消息,并根据是否收到消息来确定节点是否宕机的情况;③异步接受资源监控服务的监控列表更新,保证集群节点组成完整的对等环形监控网络。

(1)节点注册过程修改。Node status updater 组件初始化服务启动后,先调用 registerWithRM 函数完成节点的注册过程。系统需要节点注册时额外得到机器序号。

算法流程:

输入:通信服务接口 resource tracker

输出:void

S1　初始化 regNMResponse//初始化注册请求回复信息

S2　regNMResponse ＝

S3　　resourceTracker. registerNodeManager(new RegisterManagerReques(getMachineInfo()));

S4　if(regNMResponse. getNodeAction(). equal("Normal")){

S5　　　Save curMac. Mid　　　//保存节点机器编号

S6　}

S1 表示注册请求回复消息的初始化,用于接收远程返回的信息。S2、S3 表示将节点 IP 地址、对外端口号及总资源的描述信息由 register manager request 封装后通过 resource tracker 服务接口,调用远程 register node manager 函数实现向 resource tracker service 注册节点信息。S3 表示注册成功的节点收到由 resource tracker service 返回的 register manager response 封装的消息类型,该消息主要是通知计算节点下一步的该如何执行,如 shutdown 情况,可能由于当前注册节点资源不符合集群最小分配资源,因此拒绝该节点注册,该节点的服务应该关闭。而在正常情况下被接受注册的节点会收到 Normal。S4、S5 表示节点收到消息为正常执行后,保存机器编号,使得节点知道自身所在环形网络的位置,便于找到其前驱及后继节点。该过程中,我们对 register manager response 相关消息结构增加变量描述,即机器编号。

(2)心跳汇报过程修改。计算节点注册成功后,node status updater 服务调用 start status updater 函数,在该函数内创建一个线程对象,用于周期性地获取当前节点的状态信息封装成心跳信息,并汇报给 resource tracker service。为了减少不必要的心跳信息的发送,我们在获取状态信息后进行状态相关信息的差分过滤后,有选择地汇报心跳消息。同时,心跳时刻的到达,各个计算节点完成环形网络的监控与汇报,保证宕机节点能够被监测到。针对该函数的修改,由如下算法描述。

算法流程:
输入:通信服务接口 resource tracker
输出:void
S1　初始化 Tnew;Told;Health$_{new}$;Health$_{old}$;TaskInfo;
S2　curMac,curMac. next,curMac. prev //当前节点的前驱(监视)和后继(汇报)节点
S3　create Thread1;
S4　while(TRUE){
　　　//任务状态的差分计算
S5　　Tnew ＝GetTaskInfo();
S6　　Health$_{new}$＝GetHealthInfo();
S7　　if(Tnew－Told$\not\subset\varphi$||Health$_{new}$!＝Health$_{old}$){ //判断是否有需要向中心节点
汇报心跳
S8TaskInfo＝Tnew－Told
S9　　　HeartbeatResponse＝resourcetracker. nodeHeartbeat(
S10　　　　　　　HeartbeatRequest(TaskInfo,Health$_{new}$))
S11　　　HeatbeatID＝HeartbeatResponse. getHeartbeatID()
S12　　　Told＝Tnew
S13　　　Health$_{old}$＝Health$_{new}$
S14　　}
　　　//基于 P2P 的环形状态检查
　　　//向后继节点发送一个心跳
S15　　send(curMac. next,＜curMac,Liveliness＞)
　　　//是否收到前驱节点的心跳信息
S16　　If(checkMessage(curMac. Prev)＝null)){
　　　//向资源管理发送消息

S17 UnLivelinessResponse＝resourcetracker. UnLivelinessRequest(curMac. Prev)

S18 if(UnLivenessResponse. getNodeList() ！ ＝ NULL){

S19   Update curMac. NodeList//更新环形节点列表 NodeList 信息

S20   Update curMac. next,curMac. prev//更新监控节点及汇报节点信息

S21   }

S22 }

S23 Thread1. sleep(HeartbeatTime);

S24 }

S1、S2 为变量初始化,S5、S6 表示周期性获取节点容器状态及健康状态。S7 表示将本次获取的状态信息与上次状态信息对比,判断是否有状态变化。S8 表示有状态变化,则将任务进行过滤处理后向资源监控服务汇报心跳信息。S9～S13 表示收到资源监控服务心跳返回信息后,保存本次心跳序号,保证计算节点有序汇报心跳信息,并与资源监控服务所管理的节点状态一致,同时更新上一次的容器状态及健康状态信息。S15 表示计算节点向后继节点发送生存状态信息。S16、S17 表示如果当前节点检测前驱节点未发送生存状态消息,就认为节点宕机,并向资源监控服务汇报该节点不可用。否则,不用汇报。S18～S21 表示如果节点监控关系不符合当前资源监控服务所维护的对等环形监控网络,计算节点就需要重新更新前驱与后继节点。

（3）增加异步环形列表更新消息。由于节点的加入或退出会引起计算节点对等环形监控网络的变化,因此,计算节点需要及时更新环形监控列表,以及前驱与后继节点。该过程由资源监控服务控制,并异步通知各个计算节点。最终,计算节点需要增加对环形列表更新的消息交互。此时,计算节点相当于服务端,资源监控服务相当于客户端。我们通过 Yarn 提供的对外类 YarRPC,方便地为计算节点构建一个 RPC 协议,实现环形列表更新函数的接口,并在 node status updater 组件初始化服务时启动该服务。同时,对该函数的参数与返回消息进行相关定义与封装。

算法流程:

输入:计算节点环形列表更新消息请求(node list update request)req

输出:计算节点环形列表更新消息回复(node list update respose)

S1 if(！ checkRM(req)) return NodeListUpdateRespose(REJECT)

  //异步接收来自资源监控服务的节点监控列表更新信息

S2 Update curMac. NodeList//更新环形节点列表 NodeList 信息

S3 Update curMac. next,curMac. prev//更新监视节点以及汇报节点信息

S4 return NodeListUpdateRespose(ACCEPT)

当计算节点收到资源监控服务发来的节点列表更新请求消息后,处理算法流程如 S1～S4。函数参数为 node list update request 消息,内容主要包含节点来源信息及环形列表信息。函数返回为 node list update respose 消息,内容主要包含一个标志信息,即是否接受处理该信息。S1 检测该请求来源信息,如果该请求来自中心节点发来的消息,就拒绝该消息。S2 表示读取该消息内容更新环形节点列表。S3 表示计算节点根据自身机器编号及环形列表更新前驱节点及后继节点,即计算节点形成新的对等环形监控网络。S4 表示计算节点接受并完成本次列表更新事件,并返回消息通知。

4.2.4.2　资源监控服务处理算法的实现

通常资源监控服务接受两方面的消息：①节点的注册消息；②计算节点任务状态更新消息。然而，为了减少中心节点的负载信息及通信开销，计算节点将有变化的心跳信息进行汇报，同时资源监控服务取消根据上次心跳汇报的时间来检测节点生存状态，而是由计算节点之间组成对等环形监控网络后相互监控，一旦发现宕机情况，就向资源监控服务汇报。因此，在中心节点的资源监控服务端需要对节点的注册过程增加对等环形监控列表的构建，同时增加对计算节点对等环形监控网络宕机情况汇报消息的响应与处理，维护计算节点的对等环形监控网络。相应算法实现如下：

（1）对于 RPC 注册函数的修改。

算法流程：

输入：注册消息请求消息（register node manager request）req

输出：注册消息回复消息（register node manager response）

S1　if(isValidNode(req))return new register node manager response(NodeAction.SHUTDOWN)

S2　rmnode = new RMNode(req)

S3　rmnode. Mid = new Node. Mid　　//为新增加节点，创建新 Mid

S4　NodeList + =rmnode. Mid

　　　//重新排序，设置前驱计算节点和后继计算节点

S5　Sort(NodeList)

S6　asyncAllMac(NodeList)

S7　return　new register node manager response(NodeAction. Normal,rmnode. Mid)

资源监控服务收到计算节点发来的节点注册请求消息后，处理算法流程如 S1～S7。S1 表示对该消息的相关内容进行安全检测。S2 表示根据消息中节点信息内容为新注册节点创建状态机，管理该节点的生命周期。S3、S4 表示为该节点分配一个可用机器编号，并加入对等环形监控网络列表中。S5、S6 表示将对等环形监控网络列表按照节点序号进行排序，并异步通知各个计算节点更新对等环形监控册网络列表，保证计算节点收到节点列表更新消息后，根据自身节点机器编号找到对应的前驱与后继节点，组成完整的对等环形监控网络。S7 表示对节点注册信息回复消息，为计算节点额外返回一个节点编号，用于标识该计算节点在对等环形监控网络中的序列关系。

（2）对 RPC 心跳响应函数的修改。

算法流程：

输入：心跳汇报请求消息（node heartbeat request）req

输出：心跳汇报回复消息（node heartbeat response）

S1　if(! isValidNode(req. Node))

S2　return　new　node heartbeat response(NodeAction. SHUTDOWN)

S3　if(! find(req. Node)) return　new node heartbeat response(NodeAction. RESYNC)

S4　if(! checkheartbeatID(req)) returnnew node heartbeat response(NodeAction. RESYNC)

//资源监控将当前管理节点的状态相应更新，并引发资源变更事件通知资源调度服务

S5   If(req. Nodestatus＝＝Health)

S6   Transition(req. Node, running)

S7   else   Transition(req. Node, unHealth)

S8   HearbeatID＋＝1   //更新心跳编号

S9   return new node heartbeat response(NodeAction. Normal, HearbeatID)

资源监控服务收到计算节点发来的心跳汇报请求消息后,处理算法流程如 S1～S9。S1～S4 表示收到计算节点的心跳汇报请求后,对心跳汇报的节点信息进行安全性检测,判断是否为注册的节点,以及是否严格符合消息汇报顺序,如果不符合要求,就返回相应节点的下一步执行行为。由于节点状态的变化会引起节点资源的变化,因此,当资源监控服务收到心跳后,为保证与计算节点状态的同步,需要对相应节点状态进行更新。S5、S6 表示如果计算节点汇报健康状态,就需要进行一次状态的更新,即从非健康状态或运行状态转为运行状态,在状态转化过程中,根据当前节点不同的状态调用不同的状态转化函数。如果由非健康状态转化,就通知资源调度服务进行节点资源的增加,即该节点变为可用节点。如果由运行状态转化,就说明该节点的容器状态发生变化。由于计算节点提前对容器进行预处理,因此,可以直接通知资源调度服务进行节点资源的更新。S7 表示如果计算节点汇报自身状态为非健康状态,在状态转化过程中就会进一步通知资源调度服务节点资源减少,即当前计算节点资源不可用。S8、S9 表示更新节点心跳序号,并返回心跳回复信息,控制节点心跳信息的顺序发送。

（3）增加宕机节点监控消息的处理。

算法流程：

输入：环形监控节点不存在消息请求消息(unliveliness request) req

输出：环形监控节点不存在消息回复消息(unliveliness response)

S1   if(! isValidNode(req. Node))

S2   return   new unliveliness response(NodeAction. SHUTDOWN)

S3   if(! find(req. Node)) return   new unliveliness response(NodeAction. RESYNC)

S4   if(! checkmonitor(req. Node, req. Pre))

S5   return   new unliveness response(NodeList)

     //资源监控将失去连接的计算节点状态设置 lost 状态

S6   Transition(req. Pre, Lost)

S7   NodeList -＝req. Pre. Mid

S8   Sort(NodeList)

S9   asyncAllMac(NodeList)

S10   return   new UnLivelinessResponse(NodeAction. Normal)

在该实现流程中,我们在通信协议接口 resource tracker 增加了一个 RPC 函数,定义为 unliveness node manager,该函数包含一个参数 unliveliness request 和一个返回值 unliveliness response,并为该参数和返回值通过 protocol buffers 定义,并用 java 进一步封装。Unliveliness request 主要包含当前节点的信息,以及当前节点所监控节点的信息。Unliveliness response 主要包含当前对等环形监控网络列表,以及节点下一步执行行为。具体函数实现在 resource tracker service 中,流程步骤如 S1～S10 的描述。S1～S3 首先进行节点的安全性检测。S4、S5 表示对该汇报节点以及它的前驱节点进行监控关系检测,看是否符合当前的对等环形监控网络列表,如果不符合,就返回最新对等环形监控网络列表,使得该计算节点更新前驱与后继的监控关系。否则,接受本次汇报。S6 表示将该节点所汇报的前驱节点的状态转为丢失状态,在该状态转化过程中会通知资源调度服务节点资源减少。S7~S9 表示从对等环形监控网络列表中移除,重新将对等环形监控网络列表排序并异步通知各个计算节点更新对等环形监控网络列表,保证计算节点之间环形监控。

4.2.5　实验验证

4.2.5.1　实验设计

本系统为了提升集群管理规模的可扩展性问题,通过将集中式资源调度框架服务的部分功能扩展为分布式资源调度框架形式,提高中心节点服务性能,进而提高可扩展性。通常,每个系统软件的开发都会伴随着性能各方面的测试[149]。可扩展性的验证一般不需要上千个真实计算节点向中心节点资源监控服务发送心跳信息,记录资源监控服务处理效果。我们借鉴 Yarn SLS(Scheduler Load Simulator)[186] 的思想完成可扩展性的测试设计。本实验需要设计集群节点模拟器与计算作业模拟器,从而模拟大型集群环境与大规模任务数量,测试真实 HRM 的资源监控服务处理性能与资源调度服务处理资源更新性能。随着计算节点数量的增多,模拟器的模拟性能也受到一定影响。因此,模拟器分布在多台机器上运行,并验证单台服务器最多能够模拟 5 000 计算节点,最终设计架构如图 4.12 所示。

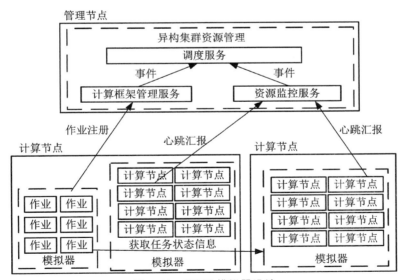

图 4.12　HRM 模拟器设计

计算作业模拟器主要模拟作业整个运行的生命周期,基本 3 个阶段行为动作:向 HRM 注册并申请集群资源,默认接收指定数量的资源;获取当前任务状态信息;向 HRM 注销计算作业。集群节点模拟器主要模拟计算节点整个运行的生命周期,基本 3 个阶段:向 HRM 注册节点信息;接收启动任务指令,通过模拟节点资源剩余情况,以及任务运行时间长度动态改变任务运行状态信息,而非真实执行任务;心跳汇报。计算节点模拟器分别在两台服务器上启动,各模拟集群一半的节点数量。两个模拟器都是基于线程池的方式实现多线程高效并发模拟计算作业与计算节点的行为。其通信方式仍采用 Libprocess 与 HRM 远程交互。另外,在本实验中,对于具有未优化的资源监控服务的 HRM,称为原 HRM。对于具有分布式资源管理优化的资源监控服务的 HRM,称为改进后的 HRM。为了对比改进后 HRM 的可扩展性问题,原 HRM 与改进后的 HRM 的计算节点模拟器的功能不同。原 HRM 所管理的计算节点模拟器是周期性心跳汇报,而改进后的 HRM 所对应的计算节点模拟器具有心跳查分非周期性汇报功能。

本实验计算节点模拟器产生负载。该负载指正在运行的任务量与任务总量的比值,通过模拟产生任务负载,从而影响心跳信息的消息内容的数据量。实验设定作业数量为固定值 50,每个作业的任务所申请资源量固定为<1 CPU,2 GB 内存>,且规定作业每隔 10 s 启动一个。同时作业配置的任务数量随集群规模变化而变化,具体公式为 $T=(nc)L/50$,其中 T 为每个作业的任务数量,n 为集群节点数量,c 为节点资源容量,为固定值 16,L 为任务总数量与集群容量之比,并定义为 0.9。另外,任务运行时间随机生成,且运行时间规定在 20～520 s。最终,负载曲线如正态分布曲线,在 400～600 s 处于负载的高峰。计算节点模拟器具体节点容量为<16 CPU,32 GB 内存>,且心跳周期间隔为 3 s。资源调度服务应采用轮询调度策略。

4.2.5.2 可扩展性验证

通常,资源监控服务是集群节点与资源调度服务连接的中介,资源监控服务需要与集群节点交互,通过处理收到的心跳信息后通知资源调度服务,最终由资源调度服务进行资源更新。集群管理规模最终还是由资源调度服务的资源更新能力决定。为了合理模拟不同集群节点下的负载压力,应保证作业的负载量与集群资源总量成正比。为此,每个作业需要运行的任务数量 $t=(ncl)/a$,其中 n 为计算节点模拟数量,c 为每个计算节点最大运行任务数量 20,l 为负载因子,在实验中规定为 0.9,a 为作业的数量 30。每个作业相继每隔 10 s 启动一个,每个作业预计执行时间时间为 400 s,其任务的运行时间随机生成,保证集群中正在运行的任务负载量在 40%～50%。预计总运行时长为 $T=aT_{offset}+(T_{job}-T_{offset})$,$T_{offset}$ 为每个作业启动的时间间隔,T_{job} 为每个作业的预计执行时间,代入公式得到最终总的预计完成时间为 690 s。集群节点模拟数量从 1 000 个逐渐增加到 10 000 个进行实验测试。计算节点心跳汇报时间间隔至少 3 s,并记录每个心跳周期内发送的消息数量及接收到心跳回复消息的数量。

由于资源监控服务接收集群节点心跳信息完成与计算节点的交互,再将心跳信息进一步过滤处理产生节点更新事件通知资源调度服务,资源调度服务需要对相应的资源进行更新,因此,集群管理规模取决于资源调度服务对节点资源更新事件的处理效率。我们对集群节点心跳信息的处理效率进行更详细的区分,即资源监控服务器对心跳信息处理的效率,以及资源调度服务对节点更新事件的处理效率。最终,为了找到尖峰时刻心跳信息处理效率,资源监控模块的心跳信息处理效率为 $h_1=\min(m_i/n_i)$,资源调度服务对节点资源更新事件的处理效率为 $h_2=\min(s_i/n_i)$。其中 n 为集群模拟节点在心跳时间间隔内发送的心跳数量,m 为集群模拟节点心跳时间间隔内收到资源监控器心跳回复的数量,s 为资源调度服务心跳时间间隔内处理节点资源更新事件的数量。

图 4.13 所示为资源监控服务改进前后的处理效率。随着集群规模增大,原资源监控服务

的心跳处理效率从 4 000 节点开始逐渐降低。然而,改进后的资源监控服务心跳效率在 8 000 节点之后才开始下降。最终集群规模达到 10 000 节点时,其资源监控服务处理达到瓶颈,在心跳间隔内最多可以处理 8 000 节点心跳数量。图 4.14 所示为资源调度服务资源更新事件的处理效率,可以看出资源调度服务处理效率基本高于 80%,说明资源调度服务处理更新事件的效率与资源监控服务发送更新事件的数量有较大关系。究其原因是资源调度服务的资源调度功能与资源更新功能是分开进行的,使得资源更新事件处理较为简单,在一定程度其资源更新较快。因此,资源调度服务对资源更新事件的处理效率很大程度受资源监控服务的处理效率的影响。由图 4.13 与图 4.14 可以总结出资源监控服务处理效率的提高,可以提高资源调度服务资源更新效率,进一步提高集群管理规模可扩展性问题。改进后的 HRM 可扩展性扩大为原来的 2 倍以上。

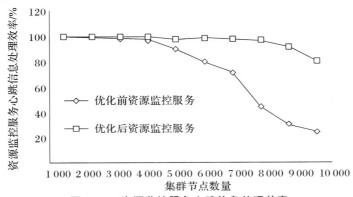

图 4.13　资源监控服务心跳信息处理效率

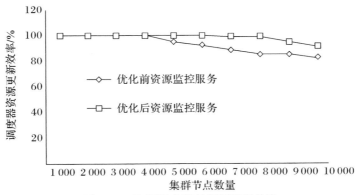

图 4.14　资源调度服务资源更新效率

4.2.5.3　系统整体验证

本实验在不同集群规模下,通过记录主服务器的 CPU 资源使用率,用来观察优化前后 HRM 对系统资源的消耗占用情况。由图 4.15 可以看出 ,在集群规模为 6 000 个之前,原 HRM 对 CPU 的占用率更高,主要原因在于优化后的资源监控服务通过减少通信开销及心跳信息的数据量,减少了对系统资源的消耗。而在集群规模为 6 000 个之后,原 HRM 对 CPU 的使用率明显有所下降,且逐渐低于改进后的 HRM。究其原因是原资源监控服务无法及时处理心跳消息,导致大量集群节点等待心跳回复,从而减少了每个周期内计算节点心跳汇报数量。

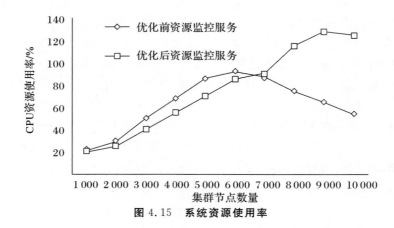

图 4.15　系统资源使用率

4.3　结　束　语

资源管理系统处理心跳信息的效率影响系统的性能指标,因此,提高系统运行效率,加快资源视图的更新,可以缓解调度延迟等问题。本文通过将中心节点的资源监控服务功能进一步改善,即心跳信息任务状态处理功能及节点健康状态监控功能转移至集群计算节点,改变严格的周期性心跳汇报机制,最终减轻中心节点的负载压力,缓解了集中式资源管理系统的可扩展性问题。事实上,集中式的状态管理依旧会成为瓶颈。随着集群规模的扩展和状态的规模扩大,全局资源状态的储存必须使用分布式数据储存机制来保证可扩展性和低延迟。

第5章 面向大数据和云计算的异构结构集群分布式资源调度框架

5.1 概　　述

近年来,数据中心上的数据分析作业常常是一些运行时间短的流处理作业,而且要求这些作业共享一套集群资源以便减少基础设施的成本。例如,既存在一些结构化的数据查询作业,也存在一些实时数据监控及数据分析作业[96,187-189]。面对这些规模庞大并且延迟要求较低的流处理作业,一些流处理计算框架,如 Dremel[190]、Spark[191]、Flink[192] 等开始被大型互联网企业使用。这类作业运行时,其任务往往被分散到上千台机器上运行,任务要么从磁盘获得数据进行计算,要么使用存储在内存的数据进行计算,要么作业的响应时间常常在秒级,图 5.1 给出了各种不同作业的延迟情况,从 map/reduce 作业的分钟级延迟到内存计算 Saprk 的秒级延迟,最新的作业延迟要求毫秒级。例如,使用 Spark 计算一个 1 GB 的 TPC-H[201] 查询作业,运行时间仅仅 1 s 左右。当这样的作业大量出现在一个数据中心,并共享集群计算资源时,修改当前的集中式资源调度框架以支持亚秒级并行任务非常困难。因为支持亚秒级任务需要处理比现有最快的调度系统(如 Mesos、Yarn、SLURM、Merecury、Omega、Sparrow、Quincy 等)高两个数量级的吞吐量[202-205],而通过单一节点调度和发送所有任务的设计将很难满足这项要求。现有的集中式调度器,在作业之间往往会出现相互的干涉或对计算资源的竞争,另外调度器的延迟也非常大,导致部分作业被延迟执行或出现执行失败的情况[181]。我们希望建立一套新的集群资源调度框架,提供高效、共享的资源调度环境,提高整个集群的资源使用率,为各种大规模并行作业及时分配计算资源,保证每个作业能够快速得到响应。

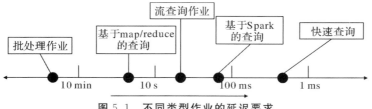

图 5.1　不同类型作业的延迟要求

由短时间(毫秒级)任务组成的作业的调度过程具有较大的挑战。在这些作业中,不但包括一些低延迟的流处理任务,也包括一些用户为了得到资源的公平分配和减少长时间滞留的任务,将长时间运行的批处理作业分解成大量的短时间运行的任务。例如,一些大规模的数据处理中,一个作业的执行流程通常被分解成一个有向无环图(DAG)[192-194],DAG 中的一个顶点代表一个独立运行的操作,边代表数据流向。在执行中,通过对数据进行分片,将操作和数据结合来形成一个可以独立运行的计算任务。因此,大数据处理作业就变成了大量的短时间运行并行任务。当作业中的每个任务的运行时间在数百毫秒内,为了满足低延迟的要求,集群资源调度的决策能力必须具有较大的吞吐量和较低的延迟。例如,假如一个集群系统通常包含上万台机器,每台机器如果包含 16 核处理器,那么每秒调度 100 ms 的任务数量就可能达到百万次的级别。另外,调度过程的延迟一定要低,对于一个 100 ms 的任务,如果调度延迟及任务的等待时间超过执行时间的 1/10,即数十毫秒,那么这些都是用户所不能忍受的情况。最后,在客户对实际系统的使用中,面对大量的短时间交互任务,应用程序对集群系统的可扩展性及可靠性也是重点关注的问题。这些挑战导致现有的批处理集群资源管理系统不再能够满足用户的需求,而一些专用的面向流处理计算框架的资源调度器,既能够满足实时性要求,也能够满足集群计算资源在不同作业之间的共享。

针对大规模且高度并行的秒级计算任务,改进现有的集群资源调度框架,实现不同作业对集群资源的共享,满足其低延迟和高吞吐量调度要求,存在一定的挑战。对于这种种类繁多且任务并行度较大的计算作业,如果只使用单个调度器实例来分散任务的执行,将是一件非常困难的事情。另外,高的可扩展性及可靠性、大规模任务的复制和恢复也要求在秒级内完成,这也使得单个调度实例成为系统的瓶颈。

本章考虑了现有集群资源管理系统的特点,在调度框架方面,取消了集中调度器或逻辑全局资源状态,让每个计算节点具有自主资源管理和控制能力,实现调度器的多个实例,将调度器实例部署在不同的计算节点上。这种调度器实例分散的方式及计算节点的自制特性,使得可扩展性及可靠性得到大大的提高。当系统中在某个时间段出现大量的作业时,可以通过增加调度器实例来满足高峰时段任务的调度需求;当某个调度器实例出现故障时,可以快速启动新的调度器实例来替代故障调度器实例,满足用户作业的调度要求。这种分散的多调度实例带来了低延迟的好处的同时,也带来了一些矛盾。与集中式的单个调度器比较,多个分散的调度器实例可能导致资源分配的矛盾[176-181],即不同的调度器实例将各自的任务分配到同一个 CPU 核上,造成多个任务对同一个资源进行竞争,导致任务的阻塞,从而延迟了任务的完成。

本章设计和实现了一个面向大数据处理的异构集群的分布式资源调度框架 HRM。它是一种无全局资源状态、支持二阶段任务调度策略的集群资源调度框架。所谓二阶段任务调度,是指一个任务在调度过程中,先由调度器向各个计算节点发送一个保持状态的请求,一旦请求到达计算节点上的资源管理器,计算节点就发送自身的负载状态信息到调度器,然后调度器进行决策后,向被选中的计算节点发送释放消息,启动任务在计算节点的执行。对于没有被选中的计算节点,发送取消消息,从这些计算节点删除保留状态的任务。HRM 提供了 3 种主要的策略来实现不同类型作业对集群计算资源的共享[113]。

二阶段多路调度。对于并行的作业,直接使用二阶段任务调度可能会导致作业完成时间的延长。作业的完成时间与作业中最后一个任务结束时间直接相关,如果一个作业的最后一个任务长时间得不到执行,那么作业的完成时间就延长,必须等待最后一个任务完成,整个作业才能认为结束。而最后一个任务的长时间等待使得二阶段调度策略的效果不能满足预期要求。二阶段多路调度可以同时为每个任务提供多个随机选择选项,使得作业中的每个任务可以同时选择较好的资源来解决此问题。不像二阶段调度每次仅仅为作业中的一个任务提供候选资源,二阶段多路调度为一个作业中的 n 个任务同时至少提供 $d \cdot n$ 个计算节点($d > 1$)。经过论证分析,不像两阶段调度策略,当作业的并行度增加时,二阶段多路调度策略的调度延迟并不会增加。

执行队列。对于集群节点上的 CPU 资源,我们可以划分为多个执行队列,每个队列包含一定的 CPU 资源、内存资源、带宽资源等。当集群计算节点上只存在 CPU 资源时,如果采用传统的调度算法,可能导致队列头的一个长时间运行的任务阻塞其他短时间运行的任务,造成短时间运行的任务延迟增大。一些调度方案采用强力搜索策略,遍历每个可用资源和每个任务来匹配资源,其缺点是调度的复杂度上升,调度开销增大。通过设置多个执行队列,可以保证 CPU 资源有空闲时,短时间运行的任务快速调度,通过论证。这种方式并不会增加调度的开销,不同种类任务混合时,调度延迟也并没有明显的增加。

资源协调。二阶段多路调度方法存在两个性能瓶颈:第一,计算节点上可以同时运行的任务数量不能很好地表示新到达的任务需要等待的时间;第二,由于资源状态的变化及网络通信的延迟,多个并行的调度器实例可能会遇到资源竞争的状态。通过资源协调策略,某些等待时间过长的任务可能会被分散到其他等待时间较短的计算节点的队列上。通过资源协调策略来解决资源分配冲突,实现计算资源的负载平衡,相对于单纯的二阶段多路调度,可以大幅度减少作业的平均完成时间。

共享集群资源时,需要对用户资源使用量进行限制。HRM 通过计算节点上的多个队列来保证全局计算资源的分配目标,为不同的用户设置不同的资源使用量限制。通过资源使用限制来确保各个作业能够共享集群计算资源,不会导致某些用户由于缺乏资源而放弃对资源共享使用。

我们实现了 HRM,将其部署在包含 8 台服务器的集群上,调度 TPC－H 查询及大规模的模拟作业。与理想状态对比,HRM 的响应时间在 10％ 以内,任务在队列中的等待延迟平均在 12 ms 以内。对于大规模的集群,HRM 可为任务较短的任务提供较短的响应时间。通过设计调度模拟器,其仿真结果表明,随着集群规模增加到成千上万 CPU 内核,HRM 将继续表现良好,实验结果表明,HRM 分布式调度是集中调度的一种可行的替代方案,可以实现大规模并行任务的低延迟调度。

5.2　相 关 工 作

对于集群资源管理系统,大量的文献研究集中式资源调度框架,也存在一些系统使用分布式资源调度框架和混合式资源调度框架。例如,Mesos 及 Yarn 等系统,它们是集中式资源调度框架,无法满足大规模并发短时间任务的低延迟调度。HRM 是一个分布式集群资源调度框架,能够满足大规模并发的短时间任务的低延迟调度要求。

5.2.1　Sparrow 的采样机制

Sparrow 的目的是减少任务的尾部延迟,则建议使用"对冲"机制,客户端将每个请求发送给两台服务器,并在收到第一个结果时取消剩余的未完成请求。它还描述了绑定请求,客户端将每个请求发送到两台不同的服务器,但是服务器直接就请求状态进行通信。当一台服务器开始执行请求时,它将取消另一台服务器。但是它无法估计不同的计算节点的负载状态,也无法满足集群计算节点上的负载平衡,造成资源饥饿,即一部分节点负载较重而另外一部分计算节点没有计算任务的运行。

5.2.1.1 Sparrow 的目标

与批处理工作负载相比,低延迟工作负载具有更高的调度要求,因为批处理工作负载会长时间占有资源,不需要进行频繁的任务调度。为了支持由亚秒级任务组成的工作负载,调度器必须提供毫秒级的调度延迟,并每秒支持数百万个任务调度决策。此外,由于低延迟框架可能用于提供面向用户的服务,因此,用于低延迟工作负载的调度系统应能够承受调度器故障。

Sparrow 提供细粒度的任务调度,这是对集群资源管理器提供的功能的补充。Sparrow 不会为每个任务启动新的进程。相反,Sparrow 假定每个框架在每台服务器上已经运行了一个长时间运行的执行程序进程,因此,Sparrow 在启动任务时仅需要发送简短的任务描述(而不是大的二进制文件)。这些执行程序进程可以在集群的静态部分内启动,也可以通过集群资源管理器(如 YARN、Mesos、Omega)将资源分配给 Sparrow 时启动。

调度时,Sparrow 也会进行近似计算,并折中了复杂的集中式资源调度框架支持的许多复杂功能,以提供更高的吞吐量和更低的延迟。特别是,Sparrow 不允许某些类型的本地化约束(如"我的作业不应在运行用户 X 的作业的服务器上运行"),不执行装箱问题,并且不支持群调度。

Sparrow 支持少量功能以易于扩展,最小化延迟并保持系统设计简单。许多应用程序被多个用户运行低延迟查询,因此,当总需求超过容量时,Sparrow 会强制执行严格的优先级或加权公平份额。Sparrow 还支持工作投放的 2 个基本约束,即按任务约束(如每个任务需要与输入数据共存)和按工作约束(如所有任务必须放置在具有 GPU 的服务器上)。该功能集类似于 Hadoop map/reduce 调度器和 Spark 调度器。

5.2.1.2 Sparrow 的采样调度

传统的任务调度器维护在哪些服务器上运行着哪些任务的信息,并使用这些信息将传入的任务分配给可用的服务器。Sparrow 采取了一种截然不同的方法:许多调度器并行运行,并且调度器不维护集群负载状态。为了调度作业的任务,调度器依赖于从各服务器获取的瞬时负载信息。Sparrow 的方法将现有的负载平衡技术扩展到并行作业调度的领域,并引入延迟绑定以提高性能。

(1)模型。我们考虑一个由多个兼具调度任务和执行任务的服务器组成的集群。作业包含 m 个任务,每个任务分配给一台服务器。作业可以由任意调度器处理。服务器在固定数量的插槽中运行任务,避免使用更复杂的装箱问题,因为这会增加设计的复杂性。如果为服务器分配的任务数多于可并行运行的任务数,新任务将排队等待,直到现有任务释放足够的资源来运行新任务。Sparrow 使用等待时间来描述从任务提交到调度器到任务开始执行之间的时间,使用服务时间来描述任务在服务器上执行的时间。作业响应时间描述了从作业提交到最后一个任务完成执行的时间。我们使用延迟来描述由调度和排队而导致的作业中的总延迟。通过作业使用给定调度器后的作业响应时间与作业的所有任务都以零等待时间进行调度的作业响应时间(相当于该作业中所有任务的最长服务时间)的差值来计算延迟。

　　为了评估不同的调度方法,我们假设每个作业都以单个任务波运行。在实际集群中,作业可能会作为多波任务运行。例如,当任务数 m 大于分配给用户的插槽数时,对于多波作业,调度器可以将一些早期任务放置在排队延迟较长的服务器上,而不会影响作业响应时间。我们在评估调度技术时会采用单波作业模型,因为单波作业受分布式调度方法的负面影响最大:即使是单个延迟任务也会影响作业的响应时间。但是,Sparrow 也处理多波工作。

　　(2)单任务采样。Sparrow 的调度方法基于两种选择的负载平衡技术,通过无状态随机方法获得较低的任务预期等待时间。两种选择技术是将任务随机分配到服务器上的简单改进,即将每个任务分配给两台随机选择的服务器中负载最小的那台。与任务随机放置相比,使用两种选择技术分配任务可以成倍降低预期的等待时间。

　　我们首先考虑将两种选择技术直接应用于并行作业调度。调度器为每个任务随机选择两台服务器,并向每台服务器发送一个探针,探针是轻量级的 RPC。每台服务器返回当前排队的任务数,然后调度器会将任务放在队列最短的服务器上。调度器对作业中的每个任务重复此过程,如图 5.2(a)所示。我们将两种选择技术的应用称为单任务采样。

　　图 5.2 代表调度一个并行、两个任务的作业。批采样优于单任务采样,因为任务被放置在整个批采样的服务器中负载最少的队列中。

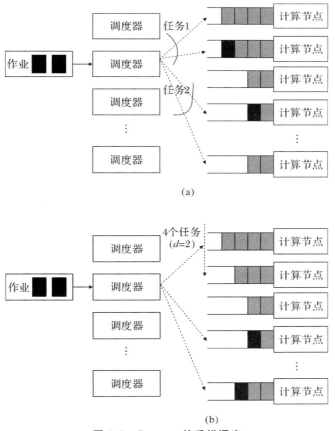

(a)

(b)

图 5.2　Sparrow 的采样调度

　　与随机采样相比,按任务采样可以提高性能,但仍比全知调度器性能差 2 倍甚至更多。按任务采样的问题是作业的响应时间取决于任务的最长等待时间,比平均作业响应时间长得多。

我们在由 8 个 32 核服务器组成的集群中模拟了单任务采样和随机放置,网络往返时间为 1 ms。作业按照 Poisson 流程提交,每个作业包含 100 个任务。作业中各任务的持续时间是从指数分布中选择的,因此,在整个作业中,任务持续时间呈平均 100 ms 的指数分布,但是在特定作业中,所有任务的持续时间都是相同的。

(3)批采样。批采样通过共享一个作业中的所有任务的探测器信息来改进单任务采样。批采样类似于最近在存储系统中提出的技术。在单任务采样中,一对探针可能很不幸运地采样了两台负载较重的服务器[如图 5.2(a)中的任务 1],而另一对探针可能很幸运地采样了两台负载较轻的服务器[例如图 5.2(a)中的任务 2];两台轻负载服务器之一将不使用。而批采样汇总了作业中所有任务探测到的负载信息,并将作业的 m 个任务放置在所探测的所有服务器中负载最少的 m 台服务器上。如图 5.2 所示的示例中,单任务采样将任务放入长度为 1 和 3 的队列中;批采样通过使用任务 2 探测到的两台轻负载服务器,将最大队列长度减少到 2。

要使用批采样进行调度,调度器会随机选择 dm 个服务器($d \geqslant 1$),调度器向每台服务器都发送一个探测;与单任务采样一样,每台服务器返回排队任务的数量。调度器将工作的 m 个任务放在负载最少的 m 台服务器上。除非另有说明,否则我们使用 $d = 2$。

(4)采样调度的问题。以两个问题采样技术在高负载下性能较差。首先,调度器根据服务器的队列长度选择是否放置任务。但是,队列长度仅提供对等待时间的粗略预测。假如调度器探测两台服务器时,其中一个队列上有两个 50 ms 任务,另一个队列上有一个 300 ms 任务。即使该队列将导致 200 ms 的较长等待时间,调度器也只会将该任务放入有一个任务的队列中。尽管服务器可以返回任务持续时间而不是队列长度,但是准确预测任务持续时间却非常困难。此外,要使这种技术生效,所有任务持续时间的估计都需要准确,并且每个作业都包含许多并行任务,所有这些任务都必须放在等待时间短的服务器上才能确保最终良好的性能。

采样还受到资源竞争的困扰,在多个调度器并行的情况下,多个调度器同时将任务放置在同一台工作负载较轻的服务器上。例如,两个不同的调度器同时探测同一台空闲服务器 w,由于 w 空闲,因此,两个调度器都可能在 w 上放置任务;但是,放置在服务器上的两个任务只有一个会进入空队列。如果相应的调度器知道任务到达时 w 不会处于空闲状态,那么排队的任务可能已放置到其他队列中了。

(5)延迟绑定。Sparrow 引入了延迟绑定来解决上述资源竞争问题。对于延迟绑定,服务器不会立即答复探测,而是将任务保留在内部工作队列的末尾。当此保留任务到达队列的最前面时,服务器将 RPC 发送到调度器,该调度器启动探针,以请求相应任务。调度器将任务分配给前 m 台服务器运行,并以无操作方式答复其余 $(d-1)m$ 台服务器。通过这种方式,调度器保证任务被放置在负载最轻的服务器上,并在最短的时间内启动它们。对于负载为 80% 时呈指数分布的任务持续时间,延迟绑定提供的响应时间是批采样响应时间的 55%,使响应时间在全知调度器的 5%(4 ms)之内。

延迟绑定的缺点是服务器在发送 RPC 从调度器请求新任务时处于空闲状态。我们知道,所有当前集群调度器都需要进行权衡。调度器会等待分配任务,直到服务器发出信号表明它有足够的可用资源来启动任务。在我们的目标设置中,与在服务器上排队任务相比,这种折中会导致 2% 的效率损失。服务器在请求任务时空闲的时间比例为 $(d \cdot RTT)/(t + d \cdot RTT)$(其中 d 表示每个任务的探测次数,RTT 表示平均网络往返时间,t 表示平均任务服务时间)。在未优化网络堆栈的 EC2 上进行部署时,平均网络往返时间为 1 ms。我们预计最短的任务将在 100 ms 内完成,并且调度器将使用不超过 2 的探测比率,从而导致效率损失最多 2%。对于我们的目标工作负载,这种折中是值得的。但是,在网络等待时间和任务运行时间可比的环境中,延迟绑定不会带来有价值的折中。

(6)主动取消。调度器启动特定工作的所有任务后,可以通过以下两种方式之一处理剩余未完成的探查:它可以主动向其他探查的服务器发送取消 RPC,或者可以等待服务器请求一个任务时返回没有剩余的未启动任务。我们模拟建模了使用主动取消方式的好处,发现在 95% 的集群负载下,主动取消将平均响应时间降低了 6%。在给定的负载 ρ 下,服务器的忙碌时间比超过 ρ:他们花费 ρ 的时间来执行任务,但花费额外的时间从调度器中请求任务。通过使用 1 ms 网络 RTT 进行取消,探测比率为 2,平均任务时间为 100 ms,可以减少服务器的忙碌时间约 1%。因为当负载接近 100% 时响应时间接近无穷大,所以服务器在忙碌时间上减少 1% 会导致响应时间显著减少。如果服务器在已请求保留的任务后收到该保留任务的取消,就会导致其他额外 RPC:在负载为 95% 的情况下,已请求的保留任务的取消会导致另外 2% 的RPC。我们认为,额外 RPC 是提高性能的一个有价值的折中,而 Sparrow 的完整实现包括主动取消。当网络延迟与任务持续时间的比率增加时,主动取消的帮助会更大,因此,随着任务持续时间的减少,主动取消将变得更加重要,而随着网络延迟的减少,主动取消的重要性将降低。

5.2.2　Quincy 的队列机制

Quincy 的目标是计算机集群上的任务调度,类似于 Sparrow。Quincy 将调度问题变成图的最大流最小代价优化,目标是在集群资源在作业之间的公平共享、数据本地化。Quincy 的图调度支持更高等级的调度,但是,对于一个 2 500 台机器的集群,它需要至少 1 s 来计算任务的调度分配结果,因此,大规模集群环境下,Quincy 无法满足低延迟的调度要求。

其他许多调度框架旨在以粗粒度分配资源[182,183],这是因为任务往往需要长时间的运行,或者因为集群支持许多应用程序,每个应用程序都获取一定数量的资源,并执行自己的任务级调度,如 Mesos、Yarn、Omega 等。这些调度为了实现复杂资源公平调度策略而牺牲了请求的粒度。作为结果,它们存在反馈延迟[164],在调度秒级任务时无法提供低延迟和高的吞吐量。对于高性能计算环境下的调度,它们针对具有复杂约束的大型作业进行了优化,调度目标是最大吞吐量,它以每秒能够实现数十到数百个作业为调度目标,如 SLURM。类似的系统还包括 Condor,它支持一些复杂特征的作业流调度,使用丰富的约束语言、作业的检查点及群调度等。其匹配算法能够达到的最大调度量是每秒数十到数百个作业。

5.2.3　HRM 采用仲裁机制

针对分布式资源调度框架中的负载共享机制,HRM 采用仲裁机制。在负载共享机制中,对于每个任务的产生和任务的处理,缺省情况下,计算任务在产生的地方处理。当某个处理器上的负载超过其阈值限制,负载需要到分散到其他处理器。分散过程要么采用接受者方式,即轻量级的计算节点随机选择一些处理任务,请求任务的转送;要么采用发送者方式,重量级的计算节点随机选择一些计算节点,向这些计算节点发送请求,其完成的过程通过随机采样的方式实现。HRM 采用协调仲裁方式,轻量级的计算节点向协调器发送资源邀约,重量级的计算节点发送任务转送请求,协调器匹配后通知双方仲裁结果。

5.3　设 计 目 标

本章的设计目标是为短时间任务提供低延迟调度框架,支持大规模并行任务的运行,满足不同作业对集群计算资源的共享。

资源调度的低延迟。相对于批处理工作负载,低延迟的工作负载通常具有更复杂的技术要求。因为批处理负载会长时间使用资源,所以调度的频率不高。而低延迟的负载任务的执行时间非常短,而且数量大,为了支持毫秒级别的任务调度,调度器就必须具有更快的调度频率,支持每秒百万级别的任务调度规模。此外,调度框架向应用程序提供低延迟服务后,就必须承受任务的失效恢复。

资源的细粒度共享。支持多个不同的作业对集群计算资源的共享,但是相对于粗粒度的资源共享方式,细粒度资源共享允许不同作业的多个任务并发共享资源。HRM 提供细粒度的资源共享,允许多种任务对同一资源的并发访问,是对现有的粗粒度集群资源管理的一种补充。

降低调度反馈延迟。现有的批处理资源调度框架中,任务完成后释放资源,下一个任务才有可能获得该资源,出现调度的反馈延迟,降低了资源的使用率。HRM 通过计算节点资源的细粒度共享,减少反馈延迟。

HRM 支持可扩展性和高的可用性。通过可扩展性提供更多的计算资源,降低任务的执行延迟;当存在大量的应用程序的低延迟流处理请求,并超过可使用的资源总量时,HRM 提供严格的优先级别和带权重的资源共享。HRM 还提供每个作业的资源使用约束,保证各个不同的作业都能及时获得资源。当某个执行器发生故障时,可以通过快速启动新的执行器的方式来保证任务的失效恢复功能。

5.4　并行作业的二阶段调度

5.4.1　一些基本概念

(1)计算节点。集群中的一台机器的主要任务是运行各种计算任务。一个集群中包含大量的计算节点。如果一个计算节点上安排了大量的任务,超过其可以并行执行的最大值,一些任务就会在计算节点的队列上排队。

(2)调度器实例。一个进程,运行在某个计算节点上的一个进程,负责将作业的任务映射到某个计算节点上。

(3)作业。一个作业中包含 n 个任务,每个任务都会被安排到计算节点上。作业可以被任何一个调度实例处理。

　　(4)作业响应时间。一个作业的任务提交到调度器后,在其得到资源之前的这段时间为调度时间;任务获得资源后,在计算节点的队列上排队,当计算节点的并发执行数低于最大值时,任务实际开始执行,这段时间称为等待时间;任务实际开始执行到任务结束的这段时间称为执行时间。作业响应时间就是作业被提交到调度器,一直到最后一个任务完成的这段时间。一个作业的延迟时间是调度时间和等待时间的累计。如果采用零等待时间(相当于该作业中所有任务的最长执行时间)来调度作业的所有任务,就可以得到一个理想作业响应时间。使用给定调度技术来调度作业的所有任务,可以得到一个具体的响应时间。理想作业响应时间和指定调度下的作业响应时间的差值叫延迟。

5.4.2　计算节点上的队列

　　对于分布式资源调度框架来说,各个计算节点上都需要有队列。分布式调度器将任务提交到计算节点的队列后,任务在队列中处于等待状态。当计算节点上正在运行的任务数量低于设置的运行数量限制,或者说存在可用计算资源的话,队列中等待状态的任务就被调度执行。最简单的调度方式是先来先服务(FIFO),也可是实施优先级别调度、短任务优先等策略。

　　对于 CPU 有关的资源分配,操作系统本身就支持按照时间片共享调度,或者按照优先级别抢占式调度等;因此,在各个计算节点上,HRM 系统允许用户建立自己的队列,队列设置不同的优先级别。每个队列上用户可以设置自己的资源限制属性。

　　执行队列。执行队列为 CPU 任务的专用队列。执行队列具有 3 种属性:①资源量。CPU 资源数量包括 CPU 核数、内存数量、IO 带宽及网络带宽值。该限制值用来与要提交到队列的任务的资源使用量限制做比较。若要提交到队列的任务中所设置的资源限制值超过该值,则任务的提交将被拒绝。②队列优先级。表示队列间的优先级。其决定调度最先运行哪个队列中的任务。该值较大的队列中的任务将被优先运行。若队列间的优先级相同,则按照请求被提交到队列的时间顺序运行请求。③同时可运行的任务数。队列内同时可运行的任务数。当前正在运行的任务数若达到该数值,下一个应该运行的任务将一直处于等待状态,直到当前正在运行的某个任务运行结束后该任务才会被启动。

5.4.3　任务的二阶段调度

　　HRM 的候选资源选择策略是借鉴文献 Sparrow 方法,即两种随机选择策略实现来获得候选的计算节点。该策略使用无状态随机方法提供了较低的预期任务等待时间。但是,HRM 对两种随机选择策略进行了改进:不同于 Sparrow 的依据队列长度来决策计算节点方式,HRM 会将任务放置在两台随机选择的工作计算机中负载最轻的一个上。与使用随机选择相比,以这种方式调度任务可显著缩短预期的等待时间。

5.4.3.1　调度过程

　　下述将两种随机选择策略直接应用于并行作业调度。其整个过程分为两个阶段:第一阶段,调度程序为作业中的每个任务随机选择两个计算节点的队列,并向每个计算节点的队列发送一个任务请求,任务请求中仅包含用户的任务资源描述。每个计算节点上的队列都会用当前队列状态回复调度程度。第二阶段,调度程序收到全部的返回消息后,根据队列的状态信息选择一个负载最轻的计算节点的队列,即等待时间最短的队列,将任务放在该队列上。调度程序重复此过程,直到作业中的所有任务全部获得计算资源。其实现过程如图 5.3 所示。调度器为任务 1 选择两个计算节点的队列,然后发送 hold(保留)消息(见图 5.3 中 1a:hold 及 1b:hold),根据返回消息,选择其中一个最优队列(见图 5.3 中的 2),然后调度器向选中的计算节点发送 run(运行)消息(见图 5.3 中 1b:run),使得任务在计算节点上变成等待状态,对于另外一个计算节点的队列,则发送 del(删除)消息(见图 5.3 中 1a:del),取消任务的保留。一旦任务 1 调度完成,调度器开始任务 2 的调度,任务 2 的调度过程与任务 1 相同。我们称该过程为二阶段调度。

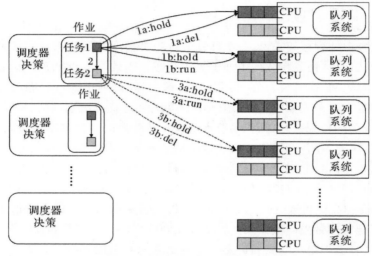

图 5.3　任务的两阶段调度策略

5.4.3.2　队列状态的表示

在如图 5.3 所示的第一个阶段中,计算节点的队列向调度器返回队列的状态。最简单的方式是返回队列中执行的任务数量和处于等待中的任务数量,调度器根据队列的长度选择一个最短的队列作为任务提交的目标队列。但是,在高负载集群环境下,这种方式的调度性能是比较差的。主要原因有两点:第一,队列长度只能提供一种粗粒度的等待时间标准,例如,假如在两个不同的计算节点上存在两个队列,第一个计算节点的队列上存在两个任务,执行时间之和为 200 ms,而第二个计算节点的队列上只有一个任务,其执行时间为 300 ms,如果任务按照队列长度来决策调度节点,那么任务就会提交到后者。这将导致任务不必要的延迟,即与选择前者相比,延迟时间增加 100 ms。因此,依据队列长度来调度,效果较差,通过估计每个队列中任务的执行时间来分配资源,即确定队列的状态,然后决策任务的分散节点,这将是一个较好的方案。

对于 HRM,将任务提交到某个节点的队列后,需要经过等待和执行过程,需要给出各个队列状况的表示方式、任务的参数形式、等待时间的计算方法和决定一个任务投入到哪个节点的调度依据。

对于执行队列,我们考虑 CPU 资源及内存资源,暂时不考虑其他 I/O、带宽等计算资源。

调度器中作业 j_k 的任务可表示为

$$t_k(m, c, et, p) \qquad (5-1)$$

式中：k 表示来自第 k 个作业；m 表示内存需求量；c 表示 CPU 使用时间；et 表示作业估计执行时间；p 表示优先级（由上面给出的算法得出）。

现设任务投入第 l 个节点的第 i 个队列，并设该任务需要的等待时间为 w_i，它等于当前队列中剩余时间最小的任务的剩余时间 pt_i 与该队列中来自 n 个作业中的所有任务的估计执行时间之和，即

$$w_i = pt_i + \sum_{k=1}^{n} t_k . et \qquad (5-2)$$

假如队列 i 中的可用 CPU 核数为 q_i，内存大小为 m_i，新的任务提交到该队列后，内存满足队列限制条件时，作业需要等待的时间为 w_i/q_i。对于每个任务中的 CPU 使用时间、内存需求量等参数，我们使用修正系数来进行调整，修正系数记为 ε_i。

调度器收到各个队列发出的保持（hold）消息后，选择等待时间最短的队列作为目标队列，即

$$\min_i \{ \varepsilon_i \cdot w_i/q_i \} \qquad (5-3)$$

通过上述的选择方式，可以满足任务在计算节点上等待的时间是候选计算节点中最小的一个。

5.4.3.3　调度性能分析

与随机调度相比，二阶段调度通过选择等待时间最短的计算节点提高了性能，但是相对于理想调度（即根据整个集群资源最新状态，选择一个空闲的 CPU 核，将任务提交到该资源，任务就可以立即执行，不需要等待计算资源）相比，其执行性能差得较多。直观地讲，对每个任务进行一次二阶段调度的问题在于作业的响应时间取决于作业中任何一个任务的最长等待时间，这使得平均作业响应时间比平均任务响应时间长得多，特别是某些任务出现长时间等待的情况，即尾任务出现滞后的场合。我们模拟了由 10 000 个 4 核计算节点组成的集群中，每个任务使用二阶段调度和随机分配，网络通信代价为 1 ms。如果作业按照均匀分布到达，并且每个作业包含 100 个任务，那么作业中任务的运行时间在指定范围（平均 100 ms）内随机产生。在整个作业中，响应时间随着负载的增加而增加，这是因为调度器串行为作业中的每个任务找到空闲计算资源的概率降低的结果。

5.4.4　二阶段多路调度

二阶段调度过程中，为作业中的每个任务串行提供调度对性能有影响。例如，对于任务 1，任意选择两个队列，可能会出现两个队列都忙的情况，但是任务 1 必须从两者之间选择一个，无论怎么选择，任务都必须等待计算资源；对于任务 2，任意选择两个队列后，可能两个队列都处于空闲状态，但是任务 2 只能选择其中一个，这就造成另外一个计算资源的饥饿。如果两个作业同时选择队列，调度器可以根据返回的结构，将任务 1 和任务 2 都分散到任务 2 选择的空闲队列上，那么两个任务都能够获得空闲资源，减少了等待，性能会得到提高。为了解决该问题，HRM 使用二阶段多路调度。使用二阶段多路调度，调度器采用批量方式一次性对调

度器上可以并发调度的所有任务进行一次资源分配。

假如分布式调度器存在 n 个作业，即 $J = \{J_1, J_2, \cdots, J_n\}$，每个作业中时刻 s 可以调度的任务数量为 $k_1, k_2, \cdots, k_n$，即 $J_{i,t} = \{t_1^i, t_2^i, \cdots, t_{k_i}^i\}$，对于不同的作业，$k_i$ 的大小也不同。调度器计算出全部可调度任务 $k = \sum_{i=1}^{n} k_i$。假如我们每个任务可以选择两个队列，即 $d = 2$，如果系统中所有队列的个数 $q \leqslant 2k$，那么调度器向全部的队列发送任务的 hold 请求，反之，调度器选择 $2k$ 个队列，向这些队列发送 hold 请求。当所有 hold 请求的返回消息全部到达调度器后，调度器按照作业的截止时间为基准，采用贪心算法为作业的每个任务分配执行队列。假设每个作业的提交时间为 dt，每个队列中等待时间为 w，我们依据 dt 按照递增排序，对于 w 也按照递增排序，其调度过程如算法 5.1 所示。

【算法 5.1】 贪心调度（GS）。

输入：$Q = \{q_1, q_2, \cdots, q_n\}, n = 2k, J = \{J_1, J_2, \cdots, J_n\}$

输出：任务 J 到 Q 上的一个映射

过程：

S1：sort(Q)，sort(J)//将作业以及队列按照递增排序

S2：for(J_j in J)

S3：for(t_i in J_i)

S4：   for(q_k in Q)

S5：   if($q_k.m \geqslant t_i.m$){

S6： $Q = Q \backslash q_k$

S7： $J_i = J_i \backslash t_i$

S8：   }

S9：   }

S10：}

算法 5.1 中的 S1 按照作业提交时间为作业排序，按照执行队列上的等待时间为执行队列排序。对于作业中的每个任务，从队列中选择满足条件的执行队列，将任务分配给执行队列，如算法 5.1 中的 S3~S9。算法为每个作业分配完成后，如果还存在有未分配的任务，继续调用二阶段多路调度算法，为剩余作业中的任务继续分配资源。

算法 5.1 的目的在于尽量降低每个作业的完成时间，采用贪心算法保证每个作业的滞后任务尽量早一点分配到内存，能够尽快完成作业的执行。但是，算法执行过程中，可能每次都有任务不能够获得资源，算法将这些任务与新的任务合在一起，在下一次二阶段多路调度过程中为这些任务重新分配执行队列。

5.4.5 负载平衡的处理

使用二阶段多路调度策略后，虽然在一定程度上提高了性能，但是还存在一个问题：当我们随机选择的执行队列都是负载较重的队列，而一部分没有选择的执行队列处于空闲状态，造成负载的不平衡。我们观察到，从一个任务被分散到某个队列开始，在任务实际开始执行的这个期间，整个集群节点上会出现一个更好的执行队列。其原因是预计开始时间的估计错误、资

源的竞争或计算节点失效等情况时,造成任务选择的执行队列不是最优的,因此,需要考虑一些策略来减少这种情况的发生,如动态负载平衡技术。在 HRM 中,我们采用负载平衡技术实现任务在不同队列上计算资源的平衡。

为实现负载平衡,需要指定一个计算节点为协调器,负载较轻的计算节点向协调器发送空闲队列的资源状态,负载较重的计算节点向协调器发送任务的资源请求。协调器收到资源状态和资源请求后,通过匹配方式,为负载较重的计算节点上的任务匹配到需要的资源,实现负载在计算节点之间的平衡。其实现过程如图 5.4 所示。图 5.4 中包含资源协调器(negotiator)、计算节点 1(machine 1)和计算节点 2 (machine 2)三个组成部分。计算节点 1 用来检测需要转送的任务,计算节点 2 用来确定负载较轻的队列,资源协调器用来将计算节点 1 上的任务匹配到计算节点 2 上。

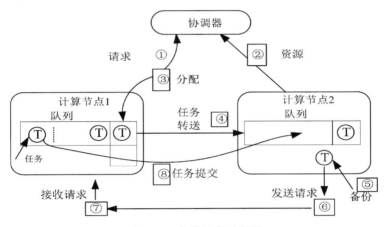

图 5.4　负载平衡过程图

在正常情况下,任务在各自的队列中等待计算资源,一旦获得计算资源,就开始运行任务。当某个节点的队列中任务的等待时间超过某个阈值 hw 时,计算节点就为队列中的任务启动负载平衡分散过程;当某个计算节点的队列等待时间低于阈值 lw 时,计算节点向协调器发送资源状态信息,协调器根据资源状态和资源请求,从负载重的计算节点上转移部分任务到负载轻的计算节点上,实现计算节点的负载平衡。负载平衡主要包含三个阶段:第一阶段,任务向资源协调器提交分散请求;第二阶段,协调器经过调度得到最终的目标计算节点,然后协调器将目标计算节点信息返回给原计算节点;第三阶段,原计算节点和目标计算节点进行确认后,将任务分散到目标计算节点。如图 5.4 所示,计算节点 1 的一个任务发出分散请求(见图 5.4 中的过程①)。协调器接收到任务的请求后,将其放入队列中,一旦计算节点 2 上的负载较轻,即等待执行的任务低于阈值,计算节点 2 就向协调器发送资源状态(见图 5.4 中的过程②),协调器根据最新的队列等待时间矩阵,选择一个最佳的目标计算节点,如本例中的计算节点 2,然后将分配结果返回给计算节点 1(见图 5.4 中的过程③)。计算节点 1 收到消息后,开始向计算节点 2 发送确认信息(见图 5.4 中的过程④),计算节点 2 收到信息后,根据本计算节点的状态对任务请求进行检查,如资源检查、用户权限检查、队列负载状态检查等,检查结果通常会有如下两种情况:

如果请求不被目标计算节点许可的原因不是由于计算节点忙,那么该请求会被终止;

如果请求不被目标计算节点许可的原因是由于该计算节点忙,那么该请求的标识符将被保存到计算节点2上(见图5.4中的过程⑤),请求在计算节点1上处于等待状态。

当计算节点2可以执行该任务,而要求转送保存在该计算节点上的备份任务时,就会发送转送请求给计算节点1(见图5.4中的过程⑥)。此时,计算节点1就会将该任务由等待状态变成排队状态,并设置较高的优先级别,同时运送任务请求的内容到目标计算节点(见图5.4中的过程⑥⑦)。

任务请求转送完成,计算节点1正式向计算节点2提交任务(见图5.4中的过程⑧)。此时,新任务的加入如果导致计算节点的等待时间超过阈值,计算节点向协调器发送取消资源状态消息,不再接受负载平衡任务。

5.5 调度策略及约束

在调度策略方面,HRM只支持两种调度策略。本节介绍对两种流行的调度程序策略的支持:①任务执行时的数据本地化访问;②不同用户的资源共享时的隔离问题。

HRM支持作业级别及任务级别的约束。这些约束在大数据处理中经常出现,当任务运行时,数据的访问位置与计算位置最好在同一个计算节点上。输入数据与计算任务在同一个计算节点时,因为不需要通过网络传输输入数据,通常会减少任务的响应时间。对于每个任务的本地化访问约束,每个任务都可能具有一组计算节点,任务按照本地化要求进行计算,HRM无法使用两阶段多路调度来汇总每个作业中所有任务的本地化信息。相反,HRM使用二阶段调度时,通过限制每个任务发送hold消息的目标计算节点数量,从而实现任务与数据的后期绑定。虽然HRM无法对作业中的每个任务实现数据本地化约束,但是在贪心算法中添加本地化约束策略,可以最大限度地支持任务的数据本地化约束。

当总的资源需求超过集群计算节点的容量时,集群调度程序将根据特定策略分配资源。HRM支持严格优先级资源分配。许多集群共享策略简化为使用严格的优先级,HRM通过在工作节点上维护多个队列来支持所有此类策略,依据任务和队列的优先级别实现作业的优先调度,减少作业中尾任务的滞留。从常用的FIFO、最早的截止时间优先和最短的作业优先转变到为每个作业分配优先级,然后优先运行优先级最高的作业。例如,以最早的截止时间为最高优先级别时,将截止时间较早的工作分配给更高的优先级。集群资源管理系统也可能希望直接分配优先级。例如,将生产作业设置高优先级别,批处理作业设置较低的优先级别。为支持这些策略,HRM为计算节点的每个队列维护一个优先级别。当资源变为空闲时,HRM从优先级最高的非空队列中取出任务并执行。当高优先级任务到达那些正在运行低优先级任务的计算机时,HRM也支持抢占。HRM的设计思想是提高每个作业的完成时间,不出现某个作业中一个或几个任务严重滞后,因此,HRM暂时不支持计算资源在各个作业之间的公平访问,这也是我们将来探索的问题。

5.6　系统实现

本章中的 HRM 系统采用了网络队列系统(NQS)和 Mesos 资源调度框架。NQS 在各个计算节点安装。我们为 NQS 添加了一个资源跟踪(resource tracker)服务,用来获得各个执行队列中任务的最新状态。"Qsub -hold"命令作为第一阶段的消息,将原来 NQS 中返回结果进行了变更,即由单纯的请求编号改变为编号和任务等待时间两部分;分布式调度器由 Mesos 改造而来,借鉴了 Mesos 中"推送"的资源管理模式,作业注册到 Mesos 调度框架后,Mesos 根据作业中的任务描述,向各个集群节点请求资源;获得资源后,将资源打包成资源邀约(resource offer),然后推送给 Spark 计算框架,由 Spark 调度器经过决策后,选择需要的资源,启动执行任务需要的 executor。最后由 executor 完成任务的执行。

主要的改进:①对于作业框架,重新封装了 Spark 的调度器,以便适应于细粒度的任务调度模式。②资源管理方面,改进了 Mesos 集群资源管理框架,计算资源的获得不再通过 DRF[200]方式分配。③在计算节点改进后队列系统,支持二阶段多路调度中执行队列的等待时间的计算及负载平衡时的空闲队列资源状态的收集。

图 5.5 所示为 HRM 任务调度及负载平衡的过程。图 5.5 中的(a)代表任务调度的完整过程,是一个循环过程;图 5.5 中的(b)代表负载平衡的实现过程,是动态触发的循环过程。任务调度中,一旦计算框架的调度器(spark scheduler)向集群资源管理系统的一个调度器实例(distributed scheduler)注册,distributed scheduler 就选择 2 倍的任务数量的候选队列,启动 qsub-hold 命令,等待全部返回执行队列状态(queue status)后,调度器从返回的结果中,选择最优的执行队列,然后向 spark scheduler 发送资源邀约命令。当 distributed scheduler 收到 spark scheduler 的返回任务集合(taskset)后,使用 qrls 命令启动不同计算节点上的执行器(executor),最后 executor 从计算框架获得任务并运行。负载平衡中,当一个队列系统中的任务等待时间超过阈值时,就向协调器(negotiator)发送资源请求(request),协调器选择负载较轻的目标队列返回给资源请求者(resource),然后资源请求者向目标队列转送任务(task migration)。

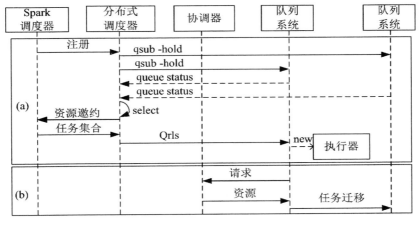

图 5.5　HRM 实现图

5.7　性　能　评　价

系统在一个集群上进行试验,集群中包含 8 台服务器,其中,7 台服务器(浪潮 NF5468M5 服务器)作为计算节点,1 台服务器(中科曙光 620/420 服务器),作为协调器。每台服务器包含 2 颗 Xeon2.1 处理器,每颗处理器包含 8 核、32 GB DDR4 内存。集群上包含 1 台 AS2150G2 磁盘阵列。服务器操作系统为 Ubuntu 7.5.0,采用 C++11 作为编程语言,Mesos 的基础版本为 1.8,Spark 的基础版本为 2.4.3。这些计算机被组织在 4 个机架内,每个机架包含 4 台计算机。机架内的计算机通过机架连接,各个机架交换机通过级联方式与汇聚交换机连接。

测试时使用了 5 个分布式调度器,首先,我们使用 HRM 为 TPC-H[201] 工作负载调度任务,其负载具有分析查询功能。其次,我们在理想的调度程序的基础上比较作业的响应时间,提供了 HRM 细粒度资源共享时的开销并量化了其性能;再次,我们展示了 HRM 在调度延迟及等待时间方面的对比;最后,为了体现大规模集群环境下大量任务的调度延迟,我们设计了一个基于 Spark 调度器的模拟程序和一个模拟的大规模集群环境,通过模拟程序在模拟集群环境的调度,分析了调度延迟的特点。

5.7.1　TPC-H 负载的性能对比

我们使用运行在 Spark 的 TPC-H[201] 查询基准来测试 HRM 的调度性能。TPC-H 基准代表对事务数据的查询,这是低延迟数据并行框架的常见用例。每个 TPC-H 查询在 Spark 下运行,Spark 将查询转换成 DAG,按照不同的阶段来调度执行。查询的响应时间是各个阶段响应时间之和。5 个不同的用户启动多个 TPC-H 查询负载,查询负载随机排列,并且在大约 15 min 的时间内维持集群负载在 80% 左右。我们针对实验中 200 s 的数据进行了分析,在这 200 s,HRM 调度了超过 4 000 个作业,这些作业构成了 1 200 个 TPC-H 查询。每个用户都在 TPC-H 数据集的副本上运行查询,数据集的大小大约为 2 GB,并分为 30 个分区,每个分区的副本数设置为 3。

为了比较 HRM 的性能,我们假设任务在计算节点上没有等待时间,就像粗粒度资源分配方式一样,这个响应时间称为理想时间。在计算某个查询的理想响应时间时,我们分析了一次查询的 DAG 过程中的每个阶段,去掉队列等待时间后,将其他阶段的时间相加,最后得到查询的理想响应时间。由于 HRM 在计算理想响应时间时,采用了任务的执行时间,因此,理想响应时间也包括每个任务的本地化约束。理想响应时间既不包括将任务发送到计算节点所需的时间,也不包括在利用率突发期间不可避免的排队等待时间,因此,理想响应时间是调度器可以实现的响应时间的下限。

由图 5.6 给出的数据可以看出,与随机调度、二阶段调度相比,HRM 的二阶段多路调度最优,基本上不超过理想调度时间的 13%。与随机调度相比,二阶段多路调度能够减少平均响应时间为 3~4 倍,减少 95% 分位数的响应时间为 5 倍左右。与二阶段调度相比,二阶段多路调度的响应时间是二阶段调度响应时间的 80%,95% 分位数的响应时间能够减少 1.5 倍。与二阶段多路调度相比,负载平衡策略的使用使得平均响应时间减少了 14%。HRM 还提供了良好的绝对性能。其中值响应时间仅比理想调度程序所提供的响应时间高 12%。

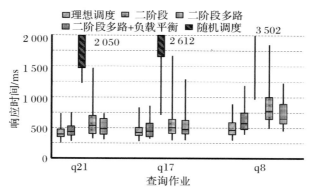

图 5.6　不同调度算法的响应时间

5.7.2　作业响应时间对比

为了理解 HRM 相对于理想调度程序增加的延迟组成部分,我们将作业响应时间分解为调度时间、队列中等待时间及任务执行时间 3 个单独的时间。图 5.7 所示为不同时间中任务的累计概率函数(Cumulative Distribution Function,简称 CDF)图。图中的每一根曲线代表一个任务数量与时间的变化曲线。

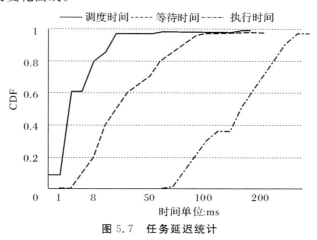

图 5.7　任务延迟统计

从图 5.7 的曲线看出,60% 的任务调度延迟时间为 5 ms 左右,40% 的作业调度延迟为 12 ms;而任务在队列中的等待时间较长,75% 的任务在队列中的等待时间为 50 ms,剩余 25%

的任务的等待时间大约为 100 ms。任务的执行时间在 350 ms 以内，其中 40% 的任务的执行时间在 150 ms 内，超过 250 ms 的任务只占有 15% 左右。由图 5.7 可以看出，分布式资源集群调度框架确实能够减少调度延迟。

5.7.3　大规模集群的性能模拟

为了验证 HRM 的资源调度框架在大规模集群环境下的调度延迟，我们设计了一套资源调度框架性能模拟器工具——HRM_Simulator，用于对 HRM 的资源调度功能进行测试。它可以在多台机器上模拟大规模集群，并根据历史日志分析提取出应用程序负载信息，模拟完整的资源分配、任务调度和资源回收过程。我们使用 8 台服务器来模拟大规模的集群环境。实验过程中每台机器均为 NF5468M5 服务器，包含 2 颗 Xeon2.1 处理器，每颗处理器包含 8 核、32 GB DDR4 内存。

5.7.3.1　模拟机器数量的设置

为了测试大规模集群计算资源的调度性能，使用 1 台机器模拟协调器，其余 7 台机器模拟计算节点。每台计算节点机器设置 50 个队列，每个队列模拟 1 台物理机器，我们称为逻辑机器。队列同时运行的槽数（slot）设置为 8，代表 1 台逻辑机器上包含 8 个模拟的 CPU 核。这样的话，1 台物理机器就可以模拟 50 台逻辑机器，7 台物理机器模拟 350 台逻辑机器，每台模拟逻辑机器上模拟 8 个 CPU 核，那么整个模拟系统可以使用的 CPU 计算资源为 2 800 个模拟的 CPU 核。

5.7.3.2　作业的定义

采用类似 Spark 调度器，本章实现了一个模拟作业框架。每个作业框架上包含数量不等的任务。任务的执行时间由 sleep 代替。作业提交后，按照 task 任务数量，随机选择 2 倍的 task 任务数量的队列（一个队列代表一台模拟机器），获得队列中的剩余可以使用的 slot 数，选择剩余 slot 最大的队列作为选择的资源，使用 qsub 启动一个与 Spark executor 进程类似的进程，进程内的作业执行类似 sleep 执行，不设置具体的数据执行任务。任务的执行时间由 sleep 的长短来决定，即等待时间长短，如 200，代表任务执行时间是 200 ms。

向模拟器连续启动 7×20 个作业（即 7 个分布式调度器实例），即每个分布式调度器实例启动 20 个作业，每个作业按照 160 个任务设置。作业按照一定的时间间隔向各自的分布式调度器注册并请求资源执行。

5.7.3.3　响应时间

为了测试分布式调度框架的低延迟，我们使用集中方式与分布方式进行对比。集中式调度器采用类似 mesos 的方式实现。测试中，分别设置任务的 sleep 时间为 100 ms，200 ms，1 000 ms 3 种不同的任务执行时间，用来验证作业响应时间与调度器的调度延迟之间的关系。

图 5.8 给出了 3 种情况下的模拟测试结果。

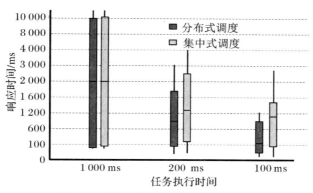

图 5.8　模拟环境下集中分布响应时间

由图 5.8 的结果分析,任务运行时间在 1 000 ms 时,分布式调度和集中式调度的作业响应时间基本相同。但是当任务的执行时间是 200 ms 时,分布式调度的平均响应时间是集中式调度的 2 倍左右。当任务的执行时间更短,即 100 ms 时,分布式调度器和集中式调度器的差别就更大,几乎是 10 倍左右的差别,因为,分布式调度器能够减少调度的延迟时间,为大规模并行任务的执行提高了效率。

5.8　结　束　语

大规模运行时间较短的任务越来越多,呈现出并行度越来越高的趋势,这种作业的调度普遍受到重视。数据中上运行的这类任务对延迟非常敏感。另外,随着集群计算节点规模的扩大,调度延迟是影响作业吞吐量和性能的主要瓶颈,传统的集群资源调度框架在低延迟方面存在一定的缺陷。本章通过二阶段多路调度及负载平衡技术,解决了现有调度框架中延迟较高和负载不均衡的问题,通过 TPC-H 基准测试以及大规模集群下的模拟测试,调度框架能够保证短时间任务的低延迟要求。但是,算法在数据本地化访问及资源分配的公平性方面有待进一步的提高。

第6章 面向大数据的异构集群混合式资源调度框架

6.1 概　　述

批处理[90]是针对有界数据进行全面和确切的计算,实时性要求不高,计算时间在数分钟到数小时不等。流处理[203-205]是针对无界数据进行至少一次的无重复计算,实时性要求高,每一次处理时间往往在毫秒级范围。因此,流处理作业对延迟比较敏感,往往存在截止时间限制,而批处理作业则要求尽量减少作业的执行延迟。自从 Google 的 DataFlow[206-209] 模型替代了传统的 map/reduce 模型,成为一种新的构建、管理和优化复杂数据的处理方法,将有界数据的批处理和无界数据的流处理进行了统一,开启了批处理作业和流处理作业无缝融合的时代[210]。近年来,以 Flink、Spark 为代表的大数据处理框架采用 DataFlow 模型实现了批处理与流处理的统一,一套代码既支持批处理应用也支持流处理应用。

批处理和流处理编程框架的统一,促使许多企业开始将批处理和流处理作业部署在一套集群基础设施上。但是,由于批处理/流处理应用程序的特征不同,资源调度策略也不同,因此,大多数企业分别为流处理作业和批处理作业部署专门的集群基础设施。其带来的主要问题如下:①成本增加。每种集群系统的建立都需要企业投入大量的资金和管理,使得硬件设施成本增大。②弹性扩展。批处理作业夜晚需要大量的集群计算资源,而流处理作业的资源需求随着用户的行为而波动,其资源需求在时间上有明显的波峰、波谷。集群资源在不同类型作业之间的不共享使得资源利用率大打折扣。③数据迁移。不同类型的作业之间无法共享数据,导致数据在各个集群之间互相转移,容易产生错误,降低了数据的使用效率。④可维护性。用户至少需要维护两套集群资源管理框架,代码维护代价增大。

此外,随着数据类型的不断增加,大数据分析过程中往往需要处理一些声音、图像等非结构化数据,如高通量视频处理应用等。对于这类数据,如果仅仅使用 CPU 进行分析计算,那么往往无法达到较高的吞吐量和较低的延迟,因此,需要使用 GPU 硬件设施来加速数据的处理,以满足用户的性能要求。

然而,现有的集群资源调度框架,不论从批处理/流处理一体化角度看,还是从异构结构看,都存在着一定的不足。

缺乏对应用程序的感知。目前的资源管理与应用程序之间要么紧密结合在一起,要么完全松耦合。像 Storm 等计算框架,资源管理和应用程序严格结合在一起,不提供集群资源共享;像 Yarn、Mesos、Omega 等集群调度框架,为了满足多个应用程序共享集群资源,集群调度框架与应用程序松耦合,提供容量调度、公平调度、DRF 或尽力而为的调度算法[211-216]。公平调度只考虑公平,没有考虑不同应用程序的个性化需求;容量调度限制容量,提供个性化需求,但是缺乏弹性;尽力而为就无法保证某个作业的实时性。因此,不能提供一种既能满足流处理作业弹性资源分配要求,又能满足批处理尽力而为的资源分配要求。像 Sparrow、Apollo 等分布式集群资源调度框架,其要求作业的类型统一。另外,由于缺乏集群资源的全局状态信息,因此,分布式调度框架做出的调度决策通常不是全局最优的。在这种情况下,分布式资源调度框架就无法确保流处理作业与批处理作业的不同资源需求。一些研究者提出了混合式资源调度框架,资源管理系统中既包含集中式资源调度策略也包含分布式资源调度策略。虽然混合式资源调度框架一定程度可以感知应用程序的类型,但是由于混合式资源调度框架只适应于长时间运行作业(运行时间数十小时到数十天)与短时间运行作业(运行时间数十毫秒到几秒)之间的集群资源共享,解决短时间作业等待长时间作业的结束而造成的延迟问题,无法解决流处理作业实时性需求,因此,混合式资源调度框架不适合批处理和流处理作业混合的计算场合[217-227]。

从异构结构集群的角度看,现有的集群资源管理要么针对大规模的 CPU 集群,提供 CPU 资源调度系统,要么针对 GPU 集群,提供 GPU 资源调度系统,无法管理 CPU-GPU 混合的异构结构集群资源,也不能提供高效、统一的 CPU-GPU 资源调度[228-240]。大部分 GPU 计算任务往往需要一定的 CPU 计算资源,CPU-GPU 资源之间的解耦是目前调度框架的困难。GPU 集群不考虑 CPU 资源,浪费了 CPU 计算资源。CPU 集群不考虑 GPU 资源,浪费 GPU 资源。

当前 CPU – GPU 混合的集群资源管理系统,基本上通过扩展 CPU 集群的功能来实现,还没有真正意义上的 CPU-GPU 混合的集群资源调度框架[85,182,145]。Yarn、Mesos、Kuber-nate[200] 等集群资源管理系统将 CPU 作为主要资源,将 GPU 设备作为次要资源来管理。因此,这些资源调度框架缺乏 CPU-GPU 资源的解耦,要么 GPU 饥饿,要么 CPU 饥饿。另外,大多数系统采用粗粒度的 GPU 分配,很少能够实现细粒度的任务调度。

鉴于以上问题,建立一种批处理作业和流处理作业融合的一体化异构集群资源管理系统就成为本章的核心目标。通常情况下,批处理/流处理混合的资源调度器应该具有以下特征:一是可以感知应用程序的特征。不同类型的作业采用不同的资源调度策略,以便不同类型的工作负载能够得到必要的计算资源,满足其可预测的处理要求。二是 CPU 资源和 GPU 资源的分配方式需要满足各自的特点。例如,对于 GPU 设备,既不存在虚拟内存管理机制,无法进行数据的动态卸载和加载[241],也不存在 OS 提供的各种 CPU 调度模式。三是不同类型的作业通过合理的资源分配尽可能共享使用计算资源,以便达到集群资源的高效使用。四是调度开销要尽可能小,使得调度器能够管理更多的计算资源和调度更多的作业。

本章的主要贡献是提供一种全新的异构结构集群资源的混合式资源调度框架,满足批处理和流处理作业的资源调度需求,实现 CPU 计算资源和 GPU 计算资源的合理分配,提高系统的资源利用率。

本章的主要内容包括:①采用应用程序级别感知的集群资源管理模型,资源调度器根据作业类型的不同,设置不同的优先级别,选择不同的调度策略,实现流处理作业和批处理作业对异构结构集群计算资源的共享。②采用多分布式调度器与共享状态相结合的集群资源调度框架。针对流处理作业,采用悲观封锁协议,确保资源的配额要求;针对批处理作业,采用乐观封锁协议,尽可能地提高调度效率,减少调度延迟。③灵活绑定 CPU-GPU 组成资源单元。通过队列堆叠技术,在相同的资源单元上设置批处理队列和流处理队列,实现不同作业的差别化调度、设置作业容器在不同队列中的排队机制、两种作业之间的资源分配冲突。④实现 GPU 设备的细粒度任务调度机制。通过判别 GPU 设备的可用显存大小及任务对 GPU 显存的需求,动态地向各个计算框架分配 GPU 可用计算资源,实现 GPU 任务对同一个物理资源的共享,提高 GPU 使用率。

本章设计了一个 CPU-GPU 集群资源调度框架,实现了与 Spark 编程框架的对接。使用 Spark 的流处理和批处理编程框架进行了实际负载测试,验证了队列系统和全局资源管理框架的优点;通过一个模拟调度程序,验证了调度框架的优势及对批处理和流处理作业调度的高效性。

6.2　相关研究进展

6.2.1　调度框架

现有的集群资源调度框架分为集中式资源调度框架、分布式资源调度框架和混合式资源调度框架。对于集中式资源调度框架,又分为单一调度、二级调度和共享状态调度三种方式。Yarn 提供三种调度策略,即先来先服务(FIFO)、容量调度和公平调度。FIFO 按照每个作业达到的时间,先到达的作业优先分配集群资源。容量调度为每个用户预留固定的资源配额,用户的作业只能使用配额之内的资源。共享调度为每个作业分配一定的资源比例,每个用户的作业至少要获得自己配额内的资源。Mesos 是二级调度器,采用主资源公平(DRF)[167]方式,目的是保证不同作业的主资源占比公平。Omega 是共享状态调度器,实现了不同作业的并行调度,减少了调度延迟。但是,Omega 的乐观封锁协议导致的冲突问题无法满足流处理作业的实时性的需求。HRM 中的分布式调度器可以感知应用程序的类别,提供不同的调度策略,悲观封锁协议可以减少冲突的发生,乐观封锁协议提供更好的并行调度,作业状态的登记使得协调器可以实施更广泛的全局资源调度策略。

Sparrow、Apollo 等分布式资源调度框架适应于对调度延迟比较敏感的作业。作业请求资源时,它们向集群计算节点发出采样请求,然后根据采样的结果,由调度器从候选资源中选择最优资源,并提交作业任务。由于多个调度器并行地请求计算资源并进行调度,因此,大大减少了调度延迟。但是采样策略无法获得最佳的计算资源,调度效果大打折扣。由于分布式调度器的采样依据是各个计算节点的负载,而这些负载的计算需要一个统一的计算规则,因此,分布式调度器只能调度种类相同或相似的作业,这就造成无法处理批处理作业和流处理作业混合的应用环境。HRM 也采用分布式调度器,但是其候选资源的获得是通过全局协调器得到的,因此,可以针对不同的任务类型设置不同的调度策略,适应于流处理和批处理混合的计算场景。

Mercury、Hawk 及 Eagle 是混合式资源调度框架。集中式调度器为长时间运行的作业分配资源,分布式调度器为短时间运行的作业分配资源。这种方式基本上解决了短时间作业的长时间等待问题。但是对于批处理和流处理混合的情况,无法一次性地为流处理作业分配足够资源,无法满足要求。HRM 采用乐观封锁协议调度批处理作业,使用悲观封锁协议调度流处理作业,流处理作业可以一次性分配到足够的资源。

　　文献[144-157、154、162-166、172、173、178、197、215-217]为了提高资源使用率和作业的性能,对现有的集群资源调度框架采用了一些优化,如作业中的任务延迟的缓解、多种资源的打包分配、基于资源保留的调度机制,以及基于历史调度数据的强化学习调度等。由于它们是在现有集群资源调度框架上完成,因此,无法解决流处理和批处理混合时的资源分配问题,也未涉及 CPU-GPU 资源的解耦问题。

6.2.2　GPU 资源调度

　　GPU 资源调度主要包含多任务在单个 GPU 设备的共享,以及多任务在多个 GPU 设备的共享。文献[158,218-220]研究多任务在单个 GPU 设备上的调度,允许多个任务共享单个 GPU,无法满足 GPU 集群上的调度。文献[221-222]针对云环境下运行时间较短的 GPU 任务,实现了一个基于容器的批处理计算系统,采用非抢占式基于优先级的 FIFO 调度策略,能够减少平均响应时间和作业执行时间,但无法实现多任务共享 GPU。文献[140]中提出了在高性能计算中引入 GPU 集群,采用 Torque 来调度 GPU 作业[223],是一种静态的 GPU 资源共享模式,在作业运行之前,为每个不同的作业分配固定的 GPU 资源,主要应用在 HPC 上。为了防止多个用户共享 GPU 带来的冲突,通过调用 CUDA 封装库的方式来访问 GPU 资源。缺点是 GPU 资源无法动态共享,可能会导致部分 GPU 的负载较重,而部分 GPU 负载较轻。文献[97、224-229]将 CPU 资源和 GPU 资源都纳入动态分配范围,但是这些系统将 CPU、内存等作为主要资源来设计资源分配算法,在 GPU 的管理和调度方面存在不足。由于这些资源调度框架将 GPU 设备作为次要资源来考虑,因此,缺乏 GPU 资源的高效分配策略,大多数系统采用作业独占 GPU 设备,很少有共享机制的出现。当 GPU 资源被一些作业超额预订时,其他作业通常会经历长时间的排队,即使是非常短的任务,也可能需要长达数小时的等待。HRM 系统中,采用队列机制,适用于 CPU 任务和 GPU 任务的单独调度,既可以实现细粒度的共享,也可以进行弹性资源分配,支持流处理和批处理作业混合的计算环境。

　　HRM 系统在 8 台包含双 CPU 以及双 GPU 设备的集群上进行了实际负载的测试,通过运行 Spark 编程框架对应的测试基准及大量的 GPU 视频流应用,与集中式资源调度框架进行了比较。HRM 的调度延迟只有集中式资源调度框架的 75% 左右;使用实际负载测试,批处理与流处理共享集群时,使用 HRM 调度框架,CPU 资源利用率提高 25% 以上;而使用细粒度作业调度方法,不但 GPU 利用率提高 2 倍以上,作业的完成时间也能够减少 50% 左右。

6.3　系 统 需 求

　　(1)可以感知应用程序类别的资源调度框架。资源调度器能够感知批处理和流处理作业,采用不同的调度策略实现资源分配需求。

　　(2)CPU-GPU 资源的灵活分配。GPU 任务执行中,需要 CPU 资源;CPU 任务执行中,需要独占资源。系统需要满足 GPU 资源和 CPU 资源的解耦。

（3）降低流处理作业的调度延迟。流处理作业和批处理作业可以混合调度，满足流处理作业的弹性资源需求。

（4）减少反馈延迟，提高资源利用率。降低心跳反馈过程带来的资源空闲。

（5）GPU 计算资源的细粒度共享。要求不同的作业的任务可以共享使用相同的 GPU 设备，提高 GPU 的使用率。

通过使用乐观和悲观封锁协议，可以实现（1）的需求；采用共享状态调度框架，可以实现（3）的需求；使用队列系统，可以实现（2）（4）和（5）的需求。

6.4　HRM 系统模型

在本节中，先给出 HRM 总体说明，然后给出了资源调度总体框架及各组成部分的功能介绍。

6.4.1　HRM 总体说明

HRM 资源调度框架采用共享状态的调度框架，但是采用乐观封锁协议与悲观封锁协议相结合的资源分配策略，对于流处理作业，采用悲观封锁协议，一次性分配作业需要的计算资源；对于批处理作业，根据其尽力而为的调度思想，采用乐观封锁协议，保证各个调度器能够并发地进行资源分配。如果流处理作业乐观封锁协议，当集群负载较重时，就可能导致流处理作业的资源分配不足和调度延迟。例如，假设集群总的资源数为 100 个 CPU 核，两个流处理作业都需要 60 个 CPU 核，采用乐观封锁协议，每个作业获得 50 个 CPU 核，都无法达到资源需求。

表 6.1 从调度框架类型、作业模型、队列管理、异构资源类型及封锁机制方面，对现有的集群资源调度框架进行了对比。调度框架类型分为分布式和集中式。支持的作业模型主要分为批处理和流处理。队列管理分为全局队列和本地队列。异构资源类型分为 CPU 资源和 GPU 资源。封锁机制分为乐观封锁和悲观封锁。

表 6.1　各种调度框架的队列机制及资源分配冲突解决对比

调度器名称	框架类型		作业模型		队列管理		异构资源类型		封锁机制	
	集中式	分布式	批处理	流处理	全局队列	本地队列	CPU 资源	GPU 资源	乐观协议	悲观协议
YARN	✓		✓		✓		✓	✓		✓
mesos	✓		✓				✓	✓		✓
Omega	✓		✓				✓		✓	
Sparrow		✓	✓			✓	✓			
Apollo		✓	✓			✓	✓			
Mercury	✓	✓	✓			✓	✓			✓
Yaq-c	✓		✓		✓	✓	✓			✓
Yaq-d		✓	✓		✓	✓	✓			
HRM	✓	✓	✓	✓	✓	✓	✓	✓	✓	✓

在表 6.1 中,集中式调度器主要支持批处理作业,能够保证批处理作业对集群计算资源的共享。分布式调度器一般支持单一类型的作业。混合式调度器将集中式调度器和分布式调度器混合在一个集群管理系统中,但是不适用于批处理和流处理作业混合的场合。HRM 能够很好地实现支持批处理作业和流处理作业混合的场合。集中式调度器将单个 CPU 核、GPU 设备等物理资源和容器进行一一映射,因此,它们只使用全局队列,根据队列中的容量设定,来实现不同应用程序对集群资源的定量分配。分布式资源调度框架(如 Sparrow、Apollo)和混合式资源调度框架(如 Mercury)支持计算节点的队列管理,允许不同作业的任务在单个物理资源上进行再次调度,如按照优先级别使用资源等。Yaq-c 为了减少反馈延迟而添加了本地队列。Yaq-d 为支持分布式调度而设置了本地队列。两种调度框架是两个独立的系统,不支持流处理/批处理作业的一体化资源分配。HRM 很好地支持两种形式的队列。在异构结构资源支持方面,Mesos 和 Yarn 主要用于 CPU、内存等计算资源的调度,对 GPU 资源只能提供设备的存在,无法对 GPU 显存进行分配,也不能支持细粒度的 GPU 设备共享,HRM 则融合 CPU、GPU 资源,提供对两种类型资源的完全支持。资源分配过程中的封锁机制是决定调度延迟的一个重要指标,集中式调度器中基本上使用悲观封锁协议,不存在资源分配冲突问题,但是调度延迟会发生。Omega 采用乐观封锁协议,但是带来资源分配冲突问题。分布式资源调度框架一般通过采样的方法,直接与计算节点交换资源信息,分配结果次优且存在分配冲突。混合式资源调度框架将分布式资源调度框架和集中式资源调度框架区别对待,容易引起分布式资源调度框架和集中式资源调度框架之间的分配冲突,不适合流处理作业的资源分配要求。HRM 采用乐观封锁协议与悲观封锁协议机制,批处理采用乐观封锁协议,降低调度延迟。

6.4.2　HRM 总体结构

HRM 集群资源管理系统由多个调度器、一个资源协调器、集群计算节点上的资源监视器及队列管理器组成。图 6.1 所示为 HRM 资源调度框架的总体结构。

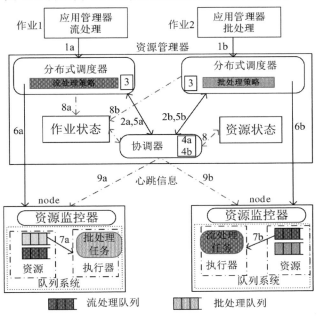

图 6.1　HRM 调度框架

最上层是用户的应用程序(后面简称作业,job)。对于每个作业,App master 是核心,与集群资源相关的功能包括任务管理及与集群资源之间的各种消息交互。任务管理主要是任务的调度及任务执行中的控制;与集群资源之间的各种信息交互主要是向集群注册、获得集群资源的状态及容器的提交等。

中间层是资源调度框架。资源调度框架包括多个分布式调度器(distributed scheduler)、资源协调器(negotiator)、作业状态(job states)及资源状态(resource states)四个部分。作业状态是整个集群上运行的作业的信息,包括作业的开始时间、作业中的 stage、每个 stage 中的任务数量、未完成的任务和正在执行的任务等。资源状态是各个计算节点上可用的资源状态,如可用资源数量、正在运行的容器的状态和数量及集群计算节点的健康状态等。资源协调器是接收各个计算节点的心跳信息,并经过安全检查和一定的预处理后,更新全局资源状态,同时还负责将资源仲裁的结果向作业调度器汇报。调度器可以感知作业类型,对于流处理作业执行流处理策略(data stream policy),批处理作业则执行批处理资源分配策略(batch policy)。关于这两种策略,第 6.6 部分进行详细说明。

底层是计算节点管理。计算节点管理包括计算节点上的队列管理器(queue system)及节点资源监控器(resource tracker)两个部分。采用队列的堆叠技术,计算节点队列分为批处理队列(batch queue)和流处理队列(stream queue),分别用于处理批处理任务和流处理任务,两种队列的调度属性不同(第 6.5 部分介绍)。队列管理器向用户提供接口,用来创建队列、删除队列及设置队列的属性,即设置队列的资源容量信息、优先级别、长度等。队列管理器对提交到队列上的容器(也称为执行器)进行调度安排和提交执行。

HRM 运行过程中,有两个非常重要的框架:一个是用户的应用程序(作业框架);另外一个是 HRM 资源调度框架。

1)对批处理作业用户来说,无论要求如何,尽可能地快速完成用户的任务;对流处理作业用户来说,必须确保有足够的计算资源,满足计算过程的实时性要求。

2)对集群资源来说,尽可能地提高资源的利用率。

3)对不同的用户作业,确保资源分配的公平性及服务质量要求。

App master 是用户作业(job)的一个进程,运行在某个计算节点上,拥有自己的状态,并管理作业中的全部任务。当用户提交作业时,App master 负责向资源管理器注册,并请求资源的分配。一旦获得资源,App master 管理作业中的任务,监控任务的状态,并控制任务的运行。由于 App master 掌握作业所需数据的存储信息、分片信息及作业执行过程中临时数据的存储信息,因此,作业一旦获得计算资源,就按照一定的调度策略(如数据的本地化访问等)将每个任务发送到计算节点上进行执行。由于任务执行中可能存在这样或那样的错误,一个任务可能被运行多次。

HRM 中包含资源状态的汇报和作业状态的汇报两类心跳信息。第一类是集群计算节点(node)上资源监控器(resource tracker)与协调器之间的通信,定时向资源管理器汇报计算节点的状态、容器的状态等。第二类是用户的应用程序(App master)与分布式调度器(distributed scheduler)之间的心跳信息交互,定时更新作业状态的信息(job status),如作业的任务数、已经完成的任务数、未完成的任务数等。

详细的资源分配和容器调度过程如下(以下的步骤序号与图 6.1 中序号——对应):

1a(1b)。作业的调度请求。1a 为作业 1(job1)向一个分布式调度器发送任务提交请求。1b 为作业 2(job2)向一个分布式调度器发送任务提交请求。

2a(2b)。对于批处理作业,调度器从全局集群资源状态信息(resource status)获得一个拷贝,对于流处理作业来说,是发送一个资源加锁请求,获得全部资源状态并进行调度。

3。分布式调度器根据全局资源状态信息进行资源分配,然后将资源分配结果发送到协调器(negotiator)。

4a(4b)。对于批处理作业,协调器对分布式调度器的调度结果进行冲突检查,对不存在冲突的资源分配信息,更新全局资源状态(图 6.1 中的步骤 8)。如果存在冲突,就进行冲突解决(详细参考后续的章节)。对于流处理作业,更新全局资源状态(图 6.1 中的步骤 7),释放对资源封锁。

5a(5b)。协调器向调度器发送调度结果。

6a(6b)。分布式调度器根据资源分配的最终结果向集群的计算节点发送消息,将容器的启动命令提交到队列中。

7a(7b)。计算节点的队列管理器按照资源约束信息,启动任务执行所需的容器。

9a(9b)。节点资源监控器定时向协调器汇报节点的健康状态消息及节点上容器的状态消息。

6.4.3　全局资源状态信息

HRM 系统采用全局资源状态信息来为调度器提供分配依据,各个分布式调度器调度前,先获得全局资源状态的一个备份,然后按照其信息进行并行的资源分配,从而减少了次优分配的概率。另外,HRM 的流处理和批处理作业之间设置不同的优先级别,保证流处理作业对资源的抢占式调度,在一定程序上缓解了资源分配冲突的问题。

6.4.4　作业状态信息

对于分布式资源调度框架,由于各个调度器独立工作,调度器之间无法进行消息通信,因此,各个调度器的负载情况不能被共享,导致调度器无法对决策各个作业在全局资源中应该使用的资源份额。HRM 设置作业的状态信息,用来决策全局资源在各个作业之间的公平共享。协调器掌握整个集群的负载大小,确保全局的分配策略,如资源共享的公平性、任务在队列中重新设置优先级别等。

作业调度器启动后,先向调度器注册作业的信息,然后由调度器将信息转送到资源协调器。作业运行中任务状态一旦发生变化,就会被及时更新。作业的信息采用二维表的形式保存,每一行代表一个作业,每一列代表作业的一个属性。作业属性包括作业编号,作业调度器的 IP 地址和端口号、作业类型、资源类型(CPU、GPU)、资源数量(CPU 核数、内存)、作业提交时间、作业实际开始时间、作业预计结束时间、作业中的 stage 信息、stage 信息中任务数量、单个任务需要的资源数量、单个任务预计执行时间、已经完成的任务数量信息等。

6.5 队列管理器

计算节点上的队列管理器是任务执行的基础,任务是使用计算节点的物理资源来执行的。因此,高效地管理集群计算节点的可用资源是一个非常重要的环节。

6.5.1 队列管理的挑战

(1)调度过程的反馈延迟。资源调度过程是一个不断循环的过程,即资源释放、心跳通知、资源分配、资源释放。这种循环过程存在两个问题:①作业释放资源,但是心跳间隔时间还没有到来,这部分资源就处于空闲状态。②资源管理器收到心跳通知后进行资源分配。从资源管理器收到心跳信息到新的分配的容器运行之前,计算节点上的资源空闲。为了应对反馈延迟问题,HRM 为计算节点设置了队列系统,通过排队机制来解决资源分配过程中的反馈延迟,可以有效地提高资源利用率。

(2)队列堆叠。批处理任务和流处理作业混合时,为了防止流处理作业和批处理作业竞争资源,采用差别化服务。HRM 在物理资源上设置批处理队列和流处理队列,形成队列的堆叠。流处理作业进入流处理队列,设置较高的优先级别;批处理作业进入批处理队列,设置较低优先级别。通常情况下,优先调度流处理队列中的容器。当批处理任务占用了大量的资源,导致流处理作业没有计算资源可用时,可以通过抢夺方式挂起批处理作业的容器,保证流处理作业的资源需求。一旦流处理作业释放资源,批处理作业就继续执行;如果多个批处理作业之间初选资源竞争,那么可以通过先来先服务、短作业任务优先等策略,满足批处理作业的调度要求。悲观封锁协议避免两个流处理作业对同一物理资源的竞争。

(3)CPU 资源与 GPU 资源的解耦问题。GPU 是 CPU 执行过程的加速,GPU 任务的执行离不开 CPU 的调度,因此,GPU 任务执行中,总是存在 CPU 的执行,其执行模型如图 6.2 所示。

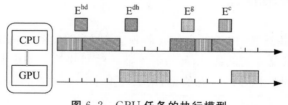

图 6.2 GPU 任务的执行模型

图 6.2 所示是一个典型的 GPU 任务执行模型。图中的 E^{hd} 代表主机内存向设备内存的拷贝数据,E^{dh} 代表设备内存向主机内存拷贝数据,E^{g} 代表在 GPU 上执行 kernel 函数,E^{c} 代表 GPU 任务使用 CPU 来处理数据的过程,如网络传输数据、准备数据或输出数据等。一个 GPU 任务在执行过程中,先使用 CPU 进行初始化 GPU 设备,然后利用 CPU 取得数据,并将数据从主机内存传输到 GPU 设备内存,当数据传输完成后,CPU 启动 GPU 的 kernel 函数,开始 kernel 函数的执行。kernel 函数执行中,CPU 资源就处于空闲状态,一旦 kernel 函数执行结束后,GPU 处于空闲状态,就开始使用 CPU 从设备内存传输数据到主机内存、执行 CPU 指令、向设备内存拷贝数据,数据准备好后,又开始 GPU 的执行,一直到整个任务结束。因

此,一个 GPU 任务通过交替使用 CPU 资源和 GPU 设备来完成具体的任务执行。

如果按照现有的 GPU 资源分配方式,将某个 CPU 核及 GPU 设备分配给一个任务,使用容器来隔离物理资源,那么必然导致 CPU 资源不能被充分使用,从而浪费了这些 CPU 计算资源。如何利用这部分 CPU 资源是解耦的关键。HRM 通过队列机制,为队列限制一定的 CPU 核和 GPU 设备,利用操作系统中 CPU 资源的调度策略,队列中可以同时运行多个任务,将 GPU 任务剩余的 CPU 时间分配给其他任务,提高 CPU 资源的利用率。为了防止 CPU 任务与 GPU 任务对 CPU 资源的竞争,我们为 GPU 任务设置较高的优先级别,为 CPU 任务设置较低的优先级别,从而保证 GPU 任务能够得到足够的 CPU 计算资源,避免两种不同类型的任务调度过程中的等待或干涉。

(4)GPU 资源的细粒度分配问题。图 6.3 给出了一个 GPU 任务细粒度资源分配模型。

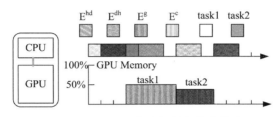

图 6.3　GPU 设备资源的细粒度共享

GPU 任务执行过程中,CPU 指令与 GPU 的 kernel 函数交替执行,GPU 的物理资源使用不充分,一种方法是像调度 CPU 任务一样调度 GPU 任务,使得多个 GPU 任务在同一个 GPU 设备上并发执行。但是,GPU 任务的调度不能像 CPU 进程一样调度,CPU 执行过程中,通过进程之间的切换及内存数据向虚拟内存的转移,可以在有限的内存空间中运行更多的任务。然而,GPU 任务执行过程中无法动态地实现显存数据的卸载和加载过程。如果要求多个 GPU 任务在同一个 GPU 设备上执行,那么这些 GPU 任务的显存之和不能超过 GPU 设备的最大显存容量。

为了管理具体 GPU 设备显存的使用量,HRM 为 GPU 设备设置执行队列,在 GPU 设备的显存还存在剩余的话,加载其他作业的任务到同一个 GPU 设备,实现 GPU 计算资源在多个任务之间的细粒度资源分配。

图 6.3 中包含两个任务共享 GPU 设备,其 GPU 任务的执行模型与图 6.2 描述的一样。但是我们可以看到,task1 和 task2 共享一个 GPU 设备时,两个 GPU 任务的 kernel 函数可以交替并发,提高了 GPU 设备的利用率,另外,不同任务的 CPU 指令和 GPU 的 kernel 函数之间可以并发运行,也提高了整体物理资源的使用效率。但是,task1 和 task2 的执行中,为了保证两个任务使用的显存之和不超过 GPU 设备的最大显存,需要在本地节点建立队列机制,调度任务的执行顺序。

6.5.2　CPU-GPU 资源单元的划分

HRM 计算节点资源的管理单位为 resource unit(RU),使用 Linux 提供的容器技术进行隔离,每个 RU 是一个独立的资源分配单元。我们主要考虑 CPU 核和 GPU 设备的划分,一个独立的单元称为一个 RU。对于每个 RU,可以再配置一定数量的服务节点的内存、存储和网络带宽。

对于 CPU-GPU 混合的异构集群,每个计算节点上包含的 CPU 和 GPU 设备数量可能不同,GPU 任务需要 CPU 参加,如果 CPU 和 GPU 分割不合理,就可能导致要么 CPU 饥饿,要么 GPU 饥饿,或者发生 CPU 过载等现象。为此,HRM 采用 3 种方式来划分 RU:①计算节点上的每个 GPU 作为一个 RU,全部 CPU 形成一个 RU,可以被 GPU 共享;②每个节点上,将一定数量的 CPU 核与 GPU 绑定在一起,形成一个 RU,剩余 CPU 可以分成一个或多个 RU;③依照 GPU 数量,将 CPU 核均匀地划分给 GPU 设备,形成不同的 RU。其结果如图 6.4 的(a)(b)和(c)所示,图中的 c0、c1 等代表 CPU 核,GPU1、GPU2 则代表 GPU 设备。图中每个带填充的封闭不规则矩形框代表一个资源单位 RU。图 6.4(a)中,所有的 CPU 为一个单独的 RU,两个 GPU 分别代表两个不同的 RU,这种分配的意义是作业的每个 GPU 任务需要一个 GPU,而 CPU 任务则为任意的 CPU 核数量,即共享 CPU 核。GPU 需要 CPU 时,共享 CPU 核。这种方式的最大问题是 CPU 共享容易导致资源使用的干涉,当 CPU 被单独分配给不同的任务时,GPU 无法获得 CPU 资源而产生饥饿现象。图 6.4(b)中,CPU 资源和 GPU 资源单独分配,但是为 GPU 资源预留一定的 CPU 资源,计算节点的资源分为 3 个 RU,一个 GPU 和一个 CPU 核组成一个 RU,剩余的 CPU 核组成另外一种类型的 RU。这种方式的缺点是 GPU 任务较少时,GPU 预留的 CPU 经常被闲置。另外一种情况是 GPU 的 kerne 函数 l 执行时间较长时,使得预留的 CPU 资源大量资闲置。图 6.4(c)中,将 CPU 和 GPU 进行捆绑,即为每个 GPU 安排一定数量的 CPU,根据 GPU 设备数量,将资源分为两个 RU。由于 GPU 任务执行过程中,CPU 指令相对较少,安排太多的 CPU 物理资源可能会导致 CPU 利用率非常低。另外,如果任务是一个 CPU 任务,其执行过程中不需要任何 GPU 设备,那么 CPU 绑定的 GPU 就被闲置,反而影响其他 GPU 任务对资源的分配请求。

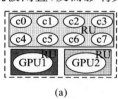 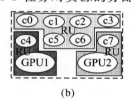 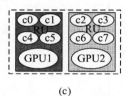

图 6.4　CPU-GPU 分配方式

CPU-GPU 资源分割由用户自己选定,系统提供动态、灵活的绑定方式,也可以动态地更改这种配置。但是,对于资源分割,我们制定以下启发式原则:如果作业处理主要是 CPU 计算,且 GPU 计算数量较少时,选择图 6.4(a);当集群上运行的作业既包含 CPU 计算,也包含一定数量的视频数据处理作业时,选择图 6.4(b);当集群上运行的全部是视频数据处理作业,如大量的图片等数据处理时,选择图 6.4(c)。

HRM 主要针对视频流数据处理及一些适用于 CPU 的批处理作业,因此,选择图 6.4(b)。

6.5.3　计算节点上的队列模型

在单个计算节点上,设置传输队列和执行队列。如图 6.5 所示,图中的 node 代表一个计算节点,计算节点上包含两个资源单元 RU1 及 RU2。TP 代表传输队列。每个 RU 上采用队列堆叠技术,设置两个执行队列,分别为批处理(batch)队列和流处理(stream)队列,这两个执行队列堆叠在一起,共享 RU 对应的物理资源。这就意味着相同的物理资源上虚拟了两个可执行队列,但是这两个队列设置为不同的优先级别。调度器按照优先级别来调度任务,即队列优先级别越高,该队列被调度的机会越多;优先级别越低,被调度的机会越少。

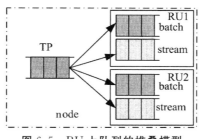

图 6.5　RU 上队列的堆叠模型

传输队列适用于本地的执行队列,如果是 GPU 请求,就进入 GPU 队列;如果是 CPU 任务,就进入 CPU 队列。

执行队列采用堆叠技术,在 RU(资源分割单元)上设置流处理执行队列和批处理执行队列。执行队列具有以下属性:

队列类型。如果 RU 中包含 GPU 设备,那么队列分类设置为 GPU 队列;如果 RU 中不包含 GPU 设备,那么队列分类设置为 CPU 队列。

同时运行任务数。每个 RU 包含有具体的资源数量,单个容器无法完全使用全部的资源数量时,就可以提交多个容器同时运行,提高 RU 的利用率。

优先级别设置。优先级别决定队列中等待容器的优先执行级别,决定队列中处于等待状态的容器被首先执行。一般优先级别较高的容器被首先执行。如果容器的优先级别一样,那么计算节点根据容器进入队列的顺序执行请求。高优先级别的流处理队列采用抢占式调度策略,如果流处理作业源源不断到达,那么批处理作业就会没有机会执行。队列调度器会停止这些容器,由作业重新申请容器。

资源限制。容器请求的资源超过限制时,请求不会被调度执行。

6.5.4　队列参数的计算

队列参数包括同时运行的容器数量和等待长度。同时运行的请求数量代表同时运行的容器数量;等待长度代表处于等待状态的请求数量。

6.5.4.1　队列上同时运行的容器数量设置

作业的容器在队列上由等待状态变为运行状态,是由队列上的可用计算资源决定的,容器的资源总和不能超过 RU 上的可用资源总和。

对于 CPU 队列,假如 RU 中的可用 CPU 核数为 RU. vCore,可用内存 RU. mem。此时,如果队列中运行着 p 个容器,即 t_1,t_2,$\cdots$,t_p,如果新到来的容器为 t_{p+1},它们使用的 CPU 核数及内存大小分别为 t_1. vCore,t_2. vCore,$\cdots$,t_{p+1}. vCore,t_1. mem,t_2. mem,$\cdots$,t_{p+1}. mem,此时只要满足 $\sum_{i=1}^{p+1} t_i. \text{vCore} \leqslant RU. \text{vCore}$,并且 $\sum_{i=1}^{p+1} t_i. \text{mem} \leqslant RU. \text{mem}$,那么新容器 t_{p+1} 就可以从

排队状态转入运行状态,此时队列中同时运行的容器数量为 $p+1$。

对于 GPU 队列,假如 RU 中 GPU 的显存大小为 RU.gmem,如果队列中运行着 p 个容器,即 t_1,t_2,$\cdots$,t_p,每个容器使用的显存大小为 $t_1.\mathrm{gmem}$,$t_2.\mathrm{gmem}$,$\cdots$,$t_p.\mathrm{gmem}$。新到来的容器为 t_{p+1},它需要的显存为 $t_{p+1}.\mathrm{gmem}$,此时只要满足 $\sum\limits_{i=1}^{p+1}t_i.\mathrm{gmem}\leqslant\mathrm{RU.gmem}$,那么新容器 t_{p+1} 就可以从排队状态转入运行状态,此时队列中同时运行的容器数量为 $p+1$。

6.5.4.2　队列中排队的容器数量设置

作业调度过程中,为了减少反馈延迟,在队列中存在多个处于等待状态的容器,当前一个运行的容器结束后,后续的容器从等待状态直接转换为执行状态,防止反馈延迟带来的资源空闲,提高资源的使用效率。

简单地在计算节点的队列上维护一些处于等待状态的请求信息,并不能很好地保证作业的执行效果。如果队列排队长度设置太短,就会存在资源空闲而导致集群资源利用率下降;反之,如果队列排队长度设置太长,就可能导致一些容器等待延迟变大。

实际上,只要集群中的资源无法满足作业对资源的需求,一些容器就需要在队列中等待。因此,我们的研究一般针对负载比较重的场合,对于负载较轻的场合,容器都可以找到空闲的计算资源,排队效果就不存在了。

在实际的应用中,超过 60% 的作业是重复发生的,因此,可以通过作业完成时间来估计队列的长度。对于这样的作业,我们依据历史的作业运行记录来预估容器的运行时间。如果缺乏这样的估计,就使用默认的作业完成时间,并扩展作业调度器动态调整的功能,即通过观察实际的容器持续时间,并随着作业的运行不断完善初始估计。

在队列排队长度设置方面,所有的队列都存在一个预定义的队列排队长度 b,资源管理则只允许存在 b 个容器在队列中排队。我们现在讨论如何设置 b 的值。

(1)作业完成时间固定。假设所有容器的运行时间都为 $1/\mu$(μ 是容器中任务的处理速率),某个计算节点上 RU 上同时运行的任务数为 r,τ 是心跳的时间间隔,此时 RU 对应的队列上并行运行的容器数量为 $r\mu$。假设有 r 个同时运行的容器,b 是在队列中等待的容器数量,那么 RU 的队列需要满足如下条件才能不会使资源空闲,即

$$r+b\geqslant r\mu\tau$$

(2)基于延迟的队列长度。对于作业类型变化的任务,维护队列的固定长度就不能很好地利用资源。当一个短时间运行的容器碰巧出现在队列中时,就可能造成资源利用率的降低。当队列中存在长时间运行的容器时,就可能造成某些容器启动的延迟。因此,当容器的运行时间能够确定时,使用基于延迟的策略来设置队列长度。这个策略需要通过各个计算节点的心跳信息来估计队列的等待时间。在特殊情况下,指定一个容器在队列中等待的最大时间 $WT_{\max}$。当我们向第 n 个 RU 的队列上提交容器 t 时,需要计算 RU 上需要等待的时间 WT_n。如果 $WT_n<WT_{\max}$,那么容器 t 可以提交在该队列上。容器一旦在队列中排队,资源协调器在考虑容器 t 的基础上,就使用一个简单的公式来更新 WT_n 到资源状态。当一个新的心跳信息达到时,WT_n 就会被刷新。使用这种方式,在 RU 的队列上处于等待状态的容器数

量就会动态变化,动态变化的依据是计算节点的负载及正在运行和排队中的容器数量。

6.5.4.3　流处理作业和批处理作业的容器管理策略

对于流处理作业,使用流处理队列来管理容器的执行;对于批处理作业,使用批处理队列来管理容器的执行。由于流处理作业的运行时间通常较长,因此,调度器分配流处理作业的容器时,不设置容器在队列中的排队机制,即流处理作业的资源分配仍然采用释放、分配、使用、再释放的循环模式。对于批处理作业,由于其运行时间相对较短,因此,采用容器在队列中的排队机制。

6.6　基于队列状态的分布式资源调度

作业一旦向资源调度器注册后,资源调度器就需要为这些作业申请资源,作业获得资源后,再启动容器并运行任务。流处理作业的资源分配频率低,但是需要确保能够获得足够的资源。批处理作业的资源分配频率比较高,资源请求能够被排队。依据这些特点,HRM 系统中,流处理作业的资源分配采用悲观封锁协议,批处理作业的资源分配采用乐观封锁协议。

6.6.1　资源单元的状态信息

作业请求资源时,资源调度器需要根据整个集群的可用资源状态来进行决策,因此,全局资源状态信息是调度的依据。一个计算节点的资源信息一般包含 CPU 核数量(vCore)、可用的内存大小(mem)、可用的磁盘容量(store)、可用的磁盘带宽(I/O)、可用网络带宽(net)、可用 GPU 设备(GPUID)数量、单个可用的 GPU 设备的显存大小(Gmem)等信息。

队列管理器监控队列上的容器,以提供对可用资源的预测。这些信息被提交给资源监控器,并更新到全局资源状态中。理想情况下,负载信息表示的是未来资源可用性的预测。这些信息不考虑集群节点的性能差异(如内存大小不一样等)。计算节点通过心跳机制来更新信息,从而保证全局资源状态是最新的。

HRM 使用队列等待矩阵来描述这些信息。每个队列记录着需要一定 CPU、内存大小或 GPU 等资源的容器的预期等待时间。基于正在运行的容器及等待中的容器,HRM 建立一个预期等待时间的矩阵。对于每一个容器,也包含一个容器的执行时间,这个时间是作业的理想运行时间。队列等待矩阵随着容器的执行不断被更新着。资源调度器开始调度时,获得队列等待矩阵的最新更新值,并作为调度依据。

为了预测队列的等待时间,集群资源信息分为资源单元状态表和容器状态表。资源单元信息表存储可用的 RU,采用关系模型存储,表示为 RS(RUId、MId、type、vCore、mem、Gmem、Wtime),其中 RUId 表示资源单元编号,hostId 代表计算节点编号,type 代表资源的类型,vCore 代表可用 CPU 的核数,mem 代表可用内存的大小,Gmem 代表 GPU 设备可用显存大小,Wtime 代表最后一个容器的等待时间,也代表着队列的预测等待时间。容器状态表是队列中正在运行的容器和等待中的容器信息,亦采用关系模式,表示为 RT(queueId、TaskId、time、vCore、GPU、Gmem、status),queueId 代表队列的编号,其用于和队列信息关联,TaskId 代表容器的编号,Time 表示任务预计执行时间,vCore 代表任务需要的 CPU 核数,GPU 代表需要的 GPU 设备数,Gmem 代表 GPU 设备的显存,如果只使用 CPU,那么 GPU 和 Gmem 的值为 0,status 代表容器的当前状态,如是运行状态还是等待状态。如果一个 RU 上存在多个容器,那么 RT 表中就存在多行。

6.6.2 队列等待时间的预测

队列等待时间的预测能够帮助调度器获得最优的资源调度方案,也是判断资源负载状态的一个标准。当集群的工作负荷较轻时,各个作业的资源需求都会得到满足,因此,队列等待时间的预测为 0;当集群的工作负荷较重时,各个队列上同时运行的容器数量达到物理资源的最大值,如果还存在作业的资源请求,作业对应的容器就需要在队列上排队。如果存在多个队列时,调度器需要选择一个排队时间最短的队列来运行容器,而计算排队时间最短的依据就是队列的负载信息。计算节点计算出各个队列的负载并提供给调度器,调度器依据负载来提供资源。队列负载小,被优先选择的机会更高。

在计算队列等待时间的预测方面,我们将作业分为均匀作业和不均匀作业两种。

(1)均匀作业的队列等待时间的预测计算。资源调度器为作业分配计算资源前,需要给出一个等待时间最少的队列,作为候选资源来反馈给作业。当作业的执行时间相对均匀时,其等待时间就等于队列的排队长度。算法 6.1 给出了具体的计算过程。

【算法 6.1】 jobWait
输入:executor,RUs   // executor 代表作业中的一个容器,RUs 队列列表
输出:(waitL,result)
过程:S1: result=null,waitL=0;
S2: for each(ru:RUs){
S3:   if(ru.res>= executor.res && ru.waitTask==0)
S4:   result=ru;
S5:   return (waitL,result);
S6: }
S7: for each(ru:RUs){
S8:   if(ru.res< executor.res) continue;
S9:   for each (ru.waitTask)
S10:   len+=1;
S11:   if(waitL>len){
S12:   waitL =len,result=ru;
S13:   }
S14:}

S15：return(waitL,result)；

算法 6.1 给出了均匀作业执行场合下的队列等待时间。算法的输入是作业的一个容器 t，算法的输出是容器 t 到计算节点的资源单元 RU 的一个预计等待时间最短的映射。因此，我们先检查是否存在这样的 RU，算法 6.1 的 S2 用来遍历每个 RU。S3 检查是否存在满足要求的可用资源，如果有，那么队列等待时间的的预测是 0，算法 6.1 的 S4～S5 返回可用资源 RU。如果不存在等待时间为 0 的资源，就枚举所有资源单元，找到符合容器资源需求的最小等待时间的队列，作为候选资源。算法 6.1 的 S7 遍历所有满足要求的可用资源，并计算该队列中正在等待的容器数量，选出一个等待时间最小的队列(算法 6.1 的 S9～S13)。

算法 6.1 单纯地计算 RU 上等待队列的长度来进行调度，但是会存在以下问题：

最简单的信息是每个计算节点发布的队列排队长度。队列排队长度较小的计算节点提供优先分配的机会。这种方式可能会导致一个失败的结果，例如，对于一些作业异构的场合，一个计算节点上有 2 个容器在排队，每个容器的运行时间是 500 s，而另一个计算节点有 5 个容器在排队，每个容器的运行时间只有 2 s，那么由于前者队列的长度是 2，具有较高的优先级别，调度器选择这个计算节点，实际上这个选择不是最好的，从等待时间上看，我们应该选择后者。

因此，算法 6.1 只能适应于那些任务大小非常规整的场合。例如，图片的实时检测，每个图片数据大小一样，花费的检查时间也一样，资源需求变化不大。但是，如果任务大小是变化的，计算时间也变化，这种调度方式就不是最好的。因此，对于任务大小变化、计算时间也变化的场合，我们通过估计每个 RU 的预计开始时间来进行调度，选择最短的开始时间，提供给需要调度的作业。

(2)不均匀作业的队列等待时间的计算。算法 6.2 给出了一种估计队列上容器等待时间的计算过程。当一个作业调度器为自己的容器提交资源申请时，资源管理器开始计算容器运行在每个 RU 上的预计开始时间，最后从这些 RU 上选择一个预计开始时间最小的队列，作为容器运行的资源。

【算法 6.2】　jobWait

输入：RUs //资源单元的集合
　　　　Executor　//作业的一个容器
输出：wTime //表示 ru 的最小等待计算
过程：S1：wTime,minRu ,queue
S2：for each(ru：RUs){
S3：　if(ru. res>= Executor. res &&　ru. waitTask==0)
S4：　　wTime =0
S5：　　return(wTime,ru)
S6：}
S7：while(ru：RUs){
S8：if(ru. res< executor. res) continue；
S9：　for each(t：ru. runExecutors){

S10：　　　　t. time＝t. d－t. e

S11：　　　　queue. add（t）

S12：　　}

S13：　　wait＝simulaterun（queue，executor，ru）

S14：　　if（ru. wait＜ wTime）{

S15：　　　　wTime ＝ru. wait

S16：　　　　minRu＝ru

S17：　　}

S18：}

S19：return （wTime，ru）；

Function：simulaterun （queue，key，ru）

S1：task＝getminTime（t. time in queue）　　//队列中的最小等待时间的任务

S2：ru. res＋＝task. res　　//该任务完成释放资源

S3：while（t：ru. waitTasks）{

S4：　　if（t. res＜＝ru. res）{//检查等待队列中是否有任务满足资源要求

S5：　　　　t. time＝t. d＋task. time //任务运行时间＝预期开始时间＋任务执行时间

S6：　　　　ru. res－＝t. res　　//ru 的资源被使用

S7：　　　　queue. add（t）；//任务进入运行状态

S8：　　}

S9：}

S10：if（key. res＜＝ru. res） //ru 有空闲资源满足需求

S11：　return t. time 返回

S12：if（（t＝queue. get（））＝null）　return MAX；

S13 return　simulaterun （queue，key，ru）//递归模拟新任务进入执行状态后，最短等待时间

　　　算法以当前运行中的容器的剩余时间以及排队中的容器的运行时间为输入，模拟容器的执行过程。先检查计算节点上的全部 RU，如果有可用计算资源满足容器的资源需求，且无任何排队的任务，那么该容器的等待时间为 0（算法 6.2 中的 S2～S5），否则，就需要遍历所有的RU，计算 RU 上的运行中的容器及等待中的容器，得到最小的等待时间，从而得到请求资源的容器的预计开始时间。算法 6.2 中 S7 遍历计算节点上的所有 RU。S9～S12 计算出运行中的容器的剩余运行时间，然后将这些容器信息添加到队列 queue 中。S13 中的 simulaterun 函数用来模拟等待队列中的所有容器的执行过程，这些容器在执行完成后，就会释放资源，如果释放的资源满足请求资源的容器的资源要求，就得到一个当前资源单元上的预计开始时间。S14～S17 用来获得 RU 上的最小预计等待时间，S19 返回该给调度器，用于提交容器。

　　　simulaterun 函数是一个递归过程，一旦运行中的一个容器结束（如函数 simulaterun 中的S1 步骤。后面的描述中直接用标记来代表算法的过程），容器释放资源（S2），然后从等待队列中选择满足资源要求的容器，容器的状态转变为执行状态，容器的预计运行时间为上一个容器的剩余运行时间加上当前容器的运行时间（S5）。此时，RU 可用资源减少（S6），容器进入队列

(S7)。遍历完 RU 中等待状态的容器后,检查 RU 是否存在可用资源满足请求资源的容器的资源需求,如果满足,就返回预计开始时间;如果不满足,就递归调用函数 simulaterun(S13),一直到获得一个满足新容器需求的资源(S10),返回预计开始时间,或者所有容器都执行完成,也不能得到一个满足要求的资源为止(S11)。

队列等待时间的预测是调度器选择资源的依据。

6.6.3　资源调度过程

6.6.3.1　流处理作业的资源调度

流处理作业的运行时间一般比较长,而且数量有限,获得的资源会一直被作业保留,动态变化的可能性比较小,因此,流处理作业的资源分配采用悲观封锁协议。

其过程主要包含以下步骤:

流处理作业向某个分布式调度器注册;

分布式调度器向协调器发出资源封锁的消息;

封锁成功后,协调器将最新的流处理队列状态信息发送给分布式调度器;

分布式调度器根据流处理作业容器的资源要求,按照算法 6.2 计算出等待时间为 0 的可用资源;

分布式调度器向协调器发送调度结果,并释放封锁;

分布式调度器根据资源所在计算节点信息,启动容器。

当存在两个或两个以上的流处理作业同时请求资源时,协调器根据先来先服务的策略,为每个作业分配足够的计算资源。如果集群的整体资源无法满足两个以上的流处理作业的资源需求,那么无法获得足够资源的流处理作业将被拒绝运行。

6.6.3.2　批处理作业的资源调度

HRM 采用乐观封锁协议来进行批处理作业的资源分配,批处理作业使用批处理队列。每个分布式调度器可以获得一个不断更新的批处理队列状态信息副本,分布式调度器利用状态信息副本来进行调度。一旦某个调度器决策了作业的资源分配,就请求协调器进行一次资源状态的更新。在大多数情况下,更新操作能够成功进行,发生冲突的可能性比较小。不管更新是否成功,分布式调度器再次获得资源状态信息,继续进行下一次的资源分配操作。

HRM 的分布式调度器是完全并行运行的,为了避免资源更新时的冲突,调度器采用增量更新方式,也就是说,发生冲突的资源被放弃,没有发生冲突的资源正常更新。

批处理作业资源分配流程包含以下步骤:

各个集群节点向协调器汇报最新状态;

分布式调度器获得全局计算资源后,进行资源分配;

调度器提出资源信息更新,协调器经过检查后,如果没有冲突,就更新全局资源状态矩阵;

如果发现存在资源冲突,就将冲突资源写入队列中;

将分配结果通知分布式调度器,由调度器向计算节点发起容器启动消息。

6.6.4 资源分配算法的实现

资源分配算法的实现过程主要包括分布式调度器根据全局资源信息对任务的调度和资源协调器对全局资源更新消息的提交两部分。

【算法 6.3】 分布式调度器的调度过程。

输入:作业集合队列 queue

输出:资源分配单位集合

过程:Scheduling

S1 while(job＝get(queue)){ //从队列获得作业

S2   async res //获得全局集群资源状态副本

S3   claimRes＝scheduleJob(job,res) //调度

S4   send commit(claimRes. hosts) //向协调器更新资源

S5   if(claimRes. job. untask! ＝0)

S6   add(queue,job)   //未分配完的作业再次进入队列

S7   sleep

S8 }

FunctionscheduleJob(job,res){

S1   for(task:job. untasks){

S2   for(hostres:res){

S3   call jobWait(task,hostres)   //执行算法 6.2

S4   hosts＋＝hostres. host

S5   job. untasks－＝task

S6   }

S7 }

S8 return (hosts,job)

【算法 6.4】 协调器的仲裁过程

输入:资源分配集合 hostres

输出:更新资源

过程:Commit

S1 for(ares:hostres) //对于每一个分配的资源单元

S2   if(mac＝host＆＆mac. availres＞＝ares)

S3   update mac. availres //没有冲突,更新可用资源

S4   else

S5   add(wqueue,hostres) //有冲突,插入等待分配队列

S6 }

对于分布式调度器,遍历作业队列中的每个作业,算法 6.3 的 S1、S2 是从全局资源状态获得一个副本。S3 为作业分配资源,S4 将分配后的结果提交到协调器,S5 为判断返回的结果,

如果需要的资源还没有满足,那么当前作业加入作业队列(算法 6.3 的 S6),等待下一次调度。

函数 scheduleJob 中,针对作业中的每个容器,从批处理队列的可用资源中获得等待时间最短的队列信息。函数遍历每个队列,调用算法 6.1 或算法 6.2 来获得最佳的可用计算资源。

算法用来检测资源分配的冲突。协调器接收到资源更新请求后,检查当前集群计算节点的资源是否满足任务分配的资源,算法 6.4 的 S2 如果满足,就不产生冲突,更新全局集群资源状态。算法 6.4 的 S3 如果不满足,就将当前的分配请求插入等待队列。算法 6.4 的 S5 由协调器在下一次心跳信息到达时再分配。

流处理作业依据流处理队列的状态,采用先来先服务方式,这里就不详细说明。

6.6.5　全局资源的调度策略

对于流处理作业,一次性分配所需要的全部资源,因此,采用先来先服务的方式,按照作业的需求分配计算资源。

对于批处理作业,当分布式调度器请求资源时,作业每次获取全局资源状态信息的同时,也确认正在运行的作业信息。通过集群系统总的资源数量及运行中的作业数量,调度器计算出作业的资源份额。例如,假如集群系统中有 Q 个 GPU 设备,集群系统有 K 个批处理作业。对于作业 j,其应该分配得到的 GPU 数量为 $A_j^* = \min(\lfloor Q/K \rfloor, N_j)$,其中 N_j 代表作业 j 中包含的未执行的任务数量。如果 K 个作业的基本资源份额之和小于 GPU 设备数量,即 $\sum_j A_j^* < Q$,说明存在空闲的 GPU 资源,可以将空闲资源均匀地分配给有等待任务的作业。假如各个作业分配到的最后结果是 A_j,并且满足条件 $\sum_j A_j = \min(Q, \sum_j N_j)$ 时,分配过程就停止。协调器计算出每个作业使用的资源份额后,在调度过程中按照这个最大的资源份额来确认资源请求,以此来保证资源在各个作业中的公平分配。

6.6.6　批处理作业的容器的迁移

流处理作业和批处理作业按照各自的队列来分配计算资源,但是它们可能面对相同的物理资源,这样的话,流处理作业和批处理作业就竞争计算资源。对于同一个资源单元,一旦流处理作业分配了容器,批处理作业就不再优先分配这部分计算资源。批处理作业使用了物理资源后,流处理作业在系统资源不足的情况下,可以抢占这部分计算资源。此时,批处理作业可能会长时间得不到计算资源,HRM 采用负载迁移的机制,批处理作业对应的计算资源被分配给流处理作业后,如果集群系统还有其他的空闲资源,那么批处理作业的容器就会被迁移到其他的空闲资源上。

6.6.7　Spark 计算框架在 HRM 上的实现

Spark 作为 Data Flow 模型的编程框架,比 map/reduce 更高效和更可靠。Spark structure stream 中的无界表结构使流处理作业和批处理作业无缝融合,因此,Spark 计算框架不但适合批处理作业,也适用于流处理作业。但是 Spark 在 GPU 处理方面还比较欠缺,本章修改了

Spark 在 GPU 资源请求方面的消息格式,使其适应于 HRM 资源管理框架的要求。其详细过程如图 6.6 所示。

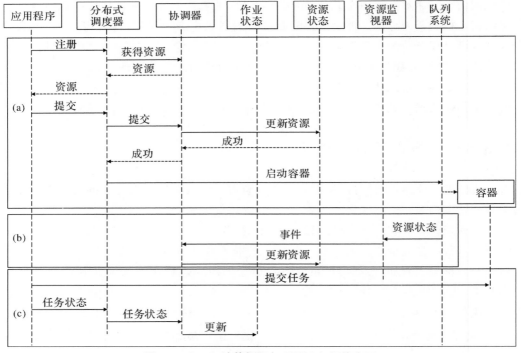

图 6.6 Spark 计算框架与 HRM 之间的交互

Spark 计算框架与 HRM 的交互分解为 3 个不同的阶段:①分配资源并启动作业的执行器阶段。App master 向分布式调度器注册作业,一次性把需求的总资源提交给分布式调度器。分布式调度器不断获得资源,并进行资源的确认,进行分配结果的更新提交,一旦获得满足条件的资源,就启动作业的容器。②资源状态的实施监控阶段。计算节点资源发生变化,更新全局资源状态。③作业提交任务阶段。App master 启动 task,并更新作业及任务的状态。

冲突检查的方法是更新提交时,检查申请的 CPU 数量、内存大小或 GPU 显存大小,确认计算节点上是否真正有这么多的可用 CPU 核、可用内存或可用显存,如果有,那么直接返回;如果不存在足够的资源,那么返回失败,等待下次分配。

流处理作业采用悲观封锁协议,因此,不包含更新提交过程。批处理作业采用乐观封锁协议,因此,要执行更新提交过程。

6.6.8 实验评价

系统在一个集群上进行试验,集群中包含 8 台 NF5468M5 服务器作为计算节点,1 台中科曙光服务器 620/420 作为调度节点。每台服务器节点包含 2 颗 Xeon2.1 处理器,每颗处理器包含 8 个核、32 GB DDR4 内存、2 块 RTX2080TI GPU 卡,10 GB 显存。集群包含 1 台 AS2150G2 磁盘阵列。服务器操作系统为 Ubuntu 7.5.0,CUDA 版本为 10.1.105,采用

C++11作为编程语言。

我们使用 HRM 部署了一个集群资源管理系统,支持多种类型的作业对集群资源的共享。流处理作业和批处理作业使用 Spark 计算框架开发,批处理应用采用 WordCount、Sort、TPC-H 负载,GPU 应用主要使用 Yolov3 为模型的视频流检测,GPU 部分采用 Java native 来实现。

6.6.8.1　基于模拟器的性能评价

为了评价 HRM 调度框架的性能,我们设计了一个作业模拟器,如图 6.7 所示,用于对 HRM 的资源调度功能进行测试。模拟器既包含任务调度器,也包含一个在容器中运行的执行器。图 6.7 所示的模拟系统可以在多台机器上模拟大规模集群,模拟完整的资源分配、任务调度和资源回收过程。Machine1 运行着协调器,其他机器(machine2～machine8)上运行着大量队列,每个队列模拟一个计算节点。Machine2～machine8 的每台机器上面运行着分布式调度器,模拟作业的资源申请,不断地分配资源并请求仲裁。分布式调度器接收模拟作业的注册和资源请求,并接收各个队列返回的状态信息,队列作为一种虚拟的集群计算节点,模拟计算节点的功能。模拟器使用的集群资源调度框架为 HRM 中的原始代码。由于模拟器需要模拟大规模的集群,因此,模拟作业中包含的任务采用 sleep 来实现,目的是减少系统的硬件资源使用量。模拟器中包含的性能指标包括作业延迟时间及作业完成时间。作业延迟时间指从作业提交到分布式调度器直到作业中的全部容器都获得资源为止所需要的时间。作业完成时间代表从容器在本地集群节点等待运行的时间开始到作业中全部任务执行结束所需要的时间。

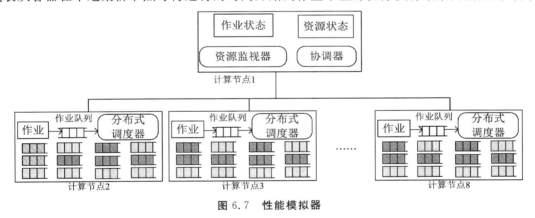

图 6.7　性能模拟器

6.6.8.2　模拟机器数量的设置

为了测试大规模集群计算资源的调度性能,使用一台机器模拟 negotiator,其余 7 台机器模拟工作节点。每台工作节点机器设置 150 个队列,模拟一台物理机器,我们称为逻辑机器。队列的 runlimit 设置为 16,代表一个逻辑机器包含 16 个 CPU 核。这样的话,一台物理机器就可以模拟 150 台逻辑机器,7 台物理机器模拟 1 050 台逻辑机器,每个机器上设置 16 个 CPU 核,那么整个模拟系统可以使用的 CPU 计算资源为 16 800 个 CPU 核。

(1)模拟作业的定义。App 是作业管理器,每个作业管理器上包含数量不等的作业,作业按照一定的时间间隔向各自的分布式调度器注册,并请求资源执行。每个作业中设置数量不同的任务数。任务执行前,通过模拟器向分布式调度器请求资源,启动一个模拟器的执行器进程,执行器向模拟调度器请求并执行任务,任务的执行采用 java 的 sleep 函数,不进行具体数据处理,sleep 函数的等待时间随机生成。

(2)作业执行日志的内容。每个作业的提交时间、作业中每个任务的提交时间、任务的实际开始时间、任务的实际结束时间都会被记录下来。作业的实际执行时间由任务集合中第一个开始时间和最后一个任务的结束时间确定。

(3)模拟器评价结果。为了说明 HRM 的调度性能,与集中式调度器进行对比。集中式调度器一次性提交 60 个、120 个及 180 个作业;使用 HRM 时,使用了 6 个分布式调度器上,每个调度器提交 10 个、20 个及 30 个作业。其中每个作业包含 40 个容器(执行器),容器中任务的执行时间使用固定值。在两组不同的测试中,测试作业的调度延迟时间及作业完成时间。每一组至少测试 3 次,统计平均值。其结果如图 6.8 所示。

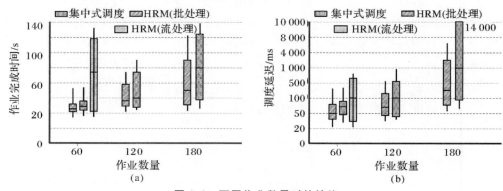

图 6.8 不同作业数量时的性能

由图 6.8 可以看出,当作业数量为 60 时,集中式调度器与 HRM 资源调度框架相比,作业完成时间与作业的调度延迟基本相同,差别不大,作业完成时间大约为 25 s,作业的调度延迟 50 ms 左右。当作业数量为 120 时,两者的作业的调度延迟就存在一定的差距,基本上有 40 ms 误差。当作业数量为 180 时,不论从作业完成时间还是作业的调度延迟,都出现了较大的变化,启动集中式调度器的作业的调度延迟最大值达到 14 s,而 HRM 的作业的调度延迟最大值只有 2.5 s。因此,随着作业数量的增加,HRM 在作业调度延迟方面,大幅度减少。

图 6.8 中的 HRM 流处理,由于需要一次性分配作业需要最大资源,而且采用先进先出方式,因此,其作业的调度延迟及作业完成时间与整个资源的大小相关,我们只测试了 60 个作业时的作业调度延迟,作业量增加时,其按照先来先服务方式一次性分配资源,等待时间更长,模拟器就没有进行大规模作业数量的测试。但是,从其等待时间看,比集中式调度器还长。从这里也可以看出,流处理作业需要系统具有足够的资源来部署流处理拓扑结构。

为了评价调度器的繁忙程度,我们加大作业提交的数量,通过作业数量的不断变化来评价调度器的特性,包括作业调度延迟及调度器繁忙程度的变化情况。图 6.9 所示为调度器的性能测试。图 6.9(a)中,随着作业达到频率的提高,集中式调度器的调度延迟加大,当作业达到频率提高 10 倍时,调度延迟达到 2 倍以上。图 6.9(b)测试 HRM 的繁忙程度,由于各个分布式调度器只调度较少的任务,因此,我们只考虑协调器的繁忙程度。从图中曲线看出,随着作业达到速率的增长,集中式调度器的繁忙程序线性增长,而 HRM 调度的繁忙程度则增长缓慢。

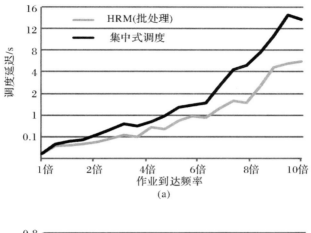

(a)

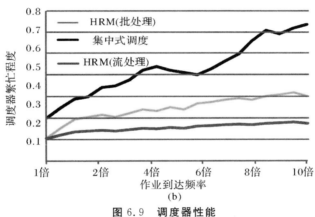

(b)

图 6.9　调度器性能

图 6.10 给出了 HRM 资源分配过程中,随着作业数量的增大,乐观封锁协议产生的资源分配冲突的比例。从图中可以看出,随着作业数量的增大,乐观封锁协议带来的分配冲突也增加,当达到 10 倍数量时,容器资源分配冲突最高达到 45% 左右。

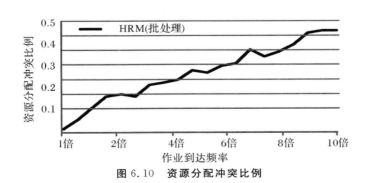

图 6.10　资源分配冲突比例

6.6.8.3 真实负载的性能分析

为了测试真实负载情况下 HRM 的性能,我们使用了四类负载:第一类是 CPU 批处理作业,由 WordCount、Sort 及 TPC-H 查询组成;第二类是 CPU 流处理作业,为 Top-k 查询;第三类是 GPU 批处理作业,为 k-means 聚类计算;第四类是 GPU 流处理作业,为基于 Yolov3 的视频流检测。所有的应用程序都使用 Spark 编程框架来实现,我们采用 Mesos 为基准调度框架。

(1)基准性能评价。为了测试 HRM 的基准性能,我们与 Mesos 资源调度框架进行了对比,在集群数量有限的情况下,HRM 性能与 Mesos 基本相当。

图 6.11 所示为 CPU 批处理作业执行时,第一类负载和第二类负载的性能对比。

作业从提交到作业完成所花费的时间叫完成时间。图 6.11(a)代表不同作业的完成时间,从图中可以看出,HRM 与 Mesos 的性能基本相同,差别不大,原因在于集群中资源数量有限,Mesos 的悲观分配协议与 HRM 的乐观分配协议运行时,差别不大,但是,TPC-Q9、TPC-Q10、TPC-Q21 的差别有点大,主要是这些作业运行中,需要的执行器数量较多,乐观分配协议延迟少。图 6.11(b)是流处理作业 Top-k 的性能数据,我们选择了一段时间内每个微批次运行时间,从图中可以看出,流处理作业每个微批次运行时间大致相同,没有差别,其原因是流处理作业一般一次性分配计算资源,如果数据注入速度一致,那么微批次数据处理时间与资源分配无关。因此,HRM 与 Mesos 没有差别。

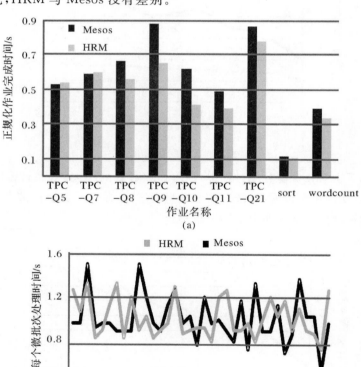

图 6.11　CPU 批处理/流处理性能

对于 GPU 流处理及批处理,由于 Mesos 目前只支持整个 GPU 设备一次性分配给一个作业,测试的集群只有 16 块 GPU 设备,当 HRM 采用粗粒度方式调度批处理与流处理作业时,其性能基本一致,因此,本章没有给出基准测试数据的对比。

(2)批处理作业与流处理作业混合运行性能。流处理作业和批处理作业同时运行时,必然同时向集群资源管理器请求计算资源,图 6.12 所示为流处理作业和批处理作业同时运行时流处理作业的性能。图中的纵坐标代表每个微批次的处理时间,横坐标代表批处理作业的数量。

由图 6.12 可以看出,当同时运行的批处理作业数量较少(1~3 个),流处理作业在 HRM 和 Mesos 上,对每个微批次数据的处理时间大致相同,当同时运行的批处理作业数量扩大(5~9 个),HRM 资源管理下,流处理作业的每个微批次数据处理时间变化不大,而 Mesos 资源管理下,其微批次数据处理时间增加了 2~3 倍,原因在于批处理作业和流处理作业开始竞争资源,当同时运行的批处理作业再增加,可以看出流处理作业每个微批次数据处理时间增加得更大,这说明流处理作业获得的计算资源数量大大减少。由于 HRM 采用队列堆叠技术,流处理作业和批处理作业分别使用各自的队列,虽然同时运行的批处理作业数量增加,但是流处理作业队列的优先级较高,能够充分获得计算资源,每个微批次数据处理时间变化不大。

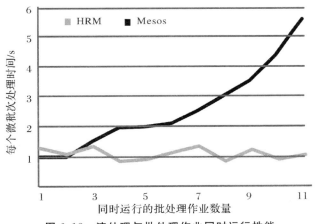

图 6.12　流处理与批处理作业同时运行性能

(3)队列排队机制测试。HRM 对每个物理资源设置一个排队队列,当前容器结束,排队中的容器立即开始执行,可以减少资源调度的延迟。图 6.13 所示为不同的排队长度时,各种批处理作业的运行时间。图中的横坐标代表不同的批处理作业,纵坐标代表经过正规化后的各个作业的执行时间。$L=1$ 代表队列中的排队长度为 1,$L=2$ 代表队列中的排队长度为 2,$L=3$ 代表队列中的排队长度为 3。从图中可以看出,当队列的排队长度为 2 时,性能最好,可以减少作业的运行时间 15% 左右;当队列的排队长度为 3 时,其中 5 个作业的性能反而下降,这说明排队长度较大时,一些作业的容器在队列中出现延迟等待的情况,导致这些作业的执行时间变长。因此,设置合理的队列排队长度,有利于减少反馈延迟。

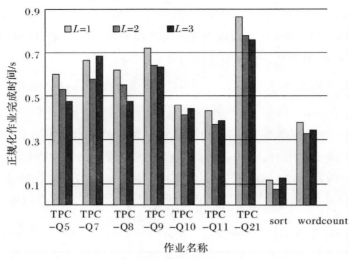

图 6.13　容器排队性能

（4）GPU 作业的细粒度资源分配。HRM 通过对 GPU 设备的显存进行管理,在每个 executor 不超过显存最大值的情况下,能够在不同的作业之间共享同一个 GPU 设备,提高 GPU 利用率。表 6.2 给出了使用 Yolov3 进行图片检测时,粗粒度和细粒度性能评价情况,其中并行度为 1 代表粗粒度作业独占 GPU 设备,并行度为 2 代表同一个 GPU 设备可以运行 2 个 executor,并行度为 3 代表同一个 GPU 设备可以运行 3 个 executor。图片的总数量为 720 个。同时运行 3 个图片检测作业。

表 6.2　GPU 粗细粒度性能评价表

并行度	最大显存占用/M	GPU 峰值资源利用率/（%）	处理时间/s
1	2 865	24	151.3
2	5 720	61	103.2
3	8 575	73	69

从表 6.2 的数据看,随着资源分配粒度变小,性能提升明显升高。当粗粒度为 1 时,处理 720 张图片需要 151.3 s,当粒度增加到 3 时,处理时间减少为 69 s。当并行度为 2 时,性能提升 32%;当并行度为 3 时,性能提升达到 50% 以上。从 GPU 峰值资源利用率看,随着并行度的增加,GPU 峰值资源利用率从 24% 上升到 73% 左右。因此,在 GPU 显存许可范围内,增加资源分配的粗粒度不仅可以提高作业性能,也能提高 GPU 峰值资源利用率。

（5）CPU 批处理作业与 GPU 流处理作业混合性能。为了测试 GPU 流处理作业和 CPU 批处理作业混合时的资源利用率,测试中,GPU 流处理作业为使用 darknet 检测 1 000 张图片,CPU 批处理作业为 wordcount 作业,数据大小为 25 GB。测试时间为 230 左右,我们计算了 GPU 利用率和 CPU 利用率的平均值,其结果如图 6.14 所示。

图 6.14 中,横坐标代表 3 种不同的作业类型,detection 是单独检测 1 要 000 张图片时 GPU 的利用率和 CPU 利用率平均值,wordcount 是单独计算 25 GB 数据时的 CPU 利用率,decection&wordcount 是混合执行两种作业时的 GPU 利用率和 CPU 利用率。从图中可以看出,单独执行 detection 时 GPU 利用率为 67% 左右,CPU 利用率较低,为 35% 左右;单独执行 wordcount 时,其 CPU 利用率在 78% 左右;混合执行 decection 和 wordcount 时,其 GPU 利用

率变化不大,但是 CPU 利用率提高到 93％左右。因此,使用 HRM 资源管理系统,对于 CPU 任务与 GPU 任务混合场景,在流处理作业的不受影响的情况下,CPU 利用率会得到进一步的提高。

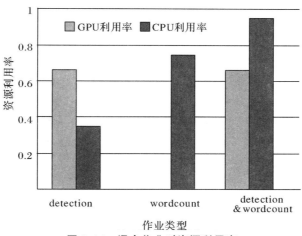

图 6.14　混合作业时资源利用率

6.7　结　束　语

Spark、Flink 等编程框架的批处理作业、流处理作业融合处理能力的增强,使得企业非常容易将批处理作业和流处理作业部署在同一个共享集群。另外,随着 GPU 设备在大数据分析中的广泛应用,CPU-GPU 异构集群资源调度框架也越来越重要。HRM 满足了这些要求,采用不同应用程序可感知的调度策略,为流处理作业实现低延迟处理,为批处理作业提供高通量处理。在 CPU-GPU 资源调度方面,利用队列机制将物理资源虚拟化,并提供抢占式调度策略,满足流处理作业实时性要求。队列的使用也减少了反馈延迟问题。

第7章 面向大数据和云计算的GPU集群共享调度算法

7.1 概　　述

近年来,随着物联网(Internet of Things,IoT)数据规模的增长,以及相互连接的设备数量的扩大,在企业、医学研究、大规模科学研究等领域涌现出许多大规模的数据密集型应用程序。在这些大规模数据处理的方法上,存在着以下两种手段:①GPU 集群的使用[231-233]。GPU 主要用于计算密集型任务,不太适合大量 I/O 的数据密集型任务,另外,在一些涉及不规则字符串处理和文本处理领域,效果更差。随着数据挖掘、生物信息学、物理模拟、模式识别、图形处理、医学影像等领域的发展[142],其图像、视频等数据规模的增大,GPU 逐渐开始作为 CPU 加速器出现,体现了良好的高通量处理要求。由于这类计算存在大量的数据计算,伴随着用户对数据处理的效率和吞吐量要求的提高,传统的 CPU 集群已经无法满足处理速度的要求,新型的基于 GPU 集群的计算框架被大量使用,成为提高数据密集型计算性能的一种手段。②数据的本地化读取。数据密集型计算中,数据存储位置与计算在同一个节点,即数据的本地化读取,可以减少数据的传输代价。在集群系统中,为防止单个节点的故障而出现的数据丢失现象,数据都存在多个副本。在数据分析中充分利用副本来实现数据的本地化读取,是另外一种提高数据密集型计算性能的手段。

在一个企业内部,如果为每种应用都建立专门的 GPU 集群基础设置,那么必将导致企业成本的增加。为此,越来越多的企业开始扩展传统的集群资源管理调度框架,如 Mesos、Yarn等来满足不同的作业共享 GPU 集群基础设施。但是 GPU 集群资源的管理和分配面临一些新的挑战。例如,如何保证 GPU 计算资源在不同作业之间的公平分配,如何提高资源使用率以及缩短作业的完成时间等。

为了实现多个数据密集型计算作业共享 GPU 集群资源,GPU 设备的管理和调度框架需要使用一些特别的管理机制和策略,既要防止用户对共享 GPU 资源失去信心,同时也需要让用户感受到共享资源带来的好处。其中一个重要的原则是各个不同的作业能够得到公平的资源。假如有 M 个作业来共享 N 个 GPU 设备的集群,那么集群资源管理器就需要保证每个作业分配到的计算资源不能低于 N/M。缺乏这种特别的机制,用户的作业要么放弃性能要求,长时间等待集群管理器为其分配计算资源,要么放弃资源共享,建立自己专门的 GPU 集群来完成作业的执行。

现有的主流资源调度框架,如 Yarn、Mesos、Kubernetes[234]、Omega[176]、Borg[85]、Mercury[88]、Quincy[197] 等,将 CPU、内存等作为主要资源来设计资源分配算法,在 GPU 的管理和调度方面存在不足。由于这些资源管理框架将 GPU 设备作为次要资源来考虑[97,277],所以缺乏 GPU 资源的高效分配策略,大多数系统采用作业独占 GPU 设备,很少有共享机制的出现。当 GPU 资源被一些作业超额预订时,其他作业通常会经历长时间的排队,即使是非常短的任务,也可能需要长达数小时的等待。

GPU 是具有多个单指令多数据结构(Single Instruction Multiple Data,SIMD)的多核计算机,可以运行数千个并发线程。不像 CPU 的共享,目前没有相应的硬件支持来满足 GPU 的细粒度共享[136,235,288],尽管存在支持共享的软件机制,但它们通常具有较高的系统开销,不同作业之间共享资源具有很大的挑战性[137,289]。在不同的作业之间共享 GPU 资源,存在两个主要的延迟影响因素:第一,资源的公平分配。同一计算节点上不同作业由于竞争 GPU 设备而导致相互干扰,而现有的共享机制中,不管是使用短作业优先(Shorest Job First,SJF),还是剩余时间少者优先(Shorters Remaining Job First,SRSF),都存在着一定的缺陷[166]。短作业优先可能导致长作业饥饿。通过计算任务的剩余时间来分配资源时,时间预测的准确性常常会影响调度效果。第二,作业中的任务对数据本地化访问的要求[279]。对于 GPU 计算任务,程序的初始化、数据的加载、数据在不同节点之间的传输过程,以及结果数据写入文件等过程,往往花费大量的时间,特别是跨越不同的机架来读取数据时,数据的加载代价更大。如果数据与 GPU 计算任务不在同一个节点上,或者数据存储节点与计算节点之间网络带宽无法保证,任务的延迟就会增大,甚至会出现错误。另外,同时运行的多个 GPU 任务跨越多个集群节点时,必然会竞争网络带宽,这为任务调度增加了一定的困难。基于这些原因,计算任务所需要的数据本地化是资源共享的另外一个主要调度目标。故在考虑 GPU 资源分配时,要更多地注意公平性与数据本地化读取的矛盾。特别重要的是,当存在多个任务请求多个 GPU 资源时,就需要考虑多个任务与多个资源的最优分配。如果只考虑单一的调度目标,就可能造成分配结果的次优化问题(7.3.1 节对这个问题有详细的描述)。

基于上述挑战,出现了专门为 GPU 集群而设计的资源调度框架,其目的是建立计算任务与 GPU 设备之间的映射关系,解决不同数据密集型作业中的任务共享 GPU 设备的问题。本章主要研究不同作业之间的任务到 GPU 设备的共享调度问题,不涉及任务到 CPU 的调度。调度过程中,综合考虑计算任务的数据本地化问题和 GPU 资源在各个计算作业之间的公平分配问题,保证每个作业至少能够获得 N/M 的计算资源,同时充分利用数据的主副本位置,减少数据的网络传输代价,避免出现单个作业完成时间延长的现象。为实现这个目标,可采用以下策略:

(1)公平性与数据传输代价一体化考虑。如果在资源分配过程中要求数据本地化读取,一些任务就因为无法满足本地化而放弃一些可用资源,从而产生延迟执行。如果采用公平资源分配,那么每个作业都会得到全部资源中的一部分,但是获得资源的任务所需数据并不一定在本地节点,因此,等待数据的传输同样会导致任务完成时间的延长。本章中,在每个任务的资源描述中,给出了任务数据副本的存储位置和数据的大小;通过调度器提供的 API 以及集群资源的网络结构信息,可以很快确定计算节点和数据存储节点之间的关系;利用网络带宽、数据存储位置、GPU 设备所在的计算节点位置以及数据的大小等信息,计算出每个任务在不同计算节点执行时的数据传输代价,调度器综合考虑数据的本地化和资源的公平分配两个因素,通过优化的方式选择合适的资源作为任务的计算节点,从而减少单个作业完成时间的延迟问题。

（2）作业之间资源的统一分配。已有的研究工作在考虑资源公平分配时,采用固定策略分配资源,即仅从单一因素来决定作业的资源分配顺序,其分配结果往往不是最优的。例如YARN、Mesos 中资源管理器按照作业对资源的请求量及正在使用的资源数量,为同时请求资源的作业确定一个资源分配次序。作业获得资源后,按照各个任务的本地化约束级别或优先级别来确定任务的分配次序。这样的策略能够满足最先分配资源的作业,后续作业的分配要求往往无法保证。但是相关研究表明,这样的调度决策算法,或者导致极低的资源利用率,如Twitter 的平均资源利用率小于 20%;或者引起作业性能下降 80%,如违反优先级约束。

（3）资源公平分配的主体为作业级别。现有的资源管理系统主要针对 CPU 计算资源,考虑的是 CPU 核数量和内存使用量多少,GPU 则采用粗粒度独占方式,因此,通过设置资源队列为不同的用户分配一定的资源配额,然后采用诸如 RDF 等公平策略实现为作业级别的资源分配。但是,这种方式对不同用户中作业数量、任务使用多少 GPU 及数据大小等因素考虑较少。本章依据全部作业的任务,将公平性和数据访问代价同时考虑,实现了全局的最优调度。

在实现过程中,将 CPU 和 GPU 计算资源分开调度,CPU 采用传统的调度策略,在本章中不再详细叙述。本章的主要内容:①分析 GPU 任务调度的特点,实现一种针对 GPU 集群中的二阶段调度框架,确保各种不同的计算作业能够公平地使用 GPU 资源,提高 GPU 资源的使用效率。先给出二阶段 GPU 集群资源调度框架,第一阶段为各个作业调度器根据数据传输代价最小原则而生成任务调度方案,第二阶段为资源分配器合并作业调度方案,然后根据公平原则和数据传输代价给出最后的决策。②从作业角度出发,给出按照作业的任务大小计算数据传输代价的方法,以及按照作业数量计算公平分配资源份额的方法。③综合考虑所有作业的资源需求、集群系统可使用资源、作业之间资源分配的公平性,以及数据传输代价等因素,给出作业调度器的局部流网络生成算法。④资源分配器使用计算出网络流图的最小代价最大流,得到综合多种调度因素后的最优分配方案。⑤按照调度结果将作业中的任务提交到不同的计算节点,完成任务的执行。实验结果表明,本系统与基于 GPU 数量的资源调度算法相比,公平性至少提高 1.5 倍以上,作业的运行时间提高 10% 以上。

在接下来的章节中,7.2 节描述 GPU 共享的相关研究现状,7.3 节给出了 GPU 集群的资源调度框架,7.4 节给出了基于 GPU 数量的资源共享分配算法,7.5 节给出了基于最小代价最大任务数的 GPU 资源共享分配算法,7.6 节设计了实验过程和性能指标,并对系统进行了验证。

7.2　GPU 集群研究现状

对于 GPU 的共享,有单个 GPU 的共享和 GPU 集群资源的共享。

单个 GPU 的共享主要是针对 GPU 的 kernel 函数的共享,如何让多个 kernel 函数共享硬件资源,其目标是最大化地利用 GPU 硬件资源。参考文献[238]通过使用 GPU 虚拟化技术,让 GPU 在多个不同的 VMs 上共享,提高 GPU 利用率。参考文献[239]通过合并多个 kernel 函数来共享 GPU 资源,提高 GPU 利用率。参考文献[240]通过对 GPU 的物理分片,以便达到多个 kernel 函数对 GPU 的共享。参考文献[230]通过时间片策略,实现具有抢夺策略的多个 kernel 函数对 GPU 的共享。

GPU 集群资源的共享,一部分研究不同作业对 GPU 资源的共享,另外一部分研究单个作业的不同任务如何使用 GPU 集群资源。参考文献[224]中提出在高性能计算中引入 GPU 集群,采用 Torque 来调度 GPU 作业。它是一种静态的 GPU 资源共享模式。其采用主/从(简称 master/slave)结构,在作业运行之前,为每个不同的作业分配固定的 GPU 资源,在作业运行中不能动态地扩大或缩小。为了防止多个用户共享 GPU 带来的冲突,通过调用 CUDA 封装库[225]的方式来访问 GPU 资源,作业分配到对应 GPU 设备后,就独占该 GPU。其主要应用于 HPC 上,使用方式有两种:①配置所有的 GPU 作为单个定制资源。管理者只添加一个定制资源,所有的 GPU 使用相同的优先级别,也不绑定作业到任何特定的 GPU 上。②管理者将每个 GPU 设备当成一个虚拟节点(vnode),分配给不同的作业。这种方式的优点是作业调度时间短、作业之间相互干涉小;缺点是 GPU 资源无法动态共享,可能会导致部分 GPU 的负载较重,而部分 GPU 的负载较轻。

Kubernetes 采用容器机制对 GPU 进行隔离,采用固定策略的资源分配方法。另外,当容器不释放资源时,无法实现 GPU 计算资源的共享。基于容器的调度框架,Kubernetes 虽然实现了 GPU 资源的管理,但是很难满足作业之间对 GPU 计算资源进行公平分配的要求与任务的数据本地化读取的要求。

参考文献[132]在 Yarn 资源管理的基础上,扩展了 GPU 资源的调度。通过限制各个 GPU 任务显存的大小,实现在单个 GPU 共享。本章解决了 GPU 显存对资源共享的限制,但是由于采用单一约束来实现资源的公平分配,因此,对任务执行时数据的本地化就不能很好地满足。

参考文献[128]实现了 GPU 的调度,但是其主要针对 MPI 程序,对于 CPU 任务和 GPU 任务混合的场合,无法实现 GPU 资源的公平分配,亦不能满足任务执行时的数据本地化要求。

参考文献[159,227]实现了在机器学习领域的 GPU 计算资源共享。其针对机器学习中的训练过程,针对迭代问题而提出 GPU 共享。迭代过程需要长时间使用 GPU,而现有的 GPU 资源调度通过任务完成释放资源,再分配资源的方式来实现资源公平分配,不能高效满足机器学习中的迭代需求,因此,提出了以单个作业完成时间为依据来实现公平资源分配。它对既存在长时间使用 GPU 的任务,也存在短时间使用 GPU 任务的场合不太适用。

参考文献[228]主要介绍了 map/reduce 编程模型在 GPU 上的实现,没有涉及 GPU 集群资源的管理。参考文献[229]研究的是 GPU 任务和 CPU 任务如何混合调度问题,对 GPU 计算资源的公平分配等没有太多的研究。

虽然 Mesos、Yarn、Kubernetes 支持 GPU 的资源管理,但是其调度方式是按照每个用户的资源使用量决定分配多少 GPU 设备。根据已分配的 GPU 设置用户的作业,采用数据本地化优先、机架内节点优先及任意方式。它们按照串行方式为用户的作业分配资源,不能从全局角度考虑所有任务的数据的位置,因此,效率往往不是很高。本章中避免了类似问题,达到一体化资源分配(详细叙述见 7.3.1 节)。

通过最小代价最大任务调度算法,本章实现多个作业对 GPU 集群资源的公平共享,同时尽量降低数据在网络之间的传输,解决了资源分配的公平性与数据本地化读取的矛盾。

7.3 计 算 模 型

如果计算任务所需要的数据与计算任务不在同一个计算节点上,就需要通过网络读取数据,网络带宽等因素会导致数据读取的延迟增大,甚至会出现错误。如果任务需求的数据与任务执行节点是同一台机器,将带来任务的快速执行,从而得到更好的性能。任务需要的数据也可能存在于多个不同的计算节点上,以一种更小数据传输代价来实现数据读取是提高系统整体运行性能及任务执行效率的一个手段。

7.3.1 基于 GPU 位置和数据位置的任务一体化调度的动机

现有的集群资源调度是按照资源释放、再分配的机制,一旦任务结束,资源获得释放,调度器就依据调度目标将资源分配给某个作业,作业再通过数据本地化策略提交任务到计算资源。这种分配机制会导致次优的调度结果。

假如存在两个作业 job1 和 job2,job1 包含两个任务 task11 和 task12,job2 包含一个任务 task21。如图 7.1 所示,task11 的数据在 GPU1 所在的计算节点上,且在 GPU2 上有数据副本;task12 的数据存储在 GPU2 所在的节点上;task21 的数据存储在 GPU2 所在的节点上。在资源公平共享的条件下,每个作业获得一台 GPU 设备。如果将 job1 分配到 GPU2 上,将 job2 分配到 GPU1 上,那么此时,虽然 job1 的任务可以满足任务的本地化读取,但是 job2 的 task21 就不满足数据本地化读取,数据的传输代价增大。如果将 task11 分配到 GPU1 上,将 task21 分配到 GPU2 上,数据的网络传输就消失了。如果只考虑数据本地化,就可以将 task11 分配到 GPU1 上,将 task12 分配到 GPU2 上,本地化得到满足,但是资源公平分配则欠缺。因此,在考虑数据本地化和资源公平分配的约束下,task11 分配到 GPU1 上,task21 分配到 GPU2 上。这种方案是一个最优的选择。本章从这一点出发来实现集群系统的共享调度。

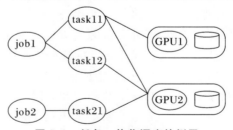

图 7.1　任务一体化调度的例子

7.3.2 计算作业的抽象

在 GPU 集群上,通常有多个数据密集型计算作业同时运行,而每一个作业中包含多个任务同时运行,每个任务处理一部分数据。这些数据可能来自同一个数据文件,也可能来自多个不同的数据文件。任务在运行过程中,相互之间不进行任何通信。当两个任务之间存在数据依赖时,前驱任务完成后,后继任务才能开始,即作业中的任务之间通过 DAG 组织起来。

作业的描述可以抽象为以下 3 种典型形式,x\$ 、y\$ 等是数据分片的集合,F、G 等是计算函数,有些计算函数需要一个数据分片,有些需要多个数据分片。

(1)y＝F(x\$),函数 F 对数据 x\$ 进行计算,得到新的数据 y。任务生成过程如下:

> for each(i: x\$)
> > task[i]

(2)z＝F(x\$,y\$),函数 F 对数据 x\$ 和 y\$ 进行计算,得到新的数据 z。任务生成过程如下:

> for each (i: x\$)
> > for each (j: y\$)
> > > task[i,j]

(3)z＝G{F[(x−1)\$,y\$]\$,F[x\$,(y−1)\$]\$},函数 F 分别对数据(x−1)\$,y\$ 以及 x\$,(y−1)\$ 进行计算,各自的计算结果再进行函数 G 的计算。任务生成过程如下:

> for each (i: x\$)
> > for each (j: y\$)
> > > task[i,j]＝task[i−1,j]＋ task[i,j−1]

例如,矩阵加法运算,函数 F 代表矩阵加法,与数据集合 x\$ 、y\$ 进行结合后,就生成一个 task。一个大数据被分割成多个数据分片后,就形成大量的数据集合,不同数据集合与算子的结合,就产生出作业中包含的任务集合。这些任务是并行运行的,而且运行中的任务之间是相互独立的,即任务之间不需要任何通信和交换数据,停止一个任务的执行不影响其他任务的执行。

7.3.3　GPU 集群的二阶段调度框架

图 7.2 所示为 GPU 集群资源调度框架。其主要负载是 GPU 计算任务,调度器为每个 GPU 任务分配可用的计算资源,并提交任务到 GPU 设备。系统包括两个重要框架:一是用户的作业框架;二是 GPU 资源调度框架。

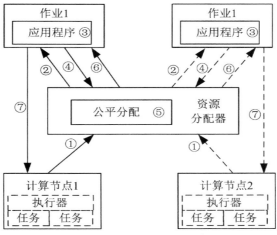

图 7.2　GPU 集群资源调度框架

①对用户来说,无论要求如何,尽可能快速地完成用户的任务;②对集群资源来说,尽可能地提高 GPU 的利用率;③对于不同的用户作业,每个作业都能尽可能地共享相等的 GPU 资源。

作业中包含的任务由 App master 来进行调度。它是一个进程,运行在某个计算节点上,拥有自己的状态并管理作业中的任务。作业中的每个任务被分配一定的资源,并独立运行。由于任务执行中存在这样或那样的错误,因此,一个任务可能被运行多次。为了提高处理效率,任务通常需要加载到 GPU 设备上进行运算。App master 掌握作业所需数据的存储信息、分片信息,以及作业执行过程中临时数据的存储信息。每个作业中包含的计算函数存储在动态库中,动态库在作业提交前部署到各个集群计算节点上。一旦用户提交作业,资源管理器就为 App master 进程分配资源并运行。App master 管理作业中的任务,监控任务的状态,并控制任务的运行。

当 App master 进程启动后,先对数据文件进行分片,分片信息被存储在 App master 的数据管理模块中,然后根据数据分片形成任务的集合,任务之间通过数据依赖关系形成 DAG。

整个资源调度管理采用类似二级调度框架。作业注册后,资源管理器向其提供 GPU 资源。每个计算节点定期向资源管理器汇报资源的状态。资源调度框架的运行过程按照以下步骤完成(以下的步骤序号与图 7.2 中序号一一对应):

第一阶段为各个作业并行运行,产生局部调度结果,即①②③;第二阶段为全局的最优结果的生成,即④⑤⑥⑦。

(1)各个集群中的计算节点(node)定时向资源分配器汇报 GPU 的状态信息。

(2)资源分配器接收到计算节点的状态信息后,向所有注册的作业提供全部的可用 GPU 设备资源。

(3)各个作业(job)接收到机群的全部资源状态信息后,按照数据分片特性及位置,为任务分配 GPU 设备,给出初始资源分配方案。

(4)各个作业向资源分配器汇报初始资源分配方案。

(5)资源分配器接收到所有作业的初始资源分配方案后,按照公平原则进行资源分配的裁决。得到一个全局的资源分配方案。

(6)资源分配器向各个作业返回全局的资源分配方案,以及哪些任务无法分配到资源的消息。

(7)各个作业根据全局资源分配方案,向自己的执行器(executor)发送提交任务的请求。如果一个计算节点是第一次运行某个作业的任务,那么资源分配器负责启动作业的执行器。

7.3.4 数据传输代价的计算模型

任务的数据存储在集群各个计算节点上,为保证高的可靠性,数据文件有多个副本,存储在不同的计算节点上。对于每个任务,可能只需要一个数据源,也可能需要多个数据源,这些是由任务的计算函数决定的。任务计算过程中可以使用来自于任何一个集群节点上的数据副本。一个任务的数据也可能来自于当前任务的前一个任务产生的中间结果,这就要求前驱任务结束后,后继任务才可以被调度。一个任务只有在全部数据都准备好之后,才可以进行任务执行。任务执行时所需输入的数据的存储信息、数据大小,以及副本位置都可以通过系统提供的 API 获得。按照这种方式,作业获得计算资源后,就可以估算任务在该计算资源上执行时需要的数据传输代价,通常依据网络带宽来评估传输代价的大小。例如,当作业 i 的第 j 个任务 t_j^i 获得了一个 GPU 设备,App master 根据 GPU 所在的计算节点位置,以及任务所需要的数据的存储位置,计算出任务使用 GPU 设备时需要的数据传输代价,数据位置与 GPU 设备位置跨越不同计算节点时,就需要考虑网络的带宽。

下述举例来说明考虑网络带宽条件时,如何根据数据传输代价选择任务的计算节点。如图 7.3 所示,集群系统包括两个机架 rack1 和 rack2,rack1 和 rack2 之间通过一个交换机(switch)连接。计算节点 A 和 B 在机架 1(rack1)上,计算节点 C 和 D 在机架 2(rack2)上,它们具有相同的带宽 B_r。机架 1 和机架 2 之间具有带宽 B_s。假设存在两个计算节点 A 和计算节点 B,那么它们之间的带宽可以使用以下方式得到:

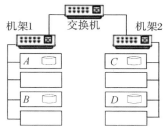

7.3　GPU 集群网络拓扑结构

如果 $A \in$ rack1,$B \in$ rack1,或者 $A \in$ rack2,$B \in$ rack2,那么它们的带宽 $B = B_r$;

如果 $A \in$ rack1,$B \in$ rack2,或者 $A \in$ rack2,$B \in$ rack1,那么它们的带宽 $B = B_s$;

如果在数据中心的机架内及机架之间,都设置自己的带宽管理器,那么同一机架内监视的带宽数据为 B_r,不同机架之间监视的带宽数据为 B_s。通过任意两个节点之间测量数据的交换延时,可以估算它们的带宽。

假如一个数据密集型计算任务需要两个数据分片,一个数据分片的大小为 S_a,存储在计算节点 A 上,另外一个数据分片的大小为 S_c,存储在计算节点 C 上。如果任务获得的可用计算资源分别为 A 和 D,那么调度器选择时,需要考虑各自的的数据传输代价。选择计算节点 A 时,数据 S_a 在本机,其数据传输代价可以看作 0,只包含数据 S_c 在机架之间的传输代价,任务的数据传输代价为 $w_s = S_c / B_s$;选择计算节点 D 时,其包含 S_c 在同一机架内的数据传输代价、S_a 在机架间的数据传输代价,任务的数据传输代价为 $w_s = S_c / B_r + S_a / B_s$。作业调度器比较这两个数据传输代价的大小,选择一个最小代价的计算节点作为任务执行节点。

7.3.5　公平的资源分配

假如每个作业在独占整个集群资源的情况下,运行时间是 t 秒的话,那么公平资源分配的目标就要求:如果有 $|J|$ 个作业并行运行,每个作业的运行时间就不要超过 $|J| * t$ 秒。在实际中,如果没有大量作业竞争资源的话,就可以保证公平性。通过控制任务的数量,保证同一时间只有 K 个任务同时运行,就可以满足公平性要求。当达到最大限制数量 K 后,后续的任务就进入排队状态。一旦有任务完成,队头任务就优先获得计算资源。如果存在资源竞争的话,就可能存在作业的延迟。这就是说,如果设置较大的 K 值,就可能出现多个任务的数据都

存放在同一个节点,导致资源竞争的加剧,因此,在保证数据本地化读取时就很难保证公平性。但是,选择太小的 K 值,由于任务的不足可能导致某些集群节点资源处于闲置状态。

当一个作业提交时,实际上只能允许其部分任务执行,假如给定一个比例系数 α,集群中 GPU 的数量为 M 的话,该作业实际运行的任务数就可以定义为 αM。资源分配比例系数可以根据作业的提交及作业的完成进行动态改变。由于每个作业包含的任务中,预测需求的资源十分困难,我们目前限制每个 GPU 上同时只能运行一个任务。

7.4 基于 GPU 数量的共享调度策略

本节给出一种基于 GPU 设备数量的作业调度策略。这种策略作为基本共享调度算法,用于和我们的最小代价最大任务数调度算法进行比较。基本调度算法系统使用了一些调度策略来支持数据本地化读取。

基于 GPU 数量的调度方式是一种基本的资源公平分配方式,实现简单,因此本章对基于 GPU 数量的调度方面只进行一些基本的介绍。

7.4.1 基于 GPU 数量的共享调度算法

基于 GPU 数量的共享调度算法(简称 GS)中,最简单的公平原则就是防止一个作业占用大量的 GPU 设备来执行大量的任务,从而导致其他作业缺乏 GPU 设备而长时间的等待。本章在 GPU 计算资源上,采用均匀分配 GPU 设备的公平调度方法。

基于 GPU 数量共享调度算法中,每个作业包含一个重要参数,称为基本资源份额。它是每个作业应该分配到的资源数量,通过总体的资源数量及运行中的任务数量来计算,对于作业 j,其应该分配得到的 GPU 数量为 $A_j^* = \min(\lfloor Q/K \rfloor, N_j)$,其中,$Q$ 代表集群节点中的 GPU 设备数量,K 代表集群中正在运行的作业数量,N_j 代表作业 j 中包含的未执行任务的数量。如果 K 个作业的基本资源份额之和小于 GPU 设备数量,即 $\sum_j A_j^* < Q$,说明存在空闲的 GPU 资源,可以将空闲资源均匀地分配给有等待任务的作业。假如各个作业分配到的最后结果是 A_j,并且满足条件 $\sum_j A_j = \min(Q, \sum_j N_j)$ 时,分配过程就停止。在作业并行运行的过程中,存在任务的开始与结束,意味着 GPU 设备不断被分配和释放,那么分配给某个作业的 GPU 设备数量就会产生波动,这会导资源的不公平使用。

基于 GPU 设备数量的公平资源分配算法是计算出每个作业正在运行的任务数量及基本资源份额。如果正在运行的任务数量低于基本资源份额,就可以向该任务分配 GPU 资源,否则,不予分配。这种方式可以确保,作业中正在运行的任务数没有低于基本资源份额之前,不可能再给当前作业分配 GPU 设备,从而保证其他作业获得它自己的基本资源份额。当所有任务运行一段时间后到达稳定状态,每个作业都可以得到其基本的资源份额。当一个作业拥有的任务数量小于其基本份额,即 $N_j < \lfloor Q/K \rfloor$,将会出现一段时间的不平衡,一些达到基本资源份额的作业可以再提交一些任务。当一个新的作业开始时,也将出现 GPU 设备分配的不平衡,此时基本资源份额需要重新计算。这个不平衡时间的长短取决于任务执行的时间。如果任务执行的时间较长,那么只有作业的一些任务结束后,才能重新平衡。算法 1 给出基于

GPU 数量的资源分配的实现。

【算法 7.1】　基于 GPU 数量的资源分配。

输入:作业 J,GPU 集合 G

输出:任务与 GPU 的映射

(1)资源管理器向作业提供 ResourceOffer

S1　$G=\{g_1,g_2,\cdots,g_{|G|}\}$　　//可用资源

S2　$J=\{j_1,j_2,\cdots,j_n\}$ //n 个作业

S3　FOREACH(j$_i$){

S4　A_j　//计算每个作业使用的 GPU 数量

S5　}

S6　$j_l=\min\{A_1,A_2,\cdots,A_n\}$ //选择使用资源最小的作业

S7　send ResourceOffer(G)to j_l

(2)作业调度任务 Scheduler Task

S8　Receive ResourceOffer(G)

S9　FOREACH($g_i\in G$)

S10　　FOREACH($t\in j_l$)

S11　　　IF($\exists(t_j^i.r<g_i.r)$)

S12　　　　computing(t.cost)//计算代价

S13　RETURN min(t.cost)

算法 7.1 中,当存在空闲的 GPU 设备时,资源调度器选择使用 GPU 数量最小的作业,将空闲 GPU 分配给该作业。作业收到可用资源后,选择一个数据传输代价最小任务来使用该资源。这种方法通过阻止占有 GPU 较多的作业获得资源的机会,来实现 GPU 设备在作业之间的公平分配。算法的 S3~S5 计算每个作业使用的 GPU 设备数量,S6 选择使用 GPU 数量最小的作业。S7 向使用资源最小的作业提供可用 GPU 资源,即 ResourceOffer。S8 是作业接收到资源管理器提供的 ResourceOffer。S9~S13 为作业分配 GPU 资源给任务的过程,S11 给出了选择条件,即任务所需的 GPU 显存要小于 GPU 提供的显存大小。S12 计算任务执行的数据传输代价。S13 为选择一个最小数据传输代价的任务,并分配对应的 GPU 资源。算法的复杂度为 $O(mn)$,m 为处于等待状态的任务数量,n 代表可用资源数量。

7.4.2　调度策略

(1)非抢夺策略(GS)。非抢夺策略下无法一直维持 GPU 数量在各个作业之间的公平分配。假如某个作业的任务数量小于基本资源份额,此时一些作业就超额占有资源。当作业结束,新的作业到来时,可能会造成该作业无法得到其拥有的 GPU 资份额。另外一种情况是,新的作业到达,需要重新计算基本资源份额,但是所有资源正在被任务使用,新作业无法获得自己的资源份额。当调度算法不允许强制终止占用资源较多的作业的任务时,就会出现一段时间内作业之间使用资源的不平衡情况。

(2)抢夺式调度策略(GSP)。在上面的(1)中,如果任务一直处于运行状态,资源被长时间超额占据,新来的作业没有资源可以分配,或者无法得到应有的基本资源份额,资源使用就

不平衡了。这个时间也许很长,但可以使用一种抢夺式策略,如果作业 j 正在运行的任务数大于其基本资源数量 A_j^*,资源管理器就强制停止其部分任务,当然,强制停止的任务需要选择运行时间最小的任务,这样可以避免浪费更多的计算力。

对于基本的公平分配,只要作业分配的资源数没有降低到 0,即使使用资源抢夺策略,作业仍会一直运行下去。因为其运行时间最长的任务在没有结束前,不可能会被强制停止,因此,作业至少能够拥有自己的一部分资源。

(3) 延迟调度策略(GSD)。数据密集型计算任务中,数据规模比较大,而网络带宽是一种稀缺资源,数据在网络节点之间的传输会导致计算的代价增大。所有的任务都试图以数据传输代价最小的方式获得资源。在一个 GPU 集群上,如果一个任务结束,其资源被释放,排队中的任务就可以申请这个资源。调度器从 $\min(A_j)$ 的作业中选择一个任务来使用这个资源,并计算该任务需要的数据到 GPU 设备位置之间的数据传输代价,一种可能是该数据传输代价不是该任务的最小代价。针对这种情况,一种处理策略是立刻将任务的数据传输代价从最小代价降低为次最小代价,一直到最大传输代价为止,然后分配该资源给任务。另外一种处理策略是,作业 A_j 放弃本次分配,等待下一次分配机会。通过延迟等待,能够戏剧性地增加任务选择数据传输最小代价资源的机会,从而降低任务计算过程中的数据传输代价,这种调度称为延迟调度,在 Spark[241] 任务调度中已经得到验证。

假设作业 j 中正在运行的任务数为 N_j,集群系统中基本任务数量为 A_j^*,当作业 j 的 $\delta = A_j^* - N_j > 0$ 时,作业 j 的一个任务 t 会被分配到一个 GPU 设备。如果 GPU 资源不满足任务的最小数据传输代价,那么任务 t 放弃本次资源分配,并增加分配次数,即设置 $\delta = \delta + 1$。当分配次数 δ 超过一个阈值时,任务 t 即使不满足最小数据传输代价,但满足次最小数据传输代价,任务 t 被分配到该资源。如果不满足次最小数据传输代价,就再设置 $\delta = \delta + 1$,当 δ 超过另外一个阈值时,任务 t 必须被分配,不再考虑数据传输代价。

当使用延迟调度时,作业调度器不会简单地使用它收到的第一个调度机会,而是等待设定的最大分配次数到来前的调度机会发生。最后,作业才降低数据本地化读取限制,并接收下一个调度机会。

当然,延迟调度在一定程度上会造成不公平的现象发生,但是它可以带来作业执行效率的提高。

7.5 基于最小代价最大任务数的调度

基于 GPU 设备数量的共享调度算法扩展了抢夺及延迟策略,问题是哪一个作业的哪个任务能够被调度到基本资源配额 A_j 中,这个问题对调度的公平性及本地化数据的读取非常重要。在前面的基本算法中,采用了一些启发式策略,当新的任务到达或离开系统,基本上采用贪心、被动方式去解决。

在本节中,介绍一种新的调度方式来处理同时请求资源的作业。这种方式中最主要的数据结构是一个流网络图,数据结构中包含资源信息、等待中的任务和它们的数据传输代价信息等描述。图中的每一条边都包含有特有的权重值及容量值。为了达到预期的调度目标,本章还用了一种标准的策略将预期的调度目标转换为调度实例,以期满足设计的要求。

流网络图数据结构中的一个核心是边的代价估算,代价估算的依据是数据通过网络在计算节点之间传输开销。如果能够大致地估算出一个开销,那么就可以计算出最小代价的调度结果。

实现最小代价最大任务数的另外一个需要处理的问题是如何构建一个图的拓扑结构,并利用一定的算法来解决资源的公平分配问题。在本章中,使用了一种特殊的拓扑结构图,通过设置额外的顶点(后面章节中的不分配顶点)、顶点对应边的代价、边的容量等,解决了 GPU 资源在作业之间的公平分配问题。

7.5.1　最小代价流的基本概念

本章选择使用一个标准的流网络来解决调度实例。流网络是一个有向图,图中的每一条边 e 有一个非负的容量值 c_e 及一个代价值 w_e,图中的每个顶点 v 有一个流量提供值 ε_v,存在条件 $\sum_v \varepsilon_v = 0$。一个可行的流的意思是设置一个非负的整数流 $f_e \leqslant c_e$ 给每一条边,因此,对于每一个顶点 v,存在 $\varepsilon_v + \sum_{e \in I_v} f_e = \sum_{e \in O_v} f_e$。其中 I_v 代表顶点 v 的输入边,O_v 代表顶点 v 的输出边。在一个可行流中,$\varepsilon_v + \sum_{e \in I_v} f_e$ 代表的是通过顶点 v 的流,一个最小代价可行流可以表示为最小化 $\sum_e f_e w_e$。

计算最小代价最大任务数的算法是:若 f 是流量为 $v(f)$ 的最小代价流,p 是关于 f 的从 v_s 到 v_t 的一条最小代价增广路径,则 f 经过 p 调整流量 q 得到新的可行流 $f' = f + q$。通过不断迭代,直到无法找到这样的路径 p 为止。

最坏情况下,对于有 V 个顶点、E 条边的流网络,最小代价最大任务数的计算复杂度为 $O\{E\log(V)[E + V\log(V)]\}$。

7.5.2　流网络拓扑结构的建立

GPU 设备到任务的分配问题被简化为一个流网络中的最小代价最大流的计算。一个流网络可以看成是系统进行一次资源分配时的快照,包含一个将要执行的任务集合、可以使用的资源集合、任务运行时的数据传输代价,以及每个作业可以运行的任务数量。使用流网络的最大优点是很容易将一个包含复杂权重的任务到资源的匹配过程进行优化。通过构建一个简单的流网络,设置一些常量参数,就可以既简单又清楚地得到 GPU 集群资源在任务之间的共享调度效果。

整个流网络的结构可以进行物理的解释。流网络图中的一个单位容量的流代表着一个任务到一个 GPU 资源的分配。流网络图被分为两部分:一部分代表需要执行的任务的集合;另外一部分代表可以提供 GPU 设备的集合。两部分之间的边代表任务到 GPU 设备的匹配,任务之间不存在边,而 GPU 设备之间也不存在边,这个匹配过程似乎是一个二部图,但是由于存在数据传输代价最小等优先匹配问题,因此,不能简单地简化为一个二部图。在实现过程中,为流网络增加一个源顶点 S 和汇节点 E。汇节点接收所有流入的可行流,即可行的任务到 GPU 设备的匹配结果,可行流的路径代表一个任务到达 GPU 设备的路径。当任务需要的数据源包含多个时,并且某些数据源可能跨越一个机架,即任务的分配需要考虑数据传输跨越机架的代价，也有可能跨越一个远程交换机，即任务的分配是任意的。在每一个 GPU 设备上，它的输入边的容量是单位 1，即代表只有一个任务可以分配到该计算资源，其他任务不能同时分配到该计算资源上。这就代表着，如果等待执行的任务数量超过可用 GPU 设备数量，那么一些任务是无法分配到计算资源的，这些任务需要等待。通过控制 GPU 设备到汇节点之间的边的容量，可以很好地控制任务分配的数量。对于每个作业，通过设置每个作业不被调度任务的最大和最小数量，就可以得到每个作业最小和最大可以被分配到资源的任务数，实现作业的基本资源份额控制。

不像基于 GPU 数量的资源分配方式，基于流网络的调度模型可以很好地利用任务的一些属性，如第 j 个作业的第 k 个任务 t_k^j 的数据块大小、数据块所在的计算节点位置信息。根据这些信息，第 m 个计算节点的第 n 个 GPU 设备在执行任务之前，任务读取数据所需的代价就可以估计出来。这些信息都将被融入到流网络的拓扑结构中，通过数据传输代价的方式被反映出来，即流网络中任务对应的顶点 t_k^j 到 GPU 设备对应的顶点 g_n^m 之间的代价。当任务所需要的数据位置与 GPU 设备位于同一个计算节点时，其代价最小；当所需要的数据位置与 GPU 设备位于同一个机架时，其代价次之；当所需要的数据位置和 GPU 设备位置跨越机架时，其代价最大。

(1) 流网络中顶点的建立。对于任何一个请求执行的作业，系统提供一个 App master，流网络 (Job of NetWorks，JNW) 中就会形成一个顶点 j。如果存在 k 个作业，即存在作业的集合 $J = \{j_1, j_2, \cdots, j_k\}$。那么在 JNW 中，就会存在 k 个顶点，分别表示为 $j_1, j_2, \cdots, j_k$。

对于第 i 个作业 j_i，其任务数量表示为 $x = |j_i|$，任务集合 $j_i = \{t_l^i\}$，那么在 JNW 中，就形成 x 个顶点，分别表示为 $t_1^i, t_2^i, \cdots, t_x^i$。

假如 GPU 集群中存在 m 个计算节点，即 $M = \{m_i\}$。对于每个计算节点，其包含 n 个 GPU 设备，我们为每个 GPU 设备建立一个执行队列，即 $G = \{g_i\}, n = |G|$，那么在 JNW 中，就形成 n 个顶点，分别表示为 $g_1^i, g_2^i, \cdots, g_n^i$。

由于 GPU 设备数量的限制，当执行作业中的任务数量大于可以使用的 GPU 数量时，必然有一部分任务无法被分配到计算资源。为了保证每个作业能够公平地分配到计算资源，我们为每一个作业设置一个不调度任务顶点，记为 u。对于第 i 个作业，不调度顶点就表示为 u_i。

对于一个流网络，我们设置一个源顶点 S 和一个汇顶点 E。源顶点 S 只有流出的流量，没有流入流量；汇顶点 E 只有流入的流量，没有流出的流量。

(2) 流网络中的边的建立。流网络中的每一条边 e 至少包含两个参数：一个是容量 c；另外一个是代价 w。

假设存在 k 个作业，即存在作业的集合 $J = \{j_1, j_2, \cdots, j_k\}$，源顶点 S 到每一个作业顶点之间建立一条边 e，边 e 的容量 $c = |j_i|$，代表作业 j_i 中的任务数量。从源顶点 S 到作业顶点 j_i 的代价 w，对于任何一个作业，分配资源的机会都是公平的，因此，设置 $w = \varepsilon$，即 ε 的取值几乎为 0，代表源顶点到作业顶点之间的路径没有代价。

作业顶点 j_i 到每个任务顶点之间构建一条边。由于一个任务只能属于某一个作业，因此，作业和其他作业的任务之间不能建立边。每个作业与其任务之间的边的容量 $c = 1, w = \varepsilon$。它表明作业到每个任务之间只能分配一个计算资源，而且作业到任务之间的分配过程不产生任何代价。

对于任何一个任务,执行过程中所需要的数据是一个非常重要的参数,假设任务需要 z 个数据,每个数据的大小分别为 $\{d_1.\mathrm{size}, d_2.\mathrm{size}, \cdots, d_z.\mathrm{size}\}$,每个数据所在的计算节点的位置分别为 $\{d_1.\mathrm{loc}, d_2.\mathrm{loc}, \cdots, d_z.\mathrm{loc}\}$。

1)如果作业 j_i 的任务顶点 t_x^i 的数据全部在计算节点 m 上,并且计算节点 m 上存在一个可用资源,即存在顶点 g_j^m,同时任务顶点 t_x^i 所需要的 GPU 显存不超过 g_j^m 所对应的 GPU 的可用显存,那么顶点 t_x^i 与 g_j^m 就建立一条边,边的容量 $c=1$,边的代价 $w=(d_1.\mathrm{size}+d_2.\mathrm{size}+\cdots+d_z.\mathrm{size})/D$,其中 D 代表磁盘的 I/O 过程的吞吐量。同样,对于当前计算节点 m 上的其他 GPU 显卡,如果其显存要求满足条件,那么亦建立任务顶点 t_x^i 到这些顶点 g_j^m 之间的边,其边的容量 $c=1$,建立该边所对应的代价为 $w=(d_1.\mathrm{size}+d_2.\mathrm{size}+\cdots+d_z.\mathrm{size})/D$。

作业 j_i 的任务顶点 t_x^i 到同一机架内的其他计算节点 p,如果任务顶点 t_x^i 所需要的 GPU 显存大小不超过 g_j^p 所对应的 GPU 的可用显存,那么顶点 t_x^i 与 g_j^p 就建立一条边,边的容量 $c=1$,边的代价 $w=(d_1.\mathrm{size}+d_2.\mathrm{size}+...+d_z.\mathrm{size})/B_r$,其中 B_r 代表同一个机架内的网络带宽。

作业 j_i 的任务顶点 t_x^i 到跨越机架内的其他计算节点 q,如果任务顶点 t_x^i 所需要的 GPU 显存大小不超过 g_j^q 所对应的 GPU 的可用显存,那么顶点 t_x^i 与 g_j^q 就建立一条边,边的容量 $c=1$,边的代价 $w=(d_1.\mathrm{size}+d_2.\mathrm{size}+\cdots+d_z.\mathrm{size})/B_s$,其中 B_s 代表机架之间的网络带宽。

2)如果作业 j_i 的任务 t_x^i 所需的数据源跨越多个机架,资源分配器分配一个 GPU 设备后,就需要分别计算数据的 I/O 代价、机架内数据传输代价及机架之间的数据传输代价。例如,假设 z 个数据的大小分别为 $\{d_1.\mathrm{size}, d_2.\mathrm{size}, \cdots, d_z.\mathrm{size}\}$,这些数据分别存储在多个计算节点 $\{m_1, m_2, \cdots, m_z\}$ 上,即 $d_1.\mathrm{loc}\in m_1, d_2.\mathrm{loc}\in m_2, \cdots, d_z.\mathrm{loc}\in m_z$。如果 t 个计算节点在机架 R_1 上,即 $\{m_1, m_2, \cdots, m_t\}\subseteq R_1$,那么 $z-t$ 个计算节点在机架 R_2 上,即 $\{m_{t+1}, m_{t+2}, \cdots, m_z\}\subseteq R_2$ 上。对于计算节点 m 上存在一个顶点 g_j^m,如果任务顶点 t_x^i 所需要的 GPU 显存大小不超过 g_j^m 所对应的 GPU 的可用显存,那么顶点 t_x^i 与 g_j^m 就建立一条边,边的容量 $c=1$,边的代价为 $w=w_1+w_2+w_3$,w_1、w_2 及 w_3 分别为数据 I/O 带宽代价,数据机架内带宽代价以及数据机架之间的带宽代价。如果 $m\in R_1$,并且 $\{d_1.\mathrm{loc}, d_2.\mathrm{loc}, \cdots, d_c.\mathrm{loc}\}\subseteq m$,此时 I/O 代价为 $w_1=(d_1.\mathrm{size}+d_2.\mathrm{size}+\cdots+d_c.\mathrm{size})/D$,其中 D 代表磁盘的 I/O 过程的吞吐量。如果 $m\in R_1$,而且 $\{d_{c+1}.\mathrm{loc}, d_{c+2}.\mathrm{loc}, \cdots, d_t.\mathrm{loc}\}\subseteq R_1$,那么机架内带宽代价为 $w_2=(d_{c+1}.\mathrm{size}+d_{c+2}.\mathrm{size}+\cdots+d_t.\mathrm{size})/B_r$,其中 B_r 代表机架内带宽。剩余的数据的位置与 m 不在同一个机架内,此时,跨越机架的带宽代价为 $w_3=(d_{t+1}.\mathrm{size}+d_{t+2}.\mathrm{size}+\cdots+d_z.\mathrm{size})/B_s$,其中 B_s 代表机架之间的带宽。如果 g_j^m 上不存在任务 t_x^i 所需要的任何数据,并且 $\{m_1, m_2, \cdots, m_t\}\subseteq R_1$,那么顶点 t_x^i 与 g_j^m 边的代价就只包含机架内数据传输代价和机架间的数据传输代价,即为 $w=w_1+w_2$,$w_1=(d_1.\mathrm{size}+d_2.\mathrm{size}+\cdots+d_t.\mathrm{size})/B_r$,$w_2=(d_{t+1}.\mathrm{size}+d_{t+2}.\mathrm{size}+\cdots+d_z.\mathrm{size})/B_s$。如果任务 t_x^i 所需要的数据源与 g_j^m 的位置全部为不同机架之间,那么其数据传输代价就表示为 $w=(d_1.\mathrm{size}+d_2.\mathrm{size}+\cdots+d_z.\mathrm{size})/B_s$。

每一个计算节点的 GPU 顶点 g_j^m 到汇顶点之间,建立一条边,容量 $c=1$,$w=\varepsilon$。

对于每一个作业 j_i,需要设置一个不调度顶点 u_i,作业顶点 j_i 到不调度顶点 u_i 之间存在一条边,边的容量 $c=N_j-A^*$,其物理含义是作业的任务数量与基本资源份额的差值。边的代价表示为 $w=\alpha$,α 代表一个惩罚代价。不调度顶点 u_i 到汇顶点 E 之间,同样构建一条边,边的容量 $c=N_j-A^*$,边的代价 $w=\alpha$。设置不调度顶点,并且边的容量和代价可以调节。对于边的容量的设置,保证作业 j_i 中包含全部的任务都有机会参与到资源分配的过程中,但是哪些任务能够分配到计算资源,需要按照代价最小的原则来选择。对于边的代价的设置,目的是达到资源在各个作业之间公平分配,通过调整 α 代价,使得作业 j_i 的一部分任务从不调度顶点 u_j 上建立可行流,避免其任务过多地占用可用的 GPU 设备资源,导致其他作业无法获得足够的 GPU 设备资源,因此,其边的容量设置以及代价的设置非常重要。

流网络的拓扑结构如图 7.4 所示。图 7.4 中包含 4 台计算节点:m_1,m_2,m_3 和 m_4,其中 m_1 和 m_2 位于同一个机架,m_3 和 m_4 位于另外一个机架,计算节点 m_1 包含 2 块 GPU 卡,计算节点 m_2 包含 1 块 GPU 卡,计算节点 m_3 包含 1 块 GPU 卡,计算节点 m_4 包含 2 块 GPU 卡。包含 3 个作业:j_1,j_2 及 j_3。作业 j_1 中包含 4 个任务,作业 j_2 中包含 3 个任务,作业 j_3 中包含 2 个任务。流网络中的边的代价及容量省略。

针对代价,我们设置了 3 个代价惩罚系数:α_1,α_2 及 α_3,三个代价惩罚系数的值均大于1。α_1 是用于计算机架内数据传输代价时的代价惩罚系数,α_2 是用于计算机架之间数据传输代价时的代价惩罚系数,α_3 代表作业的任务到不调度顶点之间边的代价惩罚系数。通过对这三个代价惩罚系数的调节,可以很好地实现数据传输代价优先及资源调度的公平性。当 α_1 和 α_2 非常大时,数据传输代价最小策略就能很好地体现。当 α_3 非常大时,各个作业分配到的 GPU 资源的公平性就会受到影响。

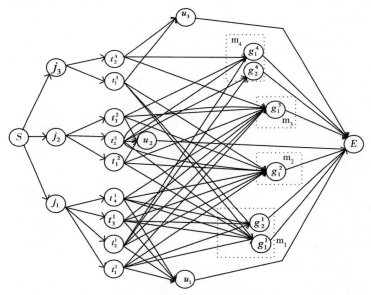

图 7.4　流网络拓扑结构图

基于流网络的最小代价最大任务数调度算法可以在全局范围内得到一个最优资源分配解。每当出现资源扩大的情况,如集群中添加了新的计算节点,或者有任务执行结束,流网络的结构就会发生变化。因此,在调度时间到达时,就需要重新计算出最小代价下的最大任务数量,即对新出现的资源进行分配,即任务到资源的映射。每当出现资源减少的情况,如某个集群中计算节点失效,或者有新的作业提交到集群系统中,此时流网络的结构亦会发生变化,需要计算变化后流网络的可行流,即任务到资源的重新分配。另外,一些作业中的任务可能运行在失效的计算节点上,就造成了新的资源分配的不公平;或者新的作业的提交后,其资源被正在运行中的任务全部占用,新作业无法得到计算资源,从而导致资源分配的不公平。

对于资源扩大场合,只需要对每个作业已经使用的计算资源进行计算,将空闲的资源平均分配给各个作业,即任务顶点到不调度顶点资源的容量。按照图 7.4 的流网络,可以得到相对公平的分配方案。对于资源减少的场合,则需要考虑公平性策略来修改流网络中一些边的代价值。

7.5.3　资源调度的公平策略

在上一节中,对于不调度顶点,通过设置不调度顶点到汇顶点之间的容量值,就可以控制作业中可以运行的任务数量,即控制可分配到资源的任务数量。这是控制资源分配公平的一个关键点。A_{min}^j 代表作业 j 可以运行的最小任务数量,A_{max}^j 代表作业 j 可以运行的最大任务数量,每个作业提交 N_j 个任务,那么 $\sum_j N_j = N$。

(1)可以抢夺的资源公平分配(FSP)。基于队列的资源分配中,我们计算每个作业可以分配到的资源份额 A_j。如果 $A_{min}^j = A_{max}^j = A_j$,那么作业 j 只能使用集群资源的基本份额。

如果某个作业中包含的任务数量小于其基本资源份额,即 $A^* < N_j$,那么其他作业的任务就可能超过其基本资源份额,当该作业有新的任务提交时,就需要收回自己的资源,即强制停止超过基本资源份额的作业中的任务,一般选择执行时间最小的任务来进行强制停止。

(2)不抢夺的资源公平分配(FS)。如果一个作业已经分配的计算资源份额超过了其基本资源份额,就必然导致其他作业分配到的资源份额低于其基本资源份额。为了阻止该作业继续获得资源,对该作业中未分配资源的任务,调整任务顶点到不分配顶点之间的边的容量以及边的代价,降低其本次调度中获得 GPU 设备的机会,最终实现资源的公平分配。这种情况下,正在运行中的任务不会被强制停止。

(3)不考虑公平性的最大任务数分配(FSU)。对于不考虑公平性的资源分配算法,其含义就是保证最小代价下的最大任务数。这种情况下,我们只需要将流网络中每个作业的不分配顶点删除。通过计算这种流网络的最小代价最大流,就可以得到只考虑最小代价时的最大任务数分配方法。

对于不同的策略,仅仅通过重新构筑流网络的顶点、边的容量及边的代价,就可以实现不同调度策略的要求。基于 GPU 数量的共享调度在概念上非常简单,但是比起简单修改流网络拓扑结构而达到效果,基于 GPU 数量的共享调度机制的实现是复杂的。

7.5.4　算法实现

(1)局部流网络拓扑结构建立算法。

【算法 7.2】　局部流网络创建。

输入:作业集合 J,计算节点 M 的 GPU 队列集合 G

输出:流网络

S1　new vertex S,E

S2　IF $(j_i \in J)\{$　//create job、task vertex

S3　　new vertex u_i; insert(u_i, V)

S4   new vertex j_i; insert(j_i, V)

S5   FOR($t_k^i \in J_i$)   new vertex t_k^i; insert(t_k^i, V)

S6   }

S7   FOR ($m_i \in M$)   //create GPU vertex

S8   FOR($g_k^i \in m_i$)   new vertex g_k^i; insert(g_k^i, V)

S9   FOR($v_i \in V$) {//create edge between task and GPU

S10   FOR($v_j \in V$){

S11   IF($v_i = v_j$) continue

S12   IF($v_i \in J \wedge v_j \in M$) {

           //任务需求的显存不超过 GPU 可用显存

S13   IF(v_i. gmem $\leqslant v_j$. mem) {

S14   new edge e_i^j

S15 e_i^j. c $= 1$;

S16 e_i^j. w $= \varepsilon$ //按照 5.2 中的(2)计算代数据传输价

S17   }

S18   }

           //建立任务到不分配顶点之间的边

S19   IF(v_i. type $=$ task $\wedge v_j$. type $=$ unscheduler){

S20   new edge e_i^j

S21 e_i^j. c $= N_j - A^j$; e_i^j. w $= \alpha$

S22   }

           //建立作业顶点到与作业中任务顶点之间的边

S23   IF(v_i. type $=$ job $\wedge v_j$. type $=$ task $\wedge v_j$. id $= v_i$. id){

S24   new edge e_i^j

S25 e_i^j. c $= N_j - A^j$; e_i^j. w $= \alpha$

S26   }

           //建立不分配顶点到顶点 E 之间的边

S27   IF(v_i. type $=$ unscheduler){

S28   new edge e_e^i

S29 e_e^i. c $= N_i - A^i$; e_e^i. w $= \alpha$

S30   }

S31   }

S32   }

算法 7.2 中,主要过程是创建流网络的顶点和边,设置边的容量和计算数据传输代价。S3～S5 创建作业顶点和不提交任务顶点,同时对每个作业建立任务顶点。S7～8 对于每个可用计算资源(GPU 设备),建立 GPU 资源顶点。S9～S18 建立作业的任务到 GPU 资源顶点之间的边,边的容量为 1,边的代价根据任务的数据大小和位置来计算。S19～S22 建立任务到不分配顶点之间的边,这里的代价和容量决定了资源的公平性,需要计算每个作业不被调度的任务数量。S23～S26 分别建立作业顶点到任务顶点之间的边。S27～S30 建立不分配顶点到汇点之间的边。这里的边的代价使用 α 来表示,通过调节 α 值,影响资源的分配。

（2）最小代价最大任务分配算法。各个作业按照算法 7.2 建立局部的流网络后,将信息发送给资源分配器。接下来资源分配器根据各个局部流网络合并成全局的流网络,然后求出最小代价下的最大任务数。合并全局的流网络相对简单,在此不再叙述。

对于一个给定的网络 G,包含 n 个顶点和 m 个边。对于每条边(通常来说,边是有向边),给出了容量(非负整数)和沿这条边每单位流量的代价(某个整数)。还有源 s 和目标 t 被标记。

给定值 k,我们必须找到一个可行流,并且在所有的可行流中,选择成本最低的可行流。这个任务被称为最小成本流问题。有时给出的任务略有不同:需要找到一个最大可行流,而在所有最大可行流中,找到成本最低的那个最大可行流,这样的问题为最小代价最大流问题。

基本思路如下:

S1:初始化可行流 $f=\{0\}$。

S2:寻找从源顶点 S 到汇顶点 E 的一条最小代价可增广路径 p。

若不存在 p,则 f 为 N 中的最小代价最大流,算法结束。

若存在 p,则用求最大流的方法将 f 调整成 $f*$,使 $v(f*)=v(f)+Q$,并将 $f*$ 赋值给 f。

本章采用基于最短路径来计算最小代价可增广路径。

我们只考虑最简单的情况,图是有向的,并且在任意一对顶点之间最多有一条边[例如,如果 (i,j) 是图中的一条边,(j,i) 就不能成为图中的边]。

如果边 (i,j) 存在的话,那么假设 U_{ij} 是边 (i,j) 边的容量,C_{ij} 是边 (i,j) 上单位流的代价。假设 F_{ij} 是边 (i,j) 的上流,并且所有边的初始流都为零。

我们按照下面的方式修改图:对于每条边 (i,j),添加反向边 (j,i),设置反向边的容量 $U_{ji}=0$,代价 $C_{ji}=-C_{ij}$。因为根据我们的限制,边 (j,i) 之前不在图中,我们仍然有一个不是多重图(具有多个边的图)的网络。此外,在算法的步骤中,我们将始终保持状态 $F_{ji}=-F_{ij}$。

对于处于某个状态的流 F,定义一个残留网络:残留网络仅包含不饱和边缘(即边的 $F_{ij}<U_{ij}$),并且每个这样的边的剩余容量是 $R_{ij}=U_{ij}-F_{ij}$。

现在我们可以讨论计算最小代价流的算法。在算法的每次迭代中,我们从残流网络图中找到一条从源 s 和目标 t 的最短路径。与 Edmonds-Karp 算法不同,我们根据路径代价而不是根据边的数量来寻找最短路径。如果不再存在这样的路径,那么算法终止,流 F 就是想要的结果。如果找到一条路径,那么我们尽可能增加沿它的流量(即我们找到最小剩余容量 R 的路径,并通过它来增加流量,并在反向边上减少相同数量)。如果在某个时候流量达到 K,那么我们停止算法(注意,在算法的最后一次迭代中,只需将流量增加这样的量,以便最终流量值不超过 K)。

不难看出,如果我们设置 K 为无穷大,那么算法将找到最小成本最大流量。因此,问题的两种变体都可以通过相同的算法来解决。

无向图或多边图的情况在概念上与上述算法没有区别。该算法也适用于这些图。无向边 (i,j) 实际上与两条有向边相同 (i,j) 和 (j,i) 具有相同的容量和值。由于上述最小代价流算法为每条有向边生成一个反向边,因此将无向边拆分为 4 条有向边,我们实际上得到了一个多边图。

如何处理多条边？首先，每个多条边的流必须分开保存。其次，在寻找最短路径时，需要考虑在路径中使用多条边中的哪一条边。因此，除通常的祖先数组之外，还必须将边号与祖先数组一起存储。再次，随着某条边的流量增加，有必要减少沿反向边的流量。由于有多条边，因此我们必须为每条边存储反向边的边号。

下述代码是使用 Bellman - Ford 算法的最简单情况的实现。

```
struct Edge
{
    int from,to,capacity,cost;
};
vector<vector<int>> adj,cost,capacity;
const int INF = 1e9;
void shortest_paths(int n,int v0,vector<int>& d,vector<int>& p) {
    d.assign(n,INF);
    d[v0] = 0;
    vector<bool> inq(n,false);
    queue<int> q;
    q.push(v0);
    p.assign(n,-1);
    while (! q.empty()) {
        int u = q.front();
        q.pop();
        inq[u] = false;
        for (int v : adj[u]) {
            if (capacity[u][v] > 0 && d[v] > d[u] + cost[u][v]) {
                d[v] = d[u] + cost[u][v];
                p[v] = u;
                if (! inq[v]) {
                    inq[v] = true;
                    q.push(v);
                }
            }
        }
    }
}
int min_cost_flow(int N,vector<Edge> edges,int K,int s,int t) {
    adj.assign(N,vector<int>());
    cost.assign(N,vector<int>(N,0));
    capacity.assign(N,vector<int>(N,0));
    for (Edge e : edges) {
```

```
            adj[e. from]. push_back(e. to);
            adj[e. to]. push_back(e. from);
            cost[e. from][e. to] = e. cost;
            cost[e. to][e. from] = -e. cost;
            capacity[e. from][e. to] = e. capacity;
    }
    int flow = 0;
    int cost = 0;
    vector<int> d,p;
    while (flow < K) {
        shortest_paths(N,s,d,p);
        if (d[t] == INF)
            break;
        // find max flow on that path
        int f = K - flow;
        int cur = t;
        while (cur ! = s) {
            f = min(f,capacity[p[cur]][cur]);
            cur = p[cur];
        }
        // apply flow
        flow += f;
        cost += f * d[t];
        cur = t;
        while (cur ! = s) {
            capacity[p[cur]][cur] -= f;
            capacity[cur][p[cur]] += f;
            cur = p[cur];
        }
    }
    if (flow < K)
        return -1;
    else
        return cost;
}
```

（3）算法复杂度和可扩展性分析。每一次资源调度过程包括两个步骤：第一步是建立包含代价的流网络；第二步是针对流网络计算最小代价最大流。假如当前需要调度的作业数量为 $i = |J|$，每个作业中的任务数分别为 $k_i = |T_i|$，集群中包含的 GPU 数量为 $m = |G|$，那么流网

络的顶点数量为 $|V| = 2 + |J| + \sum_{i=1}^{|J|}(k_i + 1) + m$，其中 2 代表开始顶点和结束顶点，$|J|$ 代表作业数量，$\sum_{i=1}^{|J|}(k_i + 1)$ 代表作业中的所有任务数量及每个作业中的不调度顶点，m 代表 GPU 设备数量。边的数量分为三个部分：第一部分是开始顶点到作业顶点的边为 $|J|$，GPU 设备到结束顶点的边为 m，作业顶点到任务顶点的边的数量为 $\sum_{i=1}^{|J|} k_i$。第二部分是任务到 GPU 设备顶点之间的边，最大可能的边数量为 $m \sum_{i=1}^{|J|} k_i$。第三部分是不调度顶点与任务之间的边为 $\sum_{i=1}^{|J|}(k_i + 1)$。因此，总的边数为 $|E| = 2 * |J| + m + (m+2) \sum_{i=1}^{|J|} k_i$，构造流网络的代价与 GPU 设备数量和任务数量相关。

流网络的最小代价最大流计算中，假如顶点数量为 $|V|$，边的数量为 $|E|$，可用 GPU 数量为 m，即流网络的可行流，那么按照最短路径计算方法，其复杂度为 $O(m|E|\log|V|)$。

从上述的分析看，m 台 GPU 设备、t 个任务、一次调度的规模大约是 $O(t^3 m^4 + mt)$，当任务数量较大，GPU 集群规模较大时，调度时间就变得较大，因此，该调度方法的大规模扩展性较差。

7.6　实验设计

系统在一个集群上进行试验，集群中包含 8 台 NF5468M5 服务器，作为计算节点；1 台中科曙光服务器 620/420，作为调度节点。每个服务器节点包含 2 颗 Xeon2.1 处理器，每颗处理器包含 8 个核、32 GB DDR4 内存、2 块 RTX2080TI GPU 卡、10 GB 显存。集群包含 1 台 AS2150G2 磁盘阵列。服务器操作系统为 Ubuntu 7.5.0，CUDA 版本为 10.1.105，采用 C++11 作为编程语言，Mesos 的基础版本为 1.8。这些计算机被组织在 4 个机架内，每个机架包含 4 台计算机。机架内的计算机通过机架换机连接，各个机架交换机通过级联方式与汇聚交换机连接。

本章中的软件采用 CUDA 架构和 Mesos 资源管理框架：①对于作业框架，在 Mesos 提供的样例基础上，重新设计了针对数据处理的作业管理框架。当 Mesos 向作业提供资源邀约后，作业按照数据存储位置建立局部的流网络，并计算各种可行方案对应的代价和容量。当资源分配发送确认后的分配结果后，各个作业向计算节点提交自己的任务。②资源管理方面，改进了 Mesos 集群资源管理框架，在 master 节点上扩展了资源分配的策略以及 GPU 使用状态的管理。当各个作业的局部流网络发送到资源分配器后，资源分配器合并这些局部流网络，形成全局流网络，然后使用本章中的调度算法，计算出最小代价最大任务数的调度结果，最后向作业通知分配结果。③在计算节点上添加了 GPU 设备状态的监视和汇报机制，同时还添加了数据远程访问服务，用于远程节点对数据的存取操作。

每个作业包含作业引擎和作业执行器两个主要部分。作业引擎负责数据分片、任务描述的生成，然后将任务描述发送到资源管理器并请求计算资源。一旦获得计算资源，资源管理器启动执行器,执行器启动后从作业引擎获得任务描述信息并启动任务,任务结束后,执行器返回任务结果文件位置,等待作业引擎的后续调度。作业引擎与任务执行器之间通过网络通信交换任务状态和结果文件的存储位置。

针对数据分片部分,实验过程中需要不断变换数据分片的大小。本章中采用在每个计算节点启动一个文件服务方式,执行器的任务需要数据时,连接计算节点的文件服务,通过网络获得任务需要的数据。作业启动前,采用随机方式在不同的计算节点上复制各个数据文件的副本。作业启动后,作业引擎计算出每个任务所需的数据分片的大小和分片的偏移量,任务根据这些信息按照代价最小原则从所有副本中选择一个最佳位置来获取数据。全部任务执行结束后,由作业引擎启动一个合并任务,从各个任务的临时数据文件中获得数据,然后合并任务进行计算,生成结果。

7.6.1　测试作业

本章选择了一些典型的应用程序作为测试负载,测试程序虽然不多,但是每个程序都使用不同的数据进行测试。即使同一个程序,读取的数据集不同时也可能产生多个应用程序实例,每个实例是一个作业。一个作业在试验中使用相同的数据集。

每次试验都运行多个作业。采用不同的调度策略时,作业数量及作业的运行次序保持一致。每次试验都并行运行 k 个作业,一旦一个作业运行结束,就立即启动一个新的作业。参与试验的作业有以下几类:

(1)矩阵乘法(MM)。矩阵数据存储在两个大型文件中,计算过程中采用分块矩阵,即 $(A_1, \cdots, A_m)(B_1, B_2, \cdots, B_m)^{\mathrm{T}} = A_1 B_1 +, \cdots, + A_m B_m$,矩阵 $\boldsymbol{A}$ 垂直分块,矩阵 $\boldsymbol{B}$ 水平分块,分块数量一样,每个分块矩阵相乘的结果再按照水平分块,最后对相同水平分块进行加法运算,得到最后的结果,结果是一个文件,存储在指定的位置。这个过程包括乘法运算和加法运算,乘法运算的任务数量和加法运算的任务数量一样,总的任务数是分块的 2 倍。第一组测试使用两个相同的方阵进行乘法操作,矩阵 $\boldsymbol{A}$ 的每个分块大小为 1 GB,矩阵 $\boldsymbol{B}$ 的分块大小为 1 GB,分块数量分别为 6、10、15、20,作业称为 J1、J2、J3、J4。另外一组测试使用两个不同的矩阵,矩阵 $\boldsymbol{A}$ 的每个分块大小为 1 GB,矩阵 $\boldsymbol{B}$ 的分块大小为 60 MB,分块数量分别为 8、10、20、30。作业称为 J5、J6、J7、J8。共计 8 个作业。

(2)稀疏整数出现次数计算(SIO)。作业执行时读取文件,计算每个整数出现的次数。随机生成的整数都限制在一定的范围内。作业使用 map/reduce 计算方式,map 阶段按照分片数量生成任务,每个任务计算整数出现的次数,reduce 阶段只有一个任务,用于统计不同数字出现的次数。由于随机生成的整数在一定的范围内,因此,reduce 任务使用 CPU 执行。每个分片的数据的大小为 3 GB,分片数量分别为 5、6、8、10、15、20、30、60。作业称为 J9、J10、J11、J12、J13、J14、J15、J16。共计 8 个作业。

(3)素数的判别(prime)。作业读取数据并检查每个素数,在生成素数时,将素数的大小限制在 4 位数。该作业的特点是具有较高的 GPU 使用率,分片数据大小为 2 GB,分片数量分别为 4、8、10、15、20、30、40、60。作业称为 J17、J18、J19、J20、J21、J22、J23、J24。共计 8 个作业。

(4)字符串排序(string sort)。对于长度一定的字符串,使用 GPU 进行排序。首先,对数据文件进行分片,使得数据大小满足 GPU 显存大小的要求,每个分片在单个 GPU 上执行,产生(K,V)键值对数据,K 代表一部分按照前 4 个字符计算的大小值,V 代表字符串真实值。按照 K 将数据分割成不同的区段,同一区段的数据由一个 CPU 任务完成输出。测试时,每个数据的长度为 20,数据分片大小为 2 GB,分片数量分别为 5、6、8、10、30、60。作业称为 J25、J26、J27、J28、J29、J30。共计 6 个作业。

(5)聚类算法(k - means)。聚类作业分为两个部分:另一个是参数服务;一个是任务执行。作业执行时,先将数据分片,根据分片结果得到作业中任务的数量。另外,参数服务随机产生聚类中心。作业启动后,根据分配的 GPU 数量,启动执行器并执行任务。任务执行完后,计算出新的局部聚类中心,然后发送到参数服务器,由参数服务器计算新的聚类中心。再执行相同的计算过程,直到设置的迭代次数满足要求。测试时,数据分片大小为 500 MB,数据维度为 2 500,聚类数为 64,迭代次数为 10,分片数量分别为 5、8、10。作业称为 J31、J32、J33。共计 3 个作业。

(6)图片检测(Yolov3)。使用 DarkNet[202] 提供的图片检测程序及神经网络结构和权重参数,对大规模的图片进行并行检测。作业启动后,根据分片数量,将图片分片,每个分片为一个任务。实验中使用了 1 万张图片,测试时分片数量分别为 5、10、20,每个分片包含的图片数量为 2 000 张、1 000 张和 500 张。作业称为 J34、J35、J36。共计 3 个作业。

7.6.2　测试标准

本章使用以下的指标来评价调度策略的效果。

(1)作业运行时间。在实验中,每次调度需要完成 m 个作业,从第一个作业被调度到最后一个作业完成,跨越的整个时间区间称为作业运行时间,记为 DT。DT 用来描述作业并行运行中,出现拖后的程度。DT 越大,说明存在作业拖后,造成作业执行周期拉大;DT 越小,说明并行执行的作业能够同时完成。

(2)单个作业完成时间。如果有多个作业共享集群资源,那么当作业 j 通过调度后,从第一个任务开始到最后一个任务结束,其花费的时间称为单个作业完成时间,记为 t_j^{sh}。单个作业完成时间用来描述作业在共享资源时的延迟情况,时间越长,延迟越严重。

(3)公平性偏差。当存在 m 个作业共享集群资源时,对于作业 j,其独占 $1/m$ 的集群资源,从第一个任务开始到最后一个任务结束,其花费的时间称为理想作业完成时间,记为 t_j^{id}。理想作业完成时间与单个作业完成时间的比值称为公平率,记为 s_j,$s_j = t_j^{id}/t_j^{sh}$。由于调度开销、作业资源分配冲突等,t_j^{sh} 一般花费更多的时间,因此,$0<s_j<1$。s_j 越接近 1,越能表明调度算法的公平性。

当 m 个作业共享集群资源时,公平率的算术平均值 记为 $S=\sum_{i=1}^{m} s_i/m$,其均方差称为公平性偏差,记为 $\sigma = \sqrt{[(s_1-S)^2+(s_2-S)^2+\cdots+(s_m-S)^2]/m}$。公平性偏差用于衡量调度算法资源分配的公平性。方差越小,说明公平性越好。

(4)网络数据传输大小。作业执行完成后,先统计非本地化调度的任务数量,再根据每个任务通过网络阐述的数据的大小,计算出该调度策略下网络数据传输的规模,从而估计出数据本地化带来的效果。

因为无法使用单个指标来评价算法,本章使用四个指标来进行对比。当一个作业单独使用集群执行时,执行时间为 t,而 m 个作业同时使用集群时,执行时间不超过 mt。当一个作业运行时,需求的资源不超过全部资源的 $1/m$,即使有 m 个作业共享集群计算资源,其运行时间仍然为 t。最坏情况下,当一个作业执行时,需要全部的集群计算资源,当 m 个作业同时运行时,其作业执行时间为 mt。

作业的公平性偏差是评价调度器的指标,用来评价调度器的公平性。作业运行时间则用来评价系统的吞吐量,可以用来显示不公平的分配策略对吞吐量的影响。单个作业完成时间描述了作业的规模对完成时间的影响。网络数据传输大小描述作业运行中本地化调度的程度,不同的策略和调度算法对数据传输代价的影响会不同。

7.6.3　实验评价

在本节,我们针对不同的网络条件运行一系列的作业,对比基于 GPU 数量和基于最小代价最大任务的调度算法在性能方面的不同:①针对测试的应用程序,使用抢占策略的共享调度时,其性能比其他策略的性能都好;②比较基于 GPU 数量和基于最小代价最大流的调度算法后,发现后者具有更好的性能及较低的网络使用率;③大幅度地降低数据传输代价会得到较好的吞吐量。

7.6.3.1　作业运行时间的基准性能

为了对比调度的性能,需要计算每个作业独占资源时的基本性能,但是,调度策略不同时,其获得的数据也不一样,因此,我们比较 3 种算法在作业独占资源时的运行时间,选择完成时间的最小值作为基准。

为了获得基准数据,每个机架都使用其全部 1 GB 带宽链接到中央交换机,每个作业独立运行,在这种情况下,各个作业的运行时间及网络数据传输大小用作业运行时间最小的数据作为基本数据。测试过程中,我们每次运行 30 个作业,共测试 3 次,分别获得了基于 GPU 数量的共享分配算法(GS)、基于最小代价最大任务的共享分配算法(FS),以及采用抢占策略的最小代价最大任务数算法(FSP)的性能数据,结果见表 7.1。

表 7.1　理论运行时性能指标

算　法	作业运行时间/s	数据传输大小/TB		
		合　计	机架内	机架之间
GS	825.6	1.3	0.325(25%)	0.195(15%)
FS	808.2	1.3	0.299(23%)	0.156(12%)
FSP	782.3	1.3	0.208(16%)	0.117(9%)

从表 7.1 可以看出,FSP 算法的效果最好,而且偏差也较小,平均值大约为 1.8%。因此,

我们选择 FSP 算法的各个性能指标作为比较基准。

我们观察到,即使作业独占资源运行,FSP 也可以显著改善跨集群数据传输,从而缩短运行时间。在依据 GPU 设备数量进行公平共享的方式中,一旦有空闲资源,即使数据传输代价较大,任务也会被提交到 GPU 上。而在 FSP 调度过程中,某些任务由于数据传输代价过大而会被延迟调度,一直到合适的计算资源出现,任务才开始调度。

7.6.3.2　网络受限时的作业性能评价

实验中,各个机架交换机采用 1 GB 交换机,汇聚交换机也采用 1 GB 交换机。在实验中,针对不同调度策略来实施。实验设置并行运行的作业数量为 6,该并行度可以确保作业运行的整个期间有足够多的任务来保持集群资源的高利用率。每次实验都至少进行 3 次,然后取平均值作为最终的结果数据。图 7.5 给出了每个作业在不同的调度策略下的单个作业完成时间,同时,给出了作业的并行度 k 为 1 时各个作业的理想完成时间,用来对比单个作业完成时间的差异。图 7.6 所示是各种调度策略下,作业针对不同的调度策略的性能对比。

图 7.5(a)~(c)是基于 GPU 设备数量的公平调度算法时,全部作业单个作业完成时间及理想作业完成时间。测试单个作业完成时间时,也测试了同时存在 6 个作业并行运行的完成时间。(a)使用非抢夺策略,(b)使用抢夺策略,(c)使用延迟调度策略。图 7.5(d)~(f)是基于最小代价最大任务数的调度算法时,全部作业单个作业完成时间及理想作业完成时间。(d)是不采用抢夺策略,(e)是使用抢夺策略,(f)是不考虑公平策略。

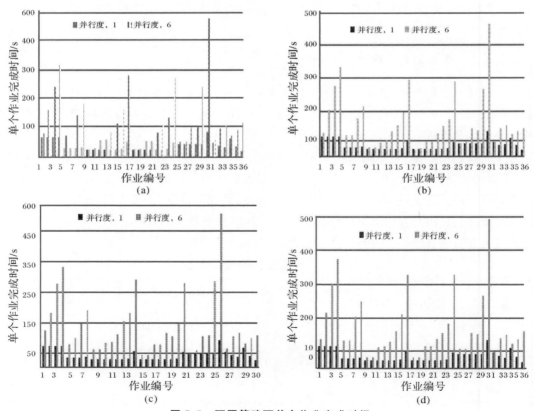

图 7.5　不同策略下单个作业完成时间

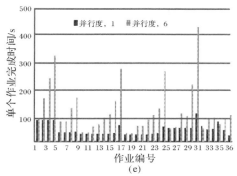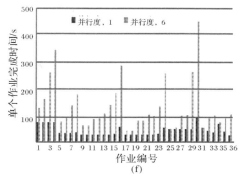

续图 7.5　不同策略下单个作业完成时间

由图 7.5 中可以看出,当作业的规模比较大时,单个作业完成时间明显增大。原因在于多个作业并行运行时,每个作业只能得到一部分集群资源,由于作业中包含的任务较多,因此一些任务因为等待及资源被推迟。从作业中第一个任务开始到最后一个任务完成,与独占资源($k=1$)相比,时间区间明显加大,说明作业之间存在资源竞争时,调度系统按照基本资源配额来提供资源。对于作业规模小的作业,其基本资源配额可以满足任务的需求,单个作业完成时间基本上与理想作业完成时间相同。对于不同的调度策略,单个作业完成时间也不相同。抢夺方式的单个作业完成时间最小,延迟策略的单个作业完成时间稍微长一点,不考虑资源公平性的单个作业完成时间也较长,但是差别不是太大。其主要原因是任务计算过程中的数据规模比较大,虽然作业中的任务被延迟调度,但是尽量满足了数据本地化要求,减少了数据的传输,使得最终完成时间延迟不太大。值得注意的是在抢夺策略中,由于将一些非本地数据传输的任务强制终止,使得其他作业的本地任务增大,明显降低了单个作业完成时间,而在非抢夺方式中,虽然减少了部分任务被强制停止而造成的计算损失,但是受数据非本地化因素影响,导致最终单个作业完成时间并没有减少。

图 7.6(a)(b)(c)分别比较了 6 种调度策略在作业并行运行时的作业运行时间、公平性偏差及数据在网络间传输规模。由(a)可以看出,在最小代价最大任务数的算法中,使用不考虑资源公平时,这是因为该算法只考虑数据本地化,减少了数据在网络间传输得到,全部作业运行结束花费的时间相对较少,也就是说,单位时间内能够执行更多的作业,提高了吞吐率。从(c)中也可以看到,该策略使得机架间与机架内数据传输相对较少,但是,它的公平性偏差较大,达到 0.32,与抢夺方式比较,差别有 25% 左右。同样,基于 GPU 设备数量的调度方法中,延迟调度带来作业并行运行时间减少的同时,使得公平性有所降低。

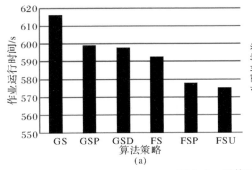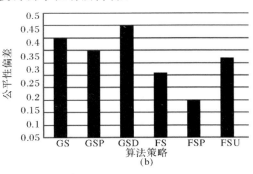

图 7.6　网络受限时性能指标

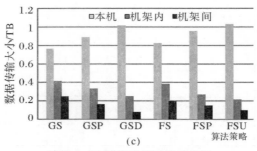

续图 7.6　网络受限时性能指标

结合图 7.5 和图 7.6,我们可以看出,当作业并行运行时,只考虑数据本地化,必然影响单个作业完成时间,但是全部作业运行时间会有一定程度的降低。从这些数据也可以得出结论:数据的传输代价对作业运行时间的影响比较大,通过对公平性与数据本地化读取的折中处理,能够得到较好的调度效果。

7.6.3.3　网络不受限时的性能评价

为了测试不同的网络带宽对性能数据的影响,试验时将汇聚交换机替换为 10 GB 交换机,而各个机架交换机保持原来的配置。在实验中,使用 6.3.2 节同样的测试作业,进行了同样步骤的测试。

图 7.7(a)(b)(c)分别比较了 6 种调度策略在作业并行运行时的作业运行时间、公平性偏差及数据在网络间传输规模。从(a)中可以看出,网络带宽的提高使得整体作业运行时间都得到一定程度的减少,因此,网络带宽的增加有助于提高吞吐率。从(b)中可以看到,公平性偏差变化不大,说明网络带宽的扩大对资源分配公平性的影响较小。从(c)中可以看到,机架之间的数据传输量变大,机架之间的数据传输量变化不大,而本地读取数据的大小有一定的减少,这说明网络带宽的增加会对数据传输代价产生影响。

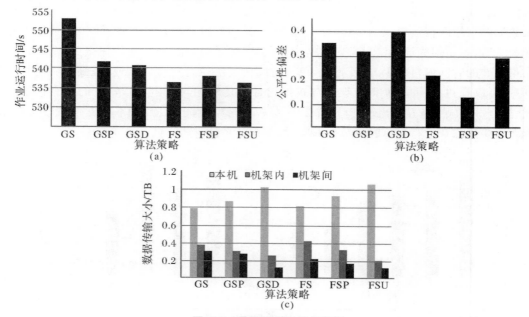

图 7.7　网络受限时性能指标

7.6.4　一体化调度与传统调度的对比

为了对比用户级别的公平与任务级别的公平的不同,本章模拟了 Yarn 中的容量调度、公平调度和本章中的一体化调度。容量调度中使用先来先服务策略。容量调度和公平调度的数据访问的优先级别设置三类:本地、机架内、机架间。本章设置了 10 个用户,针对每个用户,随机从 30 个作业中选择 6 个作业,作为当前用户需要执行的作业,每个用户模拟一个队列,分配等量的 GPU 资源,当所有用户的作业都完成后,计算花费的时间。进行多次测试后计算花费时间的平均值,一体化调度花费的时间比公平调度少 9.52%,比容量调度少 11.27%。其原因是本章的调度从全局的角度考虑数据访问情况,而容量调度和公平调度则从局部角度考虑数据访问情况。另外一个原因是各个用户中作业执行时间和资源需求也存在差异,因此,基于最小代价最任务数的调度方法优于公平调度和容量调度。

7.6.5　调度开销的估计

在基于最小代价最大任务数的调度算法中,建立顶点和边的算法复杂度为 $O(V+E)$,其中 V 代表流网络顶点集合,E 代表流网络边的集合。流网络的最小代价最大流计算是经典的过程,代价相对较大。本章对调度的额外开销进行了估计,实验评价过程中的平均调度开销为 5.04 ms,最大情况下不超过 10.23 ms,这些数据说明调度开销不是算法的瓶颈。另外,为了估计更大规模的调度开销情况,我们模拟了 2 000 个 GPU 设备的机群,包含 100 个并行运行的作业,调度时间在 1~2 s,这对数据密集型计算作业的运行时间来说,是用户可以接受的范围。调度开销的数据说明使用最小代价最大任务数调度方法是可行的。

7.7　结　束　语

GPU 计算资源在数据密集型计算中越来越得到重视和使用。GPU 集群资源共享也是目前发展的趋势,随着越来越多的作业需要 GPU 计算,GPU 资源在不同的作业之间的共享显得越来越重要。但是,GPU 的共享带来引发数据在计算节点之间大量传输的问题。本章通过最小代价最大任务数量调度算法,解决了现有算法在 GPU 资源公平分配与数据传输代价增大的矛盾,通过对数据密集型作业并行执行的测试,保证 GPU 资源的公平性达到 92% 左右。但是,在减少数据传输规模上还有待进一步的提高。

第8章 面向大数据和云计算的异构结构集群性能监控

8.1 概　　述

当前,面向大数据的异构集群已经成为大数据分析与计算的基础。随着数据规模的不断增加及数据种类的扩展,集群的规模也越来越大,所执行的任务也越来越复杂。为了更好地利用集群资源,尽可能地提升集群资源的使用率和性能,就需要及时掌握整个集群的状态,监视每个集群节点的资源使用情况,恢复失败的计算节点,保证整个集群的健康。因此,需要一个集群监控系统来实时监测集群内各个服务器节点的性能情况,从而根据监测到的结果做出正确的应对决策来优化集群的整体性能。

异构集群的资源调度框架是保持集群基础设施的重要组成部分,可以帮助程序员有效地将集群中的资源分配给需要它们的应用程序,但是及时查看整个集群中发生的异常是一个挑战。例如,集群是否有足够的容量来支持工作负载,或者是否应该向外扩展。管理者需要深入查看集群中任何节点或节点子集,以及在这些节点上运行的任何服务的实时指标和历史指标,就要求集群资源监控系统能够动态地收集性能数据并进行持久化。在一个大规模的集群系统中,需要监视的资源种类比较多,这些指标包括 CPU、GPU、内存和磁盘利用率等资源指标,以及围绕任务执行的更有针对性的指标(任务完成、失败、终止等)。

目前,现有的性能监控系统,如 Nagios[242]、Zenoss[243]、zabbix[244]、open-falcon[245]、Cacti[246] 等用于监视系统计算机资源、网络基础结构和体系结构的运行状况。Nagios 是一个监视系统运行状态和网络信息的监视系统,能监视所指定的本地或远程主机及服务,同时提供异常通知功能等。Nagios 可运行在 Linux/Unix 平台之上,同时提供一个可选的基于浏览器的 Web 界面以方便系统管理人员查看网络状态、各种系统问题及日志等。Zenoss[247] 是一个混合 IT 监控分析软件,用于云、虚拟和物理 IT 环境。它使用收集器工具来收集系统数据,并通过门户将其发送到中央服务器进行分析。例如,受监控服务器上的收集器存储数据并通过门户网站将数据发送到 Zenoss,以对服务器运行指标进行处理和分析,并将其与正常范围进行比较。Zabbix 是一个开源监控软件工具,适用于各种 IT 组件,包括网络、服务器、虚拟机(VM)和云服务。Zabbix 提供监控指标,如网络利用率、CPU 负载和磁盘空间消耗。Open-falcon 是一个分布式高性能监控系统,针对每个计算节点,自动采集各种数据和指标,包括 CPU 相关、磁盘相关、I/O、Load、内存相关、网络相关、端口存活、进程存活、机器内核配置参数等。Cacti 是一个完全由 PHP 驱动的开源数据监控平台。在 Web 界面上,用户可以使用 Cacti 作为 RRDtool 的前端,创建图形并使用存储在 MySQL 中的数据填充它们。Cacti 还为用户提供 SNMP 支持,创建图形来执行网络监控。Zabbix 和 Nagios 是基础设施监控工具,涵盖与 Zenoss 类似的范围,即从网络和服务器到虚拟机管理程序和操作系统。

虽然这些性能监控系统可以监测集群节点上的物理设备的性能,但是它们与我们自主开发的异构结构集群调度框架(Heterogeneous Resource Management,HRM)不能很好地融合在一起。例如,这些系统不能监测集群上的队列的状态、执行器的状态及任务等组建资源,同时,这些系统需要自己开发软件来感知 GPU 的存在,并提供 GPU 的资源使用状态。另外一个问题是,现有的系统无法全面分析异构集群调度框架的关键指标,如调度请求的多少、队列的负荷等信息(运行中的请求、排队请求等),因此,需要构建新的异构结构集群资源性能监控系统(简称 HRM 性能监控系统),监控系统中的队列组建及各个物理设备的性能是异构集群的一个基本要求。

在接下来的章节中,我们详细介绍 HRM 性能监控系统的设计和实现部分。

8.2　HRM 性能监控系统的需求分析

8.2.1　HRM 性能监控需求分析

异构集群的资源调度框架是一个用于调度和管理分布式应用程序的集群管理器。它分配 CPU、RAM 磁盘、网络等资源时,将整个集群看成是一台大型逻辑机器。

异构集群资源监视系统提供了集群服务和一个或多个计算节点之间的通信、监视和处理。

通常,资源监视系统具有以下特征:

资源监视系统始终在与集群服务分开的进程中运行。如果资源出现故障,资源监视器就会将集群服务与影响隔离开来。如果集群服务失败,资源监视器就允许其资源正常关闭。

资源监视系统存储同步状态数据,根据需要检查和更新资源状态。

资源监视系统定期检查其所有资源的运行状态。

异构集群资源监控系统的主要功能需求是获取构成集群的各个节点实时的性能数据,如 CPU 利用率、硬盘利用率、系统负载情况、内存利用率,并把节点的性能情况实时显示在前端页面上,它涉及以下几个方面的问题:

1)实时数据获取方法;

2)数据动态实时地发送给主(master)服务器,服务器再将得到的实时数据发送给前端,前端将这些数据转化为曲线或图表。

资源监视系统的总体结构如图 8.1 所示,包含一个 master 服务器、各个计算节点组成的集群。Master 服务器运行着监控服务,计算节点上运行着监控客户。

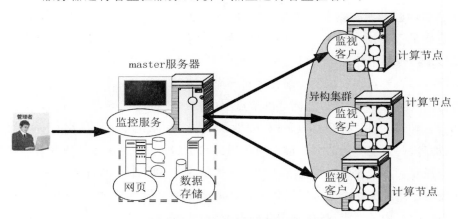

图 8.1　HRM 性能监控系统的总体结构

监控服务。监控服务运行在 master 服务器上,是一个守护进程。一方面,接收客户端(web)的请求,显示当前集群计算节点的性能状态,如 CPU 使用率、GPU 可用显存、GPU 使用率、内存使用、磁盘 I/O 程度、网络带宽,以及各个计算框架的资源使用及任务状态等信息,通过图形方式展示给用户。另一方面,监控服务定期与各个计算节点的监控客户通信,获得监控客户返回的数据,并按照一定格式存储在 master 服务器上。最新数据,一方面,及时返回给各个用户,用于 web 展示,另一方面,通过异步方式存储在服务器上,用于历史数据的分析处理。

监控客户。监控客户收集本机器的资源信息,如 CPU、GPU、内存、磁盘、网络等信息。另外,它也收集运行在该节点上的进程的资源使用状态,以便统计各个用户的任务占用资源的情况。监控客户定期与监控服务通信,返回最新的状态信息。

网页。网页是定义的各种 web 静态框架,通过与数据存储的数据结合后,形成动态页面展示给用户。

数据存储。数据存储采用数据库方式,将各个计算节点收集的性能数据存储在数据库中,用于对整个系统的状态进行分析、预测,对系统资源的弹性扩展/收缩提供决策。

管理者通过网页展示来查看集群的最新状态和历史趋势。网页可以展示的内容主要包括集群中各服务器节点的 CPU、GPU 使用情况,内存使用率,磁盘使用情况,网络带宽、进程及系统的内核参数等信息。

本系统的主要使用对象是系统管理员,管理员通过网站应当能够清楚地看到集群内某一计算节点或多个计算节点的性能情况,可以通过监测集群内节点的性能状况及时发现并解决问题。

8.2.2　HRM 性能监控系统非功能需求分析

HRM 性能监控系统除上述功能需求之外,还有一些非功能需求,以此来保证系统正常运行。

(1)集群的稳定性。稳定性对大规模集群来讲很重要,集群在执行计算任务过程中要保持稳定,尽量避免出现节点连接中断等情况。

(2)使用界面的友好性。界面需要简洁、易用,注意美观,要让用户十分清楚地看到自己需要的信息。同时,要让用户容易上手操作,使用户对操作流程一目了然,较快地熟悉系统的使用。

(3)监控数据准确性和实时性。监控数据是否准确直接影响到用户能否正确评价系统的性能情况。反馈给用户的性能数据必须准确,这样才能正确反映集群的真实情况,使用户做出正确的判断,同时一定要保证数据的实时性,使用户能够正确判断集群当前的真实情况。

(4)系统的易用性。集群监控系统的操作必须符合人们的使用习惯,容易上手,使用户在操作上能够一目了然,方便用户学习操作,避免用户容易犯的一些错误,提高用户的使用效率。

(5)良好的可维护性。系统完成后,为了适应新的需求需要对系统进行修改时,开发人员能够很容易地理解系统的结构、接口、功能及内部实现的原理,能较快地对软件进行修改。同时,能很方便地测试和诊断出系统中存在的 bug。

(6)性能要求。监控系统应该能够按照用户的要求进行监控,能按照用户的要求去监控一台或几台节点服务器的性能情况,而不是宽泛地直接监视所有机器。同时,前端页面的响应速度应该在可接受范围内。

(7)容错性。系统应该有较强的容错性。当系统出现某些未知错误时,系统不至于崩溃,不致影响系统其他部分的运行。

(8)可扩展性。性能监控系统应能动态适应集群规模的变化。当集群内有新的节点加入时,系统能够及时发现并对其进行监控;当某一节点从集群中移除时,监控系统也能做出必要的调整。

(9)性能数据采样频率灵活。监控系统由于要实时获取数据,因此需要定时请求数据。但是不同的性能参数有不同的属性,其中有动态的也有静态的;有适合采样间隔短的,有适合采样时间间隔长一点的。针对不同的性能参数设置不同的采样频率有利于提高系统的性能。

8.2.3　HRM 性能监控系统设计的要求

8.2.3.1　HRM 性能监控系统设计的原则

HRM 性能监控系统设计的目的就是为了实现异构集群性能的实时监控,因此,在设计时务必要保证性能数据的实时性。需要系统在成功获取到性能数据后以较快的速度传递到 master 服务器,而后显示在前端界面,系统延时要保持在一个较低的水平。

监控系统要能够实现资源监视的多元化。监控系统在运行时,管理员通过系统提供的 WebUi 界面不但能够观测集群中任何一个节点任何一段时间内的性能状况,甚至精确到某一节点内某个资源的使用状况,还要能够使管理员观察到整个集群的概况,如集群内有多少台机器,每台机器的配置,如内存、CPU、磁盘等。

监控系统在设计上要充分考虑用户界面的简易、友好、易用,符合人们的使用习惯,在使用方法上一目了然,管理员应能够方便、快捷地监控集群内节点的性能状况。

监控系统应该具有较好的可扩展性,充分考虑本系统与其他系统的数据接口,能够提供统一化的接口,能较好地为资源管理系统提供数据服务。同时,要能够较为快速地扩展到其他新的平台或体系。

8.2.3.2 HRM 性能监控系统设计的关键技术问题

（1）系统性能数据的获取及操作。性能数据的获取是监控系统的主要功能。每当有请求过来时，节点应当能够获得本系统内当前时刻的性能数据，这些性能数据包括 CPU、GPU 的使用情况；内存使用情况；网络带宽使用情况；磁盘使用情况；进程信息；系统内核信息，如 inode；文件句柄的使用情况等性能信息。采集到相应的性能数据之后，将它们处理成相应的格式供其他程序获取处理。

（2）集群内节点的通信。一个集群内有多个计算节点。为了能够及时获得某一台或几台节点服务器的性能状况，需要集群中 master 服务器的监控服务与各个计算节点（slave 节点）的监控客户能够进行通信，进行消息和数据的传递。从而使获取某一节点性能数据的请求能够从 master 服务器发送到指定的 slave 节点。Slave 节点的监控客户在收到相应的请求之后，开始获取本系统当前状态下的性能数据，再将其以一定的格式发送给 master 服务器做后续的处理，进而展示给用户。这个过程的实现依靠集群中节点之间可靠的通信。集群内计算节点之间的通信要求 master 节点服务器与构成集群的各 slave 节点服务器能够互相发送消息，可以实现广播通信（master 服务器向所有 slave 服务器发送相同的消息，并接收所有 slave 节点服务器发送的消息）或点对点（master 服务器与某一台 slave 服务器进行发送接收消息）的通信。只有实现节点间的通信，才可以通过 master 服务器远程获得任意一个 slave 节点服务器的性能信息。

8.2.4 HRM 性能监系统的基本结构

HRM 性能监控系统包括集群资源和性能监控两个部分，如图 8.2 所示。集群资源包括集群内包含的机器，并且可以通过相应的机器查看到对应机器的队列信息。用户既可以再次增加或删除队列，也可以对队列进行修改（如设置队列同时可运行数，设置内存容量，设置 CPU 数量、GPU 数量），还可以获取整个集群的队列列表信息。除此之外，用户可以查看该集群过去一段时间运行的一些任务的信息，如任务运行的机器信息、运行时间、开始时间、结束时间等。最后，可以通过请求信息查看当前集群上正在运行的请求信息，详细的队列管理参考第 3 章的队列系统。

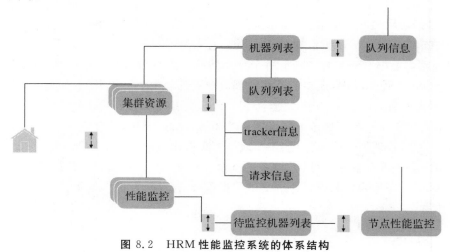

图 8.2 HRM 性能监控系统的体系结构

性能监控用于监视集群上的每个节点,通常是每个集群节点上硬件设备的静态和动态利用率信息。用户可以通过集群性能监控系统的监控列表选择想要监控的节点,性能监控系统提供集群内各个节点的实时性能监控,如 CPU 利用率、内存利用率、网络吞吐量、GPU 使用率、磁盘使用率等信息。本章后续主要描述资源监控部分。

8.2.4.1　HRM 性能监控系统的功能

异构集群监控系统是为了能够实时监控集群系统的性能情况,以便及时发现系统内存在的问题或性能瓶颈,并进行处理,如图 8.3 所示。整个监控系统采用面向对象的开发方式,以及 B/S 架构,从而使用户能够通过浏览器访问部署在 master 服务器上的网站,通过网站提供的功能来实时查看一台或多台机器的性能监控信息。由网站发送命令请求数据,master 服务器收到请求后与被监控的 slave 节点服务器进行交互,实现对指定 slave 节点服务器性能数据的监控,并完成对被监控的 slave 节点服务器的连接检测,及时发现有连接故障的服务器。同时,系统支持现有主流计算机硬件及软件平台,能够兼容现有大部分设备,并提供数据接口及技术接口,便于扩展本系统功能及与其他应用系统进行交互,为其他系统提供数据服务。

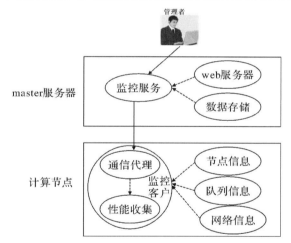

图 8.3　异构集群性能监视系统

当用户从前端发送请求后,性能监控服务请求指定的性能数据,包括根据请求的信息判断出是哪台 slave 节点服务器,并向指定的 slave 节点服务器发送获取性能数据的请求,同时准备接收来自 slave 节点服务器的数据。数据存储负责数据库的存取工作,既能将数据存入数据库,也能查询出指定的数据,同时确保数据库的容量不会无限制增长,实现定时删除数据,保证数据库的大小维持在一定的范围。在本系统中,将 master 服务器算作监控服务器。同时,监控服务器也包含 Web 服务器的功能,负责和前端交互,实现网站部署在监控服务器上,保证前端发送的命令能够正确地发送到监控服务器。从而,监控服务器也就是集群中的 master 服务器在系统中起到交互和信息存储的功能。

8.2.4.2　HRM 性能监控系统的功能模块

监控系统根据设计要求可以划分为监控客户、数据存储、集群内部通信代理和监控服务 4 个模块。

（1）监控客户模块：包括通信代理和性能采集两种功能。通信代理与异构集群的调度框架共享，也就是说，该模块既可用于调度框架，也可用于性能监控。性能采集包括静态信息查看和实时性能信息获取两项内容。静态机器信息查看，也就是集群中各个 slave 节点服务器的机器配置信息，如操作系统版本、机器名、机器 ID、内存信息、CPU 数量及核数、硬盘信息；实时性能信息获取，即系统某一时刻的节点性能信息。通过表格有组织地显示系统进程信息，系统内核，如 inode 的使用情况；文件句柄的使用情况等。通过动态变化的曲线图来查看 CPU 使用率、内存使用率、网络带宽。通过进度图表示磁盘的使用情况，对上述性能参数进行监控，当超过一定范围时，图表会以高亮显示，使监控人员及时发现计算节点上运行的一些用户进程，采集其计算资源使用的情况，计算节点的网络带宽使用情况。

（2）数据存储模块：数据库用于存取集群在一定时间范围内各个节点的性能数据，时间范围按照天数计算，方便系统管理人员有必要时查看历史数据。本模块应对外提供数据库的增、删、改、查等操作。同时，数据库应能够存取集群内所有机器的硬件信息，如操作系统版本、内存、CPU、硬盘等信息，还要获取集群内硬件的信息，如网卡数量及名称、CPU 信息等，便于统计集群内的网卡及 CPU 等硬件的数量。同时，为保证数据库的可靠，应能够定期维护数据库，自动将一些保存时间过长的数据删除掉，避免数据库的容量没有限制的增长，确保数据库的容量不会占用过多空间。

（3）集群内部通信代理模块：由于集群内有多台机器，性能数据必然有一个从一台机器传递到另外一台机器的过程，这就需要集群内节点之间可以实现相互通信，进行信息的传递。这种通信主要是监控服务器也就是 master 服务器能够与集群中各个 slave 节点服务器进行广播通信者点对点的通信。在监控服务器接收到来自前端关于获取指定节点性能数据的请求后，监控服务器会根据存取的机器列表找到指定的 slave 节点服务器的 IP 地址，向其发送命令，指定的 slave 机器收到命令后，就开始获取当前时刻本机器的性能数据，而后将数据按一定格式发送给监控服务器，监控服务器将收到的性能数据存入数据库，并且将数据发送给前端。监控服务器既能够实现这种点对点的通信，还能够进行广播通信，即能够同时向所有 slave 节点服务器发送消息，并准备接收来自所有 slave 节点服务器发送的信息。此种通信模式主要是为了获取集群内当前时刻所有的机器信息，从而可以动态刷新机器列表。

（4）监控服务模块：监控服务模块是系统的主要环节，一个功能是调用数据存储模块存储性能数据，另外一个功能是组装用户之前获取的性能数据并展示，供用户进行查看，从而可以根据集群内节点当前的性能状况判断整个集群的状况。本模块通过简洁、明了的界面为用户提供一目了然的信息展示模式，使用户能够迅速地理解前端界面中各个模块的功能，让用户能够快速理解界面的使用,提高用户的使用效率。

异构集群性能监控的详细功能模块如图 8.4 所示。

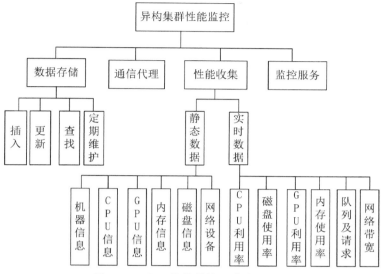

图 8.4　HRM **性能监控系统功能模块**

如图 8.4 所示,集群监控系统由上述四个模块组成:性能收集模块负责获取性能数据;数据存储模块负责存取性能收集模块所得到的数据;通信代理模块可以实现性能数据跨机器的传递,实现 master 服务器与集群中各个 slave 节点服务器之间的交互;监控服务模块负责将计算节点收集的数据进行处理,同时在用户请求时将后台获取到的数据展示在网页上。

8.2.5　HMR 性能监控系统展示的处理流程

HMR 性能监控系统展示的处理流程如图 8.5 所示。监控系统初始化后,集群内部通信代理模块就已经开始启动,也就是集群内的各 slave 节点服务器开始监听来自 master 服务器的请求。同时,数据库操作模块也开始准备工作,等待性能数据的到来。master 服务器可以对各个 slave 节点服务器进行广播,以获取集群内最新的机器列表信息,并将数据存储于数据库中。master 服务器也可以根据前端的请求去向指定的 slave 节点服务器发送命令采集性能数据。用户通过前端 webUI 提供的接口可以选择监控的节点服务器或监控的对象,而后浏览器将请求的信息返回给 master 服务器,由 master 服务器与各 slave 节点服务器进行交互,获取性能信息并存储到数据库中。同时将信息发送给前端,用户通过监测前端显示的数据来判断系统的运行情况。

图 8.5 较为完整地展现了集群监控系统运行的整个过程:从用户从前端 webUI 选择机器到前端和监控服务器之间的交互,再到监控服务器与集群内的节点服务器进行的交互。图中所述过程只是从前端获取一次性能数据的一个完整流程,由于用户在监控系统性能状况时,性能数据是定时更新的,因此,每隔一个时间片段,就会自动启动这样的一个执行过程。上述时序图反映了监控系统的运行过程。

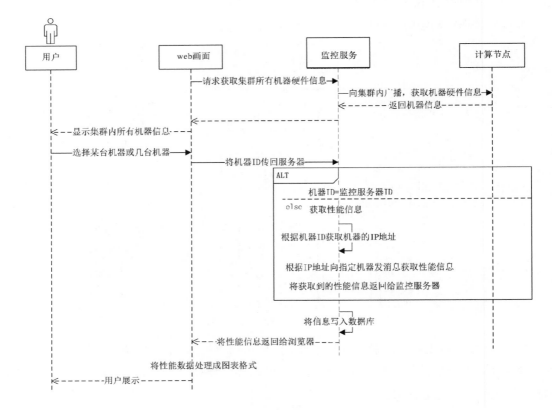

图 8.5　HRM 性能监控系统运行时序

8.2.6　计算节点上的资源监控

监控客户负责计算节点的资源监控,获得异构集群内节点资源情况及实施资源操作。监控客户模块由通信代理和性能收集服务共同完成。计算节点资源监控包含两个功能:①以队列为单位收集节点资源(CPU、GPU、I/O、带宽、内存等),并发送给监控服务。②响应 web 用户对资源的操作需求:A. web 用户需要对各个节点 CPU、GPU、I/O、带宽、内存等各项资源进行单独查询;B. web 用户需要对各个节点的队列进行查询或更改。

(1)队列信息收集。集群内计算节点资源包含 CPU、GPU、I/O、带宽和内存等,将 GPU 资源与 CPU 资源以队列的形式进行绑定,同时建立队列容量机制,使得多个作业使用同一队列资源时,GPU 和 CPU 同时被使用,有利于提高集群节点的资源利用率。队列的资源信息示例如图 8.6 所示,其资源信息包括队列名称、队列容量、已使用容量、剩余容量、队列优先级、CPU 和 GPU 个数及编号、可用内存大小等。

```
batch1@slave06;  type=BATCH;  nGpuset=1;  nCpuset=8;  nCpusetmem=1;  Cpusetmem=0
    Cpuset=0 1 2 3 4 5 6 7  Cpumem=35 G;  Gpuset=0  Gpumem=10989MiB  GpuSM=68  GpuAllSP=4352
    PGpumemL=3663.0MiB;  [ENABLED, INACTIVE];  Run_limit = 3;  pri=12
    0 exit;  0 run;  0 suspend;  0 stage;  0 queued;  0 wait;  0 hold;  0 arrive;
```

图 8.6　队列的资源信息示例图

　　监控客户通过心跳定时机制访问队列系统命令接口,队列系统命令接口调用队列系统查询命令,获取本节点的资源信息,并将其返回给队列系统命令接口。队列系统命令接口收到本机队列信息后先将其打包,然后一并发送给监控服务。监控服务收到来自计算节点的队列信息后,调用资源收集模块更新对应节点的队列资源列表,完成一次队列资源收集过程。计算节点监视器的查询原理如图 8.7 所示。当用户通过浏览器加载网页,监控服务响应用户的请求,查询配置文件的节点内容,并显示在浏览器。在第一次加载网页时,监控服务会将机器信息写入数据库,方便用户下一次读取。

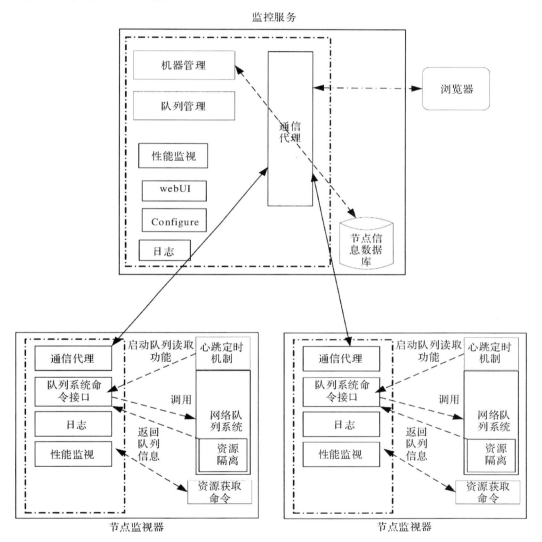

图 8.7　计算节点监视器的查询原理

　　(2)web 用户对资源的操作。当用户进入节点队列查询界面,可进行队列显示、添加队列、删除队列、更改队列参数等操作。当用户点击队列显示按钮时,监控服务会向计算节点的通信代理模块发送 route 指令,指令内容为"show Queue",该命令调用队列系统命令接口,该接口调用网络队列系统查询命令 qstatx -hl 2 -ql 3 -hn，查询本节点队列信息并返回给队列系统命令接口。队列系统命令接口将资源返回给通信代理模块，由该模块通过将数据包装成轻量级的数据交换格式(Java Script Object Notation,JSON)返回给监控服务。当用户点击队列添加按钮并输入添加队列名称、类型、优先级、绑定的 CPU、GPU、内存等信息时，监控服务会向计算节点的通信代理模块发送 route 指令，指令内容为"add Queue"，通信代理模块将命令发送到性能收集模块，调用队列系统命令接口，该接口调用网络队列系统添加队列命令 qmgr << EOF create batch_queue 进行队列添加。队列系统命令接口将添加结果返回给通信代理模块，由该模块通过将数据包装成 JSON 串格式返回给监控服务。当用户点击队列删除按钮，并输入删除队列的名称时，监控服务会向计算节点的通信代理模块发送 route 指令，由队列系统执行"delete Queue"命令，该命令调用队列系统添加队列命令 qmgr << EOF del q batch_queue_name 进行队列删除。队列系统命令接口将删除结果返回给通信代理模块，由该模块通过将数据包装成 JSON 串格式返回给监控服务。当用户点击队列属性更改按钮并输入更改队列的名称时，监控服务会向计算节点的通信代理模块发送 route 指令，通信代理模块将命令 modify Queue 转发给队列系统，调用队列系统命令 qmgr << EOF 更改属性，通过查询更改的关键字，如队列容量、队列优先级、内存大小、绑定 CPU、绑定 GPU 等对队列进行属性更改。队列系统命令接口将更改结果返回给通信代理模块，由该模块通过将数据包装成 JSON 串格式返回给监控服务。

(3)计算节点上其他设备的性能信息获取。用户点击任一计算节点，可进入该计算节点资源查询界面和队列查询界面。用户进入计算节点资源查询界面，可查询 CPU、GPU、磁盘、内存等资源[248-251]。

当用户选择查询 CPU 资源时，监控服务向计算节点监视器发送 route 指令，指令内容为"getcpu"，监控客户响应该指令，调用 CPU 资源获取命令获取 CPU 个数、编号及各个 CPU 使用率等资源，并将上述信息通过 JSON 格式返回给监控服务。

当用户选择查询 GPU 资源时，监控服务向计算节点监视器发送 route 指令，指令内容为"getgpu"，监控客户响应该指令，调用 GPU 资源获取命令获取 GPU 型号、个数、编号、显存大小及各个 GPU 使用率等资源，并将上述信息通过 JSON 格式返回给监控服务。

当用户选择查询内存资源时，监控服务向计算节点监视器发送 route 指令，指令内容为"getmem"，监控客户响应该指令，调用内存资源获取命令获取内存总容量、已使用容量、空闲容量、内存使用率等情况，并将上述信息通过 JSON 格式返回给监控服务。

当用户选择查询磁盘资源时，监控服务向计算节点监视器发送 route 指令，指令内容为"getdisk"，监控客户响应该指令，调用磁盘资源获取命令获取磁盘各分区信息、磁盘分区总容量、已使用容量、空闲容量、使用率等情况，并将上述信息通过 JSON 格式返回给监控服务。

当用户选择查询网络设备信息时，监控服务向计算节点监视器发送 route 指令，指令内容为"getnetwork"，监控客户响应该指令，调用网络资源获取命令获取网络设备的适配器名、网络接口名、IP 地址、MAC 地址、接收数据量、发送数据量及数据收集时间等信息，并将上述信息通过 JSON 格式返回给监控服务。

8.3　HRM 性能监控系统的设计

8.3.1　性能数据描述

8.3.1.1　数据库设计

HRM 性能监控系统包含计算节点信息及各种服务的信息。计算节点硬件资源包括 CPU、GPU、磁盘、内存、网络等,软件资源包括 OS 信息及其他软件配置信息;服务信息包括各个用户进程的信息、进程中资源使用信息等。这些信息都是系统数据存储的基础。这些信息中,一部分是静态存在;另一部分随着时间的变化而动态的使用和释放。系统将这两类信息全部在数据库中存储,其概念结构关系如图 8.8 所示。

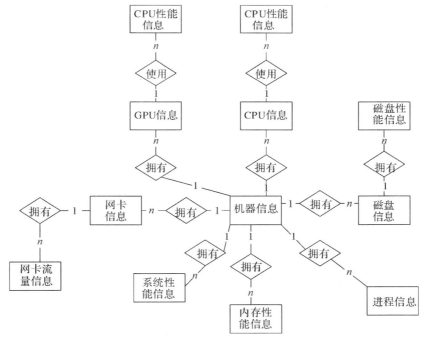

图 8.8　HRM 性能监控的主要 E - R 图

HRM 性能监控系统实体联系模型图(Entity Relastinship,简称 E - R)见图 8.8。为了简化,图中只给出了实体,每个实体对应的属性可以参考后续数据库逻辑结构设计的内容。

数据存储的持久化采用的是 sqlite 数据库。Sqlite 数据库是一款轻型的嵌入式数据库,是遵守原子性、持续性、一致性和持久性(简称 ACID)的关系型数据库管理系统,它的数据库就是一个后缀名为“. db”的文件。由于 sqlite 本身是用 C 语言写的,而且体积很小,因此,经常被集成到各种应用程序中,而且占用资源非常低。它能够支持 Windows/Linux/Unix 等主流操作系统,同时能够跟多种程序语言相结合,如 C++、C♯、python、Java 等。相比 Mysql、PostgreSQL 等世界著名的数据库管理系统,它的处理速度比它们都快。

本系统使用 sqlite 数据库来存取集群系统内各节点的性能信息。由于 sqlite 数据库是一种关系型数据库,因此,是用数据库表存储信息。在数据库逻辑设计中,我们将一些主要的实体及实体的联系设计了数据库表。

(1)机器信息表。机器信息表用于存储集群内所有节点服务器的基本配置信息(见表 8.1),是整个集群系统最为基础的数据表,存储着集群内所有机器的信息,被所有硬件及性能信息表引用。机器信息表描述集群计算节点的静态属性,如机器编号、机器名称、操作系统版本及类型、CPU 型号及数量等信息。

表 8.1　机器信息表

字段名称	字段类型	字段含义
machi_id	integer	机器 ID 号
mach_name	char(15)	机器名(主机名)
os_version	char(40)	操作系统版本
memory	char(5)	内存容量
CPU_number	char(5)	CPU 数量
CPU_kernel	char(5)	CPU 核数
GPU_number	char(5)	GPU 数量
disk_cap	char(10)	磁盘容量

表约束:machi_id 是主键,可以级联删除。

(2)磁盘分区信息表。磁盘分区信息表用于存储集群内各计算节点磁盘的分区的信息(见表 8.2),存储了集群系统内磁盘的分区的详细信息。

磁盘分区信息表主要包括磁盘的文件系统索引号、文件系统名和挂载位置等信息。

表 8.2　磁盘分区信息表

字段名称	字段类型	字段含义
machi_id	integer	机器 ID 号
filesys_id	integer	文件系统索引号
filesys	char(30)	文件系统名字
mounted	char(40)	挂载位置

表约束:machi_id 和 filesys_id 联合起来确保唯一,machi_id 是外键,引用机器信息表的机器 ID,可以进行级联删除。

(3)磁盘性能信息表。磁盘性能信息表用于存储集群系统内计算节点某一时刻下的磁盘的使用情况(见表 8.3),包括磁盘的使用量和剩余量。

表 8.3　磁盘性能信息表

字段名称	字段类型	字段含义
machi_id	integer	机器 ID 号
filesys_id	integer	文件系统索引号
total	char(6)	总量
used	char(6)	已经使用的空间
free	char(6)	空闲的空间
use_	char(6)	使用的百分比
time	char(22)	采集的时间（精确到秒）

表约束：machi_id,filesys_id 和 time 联合起来确保唯一，machi_id 和 filesys_id 联合是外键引用磁盘分区信息表的 machi_id 和 filesys_id。

（4）CPU 信息表。CPU 信息表用于存储集群系统内计算节点所有的逻辑 CPU（见表 8.4），从 0 开始对每个机器计算节点的逻辑 CPU 进行计数。

表 8.4　CPU 信息表

字段名称	字段类型	字段含义
machi_id	integer	机器 ID 号
cpu_id	char(6)	CPU 索引号

表约束：machi_id 和 cpu_id 联合起来确保唯一，machi_id 是外键引用机器信息表的机器 ID，可以进行级联删除。

（5）CPU 性能信息表。CPU 性能信息表用于存储集群系统内计算节点某一时刻下系统中 CPU 的使用信息（见表 8.5），列出了 CPU 使用的详细信息。

表 8.5　CPU 性能信息表

字段名称	字段类型	字段含义
machi_id	integer	机器 ID 号
cpu_id	char(8)	CPU 号
usr	char(8)	用户态时间占比
nice	char(8)	nice 调整优先级占比
sys	char(8)	系统态时间占比
idle	char(10)	CPU 空闲时间占比
intr	char(10)	CPU 每秒处理的中断
time	char(22)	采集的时间（精确到秒）

表约束：machi_id,cpu_id 和 time 联合起来确保唯一，machi_id 和 cpu_id 联合起来作为外键引用 CPU 信息表的 machi_id 和 cpu_id。

（6）GPU 信息表。GPU 信息表用于存储集群系统内计算节点所有的 GPU（见表 8.6），包含 GPU 的流多处理器、机器显存以及 GPU 类型。

表 8.6　GPU 信息表

字段名称	字段类型	字段含义
machi_id	integer	机器 ID 号
gpu_id	char(6)	GPU 索引号
gpu_type	char(6)	GPU 类型
gmem	integer	显存大小
spcore	integer	Sp 核数

表约束:machi_id 和 gpu_id 联合起来确保唯一,machi_id 是外键引用机器信息表的机器 ID,可以进行级联删除。

(7)GPU 性能信息表。GPU 性能信息表用于存储集群系统内计算节点某一时刻下系统中 GPU 的使用信息(见表 8.7),列出了 GPU 使用的详细信息。

表 8.7　GPU 性能信息表

字段名称	字段类型	字段含义
machi_id	integer	机器 ID 号
gpu_id	char(8)	CPU 号
gmem	char(8)	显存使用量
utils	char(8)	利用率
time	char(22)	采集的时间(精确到秒)

表约束:machi_id,gpu_id 和 time 联合起来确保唯一,machi_id 和 gpu_id 联合起来作为外键引用 GPU 信息表的 machi_id 和 gpu_id。

(8)网卡信息表。网卡信息表用于存储集群系统内每个计算节点所有的网卡信息(见表 8.8),按机器分别存储各个机器节点网卡的详细信息。

表 8.8　网卡信息表

字段名称	字段类型	字段含义
machi_id	integer	机器 ID 号
iface_id	integer	网卡号
iface_name	char(10)	网卡名称

表约束:machi_id 和 iface_id 联合起来确保唯一,machi_id 是外键引用机器信息表的机器 ID,可以进行级联删除。

(9)网络带宽性能信息表。网络带宽性能信息表用于存储集群系统内计算节点某一时刻下网络带宽的信息(见表 8.9),也就是节点所具有的网卡发送和接收的数据包的字节数。

表 8.9　网络带宽性能信息表

字段名称	字段类型	字段含义
machi_id	integer	机器 ID 号
iface_id	integer	网卡号
byte_r	char(10)	从该网卡接收到的字节数
byte_s	char(10)	从该网卡发送的字节数
total_n	char(10)	网卡接收发送的字节总数
time	char(22)	采集的时间(精确到秒)

表约束:machi_id,iface_id 和 time 联合起来确保唯一,machi_id 和 iface_id 联合是外键引用网卡信息表的 machi_id 和 iface_id。

(10)内存使用信息表。内存使用信息表用于存储集群系统内计算节点某一时刻下系统的内存使用情况(见表 8.10)。

表 8.10　内存使用信息表

字段名称	字段类型	字段含义
machi_id	integer	机器 ID 号
kbmemfree	integer	内存空闲量
kbmemused	char(10)	已经使用的内存空间
kbmemused_	char(10)	内存使用的百分比
kbbuffers	char(10)	用于缓冲区的空间
kbcached	char(10)	用于缓存的空间
kbswpfree	char(10)	空间的交换区空间
kbswpused	char(10)	使用的交换区空间
kbswpused_	char(10)	使用的百分比
time	char(22)	采集的时间(精确到秒)

表约束:machi_id 和 time 联合确保唯一,machi_id 是外键引用机器信息表的机器 ID,可以进行级联删除。

(11)进程信息表。进程信息表用于存储集群系统内计算节点某一时刻系统中正在运行的进程的信息(见表 8.11)。

表 8.11　进程信息表

字段名称	字段类型	字段含义
machi_id	integer	机器 ID 号
pid	char(8)	进程 ID 号
ppid	char(8)	父进程 ID
cpu_used	char(8)	使用的 CPU 占比

续表

字段名称	字段类型	字段含义
mem_used	char(8)	使用的内存空间占比
res	char(10)	进程常驻内存的容量
shr	char(10)	进程使用的共享内存容量
ds	char(10)	数据＋堆栈
time	char(22)	采集的时间（精确到秒）

表约束：machi_id 和 time 联合确保唯一，machi_id 是外键引用机器信息表的机器 ID，可以进行级联删除。

（12）系统内核信息表。系统内核信息表用于存储集群系统内计算节点某一时刻下系统内核中一些参数的使用信息（见表 8.12）。

表 8.12　系统内核信息表

字段名称	字段类型	字段含义
machi_id	integer	机器 ID 号
dentunusd	char(12)	目录缓存内未使用的缓存项目的数量
file_sz	char(12)	正在被使用的文件句柄的总数
inode_sz	char(12)	正在被使用的 inode 处理程序的数量
super_sz	char(12)	被内核分配的超级块处理句柄的数量
super_sz_	char(8)	被分配的超级块处理程序的比例
dquot_sz	char(12)	被分配的磁盘配额项目的数量
rtsig_sz	char(8)	队列中的 RT 信号的数量
rtsig_sz_	char(12)	队列中的 RT 信号比例
dquot_sz_	char(8)	被分配的磁盘额度项目的比例
time	char(22)	采集的时间（精确到秒）

表约束：machi_id 和 time 联合确保唯一，machi_id 是外键引用机器信息表的机器 ID，可以进行级联删除。

以上是本系统数据库存储信息所用的表，数据库存储集群内所有机器的配置信息、存储 CPU、网卡、磁盘等信息，同时存储内存、进程和系统内核的性能信息。

8.3.1.2　性能数据采集存取类图

监控系统中系统性能数据采集及存取部分分别写了一个 C＋＋类来实现，即一个类用来获取系统中的各项性能数据，另外一个类用来将获取到的性能数据写入数据库，同时提供数据库查询接口，供应用程序读取数据库时使用。两个类方法调用时传递参数是使用数据类型是 vector 的动态数组。也就是获取性能信息的类调用自身的方法获取系统内的性能信息，将其处理成 vector 动态数组类型返回，而后负责数据库操作的类调用自身的方法将得到的 vector 动态数组传入自身方法中，并插入数据库中。图 8.9 所示是性能数据采集存取的类图。

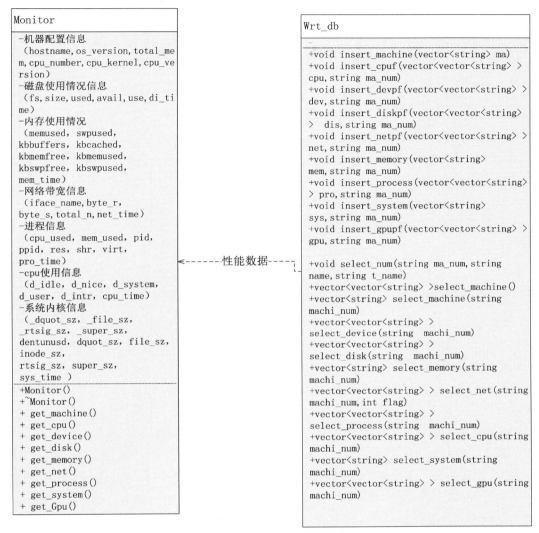

图 8.9　性能数据采集存取类

如图 8.9 所示,monitor 类是用于获取系统性能信息的类,类中成员变量是各个性能参数的详细信息,内含的方法则是分别获取各个性能参数的性能信息。Wrt_db 类是用于存取性能信息的类,类中没有成员变量,内含的方法主要有两类:一类是用于将获取到的性能信息写入数据库;另一类是可以按某个性能参数,如 CPU 将其最近的性能信息查找出来。Wrt_db 类的方法的执行部分依赖于 monitor 类,因而两个类的关系是 wrt_db 类依赖于 monitor 类。

8.3.2　HRM 性能监控系统模块的设计

8.3.2.1　性能数据采集模块设计

(1)监控系统的实现。本模块是整个集群监控系统的基础,只有实现了系统性能信息的获取,才能进行后续的功能。由于集群中计算节点的操作系统是 linux,系统中用于采集性能信息的方法是利用一些 linux 操作系统本身提供的命令,以及 sysstat[252]工具包提供的命令来获取系统的性能数据。Sysstat 是一个软件包,包含监控系统性能及运行效率的一组工具,可以通过使用这些工具收集系统当前的性能数据,如 CPU 使用率、硬盘和网络吞吐量等。系统性能信息获得如图 8.10 所示。

```
char line[300]={'\0'};
FILE * fw;
string cmd3 = "df −−block−size=MB >. /monitor/data/disk. txt";//shell command
const char * sysCommand3 = cmd3. data();
system(sysCommand3);
fw=fopen(". /monitor/data/disk. txt","r");
while(fgets(line,sizeof(line)−1,fw) ! = NULL)
{
    //按行读取获取的结果
}
```

图 8.10　系统性能信息获得

(2)监控方法。管理员通过请求本模块来获得相应的系统性能信息,性能数据采集模块通过调用 monitor 类中提供的方法来获取指定的性能信息,并将数据处理成能够待发送的格式。

本模块输入:来自监控服务器关于获取指定性能信息的请求;

本模块输出:将系统当前的性能信息成功获取后,并将数据处理成 JSON 格式发回给监控服务器。

Monitor 类中获取系统性能信息就是用 C++去调用 linux 及 sysstat 提供的命令。关键流程如图 8.10 所示。

如图 8.10 中代码所示,首先,将获取性能信息的命令构造完成,而后调用 linux 提供的 API 来执行 linux 命令,并将结果存入". txt"文本文件中,而后通过读取". txt"文本文件按行处理各项内容。成功将数据分离出来之后依次写入矢量动态数组中,将得到的矢量数组返回。

(3)数据处理。获取到数据之后,就要将调用 monitor 类提供的方法获取到的数据处理成 JSON 格式。代码如图 8.11 所示。

```
JSON::Array body;
JSON::Object queueinfo;
vector<string>cc;
cc=nn. getMemory();//获取内存信息
/ * 处理成 json 格式 * /
queueinfo. values["kbmemfree"] = cc[0];
queueinfo. values["kbmemused"] = cc[1];
…….
queueinfo. values["kbswpused_"] = cc[7];
body. values. push_back(queueinfo);
```

图 8.11　数据处理

最后生成的 JSON 格式数据字符串如图 8.12 所示。最后将生成的 JSON 数据作为参数传递给集群内部通信代理模块进行后续操作。

```
[{
"kbmemfree":"1.4G",
"kbmemused":"1.6G",
"kbused_":"30%",
"buffer","0.5G"
"cached":"100K"
"kbswpfree":"2.1G",
"kbswpused":"1.0g"
"kbswpused_":"12%"
}···]
```

图 8.12 JSON 格式性能数据

8.3.2.2 数据库操作模块设计

集群监控系统的数据库采用的是 sqlite 数据库。sqlite 数据库非常轻量级,处理速度快,较为适合本系统。数据库在系统中需要能够存取集群系统中各个计算节点某一时刻的性能信息,而且还能将信息从数据库中查询出来。因此,系统中需要对数据库进行插入、删除、查询、更新等操作。程序使用的编程语言是 C++,sqlite 数据库提供 C++的编程接口。

要对 sqlite 数据库进行上述的操作,需要先能成功地打开数据库。一个 sqlite 数据库就是一个后缀为“.db”的文件,调用 sqlite 数据库提供的 API 即可成功打开数据库。关键流程如图 8.13 所示。

```
sqlite3 * db;
char * zErrMsg = 0;
int rc;
rc = sqlite3_open("./monitor/monitorDB.db",&db);
if( rc ){
    fprintf(stderr,"Can't open database:%s\n",sqlite3_errmsg(db));
    exit(0);
}
else{
    fprintf(stderr,"Opened database successfully\n");
}
```

图 8.13 数据库打开流程

打开 sqlite 数据库后,就可以对数据库进行各种操作了。对数据库进行增、删、改、查等操作就是相应地执行各种 SQL 语句的过程。sqlite 数据库提供了相应的 API 来实现这些功能。关键流程如图 8.14 所示。

sqlite3_exec 函数是 sqlite 数据库提供的用来执行 SQL 语句的 API,函数中参数 db 是已经成功打开的数据库对象,参数 c 是用来表示 SQL 语句的 char 型数组,参数 callback 是回调函数,第四个参数作为回调函数的第一个参数,参数 zErrMsg 将被返回用来获取程序生成的任何错误。

```
string sql;
char c[100];
char * zErrMsg = 0;
int rc;
sql = "select * from t_cpu where machi_id=\""+machi_num+"\"  group by machi_
id,cpu_id;";//sql 语句
strcpy(c,sql.c_str());
rc = sqlite3_exec(db,c,callback,0,&zErrMsg);//执行 sql 语句
if( rc ! = SQLITE_OK ){
        fprintf(stderr,"SQL error：%s\n",zErrMsg);//执行失败
        sqlite3_free(zErrMsg);
      }else{
        fprintf(stdout,"Records query successfully\n");//成功
      }
```

图 8.14 数据库操作

回调函数格式如图 8.15 所示。

```
int callbacks(void * NotUsed,int argc,char * * argv,char * * azColName)
{
…….
}
```

图 8.15 回调函数格式

回调函数是 SQL 语句执行成功,且获取到数据库表中的记录后才会调用的函数。在执行完 SQL 语句之后,每当获取到一条记录时,就会调用一次回调函数。因此,回调函数一般是用于执行 select 语句时才会用到,其他时候一般不会用到。回调函数有 4 个参数。

第一个参数无用,第二个参数是记录当前记录中字段的数量,第三个参数是记录当前记录中字段的名称,第四个参数则是依照当前记录中字段的顺序将字段值保存下来,与第三个参数中字段名称的顺序一一对应。如此就可以完整地访问整条获取到的记录,也就可以对这条记录做各种处理了,或者也可以直接统计查询到的记录的条数。

由于系统中 sqlite 数据库操作时插入数据的操作较多,而删除数据的操作较少,因此,数据库文件的大小也在随着时间慢慢变大。如果不加以限制的话,数据库文件的大小就会越来越大,可能会造成存储容量不足的情况。因此,必须要有一个对数据库内容自动删除的功能,使数据库的容量大小的增长不会没有限制,也可以在数据库中添加一个触发器来实现删除保存时间超过一定范围的数据。触发器的关键流程如图 8.16 所示。

```
create trigger tri_disk after insert
on t_diskpf
begin
delete from t_diskpf where   time<=
datetime('now','-4 days','+8 hours') ;
end;
```

图 8.16 触发器流程

上述触发器是一个由插入数据动作触发的触发器。触发器被触发后,会删除数据表中保存时间超过 4 天的数据。对存储监控性能信息的每个数据库表添加一个如此的触发器,即可实现数据库中信息的定期删除,有效避免数据库空间无限制增长。系统中提供供用户选择数据库保存的天数的程序。

8.3.2.3　集群内部通信代理模块设计

集群内部通信代理模块主要是实现监控服务器与集群中各个 slave 节点之间进行消息及数据的传递,可以实现点对点的通信及广播通信,从而可以获得任意一台机器的性能信息。集群在正常启动之后,集群中的各个 slave 节点就会开始监听来自监控服务器可能的请求。监控服务器在向指定节点发送消息时,需要知道节点的 IP 地址,根据 IP 地址构造正确的 url,而后向对应的 slave 节点服务器发送请求。监控服务器向 slave 节点发送获取性能信息的请求后,通过管道来接收来自 slave 节点发回的数据,管道会接收所有其他节点发送给监控服务器的数据。管道实际上就是一个文件,在通信时,会有两个文件:一个文件(fd[1])供 slave 节点服务器写入数据;另一个文件(fd[0])供监控服务器读取来自 slave 节点发送的数据。至于广播通信,监控服务器会循环获得所有 slave 节点服务器的 IP 地址,从而分别向各个 slave 节点服务器发送消息,这样监控服务器就可以实现同时向集群中所有 slave 节点发送相同的指令。接收来自 slave 节点服务器发送的内容和点对点通信采用的管道类似。监控服务器与集群中slave 节点之间通信的关键流程如图 8.17(a)(b)所示。

```
char url[]=" http://10.23.56.89:10021/getmem";
pid_t pid = fork();//创建子进程
if(pid==0)//创建成功
{
close(fd[0]);
dup2(fd[1],STDOUT_FILENO);
execlp("curl","curl",url,NULL);//发送请求
}
string sss;
close(fd[1]);
while((n = read(fd[0],buf,1000)) >0)//接收
{
string js(&buf[0],&buf[strlen(buf)]);
sss += js+'\0';
}
```

(a)

```
route("/getmem",[=] (const Request& request)
{
Monitor nn;
vector<string> res;
JSON::Array body;
JSON::Object queueinfo;
int i;
res=nn.getMemory();
…… //构建 json 数据
body.values.push_back(queueinfo);
return OK(body);//向监控服务器发回性能数据
});
```

(b)

图 8.17　监控服务器逻辑和监控客户逻辑

slave 节点服务器监控程序如下:

作为性能数据查询的客户端,通过计算监控服务上的 web 访问接口,异步发送一条性能数据获取请求,发送的请求中告知资源类型、哪个计算节点等信息。资源监控服务接收到请求后,启动一条获取计算节点上性能信息的命令。

监控信息获取命令启动后,使用"fork"命令启动一个子进程,父、子进程之间通过管道连接起来。子进程通过 Linux 系统提供的"curl"命令,获取远程节点的数据,一旦子进程获得数据返回,父进程就读取数据,最后由父进程转发到客户端。

8.3.2.4　web 页面模块设计

(1)数据获取及处理。Web 页面是为了以较为友好的方式向用户展示集群中节点的性能信息而设计的。为了实时显示数据,前端需要定时向后端服务器发送请求获取数据,获取数据主要是通过使用 AJAX(Asynchronous Javascript and Xml)技术获取。AJAX 是一种创建交互式网页应用的网页开发技术,主要应用于异步更新网页,能在不刷新整个网页的情况下局部更新网页的内容,避免了网页频繁刷新的情况,改善了用户的使用体验。AJAX 关键流程如图8.18所示。

```
$.ajax({
type:"get",
url:url,
dataType:"json",
success:function(data){//请求成功
//处理数据
},
error:function(){//请求失败
alert("请求失败");
}});
```

图 8.18　AJAX 流程

通过 AJAX 获得性能数据之后,还需要将数据制作成图表的形式。图表的制作过程使用了第三方的 js 插件——Highcharts。Highcharts 是一个用纯 JavaScript 编写的一个图表库,能够简单、便捷地在 web 网站或 web 应用程序添加有交互性的图表,同时支持动态折线图及一些进度图表的显示。只要按照该插件的数据格式要求组织内容,就可以很方便地将数据转换为各种图表来展示给用户,使用户观察起来更加清晰、明了。

(2)界面关系设计。监控系统的主界面是集群总体情况的显示,包括集群内各个节点的列表;各个计算节点的软硬件信息,如机器名、操作系统、内存、CPU 等信息。点击节点列表中的任意一个节点,可以进入相应计算节点的性能展示部分,可以查看此节点当前的性能信息、CPU 利用率、内存利用率、网络带宽等信息。界面采用一个节点对应一个 tab 的设计方法,因此,用户可以在查看某一节点性能信息的同时也可以点击性能监控的主界面,重新选择节点进行查看,还可以同时查看多个节点的性能信息。

8.3.3　HRM 性能监控系统的接口设计

8.3.3.1　用户接口

表 8.13 是监控服务接口列表。集群管理员通过浏览器访问本系统的界面,登陆网站后,

管理员可以很方便地从网站上看到集群中所有机器的列表,就可以准确地查看某一台机器是否宕机。从列表中可以看到集群中各个机器的基本配置信息,如磁盘容量、CPU 个数及核数、内存大小等信息。管理员如果想查看某一节点详细的性能信息,可以在网站上点击想要监控的节点,就会进入该节点对应的 tab 页面,通过该页面提供的按钮就可以得到此节点的一系列性能信息。性能信息的显示先由用户通过网页向监控服务器发起请求,监控服务器再根据请求的内容获取到节点的机器 ID 并向对应的节点服务器发送获取性能信息的指令,节点服务器收到信息后进行处理,获取当前时刻系统相应的性能信息,并将获取到的性能信息发送给监控服务器,监控服务器通过 Web 服务程序将从节点服务器接收到的性能数据发送给浏览器。如此,用户通过点击网页上的按键获取性能信息的整个过程就完成了。用户在网站上既可以同时点击多台机器,也可以同时查看多台机器的多种性能信息,还可以在节点列表处查看各个节点服务器的配置信息。

Webui 需要与后台不断建立联系。后台服务程序需要及时响应前端的请求。后台服务程序通过 C++编写,使用 libprocess 通信库实现。前端的每一个请求都可以具体到后台的每一个路由(route)端。

表 8.13　监控服务接口列表

Route 名字	含　义
route("/showMachine",　None(),　[=](const http::Request &request)	获取集群机器列表信息,如机器名、机器 ID、机器的基本配置信息
route("/addMachine",　None(),　[=](const http::Request &request)	提供前端增加机器的通信接口
route("/deleteMachine",　None(),　[=](const http::Request &request)	提供前端删除机器的通信接口
route("/showQueue",　None(),　[=](const http::Request &request)	提供前端显示特定机器的队列信息的通信接口
route("/addQueue",　None(),　[=](const http::Request &request)	提供前端为特定机器添加队列的通信接口
route("/deleteQueue",　None(),　[=](const http::Request &request)	提供前端删除特定机器的队列信息的通信接口
route("/modifyQueue",　None(),　[=](const http::Request &request)	提供前端修改特定机器的某一队列信息的通信接口
route("/showQueues",　None(),　[=](const http::Request &request)	提供前端获取集群内所有队列信息的通信接口
route("/showTracker",　None(),　[=](const http::Request &request)	提供前端获取集群内任务历史执行信息的通信接口
route("/showRequest",　None(),　[=](const http::Request &request)	提供前端获取集群实时请求的通信接口
route("/cluster_overview",　None(),　[=](const http::Request &request)	提供前端获取集群软硬件信息概览的通信接口

续 表

Route 名字	含 义
route("/machinelist", None(), [=](const http:: Request &request)	提供前端监控机器列表的通信接口
route("/net_info", None(), [=](const http:: Request &request)	提供前端获取特定机器网络吞吐量信息的通信接口
route("/sys_info", None(), [=](const http:: Request &request)	提供前端获取系统数据的通信接口
route("/disk_info", None(), [=](const http:: Request &request)	提供前端获取当前机器磁盘使用情况的通信接口
route("/cpu_info", None(), [=](const http:: Request &request)	提供前端获取某一节点 CPU 使用率的通信接口
route("/mem_info", None(), [=](const http:: Request &request)	提供前端获取某一节点内存使用率的通信接口
route("/gpu_info", None(), [=](const http:: Request &request)	提供前端获取某一节点 GPU 使用率的通信接口
route("/gpu_history_info", None(), [=](const http::Request &request)	提供前端某一段时间内 GPU 的历史性能信息的通信接口
route("/mem_history_info", None(), [=](const http::Request &request)	提供前端某一段时间内某一节点内存使用率的历史信息的通信接口
route("/net_history_info", None(), [=](const http::Request &request)	提供前端某一段时间内节点历史网络吞吐量的通信接口
route("/cpu_history_info", None(), [=](const http::Request &request)	提供前端某一段时间内节点的历史 CPU 利用率的通信接口

8.3.3.2　内部接口

(1)监控服务器与数据库之间的接口。系统采用的数据库是 sqlite 数据库,sqlite 数据库的每一个数据库就是一个后缀名为".db"的文件,服务器访问 sqlite 数据库可以直接使用 sqlite 数据库提供的接口访问。

(2)监控服务器与计算节点服务器之间的接口。对于每个计算节点,都会有一个与监控代理交互的程序。这个程序负责与主节点监控服务进行通信。可以获得来自主节点监控服务的指令,并对命令进行处理,告诉计算节点应该做什么。也可以将计算节点所获得的性能信息通过此程序发送给主节点监控服务。

表 8.14 为从节点 route 端列表。主节点监控服务的 route 端负责具体接受 webui 的请求,但如果需要获取主节点以外的其他节点的信息,需要向其他计算节点发送消息,计算节点接收消息是也是通过 route 端来接收的。

表 8.14　从节点 route 端列表

Route 名字	含　义
route("/showQueue",None(),[=](const http::Request &request)	提供获取该机器所有队列信息的通信接口
route("/addQueue",None(),[=](const http::Request &request)	提供在该机器增加队列的通信接口
route("/deleteQueue",None(),[=](const http::Request &request)	提供在该机器上删除队列的通信接口
route("/modifyQueue",None(),[=](const http::Request &request)	提供在该机器修改队列信息的通信接口
route("/getmachine",None(),[=](const http::Request &request)	提供获取该机器的基本配置信息的通信接口
route("/getnet",None(),[=](const http::Request &request)	提供获取该机器当前时刻下网络吞吐量的通信接口
route("/getsys",None(),[=](const http::Request &request)	提供获取该机器系统数据的通信接口
route("/getdisk",None(),[=](const http::Request &request)	提供获取该机器磁盘信息的通信接口
route("/getcpu",None(),[=](const http::Request &request)	提供获取该机器 CPU 使用率的通信接口
route("/getmem",None(),[=](const http::Request &request)	提供获取该机器内存使用率的通信接口
route("/getgpu",None(),[=](const http::Request &request)	提供获取该机器 GPU 使用率信息的通信接口

（3）性能数据采集程序与节点服务器之间的接口。性能数据采集程序是每个节点服务器必备的程序。将性能数据采集程序封装成 API,就实现了性能数据采集程序的可插拔性,实现了节点服务器获取性能信息与获取性能信息具体操作的隔离,使程序具有较高的可维护性。当程序出现问题时,能快速找到问题。

8.3.4　HRM 性能监控系统请求出错处理

表 8.15 是系统出错处理信息时,监控系统可能出现的错误及故障解决方法。

表 8.15　系统出错处理

错误类型	含　义	处理方法
节点故障	某计算节点故障,无法响应	重启系统
网络故障	节点出现网络故障	重新连接
性能信息返回延迟较高	监控计算节点过多	适当减少一些监控节点
数据库访问失败	系统数据异常	重新设置数据库连接
监控服务器数据请求失败	监控服务器内存溢出,不能响应浏览器请求	重新优化代码,注意内存释放

系统出错后应该及时采取补救措施,以防止造成更大的损失。对于监控系统,可以考虑将监控系统和数据库进行分离,将数据库部署在另外一台服务器上,以进一步保证监控系统及监控数据的可靠性。当节点出现宕机等故障时,可以重启节点,并重新启动相关的程序。如果整个监控系统出现故障,就可以重新启动整个集群监控系统。

8.4 HRM 性能监控系统的实现

8.4.1 HRM 性能监控系统运行环境的搭建

本系统开发和运行的环境是操作系统为 linux 系统的服务器构成的集群。Master 服务器既是监控服务器,也是 web 服务器,同时数据库也部署在 master 服务器上。数据库采用的是 sqlite 数据库。

供监控系统运行用的集群采用的是实验室的小型集群,由一个 master 服务器及两个 slave 计算节点服务器组成。

本系统的开发采用 C++语言。C++语言是一种现代化编程语言,C++语言实现了面向对象程序设计,运行速度快,在所有高级程序设计语言中,C++语言的运行速度排在前列。C++语言非常灵活,功能强大。如果说 C 语言的优点是指针,那么 C++语言的优点就是性能和类层次结构的设计。C++语言非常严谨、精确,标准定义很细致。C++语言的语法思路层次分明、互相呼应,语法结构是显式、明确的。

数据库使用的是 sqlite 3.27.2 平台。由于 sqlite 数据库具有轻量级、处理速度快等优点,因此,将之用于本系统。但 sqlite 数据库不支持像 mysql 一样直接远程访问,远程打开,在写入数据库时需要通过其他方式获取到数据后再进行相应的数据库操作,远程获取数据库的内容时需要将数据先在本地查询出来,再发送到指定的位置。系统中的 sqlite 数据库处理数据时先通过集群通信的方式得到,再将之写入数据库。同时还需要在所有需要进行性能监控的节点安装 sysstat 工具包用于性能数据采集。Sysstat 工具包安装时先用 tar 命令解压,进入解压后文件的第一级目录,在终端输入 ./configure 运行,运行成功在终端输入 make 执行,make 执行成功后输入 make install 执行,执行成功后安装完成。可在终端输入 sar - V 来判断 sysstat 版本,若正常显示版本信息,则表示安装成功。

8.4.2 HRM 性能监控系统的实现

结合上述的详细设计,将监控系统编程实现。本节结合图例对集群监控系统所实现的实时监控集群内各个计算节点性能信息的功能进行演示,分别给出了系统的打开及监控各个计算节点性能信息的图示。图 8.19 所示是系统的总界面,左侧的导航部分包含资源管理和性能优化两部分。

图 8.19 异构集群总体

图 8.20 所示是资源概览界面,用来展示异构集群中的总体信息。该界面显示了 HRM 版本号、程序运行环境、编程语言等信息。

图 8.20 资源概览

图 8.21 所示是计算节点列表显示界面,用来详细显示集群中的计算节点状态信息,包括机器上的 CPU 信息、GPU 信息(包括显存的大小)、内存大小及磁盘空间等信息。

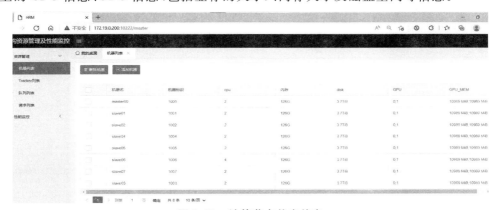

图 8.21 计算节点状态信息

图 8.22 代表集群中某个计算节点上的队列信息。队列信息用于显示计算节点上的队列数量。队列信息包括队列名、队列类型、队列同时运行的请求数量、队列中可以排队的最大请求数量、队列是否可用及队列的活动状态等信息。

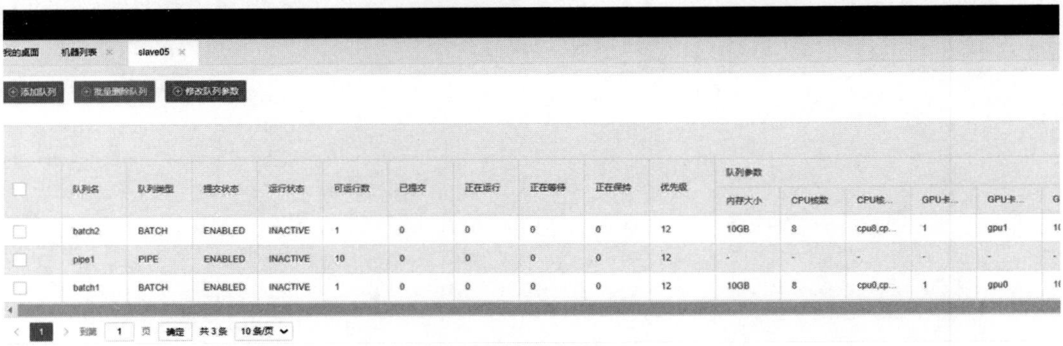

图 8.22 队列信息

图 8.23 所示是对集群节点添加新的队列时的操作界面。队列添加界面用于创建一个队列，同时指定队列的同时运行数、队列资源等信息。创建队列时，需要指定队列名、队列类型、队列包含的资源数量、队列的优先级别及队列上可同时运行的请求数量等信息。(a)代表队列创建时的输入信息界面，(b)代表队列创建完成后，返回原始界面后的信息。

(a)

(b)

图 8.23 集群队列追加界面

图 8.24 所示是集群节点删除队列界面。队列删除界面用于删除一个队列,队列被删除后,请求资源自动被系统回收,队列中的请求也自动删除。

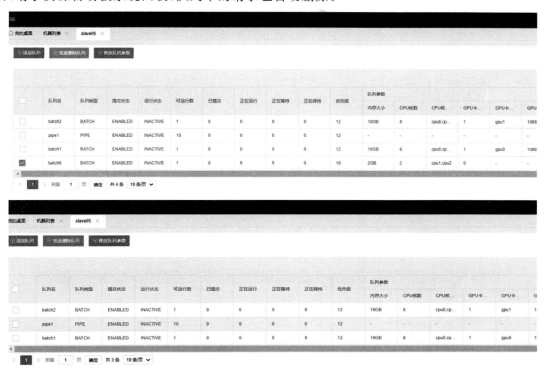

图 8.24　集群队列删除界面

图 8.25 所示是修改集群节点的队列信息界面。队列修改界面用于修改队列中的最大任务数、队列的优先级别、队列的资源等。

图 8.25　集群节点队列修改

图 8.26 所示是集群队列信息显示界面。集群队列信息显示界面用来显示队列的状态信息,包括队列中运行的请求数量、队列中等待的请求数、队列中停止的任务数等信息。

图 8.26　集群队列信息显示

图 8.27 所示是集群 tracker 信息显示界面。集群 tracker 信息显示界面显示已经请求的任务情况,包括启动时间、停止时间、结束状态等信息。

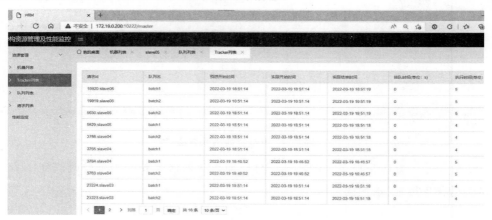

图 8.27　集群 tracker 信息显示

图 8.28 所示是集群动态请求显示界面,简单演示了集群监控系统的运行过程,将监控系统中所能展示的信息全部展示了出来。

图 8.28　集群动态请求显示

　　图 8.29 所示是集群性能数据显示界面,它包含(a)(b)(c)(d)(e)5 个图,分别代表 CPU、GPU、内存及磁盘使用情况。(a)中显示了各个 CPU 核的资源使用率,最右面的列表可以查看所有的 CPU 核信息。(b)代表该计算节点上内存的使用情况。(c)显示的是 GPU 的使用率,GPU 的使用率利用英伟达提供的性能获得命令 NVIDIA－SMI 来获得,主要显示 GPU 的使用率,即采样时 GPU 核的使用情况。(d)显示的是 GPU 显存的使用情况,也通过 NVIDIA-SMI 系列命令的调用来获得。(e)显示的是各个磁盘分区的使用情况。

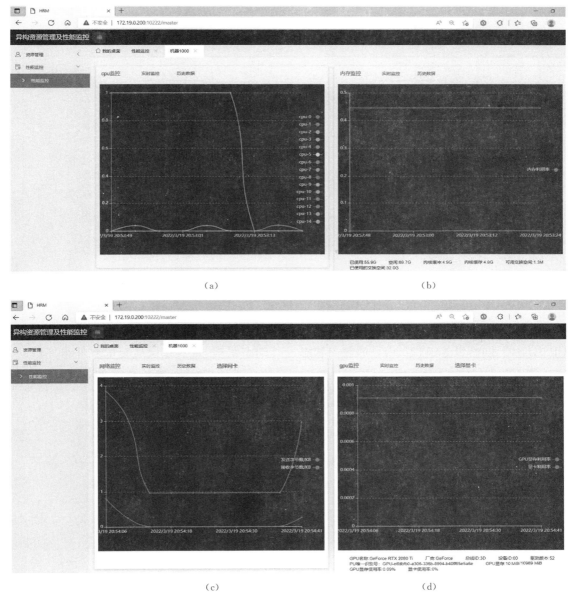

图 8.29　集群性能数据显示

(a)集群节点 CPU 使用率;(b)集群节点内存使用情况;

(c)集群节点 GPU 使用率;(d)集群节点 GPU 显存使用情况

（e）

续图 8.29　**集群性能数据显示**

（e）各个任务的磁盘使用情况

8.5　结　束　语

异构集群资源监视系统用于对整个系统中的硬件设备及软件组件的状态进行监视，从 CPU、GPU、网络设备、磁盘、内存的使用状态进行动态跟踪，也对系统运行的软件组件队列、进程等服务的状态进行统计。资源监视系统先存储这些状态数据，然后根据需要进行统计分析，为系统的决策提供依据。

第 9 章　面向异构结构集群的分布式机器学习的资源调度框架研究

9.1　概　　述

分布式机器学习在数据挖掘、医学影像、股票市场分析、计算机视觉、市场分析等领域被大规模使用,但是训练机器学习模型通常需要大量的时间和资源。随着数据中心上开始大规模使用 GPU 设备,CPU-GPU 混合的异构集群已经成为一种通用基础设施。企业界为了提高分布式机器学习的效率,逐渐将这类应用移植到这些异构集群平台上运行。但是,CPU-GPU 集群上面临的一个基本挑战是如何有效地调度分布式机器学习中的任务,以最大程度地利用可用的 CPU-GPU 计算资源,特别是昂贵的 GPU 资源,并以快速的方式完成模型的训练。

分布式机器学习的运行过程中,通常包括两种类型的操作:一种是梯度计算操作,即集群工作节点并行运行有关误差计算的操作,具体表示为 $g_t^k = \sum_{i \in I_{t_k}} \partial f_i(w_i)$,其含义是在第 t 次迭代过程中,在第 k 工作节点训练数据 I_{t_k} 时产生的梯度误差 g_t^k。另外一种是误差聚合操作,即在 CPU 上进行的模型参数的传输及更新,这个操作通常在参数服务器上进行,可表示为 $g_t = \sum_{m=1}^{k} g_t^k$,其含义是将各个工作节点得到的梯度误差进行聚集运算。

在使用 CPU 集群时,分布式机器学习作业的计算框架采用参数服务器——计算节点的模式。针对一批训练数据,简算框架把数据分成很多个片段,每一个片段作为一个单独的任务被分配到各个计算节点上计算梯度误差。当所有的任务完成计算后,参数服务器收集各个任务的梯度误差进行汇总,然后发送新的参数用于下一次迭代。由于数据分片的规模、大小相同,因此,每个任务在 CPU 上的执行时间大致相同,能够保证每一次迭代的同步。

在使用 GPU 集群计算资源执行分布式机器学习作业时,既需要 GPU 计算资源,也需要 CPU 计算资源,即分布式机器学习的训练过程中,一部分任务可能运行在 GPU 上,另一部分任务可能运行在 CPU 上。CPU 用于初始化、节点之间通信、数据加载及主机内存到设备内存之间拷贝,以及 GPU 的 kernel 函数的启动等。同样,由于数据分片的规模、大小相同,因此,每个任务在 GPU 上的执行时间也相同,能够保证每一次迭代的同步。

面对 CPU-GPU 集群环境时,如果只使用 CPU 集群或只使用 GPU 集群,采用上述两种计算模式,都可以保证每次迭代的同步。但是,这种方式不利于 CPU、GPU 资源的充分利用。第一种方式存在的最大问题是只依靠 CPU 计算资源,缺乏 CPU 加速,降低了 GPU 计算资源带来的优势,浪费了 GPU 资源;第二种方式的最大问题是只依靠 GPU 资源,在 GPU 任务执行时,CPU 计算资源常常被闲置,使得 CPU 资源没有被充分利用。为了充分利用 CPU 和 GPU 计算资源,当 CPU 资源存在空闲时,将任务分配到 CPU 上执行;当 GPU 资源空闲时,将任务分配到 GPU 上运行。这种资源分配方案的优点是最大限度地利用了 CPU 计算资源和 GPU 计算资源。但是,上述任务分配问题的最大挑战是:①由于 GPU 和 CPU 具有不同的运算能力(FLOPS),导致同样的任务在 GPU 上执行比在 CPU 上执行消耗的时间更短;②聚类分析的迭代过程中,只有当全部工作计算节点上的任务完成后,误差聚合操作才能进行参数的更新,并发布下一次的迭代过程。因此,如果把每一次迭代过程中的计算任务均匀地分配给 CPU 资源及 GPU 资源,就会造成 CPU 任务严重滞后,每一次迭代过程不能同步,从而导致误差聚合操作的推迟,影响下一次迭代的开始时间。

针对分布式机器学习作业,有相当多的研究者针对如何充分利用 GPU 设备进行了研究。参考文献[129]从分布式机器学习训练过程出发,详细说明了训练过程中各个阶段使用 GPU 带来的性能提升,同时也说明了 GPU 带来的一些困难。参考文献[130-133,136-139]主要针对 GPU 计算资源的调度策略,不考虑 CPU 计算资源的使用问题。参考文献[130]介绍了跨作业共享 GPU 资源方面具有的挑战性。参考文献[131]描述了一种大规模快速梯度下降算法的应用场景,大规模数据收集时需要使用多个 GPU。参考文献[132]提供了与分布式机器学习相关的资源管理和分配方面已有的研究工作。参考文献[133]是对 GPU 计算资源的调度。这些分别代表了资源分配中的最佳基准,分别用于最大化效率、最大化公平性、最小化应用平均完成时间,以及最大化聚集模型质量。但是,这些资源的分配和调度是针对同种资源类型,即要么只考虑 CPU 资源,要么只考虑 GPU 资源,不考虑 CPU 资源与 GPU 资源混合分配和调度的情况。参考文献[134、135]的主要任务是解决多个机器学习作业共享 GPU 集群时,如何分配资源以减少迭代过程的延迟。它解决了资源的共享问题,但没有解决 CPU-GPU 资源之间的合理分配问题。参考文献[136]介绍了一种通用的 CPU-GPU 计算资源管理系统,不涉及具体的应用,而是根据任务类型(如工作节点程序、参数服务器程序)执行启发式静态资源分配,因此,无法处理机器学习中 CPU-GPU 资源比例问题。参考文献[137]通过预估任务的执行时间来调度资源,但是它的核心在于确定参数服务器与计算节点之间的关系,不太关注细粒度的 CPU 资源与 GPU 资源分配问题。参考文献[140、141]针对分布式机器学习中的调度问题,既考虑 CPU 计算资源,也考虑 GPU 计算资源。参考文献[140]介绍了一种通过 map/reduce 来加速 K-Means 的算法,其按照 CPU 处理能力和 GPU 处理能力将 map 任务分成两个部分,这种方式可以利用 CPU 资源和 GPU 资源,但是由于它对 map 任务执行时间不敏感,导致每次迭代延迟的现象,增加了整个作业的响应时间。参考文献[141]中的理论框架产生了一个最佳整数规划解决方案,用于更好地理解异构系统中的任务映射问题,但是对于机器学习这种迭代处理不太合适。

综上所述,针对 CPU-GPU 混合集群资源中 CPU 与 GPU 计算能力的不同,本章提出了一种新的数据分片方法。在每一次迭代过程中,根据集群系统可以使用的 CPU 核数量和 GPU 数量,以及 CPU 和 GPU 的计算能力,将数据块分解成大小不同的分片,小分片数据应用 CPU 资源,大分片数据应用于 GPU 资源,在所有 GPU 任务执行结束前,保证 CPU 任务能够结束,从而减少两类不同任务之间的同步等待问题,进而降低分布式机器学习的训练时间,提高系统的资源使用率。

本章的主要创新点是提出了一种面向 CPU - GPU 混合集群的分布式机器学习调度框架,即在机器学习模型参数的训练过程中,对于每个任务,系统都包含两个版本——GPU 版本任务和 CPU 版本任务。在每一次迭代开始前,首先得到可以使用的 CPU 设备数量 m 及 GPU 设备数量 n,再根据任务的历史统计数据,确定 CPU 和 GPU 上运行时间的比值(这个比值相当于 CPU 和 GPU 执行效率比),根据比值可将任务分解为 p 和 q 个,然后将 GPU 任务提交到 GPU 计算资源,CPU 任务提交到 CPU 计算资源。最后,采用线性规划方法,保证分配的 CPU 任务数与 GPU 任务数量之间的执行同步,即 CPU 任务与 GPU 任务之间不存在严重滞后的任务。

9.2　分布式机器学习的资源调度框架

9.2.1　CPU - GPU 资源分配模型

通常情况下,当使用 GPU 计算不同数据分片的梯度时,CPU 被用来初始化参数,启动 kernel 函数的运行,在 GPU 的 kernel 函数执行过程中,CPU 就不再被使用。这就造成 CPU 处于闲置状态,降低了系统资源利用效率。但是,如果所有的 CPU 资源都处于"忙"状态,就会造成 GPU 任务等待 CPU 资源而不能被迅速执行,浪费了 GPU 资源。在分布式机器学习的训练过程中,如果 CPU 资源和 GPU 资源都被利用,就需要考虑为 GPU 和一定的 CPU 资源绑定,用于 GPU 任务的启动过程。

面向 CPU-GPU 的异构集群系统,图 9.1 给出了 CPU 与 GPU 之间的资源分配关系。图中的 c0、c1 等代表 CPU 设备,GPU1、GPU2 等代表 GPU 设备。在每次的迭代过程中,将 CPU 和 GPU 进行捆绑,即为每个 GPU 搭配一定数量的 CPU,调度器只需考虑 GPU 资源,不用考虑 CPU 资源。训练开始后,对于 GPU 任务,绑定的 CPU 只负责加载参数及启动 GPU 的 kernel 函数,一旦开始在 GPU 上进行误差计算,CPU 就会处于闲置状态,直到所有的误差计算完成,之后在指定的 CPU 或 GPU 上进行误差聚合运算,产生新的模型参数。上述过程相当于完成一次迭代,如果误差未达到模型精度要求,就会进行重复的迭代过程,直到满足精度要求。

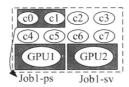

图 9.1　CPU - GPU 异构集群系统资源分配方式

9.2.2　GPU 任务与 CPU 任务的资源需求

面向 CPU-GPU 异构集群,每个任务的二进制程序既可以在 CPU 上运行,也能够在 GPU 上运行。当一个分布式机器学习的训练程序提交作业时,通过指定哪些任务运行在 CPU 设备上,哪些任务运行在 GPU 设备上,作业调度程序就会查看集群资源中是否有设备处于空闲状态,如果有 GPU 空闲,就提交 GPU 任务;如果有 CPU 核空闲,就提交 CPU 任务。调度器分配任务的计算资源时,如果使用 GPU 资源,任务就与 GPU 二进制程序绑定;如果使用 CPU 任务,任务就与 CPU 二进制程序绑定。执行器启动这些任务时,依据绑定的二进制程序运行。在设计 CPU 二进制程序和 GPU 二进制程序时,任务的输入数据格式及输出数据格式完全一样。因此,两种任务的输出不会影响分布式机器学习作业的参数更新,同时能够正确获得下一次迭代时的新的训练参数。

9.2.3　数据分片策略

分布式机器学习过程中,通过数据分片,可以达到多个梯度计算过程的并行,能够减少分布式机器学习的训练时间,快速完成模型的训练。面向 CPU-GPU 异构集群环境,进行数据分片的目的是充分利用 CPU 资源和 GPU 资源。为了达到这个目的,我们依据 CPU 任务及 GPU 任务的运行时间,对数据进行大小不等的分片。CPU 任务及 GPU 任务的运行时间来自任务在不同的资源上运行时得到的时间信息,通过这些时间信息,我们可以决定数据分片的大小。由于分布式机器学习每次迭代中,都要求任务之间进行一次同步,即当所有批次数据全部计算完成后,才能进行参数的更新,因此,分片大小决定了 CPU 任务和 GPU 任务的同步快慢问题。

9.2.4　分片计划

减少分布式机器学习迭代过程中的运行时间的核心是保证 CPU 任务与 GPU 任务的同步完成。假设 N 是整个数据规模的大小,n 是 CPU 设备数量,m 是 GPU 设备数量,对于同样大小的一块数据 B,GPU 运行时间与 CPU 运行时间的比值 α,称加速系数。其含义是如果使用一个 GPU 设备完成数据的计算需要时间为 t,那么使用一个 CPU 设备完成数据的计算需要 $\alpha * t$ 的时间。如果我们可以将数据分割成 B/α 的大小,那么一个 CPU 设备完成 B/α 数据的计算就只需要时间 t。这样,对 GPU 任务和 CPU 任务的计算就不存在性能差别的问题,很容易通过调度满足迭代过程的同步。

对于分布式机器学习中的数据 N,现在需要进行数据的分片,分片后的每一个数据块对应一个任务。为了保证计算性能的无差异,根据数据分片的大小决定任务由 CPU 执行还是由 GPU 执行。假设数据被分割后,有 x 个 CPU 任务和 y 个 GPU 任务。在 n 个 CPU 核上运行 x 个任务的完成时间记为 t_C,在 m 个 GPU 上进运行 y 个任务的完成时间为 t_G,理想状态下,数据分割计划的目的是 $|t_C - t_G| = 0$。数据分割计划公式为

$$f(x,y) = \frac{x}{n}\alpha t - \frac{y}{m}t \qquad (9-1)$$

使用以上的参数,我们需要确定 CPU 任务的个数 x 和 GPU 任务的个数 y,目的是要减少 CPU 任务的执行结束时间与 GPU 任务执行结束时间的差值。所以给出以下的规划条件。其目标为

$$\min f(x,y) \qquad (9-2)$$

同时要满足条件

$$xB_1 + yB_2 \geqslant N \tag{9-3}$$
$$B_2 = \alpha B_1 \tag{9-4}$$
$$B_1 > 0, B_2 > 0, x > 0, y > 0 \tag{9-5}$$

式(9-2)给出了目标函数,即减少 CPU 任务与 GPU 任务之间的不同步。其物理意义是,假设 t_p 代表 p 个任务中第一个任务开始到最后一个任务结束的时间区间,t_q 代表 q 个任务中第一个任务开始到最后一个任务结束的时间区间。调度的目的是满足 $|t_p - t_q| \leqslant \varepsilon$,即 GPU 任务的完成时间和 CPU 任务的完成时间相当。式(9-3)是对数据分片的要求,CPU 任务的数据分片大小为 B_1,GPU 任务的数据分片大小为 B_2,根据 CPU 任务数量和 GPU 任务数量,这些任务要处理完成全部的训练用数据。式(9-4)描述了 CPU 任务数据块与 GPU 任务数据块之间的关系,其数据间满足加速系数要求。式(9-5)对所有变量的取值范围进行了约束。

每一个数据分片都会产生一个任务,分片小的数据绑定 CPU 任务,分片大的数据绑定 GPU 任务。对整个数据分片完成后,即可获得需要执行的全部任务,随后将其分别插入到 CPU 任务队列和 GPU 任务队列中,等待调度器调度。根据数据分片产生的任务,只能用于分布式机器学习中的局部梯度计算,即 g_i 值的计算。基于 CPU 任务和 GPU 任务的数量,调度器安排 CPU 资源及 GPU 计算资源进行任务的执行。

9.2.5　分布式机器学习作业的任务调度框架

分布式机器学习作业的任务调度框架由 3 个主要的部分组成:ML 框架、工作节点及数据分片。ML 框架是主控节点,工作节点是由 CPU-GPU 资源组成的集群节点,数据分片是对整个训练数据的划分,其分片大小与计算资源的计算能力相关。整个框架如图 9.2 所示。

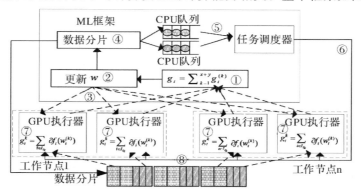

图 9.2　面向 CPU-GPU 集群的分布式机器学习调度框架

ML 框架的主要功能:①聚合各个工作节点执行器上发送的局部梯度值;②根据局部梯度值更新模型参数;③对训练数据进行分片,并依据分片创建 CPU 任务和 GPU 任务的描述;④对上述任务进行调度。

工作节点的主要功能:依据 CPU 资源和 GPU 资源的不同,启动 CPU 执行器及 GPU 执行器。CPU 执行器接收 CPU 任务描述,采用 CPU 资源来计算指定分片数据的局部梯度值;

GPU 执行器接收 GPU 任务描述,采用 GPU 资源来计算指定分片数据的局部梯度值。

数据分片是按照 CPU 资源和 GPU 资源的数量和计算能力,将整个训练数据分割成大小不等的 CPU 数据块及 GPU 数据块。

整个分布式机器学习作业的任务调度框架的运行过程按照以下步骤完成(以下的步骤序号与图 9.2 中序号对应):

①ML 框架执行梯度值的聚集运算。如果是第一次迭代,随机给出梯度值;如果不是第一次迭代,那么当所有的执行器全部将局部梯度值发送到 ML 框架后,ML 框架再进行聚集计算。

②根据聚集的梯度值,ML 框架计算出新的权重系数,即模型的参数值。

③ML 框架将新的模型参数发布到各个工作节点的 CPU 执行器和 GPU 执行器。

④ML 框架根据训练数据的大小及 CPU、GPU 资源数量,按照 3.3 节的方式进行数据分片,将数据分为 CPU 数据分片和 GPU 数据分片两类。每个分片包含训练数据的编号、开始位置、数据块大小和数据所在的 IP 地址信息等。每个数据分片按照一定数据格式构成一个任务描述,并添加到各自的排队队列中。

⑤ML 框架的调度器从 CPU 队列和 GPU 队列中取得任务描述,并根据任务描述及调度算法,确定每个任务将要发送的执行器。

⑥调度器将任务发送到各个工作节点的 CPU 执行器和 GPU 执行器队列中。

⑦各个工作节点的 CPU 执行器以及 GPU 执行器开始按照 FIFO 的方式执行分布式机器学习中的局部训练任务,即计算局部梯度值。

⑧CPU 执行器以及 GPU 执行器执行计算前,根据任务描述中的数据分片信息,从训练数据中获取采样数据。

⑨各个工作节点的执行器完成任务的运行后,将所有计算出的局部梯度值发送到 ML 框架。

ML 框架收到全部的局部梯度值后,检查误差是否达到训练模型的精度要求或是否满足迭代次数的要求。如果满足要求,就停止训练;否则,继续执行①,进行新一轮的迭代计算。这样不断地进行迭代训练过程,最终得到模型参数。

9.3 调度算法的实现

分布式机器学习是一个不断迭代的过程,每一次迭代都需要计算梯度误差的变化,然后收集这些变化,为下一次的迭代做准备。分布式机器学习中,采用数据并行的计算模型,各个计算节点上只计算整个数据的一个分片,然后将计算结果发送到 PS 服务器进行聚合。如果数据分片不合适,就可能会出现某个工作节点严重滞后的情况,导致下一次迭代的延迟,因此,数据分片是本调度算法的核心。对于 CPU-GPU 混合的集群系统,我们根据 CPU 执行时间和 GPU 执行时间来决定分片的数据大小,使一个分片执行一个任务,从而产生大量的任务。这些任务在执行过程中,会根据各自的分片信息,读取相应的数据,按照各自的类别在相应的计算资源上进行计算。其计算过程如算法 9.1 所示。

ML_FrameWork 是 ML 框架的主函数,也是 PS 服务器所在的节点。s1 先得到 CPU-GPU 集群中的 CPU 资源数量和 GPU 资源数量,然后进入迭代过程中(s2~s8)。s3 获得各个数据分片任务计算的梯度值,进行聚合计算;s4 根据 CPU 和 GPU 数量、训练数据大小及 CPU 任务与 GPU 任务之间的加速比,将数据划分为不同大小的数据块;s5 对于较小的数据块产生 CPU 任务描述,放入 CPU 队列;s6 对较大块的数据块,产生 CPU 任务描述,放入 GPU 队列;s7 是 ML_FrameWork 等待 CPU 任务队列和 GPU 任务队列的同步。

WorkerIterate 运行在各个工作节点的执行器上,是计算局部梯度值的函数。它可以使用 CPU 资源或 GPU 资源进行局部梯度计算。s1 获得新的模型参数,并更新保存;s2 计算局部梯度值,其中最为关键的是获得数据的分片信息,然后读取对应的训练数据,计算出局部梯度值;s3 将计算出的局部梯度值返回给 ML_FrameWork。

【算法 9.1】 基于梯度优化的分布式机器学习框架算法。

Begin ML_FrameWork:

(s1) $x = $ cpus, $y = $ gpus

(s2) for iteration $t = 0, \cdots\cdots, T$ do

(s3) $g_t = \sum_{k=1}^{x+y} g_t^{(k)}$

(s4) partition $I_t = \bigcup_{k=1}^{x} I_{t_k} \bigcup_{k=x+1}^{x+y} I_{t_k}$

(s5) cpu_queue. insert $(\bigcup_{k=1}^{x} I_{t_k})$

(s6) gpu_queue. insert $(\bigcup_{k=x+1}^{x+y} I_{t_k})$

(s7) sync

(s8) end for

End ML_FrameWork

BeginWorkerIterate(t):

(s1) pull w_t^k from DL_Main

(s2) compute $g_t^k = \sum_{i \in I_{t_k}} \partial f_i(w_t^{(k)})$

(s3) push g_t^k to ML_FrameWork

End WorkerIterate

Schedule 函数描述从队列中取出任务,并提交到工作计算节点的过程。如算法 9.2 所示,调度器从队列取出一个任务描述,根据任务的类型,如果是 GPU 任务,就执行 s1,根据任务描述中的 IP 地址,将任务的分片 ID、数据分片的起始位置和数据长度发送到对应工作节点的 GPU 执行器(s2),请求 GPU 执行器执行;反之,执行 s3,发送任务到 CPU 执行器(s4)。

【算法 9.2】 任务调度算法。

Begin Schedule

(s1) while　(task=qpu_queue. deque())

(s2) 　　launchTask to GPU

(s3) while　(task=cpu_queue. deque())

(s4) 　　launchTask to CPU

End Schedule

9.4 实验评价

系统在一个集群上进行试验,集群中包含 6 台 NF5468M5 服务器,作为计算节点;1 台中科曙光服务器 620/420,作为参数服务器节点。每个服务器节点包含 2 颗 Xeon2.1 处理器,每颗处理器包含 8 个核(相当于 1 个服务器节点具有 16 个 CPU 核)、32 GB DDR4 内存、2 块 RTX2080TI GPU 卡,10 GB 显存。集群包含 1 台 AS2150G2 磁盘阵列。服务器操作系统为 Ubuntu 7.5.0,CUDA 版本为 10.1.105,采用 C++语言作为编程语言,本章中的软件采用 CUDA 架构和 C++语言。

9.4.1 实验任务

实验中使用了一个 k-means 聚类算法实例来进行实验评价,因为 k-means 聚类算法是一个迭代求解的聚类分析算法,是一个通用的数据分析技术。我们实现了一个 CPU 版本和 GPU 版本的 k-means 程序,使用 C++语言来编写 CPU 版本,CUDA 来编写 GPU 版本。调度框架和执行器使用 C++语言编写。调度框架和执行器通过上述算法,完成对 k-means 分布式并行程序的实验。

9.4.2 系统执行效果评价分析

我们使用 3 种资源分配策略来比较 k-means 算法的梯度计算的过程,图 9.3 所示为使用 3 种策略的作业执行时间比较。

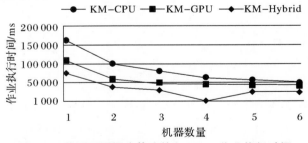

图 9.3 使用不同调度算法的 k-means 作业执行时间

(1)每个计算节点采用 16 个 CPU 核来计算数据的梯度,在任务调度过程中,数据均匀分片,一个任务绑定一个 CPU 核,即当一个计算节点有一个 CPU 核处于空闲状态时,分配一个数据分片对应的任务到该空闲 CPU 核。我们称该算法为 CPU 算法(KM-CPU)。

(2)每个计算节点使用 1 个 CPU 核以及 1 个 GPU 设备,GPU 设备绑定该 CPU 核,此时我们称被绑定的 CPU 核处于非自由状态,反之为自由状态。在任务调度过程中,数据均匀分片,一个任务绑定一个 GPU 设备,即当该节点 GPU 设备空闲时,分配一个数据分片对应的任务到该空闲 GPU 设备,该算法称为 GPU 算法(KM-GPU)。

(3)每个计算节点使用 16 个 CPU 核及 1 个 GPU 设备,将每个节点中的 GPU 设备绑定一个 CPU 核。这时,一个计算节点上拥有 1 个非自由状态的 CPU 核和 15 个自由状态的 CPU 核。每个计算节点中按照本章提出的算法进行数据的不均匀分片,一个分片对应的任务绑定一个 CPU 核或一个 GPU 设备,即当自由状态的 CPU 核空闲时,提交一个具有较小数据分片的任务;当 GPU 设备空闲时,提交一个具有较大数据分片的任务。该算法称为混合资源调度算法(KM-Hybrid)。

图 9.3 包含 3 组数据,分别代表使用 KM-CPU 算法、KM-GPU 算法和 KM-Hybrid 算法对应的作业执行时间结果,其中,横坐标代表集群节点数目,纵坐标代表使用各算法的作业执行时间。从实验中我们可以得到 3 个结论:①使用 KM-GPU 和 KM-Hybrid 算法的作业执行时间明显少于 KM-CPU 算法,这是因为 GPU 设备的运算能力远高于 CPU 设备,说明使用 GPU 计算资源可以明显降低 k-means 作业的执行时间。②随着节点的增加,分片数目增加,3 种算法性能均有提升,但是使用 KM-GPU 和 KM-Hybrid 算法的作业性能提升较慢,这是由于 GPU 设备计算速度快,且每一个分片包含的数据量较少,因此,增加节点对梯度计算的影响较小,导致作业整体性能提升慢。③本章提出的算法——KM-Hybrid 比 KM-GPU 算法平均快 1.65 倍左右。这说明,使用该算法执行分布式机器学习作业能够加快作业的执行,且能够有效提高 CPU-GPU 集群中 CPU 计算资源的利用率,不再只是将 CPU 计算资源部分闲置或者全部闲置。

考虑到上述实验并未说明 KM-Hybrid 相较于 KM-GPU 算法的具体优势,下面我们探究随着节点的增加,KM-Hybrid 算法相较 KM-GPU 算法性能提升的具体情况。为了比较差别,我们定义了性能提升比,假如 KM-Hybrid 算法完成计算需要的时间为 $t_{KM-hybird}$,KM-GPU 算法完成相同数据的计算需要的时间为 t_{KM-gpu},我们定义性能提升比为 $t_{KM-gpu}/t_{KM-hybird}$。图 9.4 为 KM-Hybrid 算法相较于 KM-GPU 算法,性能提升的变化情况,其中横坐标代表节点数量,纵坐标代表 KM-GPU 作业执行时间和 KM-Hybrid 作业执行时间的比值。比值越大,说明 KM-Hybrid 性能提升越大,反之,说明 KM-Hybrid 性能提升越小。斜率代表性能变化速度。由图 9.4 中我们可以看到,横、纵坐标值呈正相关,即随着节点数量的增加,使用 KM-Hybrid 算法进行分布式机器学习作业效率提高得更快。这是由于集群提高了 CPU 利用率。随着集群节点的增加,任务数量增加,分片的数据量逐渐减少,这对 GPU 设备的影响较小,但是对 CPU 核的影响较大。CPU 进行一次梯度计算的时间减少,意味着会处理更多的数据分片,这样可以将集群中自由状态的 CPU 核利用起来,减少作业执行用时。因此,当节点增加时,自由状态的 CPU 核能够更多地分担作业任务,使得 KM-Hybrid 算法的性能提升更多。

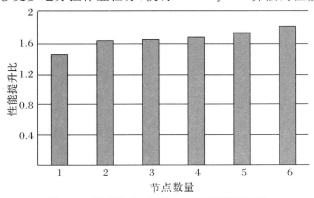

图 9.4　KM-Hybrid/KM-GPU 性能提升比

为了进一步探究本章中提出的 KM-Hybrid 不均匀数据分片为分布式机器学习作业带来的性能提升,我们对 KM-GPU 算法和 KM-Hybrid 算法单次梯度计算平均用时进行了统计,其结果如图 9.5 所示。在图 9.5 中,横坐标为集群节点数量,纵坐标为单次梯度计算平均用时。我们看到,随着计算节点增加,两种算法单次梯度计算任务的平均用时均呈现非线性减少,主要原因如下:①随着节点增加,并行任务数目增加,单个分片数据量变少,计算设备计算时间减少。②节点的增加会造成分布式机器学习中 I/O 通信开销增加,特别是通过网络传输的代价会增加,导致单次梯度计算平均用时减少的速度越来越缓慢。基于以上两点,KM-GPU 算法和 KM-Hybrid 算法单次梯度计算平均用时会呈非线性减少。此外,KM-Hybrid 单次梯度执行效果比 KM-GPU 单次梯度执行效果平均提升 1.65 倍,这是 KM-Hybrid 算法利用了集群自由状态下 CPU 核的原因。

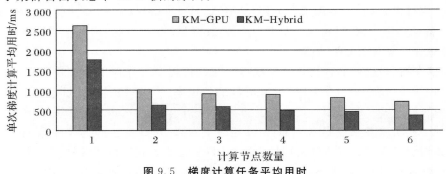

图 9.5　梯度计算任务平均用时

在上述实验过程中,我们主要探究了集群内 CPU 计算设备和 GPU 计算设备之间对作业调度的影响,但是还没有探究集群中不同数量 GPU 对作业调度的影响。为了更加明确 GPU 数量对分布式机器学习作业的影响,我们针对不同数量的 GPU 进行了 k-means 算法附加实验,实验共测试了 4 种不同情况:

(1)每个节点使用 1 个 GPU 设备和 1 个 CPU 核,GPU 设备绑定该 CPU 核。该算法记为 KM-1-GPU,相当于上述 KM-GPU 算法。

(2)每个节点使用 2 个 GPU 设备和 2 个 CPU 核,1 个 GPU 设备绑定 1 个 CPU 核。该算法记为 KM-2-GPU,其任务分配方式与(1)中相同,但计算资源量是(1)的 2 倍。

(3)每个节点使用 1 个 GPU 设备和 16 个 CPU 核,16 个 CPU 核中有 1 个非自由状态核和 15 个自由状态核,数据按照自由状态的 CPU 核及 GPU 处理能力来分片,将较大的数据分片分配给 GPU,较小的数据分片分给 CPU。该算法记为 KM-1-Hybrid,相当于上述 KM-Hybrid 算法。

(4)每个节点使用 2 个 GPU 设备和 16 个 CPU 核,16 个 CPU 核中包含 2 个非自由状态核和 14 个自由状态核。任务分配方式同(3)。该算法记为 KM-2-Hybrid。

图 9.6 所示为不同 GPU 数量下 k-means 算法作业执行时间的测试结果。我们可以得到如下结论:①随着节点数目的增加,CPU 和 GPU 计算资源增多,4 种算法性能均有提升。②KM-2-GPU 算法比 KM-1-GPU 算法作业执行时间少,KM-2-Hybrid 算法比 KM-1-Hybrid 算法作业执行时间少,即 GPU 设备越多,作业执行越快,算法性能越好。③KM-1-Hybrid 算法比 KM-2-GPU 算法作业执行时间少,说明集群内单纯增加 GPU 计算资源带来的作业性能提升不如将集群中已有的闲置 CPU 利用起来对作业的性能提升快,可以考虑通过不均匀数

据分片策略,将闲置或部分闲置 CPU 利用起来。

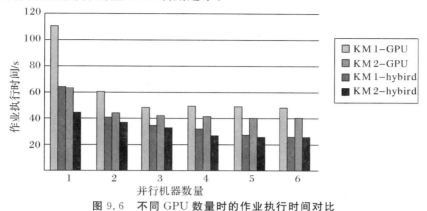

图 9.6　不同 GPU 数量时的作业执行时间对比

9.5　结　束　语

通过 CPU-GPU 混合异构集群进行分布式机器学习训练已经成为一个趋势,但是在这个过程中存在集群资源得不到充分利用的现象。为此,本章提出了一种不均匀分片的资源调度算法,并证实该算法能够加快分布式机器学习训练,提高集群系统资源利用率。但是,考虑到算法受制于 CPU 资源和 GPU 资源的任务分配方式,如何更加精确合理地对 CPU 任务与GPU 任务进行资源分配,是今后的研究方向。

第 10 章 基于数据流的大图中频繁模式挖掘算法研究

大图中频繁模式挖掘是一种典型的大数据处理,需要采用分布式处理技术,本章中的大图中频繁模式挖掘应用采用流处理方式[99],基于异构集群资源调度框架 HRM 进行实现。

10.1 概　述

频繁模式挖掘是从图集或单图中找到支持度大于某个阈值的所有子图的过程,是图数据挖掘算法研究中的一个主要分支,广泛应用于图的分类[253]、用户兴趣建模[254]、图的聚类[255]、数据库设计[256]、索引的选择[256]及生物医学等领域[257]。依据输入数据类型可分为单图和图集上的频繁模式挖掘[258],两者的区别在于支持度的计算方法,如果输入数据是图集[259-262],当某个候选模式至少与图集中 τ 个以上的图存在子图同构,那么该候选模式是一个频繁模式;如果输入数据是单个的连通图[263-265],当某个候选模式在输入图中至少存在 τ 个不同的同构子图,也称包含 τ 个子图实例,那么该候选模式被认定为频繁模式。

在频繁模式挖掘算法中,传统方法是先计算候选模式的可能空间,再针对每种子图模式查找其在输入图中的所有子图实例,最后依据真假值判断该模式是否为频繁模式。由于查找子图模式需要判断子图同构,而判断子图同构是 NP 完全问题[266],因此,算法的计算代价非常大。早期频繁模式挖掘中的图数据规模较小,采用单机处理基本能够满足要求。随着图数据规模的扩大,单个计算节点无法满足挖掘过程对计算能力的要求,也无法满足挖掘过程的内存需求,因此,频繁模式挖掘进入分布式和并行处理阶段。

现有的分布式或并行处理算法基本采用下述两种方式。

第一种方式与单机环境下的频繁模式挖掘思想类似,即先产生模式,并行计算每个候选模式的频繁次数。其过程包括两个阶段[267-269]:①模式产生阶段。首先针对一个输入图数据,在其模式的空间 X 中枚举可能的候选模式,为下一步的迭代处理提供依据;候选模式的产生主要使用基于 Apriori 方法和模式增长的方法。另外,为了防止冗余模式的产生,需要使用图的同构算法保证模式不重复出现。②频繁次数的计算阶段。针对每个模式,采用并行方法检查其在输入图数据中是否存在同构的子图实例,即扫描整个图数据,找出模式在图数据中满足条件的全部子图实例,检查子图实例的出现次数是否满足支持度阈值条件。上述方法中,从大小为 k 的频繁模式向大小为 $(k+1)$ 的候选模式扩展的过程中,为了防止自同构和冗余候选模式的出现,算法需要进行串行计算,因此,难以实现并行化。另外,在阶段②计算中,对于单个大图,其并行计算能力也较弱。

第二种方式是枚举-归纳方法[270],其输入的是图数据和指定的模式,即对于一个指定的模式 P,在图数据中枚举可能的子图实例 X,针对 $x \in X$,使用布尔函数 q,如果存在 $q(x) =$ true,即当子图实例满足限制条件 q 时,其结果为真,说明模式在图数据中存在一个子图实例与模式同构。由于子图枚举的代价非常大,因此,这种方法无法利用频繁模式挖掘的反单调性的特点。参考文献[265]只支持指定子图大小的挖掘,即需要输入子图模式。参考文献[271]采用二阶段方法:第一阶段通过概率方法,得到可能的模式空间;第二阶段针对每个模式,在输入图数据中找到所有大小为 k 的连通子图,进行归并,计算支持度,最后得到所有大小为 k 的频繁模式。这种方式的优点是并行性非常好,适合分布式计算,缺点是精度问题及冗余计算多。

在计算框架上,一部分文献中采用了 MPI 或者 map/reduce、Pregel 等大数据计算框架,另外一部分文献中使用自定义的图数据计算框架。前者存在以下问题:①模式产生过程的并行性差。产生子图模式的过程中,为了保证子图模式的唯一性,只能以串行的方式执行。②子图查询代价大。针对每个子图模式,需要遍历一次图数据,找到所有可能的子图实例,并检查这些子图实例是否与模式同构。高昂的同构计算代价再加上输入的图数据规模较大,因此,计算出正确的结果是非常困难的。③通信代价较大。map 任务与 reduce 任务之间的数据传输开销大,而使用 BSP 编程模式时会受到节点内存的限制。④数据倾斜问题。map 任务或reduce任务的大小不同,导致任务结束时间严重不一致。上述问题影响了现有的大数据处理框架在大规模图上进行频繁模式挖掘的效率,因此一部分研究者将 Pregel 的"think like a vertex"变成"think like a pattern"的计算方式,虽然解决了部分问题,但是存在平台专用的限制,通用性不足。

本章主要研究大规模单图中的频繁模式挖掘,提出了基于 dataflow 计算模型的挖掘方法,将 map/reduce 编程模型中的"批"变成"微批",提高了并行性,降低了数据的倾斜程度。采用数据流方式,将频繁模式挖掘过程分解为 3 个不同的操作算子,操作算子之间的数据为"小图流"的集合。并行处理每个"小图",对这些"小图"实施 3 个操作算子,得到新的"小图流",然后对新的"小图"继续实施操作算子,循环执行直到达到要求为止。由于后一次迭代使用前一次的结果,因此,该算法能够满足频繁模式挖掘的反单调性要求。

基于数据流模型的频繁模式挖掘算法,利用"小图"数据本身具有的并行性,采用流水方式,不但有效提高了处理的并行度,而且极大地提升了能够处理的图数据的规模。可以使用 Spark 或 Flink 等通用的大数据处理框架,能够很好地实现大规模单图中的频繁模式挖掘。

基于数据流模型的频繁模式挖掘方法有以下优点:①并行计算正规编码。因为"小图"之间不存在关联关系,所以可以采用并行的方式进行正规编码计算和归纳操作。②并行扩展新的子图实例。频繁模式中的每个"小图"之间不存在关联关系,因此,可以并行地扩展大小为 $(k+1)$ 的小图。③减少图数据的遍历。由于每次迭代都是在上一次迭代产生的子图实例的基础上进行,因此,只需要扩展一个顶点或一条边,就可以得到此次迭代的全部子图实例,从而减少了遍历的代价。④提高了数据的并行性。大图分解为多个小图后,每个小图可以当成一个处理单元,数据自身的并行性得到了充分体现,有利于采用并行计算框架来进行计算。⑤流水处理模式使得大规模图数据的频繁模式挖掘成为可能。

本章提出的挖掘算法存在的最大问题是子图实例的存储,如何保存此次迭代产生的子图实例使之用于下一次的迭代是一个极大的挑战。从输入的图数据中组合各种子图实例,其规模是非常庞大的,例如,对于大小为 k 的子图,最坏情况下连通子图数量可以达到 $C_n^k[1-2n \cdot 2^{-n}+o(2^{-n})]$,因此,存储量非常巨大。但是,随着分布式存储系统,如 Kafka、HDFS 等的出现,海量数据的快速缓存成为可能,可以有效缓解现有的存储问题。

本章的主要内容:①提出了基于数据流模型的频繁模式挖掘方法,利用微批模式,提高了处理的并行性和能够处理的图数据的规模;②分析了现有的图的正规编码计算方法,对子图的正规编码计算方法进行了优化;③提出了子图实例的数据结构及频繁模式挖掘中的流水操作算法;④采用编码树的思想,大大降低了正规编码计算的规模;⑤可以使用现有的基于 data-flow 模型的大数据处理平台(Spark 等)进行分析处理。

10.2 相关的工作介绍

10.2.1 单机环境的频繁模式挖掘

单机环境的频繁模式挖掘包含两个步骤:候选模式的产生和支持度计算。候选模式的产生主要有水平方向的连接和最右路径扩展两种策略。前者是通过合并两个大小为 k 的频繁模式来形成大小为 $(k+1)$ 的候选模式,如 AGM(Apriori-based Graph Mining)算法、FSG 算法。后者是将一个新的顶点添加到大小为 k 的模式的最右路径上,形成大小为 $(k+1)$ 的候选模式,如 gSpan(graph-based Substructure pattern mining)算法、CloseGraph(Closed Graph patern mining)算法、FFSM 算法。其他的一些策略包括扩展合并、从右到左的树合并及基于扩展的等价类等,也出现在一些文献中,但不够具有典型性。

待处理的输入数据是由许多小的图组成的集合时,每个图是连通的,但图与图之间不连通。频繁模式支持度的计算方法非常简单,即对图集中的每一个图,如果与模式存在子图同构,计数值就增加 1,检查完整个图集后,根据计数值确定模式是否频繁。

在单图的频繁模式挖掘中,待处理的输入数据是一个大的连通图,频繁模式的计算方法与图集大相径庭。为了保证频繁模式大小的反单调性,单个图中的频繁模式支持度的计算方法主要采用 MNI、MIS 及 HO 等方法。SIGRAM 使用 MIS 方法来计算频繁模式的支持度,为了提高支持度计算的效率,SIGRAM 需要存储中间数据,即需要存储模式在输入图中的全部实例,由于一个模式的实例非常多,因此,存储中间数据需要大量的内存空间。GRAMI 采用 CSP 方法,在一定程序上减少了存储空间,但是增加了计算代价。

随着多核 CPU 的使用,采用多核 CPU 进行频繁模式挖掘的方法开始出现。在参考文献[273]中,对传统的数据挖掘算法 SUBDUE 进行了并行化处理,输出了近似的结果。参考文献[274]对 SIGRAM 算法进行了并行化,该系统继承了 SIGRAM 中的限制,即只支持小的稀疏图。虽然这样的系统能充分利用 CPU 资源,但是,单个机器存在内存限制问题,无法应用在大规模图数据上。

10.2.2　分布式环境的频繁模式挖掘

随着图集规模的扩大,单机环境下的频繁模式挖掘逐渐被分布式环境的频繁模式挖掘取代。对于图集,挖掘方法基本上都是借助 map/reduce 编程模型,先将图集分散到各个节点,然后进行本地挖掘,最后进行全局的归并计算。参考文献[275]采用过滤和提炼的方法,先将图集分散到集群节点上,然后在各个节点上挖掘候选子图模式,最后对候选子图模式进行聚合,得到最终的频繁模式。参考文献[276]采用迭代 map/reduce 方式进行频繁模式挖掘,先将图集分散到各个节点上,每个节点上的 map 任务读取 HDFS 上大小为 $(k-1)$ 的子图模式,扩展成大小为 k 的候选模式后,检查本地图集中候选模式的出现次数,最后将候选模式及出现次数发送给 reduce 任务,计算全局支持度,并将频繁模式写入 HDFS,不断递归,直到挖掘出全部的频繁模式。

对于单个大图,map/reduce 编程模型存在一定的局限性。参考文献[277]实现了专用的处理框架 Arabesque,并且提出了以模式为中心的编程模型,目的在于解决频繁模式挖掘中的迭代问题。它将频繁模式挖掘分为两个阶段:过滤和处理。过滤过程确定一个子图的出现是否需要处理,而处理过程则处理子图的出现,并产生输出。Arabesque 与 Pregel 非常相似,但是它不是以顶点为中心,而是以模式为中心。它存在的问题是在进行频繁模式挖掘时,aggregate 计算和 process 计算之间子图实例的网络通信开销过大,并且数据存储代价太大。参考文献[278、279]提出了 MRSUB 方法来挖掘频繁模式。它也是基于 map/reduce 编程模型。每个 map 任务根据分配到的边,在输入图数据中查找包含该边的大小为 k 的子图实例,以每个子图实例的正规标签作为 key,将子图发送给 reduce 任务,在 reduce 任务中计算支持度。这种方法的缺点有两个:一是 map 和 reduce 之间的 reduce copy 过程造成磁盘 I/O 开销大[280,281];另外一个是仅支持指定大小的子图模式的挖掘,无法迭代[282,283]。参考文献[284]采用 MPI 编程模型实现了单机环境的频繁模式挖掘。该算法包含 2 个步骤:①利用概率的方法确定候选模式;②频繁次数计算。由于采用概率模型,因此,正确性和精度受到一定的限制。参考文献[285]采用 BSP 模型,利用 Pregel 大数据处理框架实现了频繁模式挖掘算法 Pegi。它使用粗粒度和细粒度相结合的方式,master 节点控制挖掘进程,slave 节点负责子图实例的发现。Pegi 利用聚集器来同步 master 节点和 slave 节点的信息流。其缺点是需要查找全部的子图实例,才能计算支持度和子图的扩展部分。子图实例会随着图数据的增长而呈指数增长,会增加每台机器的内存开销,由于 Pregel 无法扩展内存,因此,无法提高数据处理的规模。另外,由于无法确保运行中顶点的分布,所以就会产生系统负荷不平衡的问题。

以上单机环境的频繁模式挖掘中,既有使用 MPI、map/reduce 及 BSP 模型,也有使用自定义模型。使用 MPI 模型,候选模式的生成是瓶颈。采用 map/reduce 计算模型,map 任务中会出现数据倾斜问题,影响系统的总体性能。另外,由于 map 和 reduce 之间的通信数据量太大,因此,也会影响系统加速值。采用 BSP 计算模型,每个 worker 节点内存的限制使得所能处理图数据的规模无法变大。采用自定义模型,如过滤-处理计算模式,由于大规模子图实例存储问题及过滤和处理之间的数据传输代价导致无法进一步扩大计算规模,其框架的通用性较差。

10.3 问 题 描 述

从单图中挖掘频繁模式时,子图同构是一个 NP 问题。另外,由于子图实例之间存在重叠,不同的支持度计算方法的精确度不一样,因此,频繁模式支持度的计算是另外一个难点。下面先给出这两个方面的描述,然后说明频繁模式挖掘问题。

10.3.1 图同构的检测

定义 10.1 假设存在标签图 G,其表示为五元组 $G = (V, E, \Sigma_V, \Sigma_E, l)$,$V$ 是顶点的集合,E 是边的集合,Σ_V 和 Σ_E 分别代表顶点标签和边标签。标签函数 l 定义了映射 $V \rightarrow \Sigma_V$ 及 $E \rightarrow \Sigma_E$。不失一般性,我们认为 Σ_V 和 Σ_E 上存在偏序关系。

判断两个图 G 和 G' 是否同构,有两种判别方法:第一种方式是一一映射,如果两个图的顶点之间存在一一映射,就说明它们同构;第二种方式是正规编码计算,如果两个图的最大(最小)编码一样,就说明它们同构。

定义 10.2 假设存在标签图 $G = (V, E, \Sigma_V, \Sigma_E, l)$ 和 $G' = (V', E', \Sigma_V', \Sigma_E', l')$。当且仅当存在映射 f 满足条件:① $\forall u \in V, l(u) = l'[f(u)]$;② $\forall (u, v) \in V, (u, v) \in E \Leftrightarrow f(u), f(v) \in E'$;③ $\forall (u, v) \in E, l(u, v) = l'[f(u), f(v)]$,则称 G 和 G' 是同构的。

如果 G 和 G' 是同构的,并且 G 和 G' 是同一个图,即 $G = G'$,那么称 G 是自同构。

定义 10.3 标签图 G' 的编码。对于标签图 G',其顶点和边都有标签,标签值按字典序排序。对图中的任意两个顶点 v_i 和 v_j,标签值存在关系 $\text{num}[l(v_i)] \leqslant \text{num}[l(v_j)]$,$\text{num}[l(v_i)] \geqslant \text{num}[l(v_j)]$。图 G' 的邻接矩阵表示如下:

$$M_{G'} = \begin{pmatrix} x_{1,1} & x_{1,2} & x_{1,3} & \cdots & x_{1,k} \\ x_{2,1} & x_{2,2} & x_{2,3} & \cdots & x_{2,k} \\ x_{3,1} & x_{3,2} & x_{3,3} & \cdots & x_{3,k} \\ \vdots & \vdots & \vdots & & \vdots \\ x_{k,1} & x_{k,2} & x_{k,3} & \cdots & x_{kk} \end{pmatrix}$$

$M_{G'}$ 中的 $x_{1,1}, G', \cdots, x_{k,k}$ 代表顶点的标签值,而 $x_{1,2}, x_{1,3}, \cdots, x_{k-1,k}$ 则代表边的标签值。根据图 G' 的邻接矩阵,可以得到图 G' 的编码 $c(M_{G'}) = x_{1,1}x_{2,2}\cdots x_{k,k}x_{1,2}x_{1,3}x_{2,3}x_{1,4} \cdots x_{k-1,k}$,其值是通过扫描邻接矩阵的上三角元素的值而组成。对于有向图,需要将 $x_{j,i}$ 添加到 $x_{i,j}$ 之后,其编码表示为 $c(M_{G'}) = x_{1,1}x_{2,2}\cdots x_{k,k}x_{1,2}x_{2,1}x_{1,3}x_{3,1}x_{2,3}\cdots x_{k-1,k}$。

定义 10.4 正规编码。给定一个图 G,通过交换顶点的次序可以得到一系列的邻接矩阵 $NM_G = \{M_G\}$,每个邻接矩阵都可以得到一个编码 $c(M_G)$,选择字典序最大或最小的 $c(M_G)$ 来可以代表图 G,称 $c(M_G)$ 是图 G 的正规编码。

$$cl(G) = \max_{M_G \in NM(G)} c(M_G)$$

引理 1　当图 G 和图 G' 中的标签按照相同的规则设定偏序关系,例如字符的字典序,计算可得图 G 和 G' 的正规编码分别为 $d(\boldsymbol{M}_G)$ 和 $d(\boldsymbol{M}_G)$。图 G 和图 G' 是同构的,当且仅当 $d(G') = cl(G)$ 成立。

证明:若 G 和 G' 的正规编码相同,则其顶点的标签满足一一对应关系。另外,其后续的边的标签反映出顶点之间存在边,且边的标签相同,其满足定义 10.2 中的一一映射,所以是同构的。

反过来,如果两个图是同构的,那么必然存在顶点的一一对应,而且边也存在着一一对应关系。因此,总可以找到两个完全一样的序列,使得其编码相同。对编码排序后,其最小(最大)编码也一定相同。

本文利用正规编码比较两个图之间的关系,为图建立一个唯一标识码。不考虑图的原始顶点次序和边的次序,通过两个图的正规编码判断两个图是否同构。图的正规编码在频繁模式挖掘中非常重要,但是它的计算过程复杂,几乎和子图同构一样,也是一个 NP 完全问题[261]。

推论 10.1　对于一个图 $G(V,E)$,即使图中顶点的次序和边的次序发生变化,$cl(G)$ 也不变。

证明:假设图中顶点或边的次序发生变化,得到一个比 $cl(G)$ 还大的编码,此时显然与正规编码的最大编码的定义矛盾,所以不存在这样的比 $cl(G)$ 大的编码。

10.3.2　支持度计算

定义 10.5　假设存在标签图 $G = (V, E, \Sigma_V, \Sigma_E, l)$ 和 $G' = (V', E', \Sigma'_V, \Sigma'_E, l')$,$G$ 是 G' 的子图,即满足条件:① $V \subseteq V'$;② $\forall u \in V, l(u) = l'(u)$;③ $E \subseteq E'$;④ $\forall (u,v) \in E, l(u,v) = l'(u,v)$。如果有一任意的标签图 P,且 P 和 G 是同构的,则称 P 是 G' 的子图模式,记为 $P \subseteq G'$,称 G 为 G' 的子图实例。例如图 10.1 中,图(g)是输入的图数据,子图(g1)和(g2)代表两种模式,子图实例是指定模式在输入图数据中的所有子图同构情况,子图实例的个数表示频繁次数。对于子图(g2),在图(g)中有两个子图实例:一个是由顶点 1、2 和 4 组成;另一个由顶点 1、3 和 4 组成。

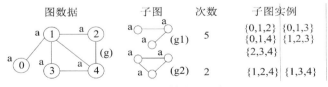

图 10.1　子图模式及实例

如果图 $G(V,E)$ 中的任意一对顶点之间都存在一条路径,那么称 G 是连通的。如果 $G'(V', E')$ 是 $G(V,E)$ 的子图,并且对于 $\forall u, v \in V'$,当存在 $(u,v) \in E$ 时,也存在 $(u,v) \in E'$,那么就称 G 是 G' 的一个导出子图。如果存在两个图 P 和 G',G' 上的任意子图与 P 是同构的,那么存在一个映射 f,P 在 G' 上的全部子图同构记为 $F = \{f_1, f_2, \cdots, f_k\}$,$F$ 称为全部的子图实例,$|F|$ 称为子图实例的个数。图 10.1 中的(g1),在图(g)中存在 5 个映射,$\{0,1,2\}$,$\{0,1,3\}$ 等都是子图(g1)的子图实例。

数据挖掘中，反单调性是非常重要的原则之一，可以用来有效地进行剪枝，提高挖掘的效率。如果不能保证反单调性，就必须穷举搜索。计算子图模式的支持度最直接的方法是计算子图模式在图数据中子图实例的个数，但是这种计算方法有可能破坏反单调性。例如，在图 10.2 中，当子图是单个顶点 db 时，它的子图实例的个数为 1，即图 10.2(a) 中的顶点 2。当我们给出的子图为图 10.2(b) 时，它的子图实例的个数为 2，即图 10.2(a) 中{1,2}和{2,3}。随着子图模式规模的增加，出现子图实例的个数也增加的现象，因此，它不满足反单调性。目前，有三种保证反单调性的支持度计算方法，基于最小像集（MNI）方法、有害重叠（HO）方法及最大独立集（MIS）方法。三种方法的区别在于两个不同的子图实例中允许顶点或边重叠的程度不同。计算方法不同，计算的复杂度也不一样。本章采用 MNI 方法，因其计算最简单，而 HO 和 MIS 方法是 NP 完全的。

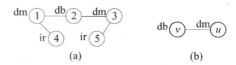

图 10.2　支持度计算的例子

定义 10.6　基于像集的支持度。存在子图 P 在图 G 的全部子图同构映射 $F = \{f_1, f_2, \cdots, f_k\}$，假设 $F(v) = \{f_1(v), f_2(v), \cdots, f_k(v)\}$ 是一个像集，包含图 P 中不同，且存在于图 G 中的顶点 v。子图 P 在图 G 中的支持度表示为 $s_G(P)$，其定义如下：

$$s_G(P) = \min\{t \mid t = \mid F(v) \mid \text{ for all } v \in V_P\}$$

图 10.2(b) 中的顶点 v，对应于图 10.2(a) 中的 2，即 $F(v) = \{2\}$，而图 10.2(b) 中的顶点 u，对应于图 10.2(a) 中的 1 和 3，即 $F(u) = \{1,3\}$，此时 $s_G(P)$ 就为 $\mid F(v) \mid$，即支持度为 1。后文中不出现混淆的情况下，基于像集的支持度都简称为支持度。

10.3.3　频繁模式挖掘问题

给定一个标签图 G 及最小支持度 δ，频繁模式挖掘就是找出所有的模式 P，使得模式 P 在图 G 中的映射数量超过 δ，记为 $s_G(P) \geqslant \delta$。由于每个子图模式中可能存在相同标签的顶点或边，因此，增加了系统的建模能力。若一个图中所有顶点和边具有唯一的标签，则非常容易能够将一组顶点或边聚集形成一个模式，此时可以使用传统的基于 Apriori 的算法来挖掘频繁模式。但是，如果图中存在多个顶点或者边具有相同的标签，就无法使用基于 Apriori 的算法，只能通过图的同构方法解决问题。

问题 1：频繁连通子图挖掘问题。

如果只关注子图的连通性，那么挖掘出的频繁模式是由某些相关联的边组成的，每条边有两个顶点。依据此原则，本文不需要考虑非连通子图的挖掘。

问题 2：频繁导出图挖掘问题。

如果要求挖掘出的子图是导出子图，那么挖掘出的频繁模式是由某些顶点组成的。对于任何一对顶点，如果在原始图数据中存在边，那么频繁模式之间也必须存在边。

由于连通子图挖掘和导出子图挖掘的方法基本一样，唯一区别是前者针对边，后者针对顶点,因此,只讨论导出子图挖掘问题。

10.4　基于数据流的频繁模式挖掘模型

在频繁模式挖掘的过程中,挖掘大小为 k 的频繁模式时,需要检查图中大小为 k 的所有子图。按照这种思想,我们将大图分解为多个大小为 k 的子图,之后并行检查这些子图是否同构,对同构的子图进行聚集并计算其支持度,最后对这些子图进行扩展,得到大小为 $(k+1)$ 的子图,接着进行同构计算、聚集计算支持度,通过不断迭代,从而得到全部的频繁模式。然而,上述方法存在一个问题:随着 k 的增加,子图个数成几何级数增长。为解决该问题,我们计算大小为 k 的模式时,只对大小为 $(k-1)$ 的频繁模式进行扩展。由于对每个子图进行计算的过程中不需要其他子图,因此,可以将这些子图看成数据流,子图同构、扩展、支持度计算看成变换操作。故本文提出的基于数据流的频繁模式挖掘模型由以下步骤组成:① 初始数据流计算。每一条边作为一个子图实例,挖掘模式大小为 2 的全部频繁模式。② 扩展阶段。扩展每一个大小为 $(k-1)$ 的模式的子图实例,得到全部大小为 k 的子图实例。③ 编码计算阶段。使用正规编码计算方法,计算各个子图实例的正规编码。④ 归并阶段。将正规编码相同的子图实例聚集。⑤ 频繁模式检查阶段。检查每一类子图实例构成的子图模式的支持度是否满足最小支持度要求,将满足支持度的子图模式的全部子图实例保存,转到 ② 继续迭代;如果不存在满足支持度的子图模式,那么计算结束。

10.4.1　子图的产生及存储

子图实例是模式在图数据上映射的像集,其包含顶点信息、边的信息及顶点和边的标签信息,可抽象为 $inst^k = (d, V_{inst})$,其中 d 表子图实例对应的模式的正规编码,V_{inst} 代表子图实例中包含的顶点编号的集合,顶点编号即输入图数据 G 中顶点的编号,即 $V_{inst} \subset V$,$k = |V_{inst}|$ 代表子图实例对应的模式的大小。大小为 k 的子图实例集合表示为 $INST^k = \{inst_1^k, inst_2^k, \cdots, inst_n^k\}$。

子图模式作为从输入图中挖掘出的结果,是对子图实例的抽象,记为 $p^k = (cl, \Sigma_p)$,其中 cl 代表子图模式的正规编码,Σ_p 代表子图模式中包含的顶点标签,即 $\Sigma_p \subseteq \Sigma_V$,$k$ 代表子图模式的大小,$k = |\Sigma_p|$。大小为 k 的模式的集合表示为 $P^k = \{p_1^k, p_2^k, \cdots, p_n^k\}$。

若子图模式不是导出子图,则将子图实例及子图模式中的顶点集合 V_{inst} 变成边的集合 E_{inst},即代表边的编号和边的标签信息。后文中不作特别说明的情况下,只关注导出子图。

定义 10.7　假设 $P = (V_P, E_P, \Sigma_P, \Sigma_P, l)$ 是图 $G = (V, E, \Sigma_V, \Sigma_E, l)$ 中的一个子模式,P 在图 G 中的像集可以表示为 $I_p = [cl(p), V_P, E_P, X, D]$ 表示,其中 $cl(p)$ 代表子图模式 P 的编码,X 代表顶点 V_P 的域,即 V_P 在图 G 中的顶点编号的取值范围,D 代表边 E_P 的域,即 E_P 在图 G 中的边的编号的取值范围。子图实例的集合表示为表 10.1 的格式。表 10.1 中顶点对应的列表示子图模式中第 i 个顶点在图 G 中的像集,表 10.1 中包含两个子图模式 x 和 y,正规编码为 $cl(x)$ 和 $cl(y)$。每一行代表一个子图实例,第一列表示模式 x 和 y 中的顶点在图 G 中对应的顶点标识的集合,同样 v_k 表示模式的另外一个顶点在图 G 中对应的顶点标识的集合。如果用 $D(v_1)$ 表示子图模式 P 中顶点 v_1 的不重复可能取值,那么 $D(v_1)$ 就是顶点 v_1 的值域,同理 $D(v_k)$ 表示顶点 v_k 的值域。列 $e_1,\cdots,e_m$ 代表子图模式中的边,用 $D(e_1)$ 表示子图模式 P 中边 e_1 的值域,$D(e_m)$ 表示图模式 P 中第 m 条边 e_m 的值域。表 10.1 中的分量 $id_1,id_l,id_m,id_n,\cdots$ 代表图 G 中的顶点标识,即顶点的唯一 id,$(id_l,id_k),\cdots$ 代表图 G 中的边。

表 10.1　子图实例表

顶点			边			模式正规编码
v_1	$\cdots$	v_k	e_1	$\cdots$	e_m	
id_1	$\cdots$	id_n	(id_1,id_k)	$\cdots$	(id_k,id_l)	
						$cl(x)$
id_l	$\cdots$	id_m	(id_l,id_k)	$\cdots$	(id_k,id_j)	
						$cl(y)$

在频繁模式挖掘算法中,随着图数据规模的增大,子图模式的规模随之扩大,每个模式对应的子图实例数量更是呈指数级别增长,因而导致计算量及中间数据的急剧膨胀。例如,对于任何一个有 n 个顶点的图 G 的一个子图模式 P,假设子图模式的大小为 k,最坏情况下其子图实例的存储规模为 $n^k \cdot [n(n-1)/2]^k$,若只存储子图实例的边,则其存储规模为 $[n(n-1)/2]^k$,不能够只存储子图实例的顶点,因为其会造成边的信息不足而无法满足挖掘要求。例如,图数据 CiteSeer,其顶点数为 3 312,边数为 4 591,标签数为 6,平均度为 2.8,当模式的大小为 6 时,其子图实例的个数约为 10^9。

虽然子图实例的规模非常大,但是我们必须将其保存下来,原因有两点:第一,计算支持度时需要子图实例。单个大图数据中计算支持度比较困难,因为各个子图实例之间存在着顶点的重叠,所以在计算支持度时,必须要访问所有子图实例,否则无法计算。第二,能够缩小子图实例的扩展范围。本章提出的算法采用扩展方法得到更大的子图模式,需要将上次迭代产生的频繁模式全部保存,作为下次迭代的输入数据。这种方式虽然会带来子图实例存储的压力,但是能够有效减少子图实例的模式空间,从而提高算法的效率。本章采用 HDFS 来存储计算过程中产生的所有子图实例。

10.4.2　数据操作

基于数据流模型的频繁模式挖掘算法包括一个数据输入操作、一个增量更新操作及 3 个流水操作,3 个流水操作分别是判断操作、将大小为 k 的子图实例扩展成大小为 $(k+1)$ 的子图实例的操作以及计算大小为 $(k+1)$ 的子图实例的正规编码操作。本章在上述 5 个操作的基础上,实现了频繁模式的流水挖掘模型。

(1)判断操作。判断操作对扩展操作的结果进行检查,即计算子图模式的支持度,去掉非频繁的子图模式；如果判断结果为不存在频繁模式，那么迭代停止，否则执行扩展操作。IsFrequent 方法根据输入的子图模式及其对应的子图实例，检查条件 $s_G(P) \geqslant \tau$。即对模式中的每一个标签，检查全部子图实例中无重复出现顶点编号的次数，操作 1 代码的第 3 行、第 4 行对模式中的所有标签，找到对应的顶点数最小的值，若该最小值不小于设定的阈值 τ，则被检查模式为频繁模式，其对应的所有子图实例需要保存。

【过程 10.1】　支持度的计算。

输入：候选子图模式以及子图实例

输出：频繁模式对应的子图实例

IsFrequent (P^k, INST^k, τ) {

1 FOR ($l = 0$; $l < k$; $l{+}{+}$){

2 　//统计每个属性列中无重复的顶点编号出现次数

3 　$m[l] =$ distinct_count(INST$^k[i].V[l]$);

4 　IF($\min_l(m[l]) \geqslant \tau$)

5 　　RETURN TRUE;

6 }

7 RETURN FALSE;

8 }

（2）扩展操作。扩展操作的任务是扩大子图的大小，即对前一次（如大小为 k 的子图）模式中的子图实例，通过扩展顶点得到更大的子图实例[如大小为 $(k+1)$ 的子图]。对于图 $G(V, E)$ 中的一个顶点 v，其邻接顶点的集合表示为 $\Gamma(v) = \{u | (v, u) \in E\}$，对于一个顶点集合 $V' \subseteq V$，集合 V' 的邻接顶点集合表示为 $\Gamma(V') = \bigcup_{v \in V'} \Gamma(v) \backslash V'$。

对于扩展操作，若按照邻点关系扩展子图实例，则可能出现大量重复的子图实例。例如，对图 10.1 中的图数据按照邻点关系扩展子图实例，会产生冗余子图实例，如图 10.3 中虚线框中的子图实例所示。

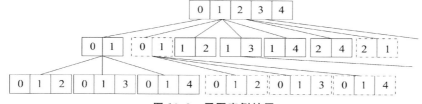

图 10.3　子图实例扩展

假设图 $G(V, E)$ 中包含 n 个顶点，每个顶点具有唯一编号，且顶点编号与顶点编号之间存在偏序关系 $v_1 < v_2 \cdots < v_n$。此时，假设一个子图实例所包含的顶点集合为 V'，其在上一次迭代中最后被扩展的顶点表示为 last，顶点 v 的可扩展邻接顶点集合表示为 $N(v) = \{u | (v, u) \in E \wedge v > \text{last}\}$，由此可得顶点集合 V 的可扩展邻接顶点集合，将其表示为 $N(V') = \bigcup_{v \in V'} N(v) \backslash V'$。通过偏序关系判断某个顶点是否为可扩展顶点，可以避免子图实例的冗余扩展问题，图 10.3 中，不会扩展得到冗余的子图实例{0,1}以及{2,1}，此外，也不会得到大小为 3 的冗余的子图实例{0,1,2}，{0,1,3}及{0,1,4}。

扩展操作代码中,第 2 行执行得到一个子图实例的全部候选可扩展邻接顶点的集合。第 3 行至第 8 行,在该子图实例的基础上扩展得到新的子图实例集合。其中第 4 行和第 5 行,针对每一个候选顶点,按照其顶点标签及边的信息,建立新的子图实例;第 7 行,将每个新的子图实例加入集合中,得到大小为 $(k+1)$ 的子图实例的集合。第 9 行将结果返回。

【过程 10.2】 子图实例扩展。

输入:大小为 k 的子图实例

输出:大小为 $(k+1)$ 的候选子图实例

Expand$(k,\text{inst},G)\{$

1　$g',P^k,G^{k+1},\text{CAND}$;

2　$CAND=\{u\,|\,u\in N(\text{inst}.V)\}$;

3　FOR$(w\in CAND)\{$

4　　$g'.V=\text{inst}.V\bigcup\{w\}$;

5　　$g'.E=G.E\bigcup\{(v,w)\in G.E\wedge v\in G.V\}$;

6　　$\text{last}=w$;

7　　$G^{k+1}=\bigcup\{g'\}$;

8　　$\}$

9　RETURN G^{k+1};

10　$\}$

考虑图 10.1 中的输入图数据,假如我们得到包含两个顶点的子图实例$(0,1)$,即一条边属于某个频繁模式,我们需要对它进行扩展,形成大小为 3 的子图实例,此时顶点 0 的邻接顶点是$\{1\}$,而顶点 1 的邻接顶点是$\{2,3,4\}$,所以经过扩展操作后,大小为 3 的子图实例包含$\{0,1,2\},\{0,1,3\}$及$\{0,1,4\}$。

(3)正规编码生成操作。因为在操作 1 的支持度计算过程中,需要将正规编码作为 key,即将具有相同正规编码的子图实例全部聚集,以便计算支持度。因此,需要计算新的子图实例的正规编码。

【过程 10.3】 计算正规编码。

输入:大小为 k 的子图实例

输出:子图实例的正规编码

Code$(g')\{$

1　$n=|g'.V|$;

2　FOR$(i=1$ to n$)$

3　　$s_i=i$;

4　MaxCode$=l(v[s_1])l(v[s_2])\ldots l(v[n])$
　　$l(v[s_1],v[s_2])\ldots l(v[n-1],v[n])$

5　FOR$(i=2$ to n!$)\{$

6　　$m=n-1$;

7　　WHILE$(s_m>s_{m+1})$

```
8      m=m-1; //从右向左找到第一个值减小的元素
9      k=n;
10     WHILE(s_m > s_k)
11       k=k-1; //从右向左找到第一个值超过 s_m 的元素
12     swap(s_m, s_k);
13     p=m+1;
14     q=n;
15     WHILE(p<q){
16       swap(s_p, s_q);
17       p=p+1;
18       q=q-1;
19     }
20     Code=l(v[s_1])l(v[s_2])...l(v[n])
       l(v[s_1],v[s_2])···l(v[n-1],v[n])
21     IF(Code>MaxCode)    MaxCode=Code;
21     }
22     RETURN    MaxCode;
23 }
```

对于输入的子图实例 g'，第 2、3 行将顶点的下标存入变量 s_i 中；第 4 行根据顶点的标签排列，得到顶点的编码；第 5~21 行，计算出顶点的全部排列，并计算每种排列的编码，最后得到最大编码作为子图实例的正规编码。

（4）ExtractPattern 操作。为了支持流水操作的触发事件，ExtractPattern 操作为入口，子图模式的正规编码作为 key，从持久存储中获得 key 相同的子图实例，触发一次新的迭代。

（5）SaveAsPattern 操作。为了支持流水操作结果的增量更新模型，新扩展的子图实例按照模式的正规编码进行增量更新，将增量数据更新到以 key 为标识的数据中。

10.4.3　基于数据流模型的频繁模式挖掘算法

基于数据流模型的频繁模式挖掘方法中，通过扩展操作得到新的子图模式及其对应的子图实例，通过子图实例判断操作判断子图模式是否频繁。对于频繁模式，将其子图实例进行扩展，否则就抛弃该子图模式及其所有实例。通过不断迭代，直到没有新的频繁模式出现为止。图 10.4 所示为基于数据流的频繁模式挖掘模型。G 为输入的图数据，执行 IsFrequnet 操作得到频繁的标签（第一次迭代时，也是最小的子图模式），然后执行 Expand 操作对频繁模式的子图实例进行扩展，得到新的子图实例，最后对新的子图实例执行 Code 操作，计算其正规编码，并存储到分布式文件系统中。一次计算完成后，进行下一次的迭代，直到不存在频繁模式为止。

上述挖掘模型中，输入图数据被分解为多个子图 G_u^0，构成子图集合用符号 $\varphi(G)$ 表示。

原始图数据 $\varphi(G)=\{G_u{}^0\,|\,u\in V(G)\}$，其中 $V(G_u{}^0)=\{u\}\bigcup\Gamma(u)$，$E(G_u{}^0)=\{(u,v)\,|\,v\in\Gamma(u)\}$ $\bigcup\{(v,w)\,|\,v,w\in\Gamma(u)\}$。

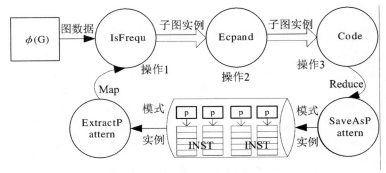

图 10.4　基于数据流的频繁模式挖掘模型

算法 10.1 实现了对小规模图数据进行基于数据流模型的频繁模式挖掘算法。算法 10.1 的第 2 行检查顶点和边，如果其标签值出现次数低于阈值，就将其从图 G 中删除，得到图 G'；第 3 行至第 6 行实现了创建模式大小为 2 的子图实例；第 7 和第 8 行调用计算支持度方法，也即判断操作，得到频繁模式及其全部子图实例；第 9 行检查新的候选子图实例集合是否为空，若为空则退出；第 10 和第 11 行执行扩展操作，得到扩大后的新的子图实例的集合；第 12 和第 13 行，聚集新的候选子图实例，得到全部的候选子图模式，然后转到第 7 行，继续迭代执行。

【算法 10.1】　导出频繁模式挖掘。

输入：图数据 G，支持度 τ

输出：频繁导出子图

freqSubGMine(G(V,E)){

1　　G',Temp^k,INST^k,P^k

2　　$G'=$ Init(G,δ)// 删除 G 中不频繁标签对应的顶点和边

3　　$k=2$;

4　　WHILE　$e\in G'.E$

5　　WHILE $P[i]^k.cl=cl(e)$

6　　　　inst$[i]^k=\bigcup(cl(e),e.v_1,e.v_2)$;

7　　FOREACH $P[i]^k$ IN P^k

8　　　Temp$^k=\bigcup$ IsFrequ$(P^k[i]$,INST$^k[i],\delta)$;

9　　IF Temp$^k=\phi$　GOTO 15;

10　　　FOREACH inst $\in$ Temp^k

11　　　　INST$^{k+1}=\bigcup$ Expand$(k+1,$inst$,G')$;

12　　FOREACH inst $\in$ inst^{k+1}

13　　　$<P^{k+1}$,inst$^{k+1}>=\bigcup$ Code$(k+1,$inst$,G')$;

14　　GOTO 7;

15　　RETURN;

16 }

10.4.4　基于数据流模型的频繁模式挖掘过程

由于采用数据流模型,因此,对于大规模的图数据,可以利用现有的数据流处理引擎,如 Hadoop、Spark 等计算框架来进行处理。下面主要介绍依据 Spark 计算框架设计的大规模图数据的频繁模式挖掘方法。

计算每个候选子图模式的支持度时,需要使用其对应的全部子图实例,若采用 map/reduce 编程模型,map 任务执行完毕到 reduce 任务开始执行的过程中,会执行 reduce copy 操作,则该过程的磁盘 I/O 开销巨大;若仅仅使用 map 任务进行计算,不执行 reduce 操作,则可能引起数据倾斜问题,即某些子图模式对应的子图实例非常多,某些子图模式对应的子图实例非常少,因而导致计算结束时间延迟,影响下一次迭代的开始。经分析,我们采用 Spark 作为计算平台,其扩展操作产生的结果直接存储在 HDFS 分布式文件系统中,按照子图实例的正规编码进行分割,将正规编码作为 key 来分割文件内容。

挖掘大小为 $(k+1)$ 的频繁模式时,将上次迭代存储在 HDFS 中的所有大小为 k 的子图实例作为输入数据,通过判断操作计算子图模式的支持度,得到大小为 k 的频繁模式并对其进行扩展,从而得到大小为 $(k+1)$ 的全部子图实例,将其存储在 HDFS 分布式文件中。大小为 k 的子图实例的存储的数据格式如表 10.1 所示。$v_1,v_2,\cdots,v_k$ 是模式的顶点,这些顶点组成的图是模式,$u_1,u_2,\cdots,u_k$ 是数据图中的顶点,是模式图中的顶点在数据图中的映射,即存在 $f_1(v_1v_2\cdots v_k)\rightarrow(u_1u_2\cdots u_k)$,$u_1,u_2,\cdots,u_k$ 是输入图的子图。

表 10.1 中,模式相同的子图实例具有相同的正规编码,每个子图模式包含多个子图实例,每个子图实例由 k 个顶点的标号组成。因此,将模式的正规编码作为行键(也称 rowkey),其包含的子图实例作为列存储。

依据表 10.1 的数据模型,图 10.5 给出了大小为 3 的频繁模式实例及模式的例子。按照正规编码,得到两种频繁模式 aaa110 和 aaa111。对于模式 aaa110,它对应的子图实例都包含 3 个顶点,分别记为 x,y,z,其顶点的标签均为"a",其对应的子图实例的个数为 5,每个子图实例通过顶点的编号表示,对应于图数据中的顶点 {0,1,2}、{0,1,3}、{0,1,4}、{1,2,3} 以及 {2,3,4}。而另外一个模式 aaa111,其对应的子图实例的个数为 2,对应于图数据中的顶点 {1,2,4} 以及 {1,3,4}。

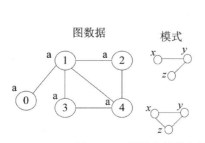

	子图实例			
	code	x	y	z
	aaa110	0	1	2
	aaa110	0	1	3
	aaa110	0	1	4
	aaa110	1	2	3
	aaa110	2	3	4
	aaa111	1	2	4
	aaa111	1	3	4

图 10.5　子图实例的存储模型

利用 Spark 计算框架,频繁模式挖掘过程中,主要的 RDD 和操作包括支持度的计算、扩展子图实例及计算正规编码。

(1)支持度的计算。调用操作 ExtractPattern,获得候选子图模式 $cl(g^k)$ 及其包含的全部子图实例,计算支持度,检查候选子图模式是否频繁。

计算过程中,将子图实例看作二维表,每个元组代表一个子图实例,由子图实例所包含顶点的唯一编号表示,如 $\{u_3, u_5, \cdots, u_{l+1}\}$。列属性是顶点的标签值,如模式大小为 k 的顶点标签分别为 $l(v_1), l(v_2), \cdots, l(v_k)$。

模式的子图实例的数据表示为 SOURCE $= \{cl(g^k), \{u_1, u_2, \cdots, u_k\}, \cdots, \{u_3, u_5, \cdots, u_{l+1}\}\}$。

对 SOURCE 数据执行 parallelize 操作,得到 RDD1 $= \{\{u_1, u_2, \cdots, u_k\}, \cdots, \{u_3, u_5, \cdots, u_{l+1}\}\}$。

对 RDD1 执行 flatMap() 操作,将顶点映射成二元组 $\{ID, u_i\}$,其中第一个成员是列标识,第二个成员是顶点标识,即 RDD2 $= \{(1, u_1), (2, u_2), \cdots, (k, u_k)\}$。

对 RDD2 执行 IsFrequent(g^k, INST^k, δ),对获得的结果进行过滤,如果 $\delta \geq \tau$,那么模式 g^k 是频繁的,需要对其继续执行后续的计算,否则删除该模式。

(2)子图实例扩展。大小为 k 的频繁模式,依次枚举其子图实例,调用 Expand 操作,得到大小为 $(k+1)$ 的候选子图实例。

对 RDD1 $= \{\{u_1, u_2, \cdots, u_k\}, \cdots, \{u_3, u_5, \cdots, u_{l+1}\}\}$,执行 flatMap 操作,其操作算子为扩展操作,即 Expand(k, inst, G),通过执行该操作我们可以得到 RDD2 $= \{\{u_1, u_2, \cdots, u_{k+1}\}, \cdots, \{u_3, u_5, \cdots, u_{l+1}\}\}$。

(3)正规编码计算。对于扩展操作得到的 RDD2,执行 map 操作,其操作算子为计算正规编码操作,即 $cl(g^{k+1})$,得到 RDD3 $= \{\{cl(g^{k+1}), u_1, u_2, \cdots, u_{k+1}\}, \cdots\}$,其中子图实例的正规编码作为 key,value 为该正规编码对应的每一个子图实例 $u_1, u_2, \cdots, u_{k+1}$。按照 key 进行 reduce 操作后,调用 SaveAsPattern 方法将结果写入 HDFS 分布式文件。

以上 3 个过程执行完成后,得到所有大小为 k 的频繁模式,同时也得到大小为 $(k+1)$ 的候选子图模式。不断迭代执行上述过程,可以得到图数据中的全部频繁模式。

10.4.5 算法的性能分析

频繁模式的检测(操作 1)中,需要检查每一个子图实例。假设存在 n 个大小为 k 的子图模式,每个子图模式包含 m 个子图实例,一个大小为 k 的子图模式的支持度计算的复杂度为 $O(mk)$,那么 n 个大小为 k 的子图模式的支持度计算复杂度为 $O(nmk)$。假设输入图数据中顶点的不同标签数量为 l,那么最坏情况下 n 的大小为 l^k。假设顶点数为 $|V|$,那么最坏情况下 m 的大小为 $C^k_{|V|}$。因此,频繁模式检测操作的复杂度与输入图数据中顶点的不同标签数量及顶点个数有关,即为 $O(l^k C^k_{|V|} k)$。

子图实例的扩展(操作 2)中,需要从大小为 k 的子图实例增加为大小为 $(k+1)$ 的子图实例。对于一个大小为 k 的子图实例,其顶点的度为 d 的话,最坏情况下可以扩展的候选顶点为 kd 个,也就是说,扩展一个子图实例的计算复杂度为 $O(kd)$,因此,对于 n 个模式,每个模式有 m 个子图实例的话,其计算的复杂度为 $O(nmkd)$,子图实例扩展的计算复杂度与输入图的顶点个数、顶点的标签数量以及顶点的度有关,表示为 $O(l^k C^k_{|V|} k^2 d)$。

对于大小为 k 的所有子图实例,需要计算其正规编码(操作 3),以便得到其对应的模式。该过程需要对 k 个顶点计算所有可能的排列,并从中找到编码最大的值,最坏情况下其复杂度

为 $O(k!)$。

频繁模式挖掘过程的计算复杂度与顶点的数量 $|V|$、输入图数据的稠密程度,即顶点的度 d、顶点不同标签的数量 l 及频繁模式的大小 k 值有关。

实际中,影响计算复杂度的关键因素包括 k 值及支持度阈值 τ。随着 k 的增大,其复杂度按指数数量扩大。随着支持度阈值 τ 的增大,可以大规模地减少子图模式的数量 n,即减小最坏情况下 l^k 的值,由于 l^k 与 k 是指数关系,因此,减少子图模式的数量可以大幅降低计算的时间复杂度。

10.5　基于数据流的频繁模式挖掘算法的性能优化

10.5.1　基于标签值的正规编码计算优化

频繁模式挖掘算法中,计算正规编码用于检查子图实例是否是子图模式的映射,还可以用于检查两个子图模式是否相同。因此,设计一个高效的正规编码计算算法能减少频繁模式挖掘的计算代价。

图的正规编码是图的唯一表示,即如果两个图是同构的,那么它们一定具有相同的正规编码。计算图的正规编码包括两个步骤:①对图的顶点进行排序后得到其对应的邻接矩阵,将邻接矩阵转换为线性符号序列,即将邻接矩阵的行按照次序转换为 0 和 1 的序列(这里将所有边的标签设置为"1")。图 10.6 中的图数据包含 5 个顶点,边转换为 0 和 1 后的序列为"aaaaa1010100111",其中前 6 个"a"代表顶点的标签,邻接矩阵的上三角按照列分别表示为"1""01""010"和"0111"。当边的标签也存在时,用边的标签代替 1,顶点之间不存在边时,仍然记为 0。②求最大或最小的符号序列。图 10.6(a)中的序列不能直接作为正规编码,因为随着顶点次序的交换,可以得到很多个不同的字符序列,而且这些不同的序列全部代表同一个图,所以它不是唯一的,违反了正规编码唯一代表图的前提条件。通过不断交换顶点的次序得到其对应的邻接矩阵,按照字典序选择一个最大的字符序列或者最小的字符序列,将其作为正规编码使用。对于图 10.6(a)中的图数据,通过多次交换顶点次序可以得到其最大的字符序列,如图 10.6(b)所示,其字符串序列为"aaaaa1111101000",从字典序的关系看,该序列是最大的序列,同时是能够唯一表示图 10.6 中图数据的正规编码。

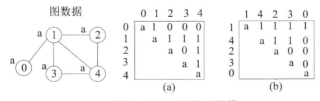

图 10.6　正规编码计算

计算正规编码时,需要遍历所有可能的顶点排列,这个过程的计算复杂度最大,因此,我们首先对该过程进行优化,优化的依据是利用顶点标签的不变特性。

对于给定的图数据,其顶点的度及标签值是不变的,因此,我们利用这些不变特性对图的正规编码的计算进行优化。根据不变特性对顶点进行分片,具有相同特性的顶点被分到同一个片中。由于顶点的不变特性不会随着顶点次序而变化,因此,无论顶点次序如何变化,都可以得到相同的分片,对分片后的图数据的顶点,利用邻接矩阵的上三角来计算图的正规编码。对顶点分片之前,计算正规编码时需要对所有顶点进行全排列,顶点分片之后,各个顶点都存在约束,此时只需要对各个分片进行全排列,然后对各个分片的排列进行乘法操作,即可得到图的正规编码。若两个图同构,则它们之间一定存在相同的顶点分片,进行全排列后亦可得到相同的正规编码。

参考文献[264]采用顶点的度和顶点标签值对顶点进行分片,分片后各个片中的顶点不相交。顶点的度和标签值相同的顶点被分到同一个片中,先按顶点的度再按顶点的标签值进行分片。优化前,计算正规编码的时间复杂度为 $O(|V|!)$。优化后,假设 m 是分片的数量,每个分片包含 $p_1,p_2,\cdots,p_m$ 个顶点,计算正规编码的复杂度为 $O[\Pi_{i=1}^{m}(p_i!)]$,很显然,复杂度得到降低,提高了计算效率。

例如,图 10.7 中的图数据按顶点的度分为 p_1、p_2 和 p_3 3 个片,其中 p_1 包含一个顶点 1,$p_1=\{1\}$;p_2 包含一个顶点 2,$p_2=\{2\}$;p_3 包含 3 个顶点 0、3 和 4,$p_3=\{0,3,4\}$。片 p_1 和 p_2 中顶点的度为 3,但是片 p_1 中顶点标签值为"a",而片 p_2 中顶点标签值为"b",片 p_3 中顶点的度均为 2,并且顶点的标签值均为"b"。按参考文献[264]中的方法计算图的正规编码,排列各个分片中的顶点序列的次数为 1! ×1! ×3!=6。若不进行分片,则排列顶点序列的次数为 5!=120。

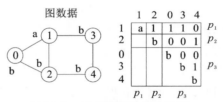

图 10.7 正规编码的分片计算

参考文献[264]的算法忽略了正规编码计算方法的特点,采用乘法原理计算正规编码,优化效率有限。本节采用的正规编码优化方法,可将复杂度降低到 $\sum_{i=1}^{m}(p_i!)$,即加法运算的复杂度。

定义 10.8 编码的连接。设图 G 中包含两个分片,第一个分片包含 p_1 个顶点,第二个分片包含 p_2 个顶点,p_1 中的顶点集合为 V_1,p_2 中的顶点集合为 V_2,如果顶点集合 V_1 和 V_2 的子图字符序列分别为 $c(G_{p_1})$ 和 $c(G_{p_2})$,那么 V_1 和 V_2 连接后的子图序列可表示为

$$c(G_{p_1}) \cdot c(G_{p_2})$$

其计算方法如下,顶点 V_1 生成了一个邻接矩阵 $\boldsymbol{M}_1$,顶点 V_2 生成了一个邻接矩阵 $\boldsymbol{M}_2$,我们依据 $E_{p_1 \cdot p_2} = \{(v,w) \mid v \in V_1 \wedge w \in V_2\}$,将 $\boldsymbol{M}_2$ 的行和列追加到 $\boldsymbol{M}_1$ 的行和列之后,得到新矩阵 $\boldsymbol{M}_p$,其上三角阵由三部分元素组成:$X_1 = \{x_{ij} \mid x_{ij} \in M_1\}$,其中 $1 \leqslant i \leqslant p_1$,$1 \leqslant j \leqslant p_1$;$X_2 = \{x_{ij} \mid x_{ij} \in M_2\}$,其中 $p_1+1 \leqslant i \leqslant p_1+p_2$,且 $p_1+1 \leqslant j \leqslant p_1+p_2$;$X_3 = \{x_{ij} \mid x_{ij} = l(v_i,w_j) \in E \wedge v_i \in V1 \wedge w_j \in V2\}$,其中 x_{ij} 为图 G 中的边的标签,$1 \leqslant i \leqslant p_1$,且 $p_1+1 \leqslant j \leqslant p_1+p_2$。矩阵 $\boldsymbol{M}_p$ 的字符序列表示为 $c(V_1 \bigcup V_2) = c(G_{p_1}) \cdot c(G_{p_2})$。

如图 10.8 所示,分片 p_1 中顶点的排序为 $\{12\}$,$c(G_{p_1})=$"aa1",分片 p_2 的顶点排序为

$\{034\}$，$c(G_{p_2}) = $ "bbb001"，分片 p_1 和 p_2 连接后的邻接矩阵如图 10.8 右所示，其 $c(G_p)$ 必须包含边 $E_{p_1 \cdot p_2}$，因此其连接后的标签序列为 "aabbb1101000101"。

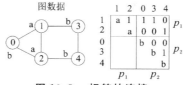

图 10.8 标签的连接

定义 10.9 分片的正规编码。假设存在标签图 $G = (V, E, \Sigma_V, \Sigma_E, l)$，按照顶点的不变特性图 G 被分为大小为 p_1 和 p_2 的 2 个分片。$cl(G_{p_1})$ 是分片 p_1 的正规编码，而且 p_1 中的顶点标签、度是最大的，我们可以将标签图 G 的分片正规编码表示为 $cl(G) = \max_{c(G_{p_2})}\{cl(G_{p_1}) \cdot c(G_{p_2})\}$。即 $cl(G)$ 必须是由 p_1, p_2 的 2 个分片组成的邻接矩阵中的最大字符序列。

以此类推，当图 G 被分隔为大小为 $p_1, \cdots, p_k$ 的 k 个片段时，我们可以将其正规编码表示为 $cl(G) = cl(G_{p_1}) \cdot c(G_{p_2}) \cdot \cdots \cdot c(G_{p_k})$。

为证明分片正规编码是是最大字符序列，需要证明标签连接的正确性，即证明若连接后的序列是最大字符序列，则去掉连接后该标签序列也是最大字符序列。

定理 10.1 设图 $G = (V, E, \Sigma_V, \Sigma_E, l)$ 的分片连接标签序列是最大字符序列，即可作为正规编码，则去掉该序列每一次的最后连接顶点集后，其字符序列仍然是最大的，仍然可作为正规编码。

接下来证明，假设 $cl(G) = c(G_{p_1}) \cdot c(G_{p_2})$ 是最大字符序列，去掉 $c(G_{p_2})$ 后其仍然是最大字符序列。若上述证明成立，则标签的连接一定是最大的，即一定是正规编码。

证明：利用反证法证明。假设标签图 G 的字符序列 $cl(G) = c(G_{p_1}) \cdot seq(G_{p_2})$ 是最大字符序列，去掉 $c(G_{p_2})$ 后，$c(G_{p_1})$ 不是最大字符序列。

按照定义 10.1，可知 $d(G)$ 的字符序列为 $l_1 \cdots l_{r-1} x_{12} \cdots x_{1p_1-1} \cdots x_{p_1-1p_1} y_{1q} \cdots y_{p_1 q} z_{qq+1} \cdots y_{1r} \cdots y_{p_1 r} z_{qr}$，其中 $q = p_1 + p_2 + 1, r = p_1 + 1, l_1 \cdots l_{r-1}$ 是全部顶点的标签的字符序列。x, y 和 z 如图 10.9 中所示。

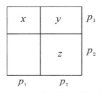

图 10.9 标签矩阵元素

去掉 $c(G_{p_2})$，我们可以得到标签序列：$cl_1 = l_1 \cdots l_{p_1} x_{12} x_{13} x_{23} \cdots x_{1p_1-1} \cdots x_{p_1-1p_1}$，假设 cl_1 不是最大字符序列，通过交换其中某两个顶点的顺序，得到一个更大序列：$cl_2 = l_1 \cdots l_{p_1} x_{12} \cdots x_{mn} \cdots x_{p_1-1p_1}$。当连接 $c(G_{p_2})$ 时，先增加顶点标签，再增加矩阵 y 和 z 的值。由于顶点 p_1 的不变特性大于顶点 p_2，因此顶点的标签序列不可能发生变化，当我们用 $cl_2 = l_1 \cdots l_{p_1} x_{12} \cdots x_{mn} \cdots x_{p_1-1p_1}$ 连接 y 和 z 时，无论 y 和 z 的矩阵如何变化，cl_2 的字典序列始终大于 cl_1，当 cl_1 连接 $c(G_{p_2})$ 后，按照字典序列，cl_2 仍然大于 cl_1。故与假设矛盾，即通过分片连接的标签序列是图的正规编码。

定理 10.2 两个图是同构的，当且仅当分片的正规编码相同。

证明：当两个图同构时，其分片后的不变特性相同，此时通过邻接矩阵得到的编码也相同，当其中一个为最大编码时，另一个也一定是最大编码。

若两个图的分片正规编码相同，则其顶点存在一一对应关系，其顶点之间的边也一一对应。因此，两个图必然同构。

推论 10.2   若图 G 的分片 $p_1,\cdots,p_k$ 存在自同构，同一个正规编码对应多个不同的顶点的排列，其分片组合编码的计算复杂度为 $p_1!+\alpha p_2!+\cdots+\beta p_k!$，其中 α 和 β 表示前一次连接时，分片正规编码中包含的不同顶点排序的次数。

证明：设 p_1 是自同构，顶点 u 和 v 是可交换顶点。顶点 V_1 的排列顶点"$\cdots u \cdots v \cdots$"能得到一个正规编码，其邻接矩阵为 $\boldsymbol{M}_1$。交换顶点 u 和 v 的次序后，其仍然得到正规编码，但是邻接矩阵为 $\boldsymbol{M}_1'$。

对分片 p_2，依据 $E_{p_1 \cdot p_2}=\{(v,w)\mid v\in V_1 \wedge w\in V_2\}$ 进行连接后，其邻接矩阵可能不同，导致字符序列也可能不同。因此，计算 p_1 和 p_1 的分片正规编码时，必须排列 $\boldsymbol{M}_1$ 和 $\boldsymbol{M}_1'$。以此类推，若子图存在自同构，则需要将其分片的正规编码对应的顶点排序全部保存，新一次的连接操作必须考虑前一次连接操作中形成的子图中的全部自同构顶点排序。故按照这种方式，正规编码的计算复杂性就变为 $p_1!+\alpha p_2!+\cdots+\beta p_k!$，其中 α 和 β 等表示前一次连接后，子图中存在的自同构数量。

10.5.2   基于编码树的正规编码计算优化

定义 10.10   编码树。给定一个图 G 及其正规编码 $cl(G)$，如果图 G 添加了一个顶点 v 和该顶点对应的边 $e_1,e_2,\cdots,e_k$，得到图 G'，那么我们可以将图 G' 的编码树表示为 $T(G')$，其格式可以表示为 $cl(G_{p_1}) \cdot tr(v) \cdot b(e_1) \cdot b(e_2) \cdot \cdots b(e_k)$。

其中，$tr(v)$ 代表顶点的标签，$b(e_1)$ 为 0 或是边 e_1 的标签。若顶点 v 与图 G 对应的正规编码中的第一个顶点之间有边，则其值为边的标签值，若无边，则其值为 0；同样，$b(e_2)$ 代表与第二个顶点之间是否存在边，或为边的标签值，以此类推。图 G 增加顶点后表示为图 G'，图 G' 的编码树为图 G 的正规编码 $cl(G)$ 后，追加顶点的标签及与图 G 各个顶点之间边的标签。

如图 10.10 所示，图（a）的大小为 $k=3$，其正规编码为"aaa111"，增加顶点"4"后如图（b）所示，顶点"4"分别与顶点"1"和"3"之间存在边，其编码树为"aaa111♯a101"，其中"♯"作为分隔符，可以保留或去除。

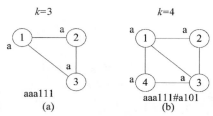

图 10.10   编码树

定理 10.3   若两个图的编码树相同，则两个图同构。

证明：设存在图 G、图 P 和图 S，其中 $|V_G|+1=|V_S|$，$|V_G|+1=|V_P|$，图 S 和图 P 比图 G 多一个顶点，并且图 G 是图 S 的导出子图，图 G 是图 P 的导出子图。此时图 G 和图 S 之间必然存在一一映射 f_1，存在 $u_i,u_j\in V_G$ 及 $v_i,v_j\in V_s$，满足 $l(u_i)=l'[f_1(v_i)]$，$(u_i,u_j)\in E \Leftrightarrow [f_1(v_i),f_1(v_j)]\in E'$；图 G 和图 P 之间必然存在一一映射 f_2，存在顶点 $u_i,u_j\in V_G$ 和顶点 $w_i,w_j\in V_P$，满足 $l(u_i)=l'[f_2(w_i)]$ 及 $(u_i,u_j)\in E \Leftrightarrow [f_2(w_i),f_2(w_j)]\in E'$；此时，通过

$u_i, u_j \in V_G$，建立起图 P 和图 S 的一一映射。对于最后的一个顶点，由于编码相同，顶点的标签值也相同，而且其对应的边的顺序和标签相同，因此，最后一个顶点也存在一一对应关系。故 P 和 S 同构。

根据编码树，可以设计一种正规编码的优化计算方法。

定理 10.4　设存在图 G、图 P，$|V_G| + 1 = |V_P|$，若 G 是图 P 导出子图，则图 P 的编码树的计算复杂度最大为 $O(|V_P|)$。

证明：若图 G 增加一个顶点 v，得到图 P，则增加顶点的位置最多有 $|V_P|$ 个。因此，其计算复杂度最坏情况下为 $O(|V_P|)$。

定义 10.11　最大（最小）编码树。给定一个图 G 及其正规编码 $cl(G)$，如果图 G 使用最大（最小）正规编码，且图 G 是自同构的，顶点 v_1, v_2 可以互相交换而不影响正规编码，此时添加了一个新顶点 v 和该顶点对应的边 e_1, e_2，得到图 G'，则可以将图 G' 的编码树表示为 $T(G')$，其格式可以表示为 $cl(G_{p_1}) \cdot tr(v) \cdot b(e_1) \cdot b(e_2) \cdots b(e_k)$，此时交换 $b(e_1)$ 和 $b(e_2)$ 会得到不同的编码树，按照字典序可以得到最大（最小）序列，成为最大（最小）编码树。

如果图 P 包含自同构的话，就需要计算出可以交换的顶点对，然后计算其最大（或最小）编码树。由于在 5.1 节中，已经计算了自同构问题，系统这里仅需要交换新加入的边的次序，得到最大（或最小）编码树。

推论 10.3　若存在模式 P 的 k 个子图实例 $p_1, \cdots, p_k$，模式的大小为 m，且存在 α 个自同构顶点交换序列，则计算其正规编码的复杂度为从 $k\Omega(P)$ 变为 $\Omega(P) + \alpha m O(k)$。

证明：对于 k 个子图实例 $p_1, \cdots, p_k$，为了确认其模式为 P，需要计算每个子图实例的正规编码，而每个子图实例的计算复杂度为 $\Omega(P)$，k 个子图实例的计算复杂度可以表示为 $k\Omega(P)$。

由于模式的大小为 $m-1$ 的正规编码已经在上一次迭代时计算出来，因此，根据编码树的定义，k 个子图实例计算编码树的复杂度为 $mO(k)$。假如子图实例存在子图同构，其中可以交换次序的顶点有 α 对，就需要进行 α 次计算，其复杂度为 $\alpha m O(k)$。根据定理 10.3，当 k 个子图实例编码树一样时，只计算其中一个子图实例的正规编码，其计算复杂度为 $\Omega(p_1)$，得到正规编码后，确定新增加顶点 v 在邻接矩阵中的位置，对于剩余的 $(k-1)$ 个子图实例，只需要按照顶点 v 的位置插入顶点，并复制 p_1 的正规编码，从而得到其正规编码。所以其计算复杂度为 $\Omega(P) + \alpha m O(k)$。

从推论 10.2 可以看出，由于 $\Omega(P)$ 计算复杂度为模式大小的阶层，而编码树的计算复杂度是大小的线性时间，因此，采用编码树方法可以显著减少正规编码的计算时间，其减少接近 $\Omega(p_1)/k$。

10.6　算法的性能评价

在建立测试用的集群平台时，我们使用 HRM 部署了一个集群资源管理系统。使用 kafka2.11 平台和 Spark1.6 编程框架。使用了 20 台中科曙光服务器 620/420，操作系统为 redhat Enterprise server 7.1 X86_64，JAVA 执行环境采用 JDK8u131 64 位版本的虚拟机，每台物理服务器安装 2 个 AMD Opteron(TM) Processor 6212 处理器，每个 CPU 的逻辑核数为 8，最大线程数量为 8，16 GB 内存。

10.6.1 实验数据

实验数据包含 6 个大图数据，见表 10.2。图数据 CiteSeer 将发表的论文作为顶点，AI、Agent 等作为顶点标签，论文之间的引用关系作为边。Pattents[286] 包含从 1963 年 1 月到 1999 年 12 月期间美国专利的引用，引用关系作为边，专利授权的专利作为顶点，授权时间作为顶点标签。Youtube[287] 列出了抓取的视频 ID 信息，以及从 2007 年 1 月到 2008 年 8 月之间的每个视频之间的相关信息，每个视频作为顶点，视频的排序及长度作为顶点标签。Twitter[288] 描述了推特用户的信息，每个顶点代表一个推特用户，每条边代表两个用户之间的互动，原始图中没有标签，实验中随机地为顶点添加标签，不同标签的数量设置为 100 个，标签的分布满足高斯分布。UG100k 是一个随机图，该图包含 100 000 个顶点，边的生成概率为 0.000 3。

表 10.2　用于性能评价的图数据

标　号	图名称	顶点数量	边的数量	标签数量	平均度
1	CiteSeer	3 312	4 591	6	2.8
2	Youtube	8 350	78 743	12	18.9
3	UG10k	10 000	493 174	25	99
4	UG100k	100 000	14 903 216	64	298
5	Pattents	2 923 923	24 125 824	163	16.5
6	Twitter	8 768 418	76 563 426	100	17.5

10.6.2 基于数据流模型的频繁模式挖掘的性能测试

基于数据流模型的频繁模式挖掘的特点在于扩展上一次迭代产生的子图实例，并作为下一次迭代的输入。传统的基于 Apriori 方法及基于模式增长的方法，主要利用扩展前一次的子图模式作为后一次的输入，先对新扩展的模式进行唯一性检测，防止自同构的出现，之后检查模式是否与输入图存在子图同构，其计算复杂度增加。本章首先比较单机环境下 3 种方法的运行时间，模式大小为 5。

由表 10.3 的数据可以看出，图数据规模较小时，基于数据流的频繁模式挖掘算法的效率较高，其原因在于减少了模式自同构检查的计算量；但是，随着图数据规模增大，其花费的计算时间与 Apriori 算法及模式增长算法相差不大，经分析，主要原因在于模式实例的存储导致内存使用率加大，JVM 的效率降低。对于实验数据中的图 10.4、10.5 和 10.6，由于顶点和边数量较大，单台计算机处理效率较低，因此，本实验未进行比较。

表 10.3　不同图数据的运行时间

单位：s

算　法	1		2		3	
	$\tau = 100$	$\tau = 400$	$\tau = 100$	$\tau = 400$	$\tau = 100$	$\tau = 400$
Apriori	2.42	0.57	355.6	354.1	565.6	443.1
模式增长	2.35	0.62	362.3	366.2	562.3	456.2
基于数据流	1.01	0.16	312.1	338.1	467.1	350.4

为了对基于数据流模式的频繁模式挖掘的基本性能进行描述,本章对从 6 个不同的图数据中挖掘出的子图模式的个数及运行时间进行了测试,表 10.4 为前 3 个图数据的测试结果,表 10.5 为后 3 个图数据的测试结果。实验中,支持度的阈值分别设置为 50、100 和 800,频繁模式的大小见表 10.4 和表 10.5 中的 Size。由表 10.4 和表 10.5 可以看出,随着子图支持度的增加,子图模式数量越来越少,但是计算时间却越长,这说明非频繁模式大量出现,既占用了计算时间,同时也增加了存储代价。

表 10.4　不同图数据的运行时间及频繁模式数量

算　法	支持度	图标号		
		1	2(PPI)	3(Slash)
		Size = 7	Size = 7	Size = 6
时间 /s	50	1 080	1 861	1 092
	100	903	1 442	708
	800	782	1 141	354
子图实例数量	50	14 161 670 898	15 292 184 514	15 059 680 898
	100	8 101 600 898	9 261 394 514	8 268 671 776
	800	981 606 708	1 101 394 514	1 377 691 694
频繁模式数量	50	1 110	61 931	898 765
	100	753	27 854	448 657
	800	267	4 568	65 792

表 10.5　不同图数据的运行时间及频繁模式数量

算　法	支持度	图标号		
		4(web)	5	6
		Size = 5	Size = 4	Size = 4
时间 /s	50	2 461	6 602	12 289
	100	1 982	6 297	11 094
	800	1 439	5 693	9 841
子图实例数量	50	31 244 545 885	165 369 545 391	316 369 545 391
	100	16 134 655 794	88 258 747 494	155 468 632 199
	800	9 046 675 972	16 378 534 588	86 668 732 773
频繁模式数量	50	1 945 724	44 428 437	58 639 521
	100	988 936	21 936 769	32 977 899
	800	146 857	4 308 658	4 613 713

10.6.3　算法的加速比和效率

加速比经常用来衡量串行算法和并行算法的关系,表示为串行运行时间与并行运行时间的比值:$S(n,p) = T_s(n)/T_p(n,p)$,其中 n 表示输入数据规模,p 表示并行处理器的数量,T_s 表示串行计算的时间,T_p 表示并行计算的时间。本章中的串行挖掘采用基于数据流模式,由于串行挖掘过程中受到内存资源的限制,仅对图数据 Youtube 和 CiteSeer 进行了测试,测试时由于 Youtube 数据受单机挖掘的限制,因此,图的模式大小为 5 时停止计算,最小支持度设置为 600。并行挖掘过程中,服务器的 executor 数量依次从 1,2,4 增加到 40 来测试算法的加速比(一台服务器上启动两个 executor)。图 10.11(a)(b) 分别展示对图数据 Youtube 和 CiteSeer 执行并行算法的加速比。观察实验结果,两个图数据都显示出了较好的加速度,当 executor 数量较少时,可以获得近似于线性的加速比。随着 executor 数量的增加,加速比的增长趋势变得缓慢,executor 数量约为 10 时,加速比达到最大值,此后加速比回落,经分析发现,随着 executor 数量的增加,子图实例的数量也大规模增加,HDFS 写入数据的开销变大,导致并行执行时间增加。

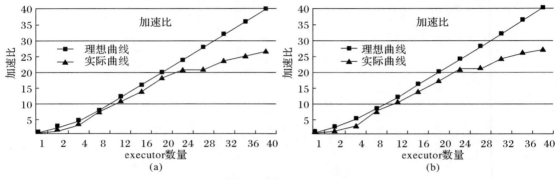

图 10.11 **并行算法加速比**

为了说明挖掘过程中"每一个 executor"的加速比,本章测试了并行算法的效率,用 $E(n,p)$ 表示,$E(n,p) = S(n,p)/p$,通常采用并行算法挖掘时效率小于 1。图 10.12(a) 和 10.12(b) 分别对图数据 Youtube 和 CiteSeer 采用并行算法挖掘的效率进行了测试。从图 10.12 的曲线可以看出,开始时并行算法的效率下降较缓慢,executor 数量增大到 20 左右时,效率急剧下降。由图 10.11 和图 10.12 的结果可以看出,虽然 CiteSeer 数据的规模比 Youtube 大,但是 CiteSeer 数据挖掘出的频繁模式数量远小于 Youtube 挖掘出的频繁模式的数量,所以两者加速比区别并非特别明显。

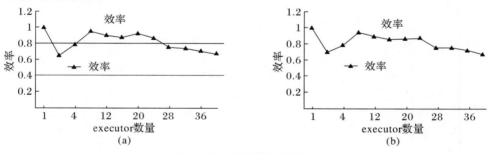

图 10.12 **并行算法的效率**

10.6.4　与 map/reduce 实现方法的比较

本章验证了参考文献[284]中提出的基于 map/reduce 的并行频繁模式挖掘算法 MRSUB 的效率,并且比较了该算法与本文所提出算法的性能。本文验证的相关算法还包括参考文献 [285] 中基于 Pregel 的算法,但是在使用 Pregel 的计算过程中,由于内存中的数据规模较大导致无法存储到磁盘,因此,计算能力较差,在此,不进行与该算法的比较。Spark 使用的环境与

map/reduce 使用的环境相同,在 map/reduce 中运行参考文献[284]提出的算法,在 Spark 上运行本节提出的基于数据流模型的方法。

由表 10.6 中的数据可看出,基于 map/reduce 的 MRSUB 算法存在两个不足:一是不同 map 任务中包含的候选子图实例的个数差异较大,数据倾斜问题严重,影响整体性能;二是 map 任务和 reduce 任务之间的数据传输时间较长,花费时间较多。

表 10.6　数据流模型与 MRSUB 的计算时间比较

单位:min

图 号	子图大小	MRSUB 算法	数据流模型
1	6	16	11
	7	30	24
2	6	22	16
	7	37	31
3	4	10	5
	5	18.2	11.8
4	4	28	19
	4	39	33
5	3	74	68
	4	114	105
6	3	129	103
	4	233	185

10.6.5　优化后的结果比较

为测试使用未优化编码方法及使用优化编码方法,计算正规编码的时间差异。实验中,从图数据 Youtube 中遍历大量的大小不同的子图,并计算每个子图的正规编码,待计算全部结束后,统计其全部计算时间。表 10.7 给出了子图数量为 1 000 000 且子图大小分别为 3,4,5,6,7 和 8 时的计算时间,其中 size = 3 的子图中,包含两个不同的标签"Agent"和"AI""Agent"出现 2 次,"AI"出现 1 次;size = 4 的子图中,包含两个不同的标签"Agent"和"AI""Agent"出现 2 次,"AI"出现 2 次;size = 5 的子图中,包含 3 个不同的标签"DB""Agent"和"AI""DB"出现 1 次,"Agent"出现 2 次,"AI"出现 2 次;size = 6 的子图中,包含 3 个不同的标签"DB""Agent"和"AI""DB"出现 2 次,"Agent"出现 2 次,"AI"出现 2 次;size = 7 的子图中,包含四个不同的标签"DM""DB""Agent"和"AI""DM"出现 1 次,"DB"出现 2 次,"Agent"出现 2 次,"AI"出现 2 次;size = 8 的子图中,包含两个不同的标签"DM""DB""Agent"和"AI""DM"出现 2 次,"DB"出现 2 次,"Agent"出现 2 次,"AI"出现 2 次。优化前与优化后的正规编码计算时间如表 10.7 所示,可看出,特定场景性能提高大约 30% 左右。

表 10.7　优化前后正规编码计算时间对比

单位：s

算　法	3	4	5	6	7	8
优化前	1.9	7.2	43.9	323.1	2 081.9	15 607
优化后	1.3	4.2	23.7	89.4	469.2	801.5

　　为了测试编码树优化的性能,测试采用的方法是先选择大小为 k 的子图实例及其正规编码,分别对其扩展一个顶点,使得子图实例的大小增大为 $k+1$,分别使用原来的计算方法及基于编码树的计算方法,计算大小为 $k+1$ 的全部子图实例的正规编码,从而得到计算时间。测试中,本章以表 10.7 中的数据为依据,依次将子图大小扩大为 5,6,7,8,9,和 10,再分别计算大小不同的子图实例的正规编码,最后统计计算时间,使用编码树优化后的结果见表 10.8,从结果可以看出,特定场合下,性能提高 10% 左右,子图规模越大,效率提升越显著。

表 10.8　使用编码树优化前后计算时间对比

单位：s

算　法	4	5	6	7	8	9
优化前	4.2	23.7	89.4	469.2	801.5	1 332.8
优化后	2.8	4.1	13.2	53.9	106.7	308.3

10.7　结　束　语

　　频繁模式挖掘在许多领域中都有重要的应用。单机环境的频繁模式挖掘算法得到了广泛而深入的研究,随着单图数据规模的扩大,分布式频繁模式挖掘算法显得越来越重要。本章通过使用数据流模型,解决了现有算法中 map 和 reduce 之间大规模数据的存储及数据倾斜问题,通过对包含上百万顶点的图数据进行实验测试,基于数据流模型的挖掘算法能够提高 30% 左右的效率。但是,算法在模式实例的存储方面还有待进一步提高。

第 11 章　大图中全部极大团的并行挖掘算法研究

大图的极大团图挖掘是一种典型的大数据处理,需要采用分布式处理技术,本章中的大图极大团图挖掘应用采用批处理方式[100],基于异构集群资源调度框架 HRM 进行实现。

11.1　概　　述

目前,以大图数据为基础的应用程序正被广泛使用[289-291],其中完全子图结构[292-294]的挖掘是这类应用中的一个重要分支,在复杂网络的社团发现、信息检索、实体识别、生物信息[295-297]、计算机视觉[298]、计算拓扑学[299]及电子商务[300]等领域中都发挥着重要作用。例如,在社会网络中,通过完全子图(也称团)的发现,可以找到多个关系非常密切的社区;在生物信息领域,通过团的发现,可以得到蛋白质结构中频繁出现的模式,从而预测蛋白质的结构,也可以得到形状相似点,从而发现蛋白质之间的功能关系。

对于一个连通图数据中团的计算,有两类不同的方向:一类是计算图中的最大团,是 NP 完全问题。参考文献[301 - 303]是解决此类问题的典型代表。参考文献[301]采用启发式方式进行剪枝,减少了一些不必要的计算,因而能够快速得到最大团。参考文献[302]采用启发式策略进行局部查找优化,通过对已经查找到的最大团的记录,优化局部查找过程,去掉一些不可能出现极大团的顶点。参考文献[303]采用贪心算法来计算图数据中的最大团,以将度最大的顶点增加到团中的方式,执行到找不到顶点为止,该算法的效率是线性的,但是要求图的顶点规模不能太大。另一类是挖掘图数据中包含的全部极大团(MCE)。参考文献[304 - 308]提出了几种典型的挖掘算法和应用场景。对于某些稀疏图,如平面图及度较小的图,往往只包含线性大小的团,挖掘全部的极大团可以在线性时间内完成。如果对图的度进行一定的限制,算法的性能就可以进一步提高。参考文献[304] 中提出的最大团计算方法,即 BK 算法,是其他各种计算方法的根基,采用回溯技术来搜索问题空间和限制搜索空间的大小,是实际应用中最快的算法。参考文献[305]是参考文献[304]的改进,采用树的形式输出结果及证明了算法的复杂度,其算法复杂度为 $O(3^{n/3})$,是目前最快的全部极大团挖掘算法。参考文献[306]和参考文献[307]都是对经典算法的改进,加入了一些约束条件。参考文献[308]是一种采用广度优先策略的极大团挖掘算法,它的运行时间与输出大小之间存在比例关系,算法运行时间是 $O(|V||E|\mu)$,其中 μ 代表极大团的数量。

上述算法只支持单机环境下的计算,随着图中包含的顶点数增多,最坏情况下 MCE 问题的算法复杂度可以达到指数级别[309],因此 MCE 问题逐渐由单机处理向分布式处理或并行处理转变。例如,在 web 分析、社会网络及科学应用中,图中包含数百万个顶点甚至数亿个顶点,单台计算机一般无法进行处理。因此,并行方式或分布式方式就成为解决此类问题的首选。

大图数据的 MCE 问题始于参考文献[310-311],参考文献[310]的算法采用自底向上策略,先得到较小的候选子团,然后在候选子团的基础上采用扩张的方式得到新的子团。一次计算完成后,采用过滤的方法去掉重复团就得到新候选子团。这种计算方法需要大量的内存来存储中间结果。参考文献[311]改进了参考文献[310]中算法的不足之处,扩张的时候利用启发式策略进行剪枝,减少了不必要的计算,但是其计算任务到处理器的映射策略不佳。

内存的大小以及处理器性能是大图 MCE 问题的瓶颈,如果图数据不能被一个计算节点存储,算法就显得无能为力,因此,并行处理或分布式处理成为首选。参考文献[312]使用大型机解决该问题,设计了一个基于 MPI 的并行极大团挖掘算法(DMC),该算法采用计算-过滤方式。先把每个顶点单独作为一个任务来执行顺序极大团挖掘算法,初步的结果中既包含极大团,又包含冗余的极大团及非极大团,然后进行过滤,去掉冗余的极大团和非极大团。DMC 计算过程中,结果的过滤非常耗费时间,大大影响了系统的总体性能。

随着 map/reduce 编程模式的出现,研究者开始采用 MR 模型来解决 MCE 问题。参考文献[313]提供了一个基于 map/reduce 的算法(MMCE)。该算法先将输入图分解为多个子图,然后将每个子图提交到一个单独的 reduce 任务上进行处理。如何分解子图是该算法的关键问题,参考文献[313]将图中的每个顶点分解为一个子图,导致大量的非极大团及冗余极大团的存在,浪费了宝贵的计算资源。

参考文献[314]说明了并行计算中负载平衡的重要性及如何在计算节点之间进行平衡,并比较了 MPI 和 map/reduce 处理模式的优缺点。MPI 并行框架的优点是用户可以控制处理器及其并行的方式,在处理任务前处理器之间可以动态负载平衡,其缺点是需要用户提前定义任务,无法自动划分子任务。map/reduce 平台的优点在于不需要人为地划分子任务,缺点是无法很好地实现负载平衡。

参考文献[315]在结合 MPI 和 map/reduce 二者优点的基础上,提出了一种基于 map/reduce 的极大团查找算法(PECO)。该算法通过顶点的排序及计算顶点特征,即顶点的度、顶点包含的三角形的数量等,使得各个 reduce 任务的计算时间尽量一致,从而改进了参考文献[316]中的负载不平衡问题。

现有的挖掘大图数据中全部极大团算法,基本上都是以参考文献[317]中的算法为基础,使其适用于不同的并行运行环境都存在着大量非极大团或冗余极大团的计算问题。本章的主要目的是对算法进行优化从而解决上述问题。对多个串行算法进行分析后,选择了其中时间复杂度最小的算法,即参考文献[318]中的算法。本书中优化算法的思想是舍弃不需要计算的顶点,只对必要的顶点计算其包含的全部极大团。算法首先将图数据中的顶点分为全色和半色两类,全色顶点的集合称为相关顶点集合,半色顶点集合称为不相关顶点集合,然后以相关顶点集合中的每个顶点及其所有邻接顶点组成导出子图,之后作为一个独立的任务执行,其余不相关顶点不需要产生子图,也不需要作为一个可调度的任务来执行,因而减少了可执行的任务数量,从而提高了计算效率。

本章的主要工作:①提出顶点涂色分片算法,大大降低了重叠子图的数量,既满足了并行化要求,又减少了并行任务的数量;②证明顶点涂色分片算法是 NP 完全问题,并分析近似算法的特性;③基于顶点涂色分片思想,设计并实现全部极大团并行挖掘算法。

11.2　问　题　描　述

给定一个图 $G(V,E)$，包含有限顶点的集合 V 和有限边的集合 E，如果 $(v,w)\in E$，就称顶点 v 和 w 是相互邻接的。

对于图 G 中的任何一个顶点 v，使用 $\Gamma(v)$ 代表其邻接顶点 $\{w\,|\,(v,w)\in E\}$。对于一个集合 $W\subseteq V$，其共同的邻接顶点可以用 $\Gamma(W)$ 表示，记为 $\bigcap_{w\in W}\Gamma(w)$。

对于一个顶点的子集 $W\subseteq V, G(W)=(W,E(W))$，其中，图 $G(W)$ 是图 G 由顶点 W 导出的子图，边的集合为 $E(W)=\{(v,w)\in W\times W\,|\,(v,w)\in E\}$。

给定一个顶点的子集 $Q\subseteq V$，如果对于 Q 中任意一对顶点 $v,w(v\neq w)$，都存在 $(v,w)\in E$，就称其导出子图 $G(Q)$ 是完全的。在这种情况下，简单地称 Q 是一个完全子图。一个完全子图也称为一个团。

一个大图中，对于任意的两个团，如果存在包含关系，那么其中一个团不可能称为极大团。如果两个团中至少存在一个不同的顶点，就认为这两个团是不一样的，因此，挖掘一个大图中全部的团就需要遍历整个图数据，找出所有不同的团。同时，还要求找到的团中，任意两个团的顶点之间没有包含关系，也就是说，得到的每个团的顶点都不是其他团的顶点集合的子集，这样的团定义为极大团。故挖掘大图中包含的全部极大团就是本章的核心问题。

设 $S_A(V_A,E_A)$ 和 $S_B(V_B,E_B)$ 是图 G 中任意的两个团，如果对于 $|V_A|\leqslant|V_B|$，都存在 $V_A-V_B\neq\phi$，就称 S_A 和 S_B 是图 G 的两个不同的极大完全子图，简称极大团。

问题描述：给定一个大规模的连通图 G，设计一种并行的算法，可以使用多台处理器并行挖掘 G 中的全部极大团 S，对于 S 中的任何一个子图 s,s 在 G 中只存在唯一的单射 f，并且 f 是一个极大团。

11.3　大图中极大团的计算方法

计算一个大图中的极大团时，要求算法满足正确性和高效性。所谓正确性指的是既不能出现冗余和遗漏情况，也不能出现非极大团，即每个计算出的团不能是其他团的子图。所谓高效性是指在许可的时间内计算出全部的极大团。由于一个大图中可能会包含大量的极大团，单个处理器很难在指定的时间内检测出全部的极大团，因此，就需要使用多个处理器并行计算。为了满足以上要求，本节采用的策略是针对图中的每个顶点，分别计算出它所包含的极大团，然后进行合并得到全部的极大团。然而，这种并行计算方式可能带来其他问题。例如，两个并行进程之间计算出的极大团是相等的，即冗余问题，或者两个并行进程中计算的团之间存在包含关系，即非极大团问题。故常用的算法采用先并行计算后过滤的模式，先计算每个顶点与其邻接顶点组成的所有团，然后从这些团的集合中，去掉那些冗余部分及非极大团，最后得到正确的结果。

11.3.1　计算包含一个指定顶点的极大团

选择一个顶点 v，将 $\{v\}\bigcup\Gamma(v)$ 形成的导出子图 $G(v)$ 作为图 G 的一个重叠子图，以顶点 v 为核心，计算重叠子图中的全部极大团。计算出的每一个极大团 C_i 必定满足 $v\in C_i$；另外，也不存在极大团 $C_i,C_j(i\ne j)$，满足 $C_i\subseteq C_j$ 或 $C_j\subseteq C_i$。

下述介绍包含一个指定顶点的极大团的挖掘算法。最开始，假设 C 只包含指定顶点 v，通过一步一步追加顶点 v 的邻接顶点到 C 的方法，形成更大的完全子图，持续进行直到得到一个极大的完全子图。

算法的计算过程如下：

（1）选择图 G 中的一个顶点 q 作为根，计算由顶点 q 的邻接顶点组成的导出子图 $G(v)$，其中，顶点集合为 $V(G_q)=\{q\}\bigcup\Gamma(q)$。边的集合为 $E(G_q)=\{(u,v)\,|\,u,v\in V(G_q)\wedge(u,v)\in E\}$。

（2）采用深度优先策略，对于每个顶点 $p\in V(G_q)$，如果 p 与候选团中的每个顶点之间都存在边，就尝试将 p 扩展到极大团中，$V(G_{pq})=\{p,q\}\bigcup\Gamma(q)\bigcap\Gamma(p)$。

（3）递归执行步骤（2），直到导出子图的顶点集为空。

上述递归过程最终得到包含顶点 q 的全部极大团。针对图 G 中的每个顶点，采用上述方法，就可以得到图 G 中包含的全部极大团。但是，该方法计算出的全部极大团中会出现冗余极大团。

11.3.2　冗余极大团的去除

为了计算图 G 中包含的极大团，可以针对图 G 中的每个顶点，按照 11.3.1 节的方法来计算极大团，但是这种策略会导致结果中存在大量的冗余极大团。当计算包含某个顶点的全部极大团的时候，可能会出现以下情况：假设有顶点 u 和顶点 v，如果顶点 u 和顶点 v 之间存在边，那么指定顶点 u 的极大团与指定顶点 v 的极大团之间存在冗余，即同样的极大团被计算两次。例如，如图 11.1 所示，在计算包含顶点 6 的极大团时，可以计算出 3 个极大团 $\{6,8,9\}$、$\{5,6,7,8\}$ 和 $\{4,5,6\}$，而在计算以 4 为顶点的极大团时，可以得到极大团 $\{2,3,4\}$ 和 $\{4,5,6\}$。由此看出，极大团 $\{4,5,6\}$ 被计算了两次，是一个冗余的极大团。另外，$\{5,6,7\}$ 也是一个团，但是非极大团，因为它的顶点集合是团 $\{5,6,7,8\}$ 的子集。

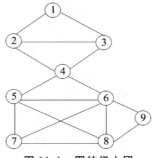

图 11.1　图的极大团

为了减少冗余的发生，可以先行定义图 G 中 n 个顶点的偏序关系，即 $v_1<v_2\cdots v_k\cdots<v_n$。

对于一个给定的集合 $P=\{v_1,\cdots v_{k-1}\}$,在计算顶点 v_k 包含的极大团时,如果顶点 v_k 与顶点 $v_i\in P$ 和 $v_j\in P$ 之间存在边,那么在计算包含顶点 v_k 的极大团时,由于 v_k 是 v_i 和 v_j 的后继,因此,需要去掉顶点 v_i 和 v_j,防止冗余极大团的出现。例如,在计算顶点 6 的极大团时,设置顶点 6 的去除顶点集合为 $\{4\}$,就不会计算出极大团 $\{4,5,6\}$,而极大团 $\{4,5,6\}$ 则通过顶点 4 计算得出。

11.3.3　大图中全部极大团的并行挖掘算法

根据上述计算过程,先对图 G 中的顶点设置一个偏序关系,然后依据偏序关系计算每个顶点对应的去除顶点集合,最后并行计算每个顶点包含的极大团,得到全部的极大团。

算法 11.1 为图 G 中全部极大完全子图查找算法。

【算法 11.1】　vCliques($G(V,E)$)

输入:连通图 G,包含顶点集合 V 和边的集合 E

输出:图 G 中的全部极大团

过程:vCliques(G)

1　设置图 G 中顶点的偏序关系 $v_1<v_2\cdots v_k\cdots<v_n$;

2　FOR EACH $v\in V$

3　　　$G(v)=(V_v,E_v),V_v=\{v\}\bigcap\Gamma(v)$,
　　　$E(v)=\{(u,v)\mid u,v\in V(v)\wedge(u,v)\in E\}$

4　　　DEL(v)$=\{v_i\mid(v,v_i)\in E\wedge v_i<v\}$

5　　　$Q=\phi$;SUBG$=\phi$;CAND$=\phi$;

6　　　SUBG$=V_v\bigcap\Gamma(v)$

7　　　CAND$=$SUBG$-$DEL(v)

8　　　$Q=Q\bigcup\{v\}$

9　　　getCliques(SUBG,CAND)

10　RETURN

【过程 11.1】　getCliques(SUBG,CAND)

1　IFSUBG$=\phi$ RETURN Q;

2　ELSE

3　从 SUBG 中选择选择一个顶点 u

4　WHILE CAND$-\Gamma(u)\neq\phi\{$

5　　　从 CAND$-\Gamma(u)$中选择一个顶点 p

6　　　$Q=Q\bigcup\{p\}$

7　　　SUBG$_p=$SUBG$\bigcap\Gamma(p)$

8　　　CAND$_p=$CAND$\bigcap\Gamma(p)$

9　　　getCliques(SUBG$_p$,CAND$_p$)

10　　CAND$=$CAND$-\{p\}$

11　　$Q=Q-\{p\}$

12　}

13　RETURN ϕ

算法 11.1 中,Q 是一个全局变量,保存着一个极大的完全子图。SUBG 代表顶点 v 的邻接顶点 $\Gamma(v)$,另一部分 CAND 代表顶点 v 的邻接顶点 $\Gamma(v)$ 与去除顶点集合的差。在每次的递归调用中,若 SUBG 为 ϕ,则算法就输出 Q 的内容作为一个极大团;若 CAND 不为空,则算法递归执行。

vCliques 过程的第 3 行得到顶点 v 的邻接顶点集合,第 4 行按照顶点的偏序关系进行去除,第 6 行和第 7 行分别计算出子图的顶点集合和候选顶点集合,然后调用 getCliques 过程来计算团。getCliques 先检查 SUBG 是否为空,若为空,则输出一个极大团;若不为空,则从 CAND 中取一个顶点进行扩张,继续调用 getCliques 过程,最终可以得到包含顶点 v 的全部极大团。

例如,通过上述算法可以计算出包含图 11.1 中顶点 1 的一个极大团为 $\{1,2,3\}$。vCliques 的第 8 行得到 Q 为 $\{1\}$,第 6 行得到顶点集合 SUBG 为 $\{2,3\}$,CAND 为 $\{2,3\}$。调用过程 getCliques,从 $\{2,3\}$ 中获得一个顶点 3 后,得到 CAND$-\Gamma(3)$ 为 $\{3\}$,getCliques 的第 6 行得到 Q 为 $\{1,3\}$,SUBG 为 $\{2\}$。递归调用 getCliques 后,选择顶点 2,Q 为 $\{1,2,3\}$,SUBG 为空,输出一个极大团 $\{1,2,3\}$。故,包含顶点 1 的极大团就为 $\{1,2,3\}$。同理,在计算包含顶点 2 的极大团的过程中,去除顶点 1,得到一个极大团 $\{2,3,4\}$;顶点 3 的计算过程中去除顶点 1 和 2 以后,无法得到任何的极大团;顶点 4 的计算过程中去除顶点 2 和 3 以后,可以得到一个极大团 $\{4,5,6\}$;顶点 5 的计算过程中去除顶点 4 后,得到极大团 $\{5,6,7,8\}$;而顶点 6 的计算过程中去除顶点 4 和 5 以后,获得极大团 $\{6,8,9\}$;其他的顶点计算过程中在去除掉对应的顶点后,都无法获得极大团。

综上所述,可以得到以下两个结论:①对于算法 11.1 的第 2 行,顶点 v 的邻接顶点不应被执行;②不与顶点 v 邻接的顶点必须被执行。

对于结论①,假设顶点 v_i 在算法 11.1 的第 2 行进入循环执行,那么顶点 v_i 的邻接顶点 $v_{i+1},\cdots,v_k$ 是不需要执行循环的,因为在过程 getCliques 的扩展中,包含顶点 $v_{i+1},\cdots,v_k$ 的团已经被搜索了一次,再次使用这些顶点搜索只能得到冗余极大团或非极大团。对于结论②,顶点 v_i 和 v_j 之间不存在边,但是具有相同的邻接顶点 $v_{i+1},\cdots,v_k$。若 $v_{i+1},\cdots,v_k$ 包含一个去掉顶点 v_i 的团,相对于 v_i 来说,就是一个非极大团,如果这些非极大团在扩展一个顶点 v_j 后,仍然是极大团,它们就有可能是一个极大团,所以不与顶点 v_i 邻接的顶点必须执行算法 11.1 中的循环。

11.3.4 算法 11.1 的分析

定理 11.1 设 $G(V,E)$ 中的一个顶点集合 $Q=\{p_1,p_2,\cdots,p_d\}$ 是一个极大团,那么以集合 Q 为基础的极大团必定有 $Q\subseteq(\{p_1\}\cup\Gamma(p_1))\cap\cdots\cap(\{p_d\}\cup\Gamma(p_d))$。

证明:设 $Q=\{p_1,p_2,\cdots,p_d\}$ 是一个团,假设存在一个顶点 $v\in V-Q$,满足 $(v,p_1)\in E,(v,p_2)\in E,\cdots,(v,p_d)\in E$,那么按照团的定义 $\{v\}\cup Q$ 必定是团。

故 $\{v\}\cup Q\subseteq(\{p_1\}\cup\Gamma(p_1))\cap\ldots(\{p_d\}\cup\Gamma(p_d))$ 成立。

下面证明团 Q 是极大的。

假设 $\{v\}\bigcup Q$ 是一个极大团,但是顶点 $v\notin\{p_k\}\bigcup\Gamma(p_k)$ $(1\leqslant k\leqslant d)$。由于 $\{v\}\bigcup Q$ 是一个团,那么顶点 v 必定与集合 Q 中的每个顶点相邻,顶点 v 与顶点 p_k 之间必定存在边。所以假设不成立。定理 11.1 得证。

性质 11.1　给定 $G(V,E)$ 中的一个顶点 v,包含 v 的极大团只能在顶点集合 $\{v\}\bigcup\Gamma(v)$ 中进行扩张。

证明:依据定理 11.1,直接得证。

定理 11.2　算法 11.1 可以正确、完备地计算出图中的全部极大子团。

证明:算法 11.1 中的 getCliques 的第 5 行取得一个顶点并加入团中,第 7 行和第 8 行计算该顶点的邻接顶点集合,递归调用 getCliques,再得到一个顶点及其邻接顶点,一直持续到 SUBG$=\phi$ 为止。而该过程其实就是对定理 11.1 中的各个顶点进行逐步求交的过程,即先计算 $\{p_1\}\bigcup\Gamma(p_1)$,再计算 $\{p_1\}\bigcup\Gamma(p_1))\bigcap\{p_2\}\bigcup\Gamma(p_2)$,再依次计算。

所以它可以正确计算出一个极大团。由于算法 11.1 中,每个顶点都调用并执行 getCliques 过程,因此,可以得到输入图中的全部极大团。故定理 11.2 成立。

在算法 11.1 中,对顶点设置了偏序关系,在计算某个顶点时,先要得到去除顶点的集合 DEL(v)。此时,SUBG 和 CAND 集合就不相同,CAND 集合中的顶点数明显少于 SUBG,因此,过程 11.1 中第 4 行的循环结束时,SUBG 不为空,此时,计算出的团是一个非极大团,扩展后的结果不输出。例如,在图 11.1 中,计算包含顶点 6 的极大团时,按照算法 11.1 中定义的偏序关系,顶点 4 和顶点 5 不包含在 CAND$=\{6,7,8,9\}$ 中,而 SUBG$=\{4,5,6,7,8,9\}$ 却包含顶点 4 和 5,在递归过程中,当计算团 $\{6,7,8\}$ 时,CAND 为空,SUBG 不为空,所以不输出团 $\{6,7,8\}$,它是一个非极大团。

由上述分析可以看出,算法 11.1 中存在大量的非极大团计算,浪费了系统资源。本章的核心在于减少这些非极大团的计算,对算法 11.1 进行优化。

11.4　极大团并行挖掘算法的优化

对于图 11.1 中的图数据,可以看出,当计算了顶点 1 之后,围绕顶点 2 和顶点 3 的扩张过程也就没有必要了。顶点 4 计算后,围绕顶点 5 和 6 的扩张也没有必要进行。顶点 8 计算完后,围绕顶点 7 和 9 的扩张过程亦可以去掉。因此,对算法 11.1 进行优化的策略是找到必须要进行计算的顶点的集合,而其他的顶点就无需进行扩张计算。下面将讨论如何通过涂色方法,得到必须进行扩张计算的顶点。

11.4.1　顶点的涂色分片

在一个团中,任意两个顶点之间的最短距离为一条边的长度,也就是说,如果顶点集合 Q 中的任意一个顶点到某个顶点 v 之间的最短距离为 1,那么我们认为集合 Q 中的顶点可能包含在顶点 v 所在的极大团中;反过来,如果顶点集合 Q 中的任何一个顶点到某个顶点 v 之间的最短距离大于 1，那么我们认为集合 Q 中的顶点一定不可能包含在顶点 v 所在的极大团中。

定理 11.3 给定一个图 $G(V,E)$，$|V|=n$，顶点集合 V 被分解为子集 V_1,V_2，其中 $V_1=\{v_1\}\bigcup\Gamma(v_1)$，$V_2=V-V_1\bigcup M$，而 M 表示为 $M=\{v_k\mid(v_k,v_j)\in E\land v_k\in V_1\land v_j\notin V_1\}$。

则必然存在顶点 $u\in V_2$，使得 $(u,v_1)\notin E$，即在集合 V_2 中必定存在一个顶点 u，顶点 u 和顶点 $v_1\in V_1$ 之间不存在边。此时，子集 V_1 对应的图 G 中的极大团与子集 V_2 对应的图 G 中的极大团不可能重复。

证明：需要证明两个问题：一是集合 V_1 中的极大团不会与集合 V_2 中的极大团相同；二是它们各自的极大团之间不存在包含关系。

因为顶点集合 V_1 由顶点 v_1 的邻点组成，根据性质 11.1（给定 $G(V,E)$ 中的一个顶点 v，包含 v 的极大团只能在顶点集合 $\{v\}\bigcup\Gamma(v)$ 中进行扩张），可知集合 V_1 中的任何极大团必定包含顶点 v_1。而 $V_2=V-V_1\bigcup\{v_k\mid(v_k,v_j)\in E\land v_k\in V_1\land v_j\notin V_1\}$，所以集合 V_2 中不可能包含顶点 v_1，集合 V_2 中的极大团也不可能包含顶点 v_1。故 V_1 和 V_2 中包含的极大团不会重复。

假设 c_1 是集合 V_1 中的一个极大团，而 c_2 是集合 V_2 中的一个极大团，根据定理 11.1，可以得知 c_1 中一定包含顶点 v_1。如果存在极大团 $c_1\subset c_2$，那么 c_2 中也必定包含 v_1。但是，由于集合 V_2 中不可能包含 v_1，这显然矛盾，$c_1\subset c_2$ 不成立。定理 11.3 得证。

对于任意一个图的顶点集合 V，如果先找到一个包含顶点 v_1 及其邻接顶点形成的导出子图 $G(v_1)$，然后得到另一个子图，其顶点集合如下：①剩余的全部顶点 $V-V_1$；②这样的一些顶点 v_k，存在边 $(v_k,v_l)\in E$，$v_k\in V_1$，$v_l\in V-V_1$。①和②的顶点集合构成另外一个导出子图。这样就形成图的两个不同的分片。这样的两个分片中，按照定理 11.3，它们包含的极大团是不同的。

根据定理 11.3，如果对顶点集合 V_2，选择一个顶点 $u\in V_2$，使得 $(u,v_1)\notin E$，就可以将集合 V_2 再次分解，得到一个顶点集合 $\{u\}\bigcup\Gamma(u)$ 形成的子图 $G(u)$ 和新的顶点子集 V_3 形成的子图，当然，它们之间也满足定理 11.3。这样的分解过程递归执行，直到不能分解为止。

从以上的分解过程可以得出一个结论：给定一个图 $G(V,E)$，$|V|=n$，按照定理 11.3 进行 k 次分解后，顶点集合 V 被分解为 k 个子集 $V_1,V_2,\cdots,V_k$。其中，任意两个子集 V_i 和 V_j 都包含唯一的顶点，满足 $V_i\neq V_j$。

定义 11.1 相关顶点。由顶点 $\{u\}\bigcup\Gamma(u)$ 形成的导出子图 $G(u)$ 中，u 被称为相关顶点。

按照定理 11.3 分解的子集 $V_1,V_2,\cdots,V_k$ 中，相关顶点只可能存在于某个分片中，不可能被多个分片共享。也就是说，子图 $G(v)$ 的顶点集 V_k 中，$V_k-\{v\}$ 都是顶点 v 的邻接顶点，即任何一个顶点 $u\in V_k$，$(u,v)\in E$ 成立。这样的顶点 v 也称为集合 V_k 的相关顶点。

因此，可以采用自顶向下的方法来分解原始图，使其形成多个子图。首先，对于图 G 中的顶点集合 V，任意选择一个顶点 v 为相关顶点，形成两个顶点的集合 V_1 和 V_1'，其中 $V_1=\{v\}\bigcup\Gamma(v)$，

$V_1'=(V-V_1)\bigcup\{v_i\mid(v_i,v_k)\in E\land v_i\in V_1\land v_k\in V-V_1\}$；然后在集合 V_1' 中选择一个相关顶点 w，再对集合 V_1' 进行分解，得到两个顶点的集合 V_2 和 V_2'，$V_2=\{w\}\bigcup\Gamma(w)$，$V_2'=(V_1'-V_2)\bigcup\{v_i\mid(v_i,v_k)\in E\land v_i\in V_2\land v_k\in V_1'-V_2\}$。依次不断地递归，第 k 次对集合 V_k 进行分解，直到集合 V_k 为空。集合 $V_1,V_2,\cdots,V_k$ 的相关顶点构成集合 S，其构成图 G 的 k 个

分片,其表示式如下:

$$G(v) = (N(v), E(v)),\text{其中}, N(v) = \{v\} \bigcup \Gamma(v)$$

$$E(v) = \{(u,v) \mid u,v \in N(v), (u,v) \in E\}$$

$$G(S) = \bigcup_{v \in S} G(v)$$

每个重叠子图只包含一个相关顶点。图 G 中的其他顶点被称为不相关顶点。

定义 11.2　间接顶点。无向连通图 $G(V,E)$ 中,如果存在两点 $u \in V$,$v \in V$,满足:①$(u, v) \notin E$;②至少存在一个顶点 $w \in V$,使得 $(u,w) \in E$ 且 $(w,v) \in E$ 成立,就称顶点 w 是顶点 u 和顶点 v 的间接顶点。后面的论述中,若无特别说明,默认讨论的是无向连通图。

根据定义 11.1,如果能够将图分解成 k 个子集,并且每个子集都包含一个相关顶点,就可以通过计算 k 个相关顶点形成的重叠子图中的极大团,得到原图 $G(V,E)$ 中的全部极大团。

接下来的问题是如何得到这些相关顶点的集合。假如相关顶点之间是不存在边的,就可以认为相关顶点集合与图的独立集是相同的。但是,这个概念不正确,它们是有区别的,例如,如图 11.2 所示,如果选择相关顶点为 1、5 和 6,它也是独立集,但是,按照这个相关顶点集合计算极大团时可能导致某些极大团的遗漏问题。按照相关顶点集合 1、5 和 6,将图分为 3 个重叠子图 $V_1 = \{1,2,3\}$,$V_2 = \{3,4,5\}$,$V_3 = \{2,4,6\}$,采用算法 11.1 来计算图 11.2 的极大团时,就会遗漏极大团 $\{2,3,4\}$,遗漏的根本原因是极大团 $\{2,3,4\}$ 是由 3 个重叠子图的共享边组合而成。

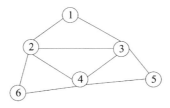

图 11.2　图的分解

采用图的分片不但满足并行执行的需要,还减少了不相关顶点的计算过程,但随之而来的是极大团的遗漏问题。所以接下来讨论如何采取策略解决该问题。

定义 11.3　顶点涂色的颜色。设有两种颜色 c 和 μc,它们组合在一起形成一个有序对,我们称其为涂色的颜色。在这个有序对中,我们称 c 为颜色的全色,μc 称为颜色 c 的半色。我们称多个这样的有序对组成的集合为涂色的颜色集。

定义 11.4　顶点的涂色覆盖。设 $C = \{<c_i, \mu c_i>\}$ 是覆盖颜色的集合。集合 V_I 是无向连通图 $G(V,E)$ 的顶点集合 V 的子集,其满足:①顶点集合 V_I 中的任意一个顶点都被集合 C 中的一个全色涂色,对于任何两个不同的顶点 $u \in V_I$ 和 $v \in V_I$,u 和 v 的涂色一定不一样。②顶点集合 $V - V_I$ 中的每个顶点都必须被集合 C 中的一个半色涂色。③对于集合 V_I 中的任何一个顶点 $u \in V_I$,u 被涂成一个全色 c_i,如果在集合 $V - V_I$ 存在一个顶点 v,并且 $(u,v) \in E$,那么顶点 v 一定被覆盖为 c_i 的半色 μc_i;或者存在顶点 $u,w \in V_I$,其涂色分别为全色 c_i 和 $c_j (i \neq j)$,并且存在 $(u,v), (w,v) \in E$,那么 v 要么被涂为半色 μc_j,要么被涂为半色 μc_i。④如果在集合 $V - V_I$ 中存在两个顶点 v,u,并且 $(u,v) \in E$,那么顶点 v,u 的涂色要么必须为相同的半色,要么只能有一个顶点存在于集合 $V - V_I$,即只能有一个顶点是半色。此时,集合 V_I 被称为顶点的涂色覆盖。

顶点涂色覆盖的物理意义是对于图 $G(V,E)$ 中的任何一条边,不允许出现该边的两个端点被涂成两种不同的半色。

针对图 11.2 中的连通图,给出了一个顶点涂色覆盖后的结果,如图 11.3 所示。在图 11.3(a)中,集合 $V_I=\{2,5\}$,集合 $V-V_I=\{1,3,4,6\}$。顶点 2 和顶点 5 为两种不同的全色,顶点 1,3,4 和 6 为顶点 2 的半色,它们的半色是相同的。

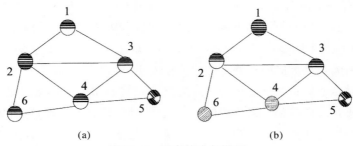

(a)   (b)

图 11.3　顶点的涂色覆盖

如果将图中的全色顶点作为相关顶点集合,分别用每个全色顶点对应的子图来计算极大团,那么遗漏问题便得以解决。例如,图 11.3 中的顶点 2,可以得到极大团 $\{1,2,3\}$、$\{2,3,4\}$、$\{2,4,6\}$,通过顶点 5,可以得到极大团 $\{3,4,5\}$,得到了全部的极大团。

定义 11.5　可涂色的颜色数。如果一个无向连通图 $G(V,E)$,根据定义 11.4,使用了 k 种覆盖颜色,那么我们就说图 $G(V,E)$ 是 k 色涂色。

图 11.3(a)的颜色数量为 2,即顶点 1 为一种全色,顶点 5 为另外一种全色。

对于图 11.2,如果采用另外一种颜色涂色方法,就得到图 11.3(b)的覆盖结果。顶点 1,4,5 和 6 分别涂一种全色,而顶点 2 和 3 涂为顶点 1 对应的半色。此时,可以得到图 11.3(b)的颜色数为 4。

由图 11.3 可以看出,选择不同的全色顶点,就会需要不同的颜色数,也就是说,顶点涂色覆盖 V_I 的规模不确定,图 11.3(a)需要 2 个全色,图 11.3(b)需要 4 个全色。

定义 11.6　顶点涂色覆盖规模问题(IndirectCover)。给定一个无向连通图,找到一个规模最小的涂色覆盖的颜色数量,即顶点子集的最小值,称这是一个顶点涂色覆盖规模问题。

针对顶点的涂色规模问题,采用强力搜索策略可以得到最优涂色结果,其包含 3 个步骤:

步骤 1,对图中的顶点执行排列。

步骤 2,对每一个排列,依次选择一个顶点:如果该顶点未涂色,就对其涂全色,并对未涂色的邻接顶点涂上半色,然后将该边放入已涂色集合中;如果该顶点为半色,当它的邻接顶点也为相同的半色或全色时,就将该边放入已涂色集合中;如果该顶点为全色,就继续选择下一个顶点执行上述过程。

步骤 3,顶点遍历完成后,计算全色顶点数量;接着,选择下一个排列,继续执行步骤 2。

上述过程可以得到一个最小规模的顶点涂色覆盖,但是复杂度为 $O(E|V|!)$。当顶点的数量超过 20 时,几小时内无法计算出结果。

定理 11.4　顶点涂色覆盖规模问题是 NP 完全的。

把顶点涂色覆盖这一最优化问题,可重新表述为一个判定问题,即确定一个无向连通图是否具有一个给定规模为 k 的顶点涂色覆盖。作为一种语言,可作如下的定义:

IndirectCover $= \{ <G,k> :$ 图 G 存在一个规模为 k 的顶点涂色覆盖 $\}$。

现在证明这个问题是 NP 完全的。

证明:先来证明 IndirectCover $\in$ NP。假定已知一个图 $G=(V,E)$ 和整数 k,我们选取的整数就是顶点涂色覆盖 $V_I \subseteq V$。检验算法可以证明 $|V_I|=k$,检查两个条件:①对于每个顶点 $v \in V-V_I$,该顶点一定属于某个顶点的全色涂色的一种半色;②对于任意两个顶点 $v \in V-V_I$ 及 $u \in V-V_I$,如果存在 $(v,u) \in E$,那么对顶点 v 和顶点 u 来说,它们必然具有相同的半色。也就是说,任意一个顶点 $v \in V-V_I$,它一定与集合 V_I 中的某个顶点之间存在边,另外,如果 $V-V_I$ 中有两个顶点是两种不同颜色的半色,那么它们之间不存在边。

对于一个给定的子集 V_I,确认集合 V_I 中的顶点与集合 $V-V_I$ 中的顶点之间是否存在边,同时确认若集合 $V-V_I$ 中任意两个顶点之间有边,它们是同样的半色。针对这样的过程,我们很容易在多项式时间内验证这个问题。所以我们判定 IndirectCover $\in NP$。

我们用 3SAT 问题证明 $3SAT \leqslant_P IndirectCover$ 关系成立。由于 3SAT 是 NP 完全问题,所以我们通过规约判断 IndirectCover $\in$ NP 成立。

要证 $3SAT \leqslant_P IndirectCover$。任给 3SAT 的一个实例,它由合取范式 $F=C_1 \wedge C_2 \wedge \cdots \wedge C_m$ 和变元 $x_1, x_2, \cdots, x_n$ 组成,其中 $C_j=z_{j1} \vee z_{j2} \vee z_{j3}$,每个 $z_{jk}(1 \leqslant k \leqslant 3)$ 为某个 x_i 或 $\neg x_i$。把这个实例映射到 IndirectCover 的实例 $f(I)$,$f(I)$ 由图 $G=(V,E)$ 和 $K=n+3m$ 构成,其中:

$V=V_1 \bigcup V_2 \bigcup V_3, E=E_1 \bigcup E_2 \bigcup E_3$。

$V_1=\{ x_i, \overline{x_i} | 1 \leqslant i \leqslant n \}$,

$V_2=\{ (x_{jk}, j) | 1 \leqslant j \leqslant m, 1 \leqslant k \leqslant 3 \}$,

$V_3=\{ y_{jk} | 1 \leqslant j \leqslant m, k=1,2,3 \}$,

$E_1=\{ \{ x_i, \overline{x_i} \} | 1 \leqslant i \leqslant n \}$,

$E_2=\{ \{ (x_{jk}, j), z_{jk} \} \bigcup \{ (x_{jk}, j), y_{jk} \} | 1 \leqslant j \leqslant m, k=1,2,3 \}$,

$E_3=\{ \{ y_{j1}, y_{j2} \}, \{ y_{j2}, y_{j3} \}, \{ y_{j1}, y_{j3} \} | 1 \leqslant j \leqslant m \}$,

$F=(x_1 \vee \neg x_3 \vee \neg x_4) \bigwedge (\neg x_1 \vee x_2 \vee \neg x_4)$。

当 $z_{jk}=x_i$ 时,$y_{jk}=x_i$;当 $z_{jk}=\overline{x_i}$ 时,$x_{jk}=\overline{x_i}$。

图 G 可以分为三部分,每一部分都有各自的功能。

第一部分,对于每一个变元 x_i,图 G 有两个顶点 $x_i, \overline{x_i}$ 和一条边 $\{ x_i, \overline{x_i} \}$,为了满足顶点的涂色覆盖,即顶点 $x_i, \overline{x_i}$ 之间必须存在一个全色,也即顶点涂色覆盖中必须包含顶点 x_i 或 $\overline{x_i}$,分别对应于赋值 $t(x_i)=1$ 或 $t(\overline{x_i})=0$。如果 $x_i, \overline{x_i}$ 具有相同的半色,就要求顶点 $x_i, \overline{x_i}$ 之间存在一个共同的顶点,而根据我们构造的图结构,在 $x_i, \overline{x_i}$ 之间不可能存在一个共同顶点,该顶点与 $x_i, \overline{x_i}$ 都存在边,所以 $x_i, \overline{x_i}$ 之间一定要有一个顶点为全色覆盖。

第二部分表示与集合 V_1 中顶点之间的边的连接关系。对于每一个简单的析取式 $C_j=z_{j1} \vee z_{j2} \vee z_{j3}$,图 G 有 3 条边 $((x_{j1}, j), y_{j1}), ((x_{j2}, j), y_{j2}), ((x_{j3}, j), y_{j3})$ 对应,同时还包含 3 条边 $((x_{j1}, j), x_1), ((x_{j2}, j), x_2), ((x_{j3}, j), x_3)$,这 3 条边与变量对应。这六条边中,每两条边之间都共用一个顶点 (x_{j1}, j),分别形成 3 条路径。为了对这 3 条路径中的顶点涂色,针对每一条

由 3 个顶点组成的,路径要么对公共顶点(x_{j1},j)覆盖全色,要么对公共顶点(x_{j1},j)涂上一种半色,当公共顶点为半色时,路径上的两个端点就必须被涂上两种不同的全色,否则无法满足顶点涂色覆盖问题的要求。

第三部分表示与集合 V_2 中顶点之间的边的连接关系。它是 3 条边的集合 E_3。集合 E_3 中的 3 条边将集合 V_3 中顶点之间进行相互连接。同时集合 V_3 中每个顶点与集合 V_2 中的 3 个顶点形成一一映射关系,即它们形成一些特殊的边,这些特殊的边与 F 有关。对于每一个 C_j,把对应的 C_j 中的文字 z_{jk} 与特殊边$((x_{jk},j),y_{jk})$对应起来,对于每一个使得文字 z_{jk} 为真和假的情况,分别设置特殊边$((x_{jk},j),y_{jk})$包含的两个端点之间的一个顶点为全色覆盖。集合 V' 能否满足顶点涂色覆盖,取决于对应的赋值 t 是否使 F 为真。

因此,为了满足顶点涂色覆盖,集合 V' 至少要包含集合 V_1 中的 n 个顶点及集合 V_2 和集合 V_3 中,因此,顶点之间的特殊 3 条边中的一个顶点,即 $3m$ 个顶点,共计 $n+3m$ 个顶点。由于限制 $|V'| \leqslant K = n+3m$,因此,可以满足要求。如图 11.4 所示。

图 11.4 给出了对应的无向转换图,这里 $n=4,m=2,K=10$。图 G 用来说明从 3SAT 到 Indir ectCover 的规约过程。

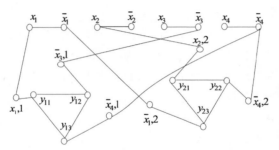

图 11.4 把 3SAT 规约到 IndirectCover

设 t 是 F 的成真赋值。对于每一个 $i(1 \leqslant i \leqslant n)$,若 $t(x_i)=1$,则取顶点 x_i;若 $t(x_i)=0$,则取顶点 $\bar{x}_i$。这 n 个顶点保证了 x_i 和 $\bar{x}_i$ 之间存在边,两个顶点中只有一个在集合 V' 中出现。对于每一个 $j(1 \leqslant j \leqslant m)$,由于 $t(C_j)=1$,C_j 中至少有一个文字 z_{jk} 的值为 1。于是必须保证边 $(x_j,\bar{x}_j)$ 之间的顶点 x_j 为全色覆盖,另外,还需要保证集合 V_2 从对应的特殊边$((x_{jk},j),y_{jk})$ 的两个顶点中引入保证顶点被覆盖的一个全色顶点 y_{jk},并且该顶点的全色覆盖使得集合 V_3 中另外两个顶点是相同的半色覆盖,这样就保证解决覆盖集合 V_3 中的所有顶点的多色覆盖问题。如果 C_j 中至少有一个文字 z_{jk} 的值为 0,那么必然使得对应的边 $(x_j,\bar{x}_j)$ 的另外一个顶点 $\bar{x}_i$ 是全色覆盖,另外,还需要保证边 V_2 从对应的特殊边$((x_{jk},j),y_{jk})$ 的两个顶点中引入保证顶点被覆盖的一个全色顶点 (x_{jk},j),这样就能保证与集合 V_3 中的顶点满足多色覆盖要求。因此,得到的 $(n+3m)$ 个顶点是图 G 的一个间接顶点覆盖。

反之,设 $V' \subseteq V$ 是图 G 的一个顶点覆盖且 $|V'| \leqslant K = n+3m$。根据前面的分析,每一对 x_i 和 $\bar{x}_i$ 之间需恰好有一个顶点属于 V',这样才能保证顶点 x_i 和 $\bar{x}_i$ 之间的多色覆盖。特殊边 $((x_{jk},j),y_{jk})$ 的 2 条边恰好有 3 个顶点属于 V'。对于每一个 $i(1 \leqslant i \leqslant n)$,若 $x_i \in V'$,则令 $t(x_i)=1$;若 $\bar{x}_i \in V'$,则令 $t(x_i)=0$。对于任何一个 C_j,不妨设 $(x_{j2},j),(x_{j3},j) \in V'$。而顶点 y_{j2} 与 (x_{j2},j) 之间的边也满足涂色要求,从而 $t(z_{j1})=1,t(C_j)=1$。因此,t 是 F 成真的赋值。

以上的过程证明了 F 是可满足的当且仅当 G 有不超过 $K = N + 3m$ 的间接顶点覆盖。

若图 G 有 $(2n + 6m)$ 个顶点及 $(n + 9m)$ 条边，图 G 和 K 都能在多项式时间内构造出来。从而这是一个 3SAT 到 IndirectCover 的多项式时间变换。

故 IndirectCover 是一个 NP 完全问题。

11.4.2　顶点涂色覆盖问题的近似算法

顶点涂色覆盖问题要求在一个给定的无向连通图中，找到一个最小规模的覆盖颜色，这样的一个颜色集合被称为顶点涂色覆盖的一个最优颜色集合，也称为最优顶点集合。

虽然在图 G 中寻找最优顶点覆盖颜色集合比较困难，但是要找到一个近似最优的顶点覆盖颜色集合则相对容易。下面给出的近似算法以一个无向连通图 G 为输入，返回涂色颜色规模不超过最优涂色颜色规模两倍的结果。

【算法 11.2】　Approx-IndirectCover(G)

S1　$C = \phi$

S2　$E' = E(G)$

S3　WHILE $E' = \phi$

S4　　$e = (u, v)$ 是 E' 中的任意一条边

S5　　顶点 u 和 v 覆盖不同的全色 c_u 和 c_v

S6　　$C = C \bigcup \{c_u, c_v\}$

S7　　u 的邻接顶点 $\Gamma(u)$ 全部覆盖半色 μc_u

S8　　v 的邻接顶点 $\Gamma(v)$ 全部覆盖半色 μc_v

S9　　删除 E' 中与 u 和 v 邻接的全部边

S10　　将与 $\Gamma(u)$ 和 $\Gamma(v)$ 邻接的边插入 E'' 中

S11　WHILE $E'' \neq \phi$

S12　　$e = (u, v)$ 是 E'' 中的任意一条边

S13　　顶点 u 和 v 覆盖不同的全色 c_u 和 c_v

S14　　删除 E'' 中与 u 和 v 邻接的全部边

S15　　$C = C \bigcup \{c_u, c_v\}$

S16　RETURN C

下述以图 11.5 为例，讲述 Approx-IndirectCover 的执行过程。变量 C 包含了正在构造的顶点颜色有序对集合。第 4 行选择顶点 1 和 2 之间的边，执行第 5 行，分别覆盖两种全色；然后将顶点 1 和 2 之间的边、顶点 1 和 3 之间的边、顶点 2 和 6 之间的边以及顶点 2 和 4 之间的边从 E' 删除，由于顶点 6 和 4 具有相同的半色，因此，再将顶点 6 和 4 之间的边也从 E' 中删除；再将顶点 3 和 4 之间的边、顶点 3 和 5 之间的边以及 4 和 5 之间的边插入到 E'' 中。再次循环时，E' 中已经不存在边，因此，第一个循环结束。第二个循环中，从 E'' 中选择顶点 4 和 5 之间的边，执行第 13 行，删除顶点 4 和 5 之间的邻接边；接下来的循环中，由于 E'' 为空，循环结束，得到子集 $\{1, 2, 4, 5\}$。

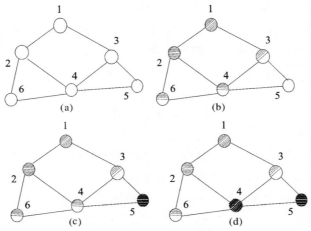

图 11.5　近似多色顶点覆盖例子

该算法的运行时间为 $O(E)$，其中 E' 采用邻接表来表示。

定理 11.5　Approx-IndirectCover 有一个多项式时间的 2 近似算法。

证明：前面已经说明 Approx-IndirectCover 的运行时间为多项式。

由 Approx-IndirectCover 返回的覆盖顶点颜色的集合 C 是一个顶点颜色有序对集合，这是由于算法会一直循环，直到 $E(G)$ 中边的顶点都被 C 中的某个颜色涂成对应的半色或者全色为止。

为了说明 Approx-IndirectCover 所返回的多色顶点覆盖的规模至多为最优覆盖的两倍，设 A_1 表示 Approx-IndirectCover 的第 4 行选择出来的边的集合。为了将边 A 的两个顶点邻接的所有顶点涂色，任意一个顶点涂色覆盖（尤其是最优顶点涂色覆盖 C_1^*）都必须选择一个顶点为全色。如果一条边在第 4 行被选中，那么第 9 行就会将 E' 中与其邻接的所有边删除，第 10 行将邻接边的邻接边插入 E'' 中，因此，A_1 中就不可能存在任何一个被涂色的顶点（包括全色和半色），从而在 A_1 中就不可能存在重复半色涂色的情况。第一个循环执行完成后，E'' 中的边的两个顶点一定是由两种不同的半色涂色的。此时，为了满足顶点涂色覆盖中的两个半色顶点之间不存在边的要求，则需要选择将这类边转换为一个顶点全色涂色，另外一个顶点半色涂色，设 A_2 是第二个循环中的第 12 行选择出的 E'' 中的一条边，因此，任何一个多色顶点覆盖（尤其是最优多色顶点覆盖 C_2^*）都必须选择一个顶点为全色。如果一条边在第 12 行被选中，那么第 14 行会从 E'' 中删除与其邻接的所有边，此时，A_2 中不会存在两条边具有共同的端点，从而 A_2 中不可能存在两条边由 C_2^* 中的颜色共同覆盖。于是最优多色顶点覆盖的下界如下：

$$|C_1^*| + |C_2^*| \geqslant |A_1| + |A_2|$$

算法每次执行到第 4 行时会挑选一条边，其两个端点都不会在 C_1^* 中，每次执行第 12 行时会挑选一条边，其两个顶点也都不会在 C_1^* 和 C_2^* 中，所以返回一个顶点涂色覆盖的颜色规模的上界为

$$|C| = 2|A_1| + 2|A_2|$$

结合这两个式子，可得

$$|C| = 2|A_1| + 2|A_2| \leqslant 2(|C_1^*| + |C_2^*|)$$

因此,定理成立。

11.4.3　基于顶点涂色分片的极大团挖掘算法

基于多色顶点覆盖的极大团查找算法是对算法 11.1 的优化,目的在于减少冗余的计算过程。算法先采用顶点涂色覆盖算法得到全部的全色顶点,将全色顶点作为相关顶点集合,然后计算出每个顶点的导出子图 $G(v)$,即图 G 的重叠子图,也称为涂色分片,最后对每个涂色分片,采用串行算法,得到全部的极大团。

由于无法得到最小的全色顶点集合,只能得到近似解,而近似解中,全色顶点之间就存在包含关系,即两个全色顶点 v_i 和 v_j 之间存在边,故 v_i 的重叠子图 $G(v_i)$ 中包含 v_j,而 v_j 的重叠子图 $G(v_j)$ 中也包含 v_i。此时,如果利用近似解计算极大团时,不可避免会出现冗余计算问题。例如,采用图 11.3(b)的全色顶点集合 1,4,5 和 6 来计算极大团时,就会出现冗余团{2,4,6}和{3,4,5}。

出现冗余的根本原因是重叠子图中出现一个以上的全色顶点,为了去掉冗余,需要从重叠子图中去掉多余的全色顶点。通过设置颜色的偏序关系 $c_1 < c_2 < \cdots < c_k$ 后,再根据颜色的偏序关系来设置每个重叠子图中的去除顶点集合。若 $G(v_i)$ 中包含 v_j,v_i 和 v_j 之间存在关系 $c(v_i) < c(v_j)$,则 $G(v_i)$ 的去除顶点集合就变更为 $\mathrm{DEL}(v_i) = \mathrm{DEL}(v_i) \bigcup \{v_j\}$。通过设置去除顶点集合,减少了冗余极大团的出现。例如,图 11.3(b)的全色顶点 1,4,5 和 6 中的颜色序列为 $v(1) < c(4) < c(5) < c(6)$,计算顶点 4 的重叠子图的极大团时,由于 $\mathrm{DEL}(4) = \{5.6\}$,所以只能得到{2,3,4},计算顶点 5 的重叠子图的极大团时,顶点 6 不在 5 的重叠子图中,所以 $\mathrm{DEL}(5) = \phi$,能得到{3,4,5},同理,顶点 6 的极大团为{2,4,6}。

算法 11.3 描述了利用涂色分片思想设计的一个并行挖掘大图 G 中全部极大团的算法。

【算法 11.3】　vCliques $(G(V,E))$

输入:连通图 G,颜色的拟序集合 $c_1 < c_2 < \cdots < c_n$

输出:图 G 中的全部极大团

过程:vCliques(G)

　　//获得全部的全色顶点集合

S1　SUBV = Approx-IndirectCover(G);

S2　FOR EACH $v \in$ SUNV

S3　　$G(v) = (V_v, E_v), V_v = \{v\} \bigcap \Gamma(v)$,

　　　$E(v) = \{(u,v) | u \in E \wedge c_{v_i} < v_v\}$

S4　　$\mathrm{DEL}(v) = \{v_i | (v, v_i) \in E \wedge c_{v_i} < c_v\}$

S5　　$Q = \phi$, SUBG $= \phi$, CAND $= \phi$;

S6　　SUBG $= V_v \bigcap \Gamma(v)$

S7　　CAND = SUBG $-$ DEL(V)

　　　//调用算法 11.1 中的 getCliques 过程

S9   getCliques(SUBG,CAND)

S10   RETURN

算法 11.3 中,第 1 行得到顶点涂色覆盖,第 3 行计算每个涂色分片,第 4 行根据颜色的偏序关系计算去除顶点集合,第 6、7 行计算出涂色分片的顶点集合和候选顶点集合,第 9 行执行 getCliques 过程。

11.4.4 并行算法复杂度分析

根据参考文献[318]的结论,对于含有 n 个顶点的图 $G(V,E)$,使用非并行算法来挖掘全部极大团的时间复杂度是 $O(3^{n/3})$,它的时间复杂度与顶点数量有关,算法也是目前最快的。为了利用并行计算,大图数据通常按照顶点分解为 n 个重叠子图,然后对每个子图进行极大团的挖掘。假设 $G(V,E)$ 中顶点度的最大值为 d,那么最坏情况下,并行计算复杂度为 $O(n+n*3^{d/3}/p+n*d*\mu)$,其中 n 是顶点数量,表示计算重叠子图的时间,p 代表机器数量,μ 则表示每个顶点所属极大团的数量。n 个顶点中每个重叠子图的复杂度与其顶点最大度 d 有关,即为 $O(3^{d/3})$,过滤冗余极大团的复杂度为 $O(n*d*\mu)$,若对顶点排序,则可以节省过滤冗余极大团的时间。当采用涂色分片算法时,涂色分片过程是串行执行的,其近似算法的时间复杂度为 $O(E)$。分片后图的全色顶点数量不超过 $n/2$,最坏情况下并行算法时间复杂度为 $O(E+n/2+n/2*3^{d/3}/p)$。由于涂色分片算法减少了重叠子图的数量,故提高了计算的效率。

定理 11.6 算法 11.3 可以得到连通图 G 的全部极大团。

证明:算法 11.3 中,使用了 getCliques 过程,该过程可以保证得到包含在邻接顶点组成的导出子图中的全部极大团。需要证明的是,只对这些全色顶点集合中的顶点进行搜索,可以得到整个图中的全部极大团。

先证明完全问题。假设存在一个极大团顶点 q,它无法通过顶点涂色覆盖中的某个顶点计算其极大团。将会存在以下几种情况:情况(1),存在这样一个极大团,包含的顶点是由相同的半色覆盖 uc_i 组成。这种情况下,这些顶点对应的全色 c_i 的顶点为 w,由于该极大团的各个顶点都是顶点 w 的邻接顶点,因此,顶点 w 与该极大团的各个顶点之间存在边。此时,极大团 q 再添加一个顶点 w 后一定会形成一个新的极大团,这与 q 是极大团矛盾,故 q 不是极大团。情况(2),存在这样一个极大团,包含的顶点是由不同的半色覆盖 $uc_1,uc_2,\cdots,uc_k$ 覆盖,如图 11.6 所示。图 11.6 中的顶点有 3 种半色,分别属于区域 S1,S2 和 S3。它们组成了一个极大团 q,由于 q 中包含不同的半色,所以它不可能属于区域 S1,S2 和 S3 中的某个极大团的子团(如果属于区域 S1,S2 和 S3 的某个极大团的子团,那么这些顶点应该属于相同的半色)。如果存在这样的极大团,按照顶点涂色覆盖的定义,那么半色顶点 1 和 2、1 和 3 及 2 和 3 之间必定有边存在。由于存在边,而边的两个端点半色又不一样,这不满足多色顶点覆盖定义,因此,这些边上必须存在一个顶点 w,是一种全色覆盖。由于顶点 w 的存在,极大团 w 不可能被遗漏,故利用各顶点涂色覆盖计算的极大团必定是完全的。

下述证明冗余问题。首先,通过某个涂色分片计算出的极大团内部不可能出现得到冗余极大团的情况,这个通常由串行算法得到保证。主要问题在于由两个不同的涂色分片计算得

到的极大团集合 P 和 Q 之间是否存在冗余的问题。

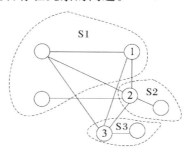

图 11.6　顶点的半色涂色形成的团

　　对于两个全色顶点 p 和 q,它们之间存在两种关系:顶点 p 和 q 之间不存在边、顶点 p 和 q 之间存在边。如果顶点 p 和 q 之间不存在边,由于极大团集合 P 中的极大团必定包含 p,极大团集合 Q 中的极大团必定包含 q,此时极大团集合 P 和 Q 不可能存在冗余极大团问题。如果顶点 p 和 q 之间存在边,由于设置了覆盖颜色的拟序关系,假设 p 的颜色与 q 的颜色存在偏序 $c_p < c_q$,此时,通过极大团的颜色偏序关系的设置,使得计算出的极大团集合 P 和 Q 中,P 中的极大团必定包含 p,也可以包含 q,但是,P 中的极大团必定只包含 q 而一定不包含 p,那么此时极大团集合 P 和 Q 就不可能存在冗余极大团问题。

　　故采用算法 11.3 得到的极大团是正确的。

11.5　极大团并行挖掘算法的实现

　　本章中的计算平台采用 master/slave 模型,一台 master 机器用于对图数据的顶点涂色分片,多台 slave 机器用于执行极大团的查找过程。master 节点执行时,得到每个重叠子图中的相关顶点,然后将各个重叠子图信息发送到不同的 slave 机器。slave 机器在收到执行请求后,在本地执行极大团的查找过程,并将结果返回给 master 机器。

　　集群资源管理使用 HRM 来进行,应用程序采用 JAVA 编程语言,使用并行、分布式和容错的 akka 工具包来建立计算程序,编写了一个基于 master/slave 模式的计算程序,实现了本章中所描述的算法。master 端程序启动后,向 HRM 进行注册,HRM 收到注册信息后,在集群的工作节点上启动 slave 进程,slave 进程启动后,立即与 master 联系,master 就开始将需要计算的任务和数据发送到 slave 节点,由 slave 节点完成极大团的遍历。下述过程 11.2 和过程 11.3 描述了 master 端程序和 slave 端程序的逻辑,其并行计算过程如下。

　　【**过程 11.2**】　Master 机器的执行过程。

输入:大图数据

输出:大图中包含的全部极大团

```
S1    class CFindMaster extends UntypedActor{
S2      onReceive(Object message) {
S3        IF (message instanceof String){
S4          P= vCliques1 (G);
S5        FOR EACH p∈P
```

S6   worker = Actors. actorOf(new CFindCliques

             (p)). start();

S7   }ELSE{

S8   output clique;

S9   }

S10}

master 程序中的第 4 行 vCliques1 方法,是对算法 11.3 中的涂色分片功能(第 1,3,4,5,6,7 和 8 行代码)的封装,即得到全部的分片集合;slaver 机器上的 vCliques2 方法,则是将算法 11.3 中的第 9 行进行封装,其目的是计算各个分片中的极大团。

当 CFindMaster 接收到类型为 String 的消息时,执行 vCliques1 得到涂色分片集合,其中每个涂色分片中,有且只有一个顶点为分片的核心,该顶点一定被涂为全色,分片中的其他顶点一定是核心顶点的邻接顶点。过程 11.2 的第 5 行,对每一个涂色分片子图,第 6 行启动一个 Actor 来执行极大团的挖掘。当 CFindMaster 接收到其他消息时,输出挖掘出的极大团。

【过程 11.3】 Slaver 机器的执行过程。

输入:重叠子图、相关顶点及去除顶点

输出:重叠子图中的极大团

S1 class CFindCliques extends UntypedActor{

S2 void onReceive(Object o){

S3   String result = vCliques2(o);

S4   replyUnsafe(result);

S5 }

S6 }

当 slave 收到 master 发送来的消息后,就执行 vCliques2 过程,即调用极大团挖掘算法,得到涂色分片中的极大团。计算结束后,slave 机器将计算结果返回给 master 机器。

11.6 实 验 评 价

在建立测试用的集群平台时,我们使用集群资源调度框架 HRM,极大团计算采用 map/reduce 模型,由自己实现代码。平台使用了 16 台中科曙光服务器 620/420,操作系统为 redhat Enterprise server 7.1 X86_64,JAVA 执行环境采用 JDK8u131 的 64 位版本虚拟机,每台物理服务器安装 2 个 8 核的 AMD Opteron(TM) Processor 6212 处理器,16 GB 内存。测试时,在每台机器上可以启动多个 JVM 进程并行运行。

11.6.1 实验数据

实验数据来自于斯坦福大学的大图数据库和 ER 模型产生的随机图,测试用的图结构及图包含的特性见表 11.1。其中图 soc-sign-epinion[315]、soc-epinion[316]、loc-gowalla[317]、和 soc-slashdot0902[318]是社会网络,顶点代表用户,边代表朋友关系。web-google[318]是 web 网页关联图,顶点代表网页,边代表超链接。wiki-talk[319]图中的顶点代表用户,而边代表对其他用户的评价页的修改。as-skitter[320]代表的是一个因特网的路由图。为了进行极大团的挖掘,这些图都按无向连通图进行处理,并且去掉了度为 2 的顶点和其关联的边。UG100k.003 是一个随机图,该图包含 100 000 个顶点,边的生成概率为 0.000 3。另一个随机图 UG1k.30 中顶点的数量是 1 000,边的生成概率是 0.3。

表 11.1　实验用图结构数据说明

编　号	图名称	顶点数	边　数	极大团数	最大度	平均度
1	UG1k.30	1 000	149 831	15 112 758	350	299.5
2	soc-epinions	75 879	405 740	1 680 933	3 044	10.7
3	soc-slashdot0902	82 168	504 230	642 132	2 552	12.3
4	UG100k.003	100 000	14 997 891	4 488 630	379	300.2
5	soc-sign-epinion	131 828	711 210	22 067 495	3 558	10.79
6	loc-gowalla	196 591	980 327	1 005 048	14 730	9.6
7	web-google	875 713	4 322 051	939 059	6 332	9.9
8	as-skitter	1 696 415	11 095 298	35 002 548	35 455	13.1
9	wiki-talk	2 294 385	4 659 565	83 355 058	100 029	3.9

各个图在进行涂色分片前后包含的相关顶点数(涂全色的顶点数)及涂色分片过程需要花费的时间见表 11.2。从表中可以看出,涂色分片所花费的时间基本都在秒级范围,与极大团的计算时间相比,涂色分片时间所占比例非常小。另外,分片时间与边的数量之间呈线性关系,边的数量越多,分片时间越长。观察表 11.2 中涂色后全色顶点数一栏中,可看出涂色分片后的相关顶点数明显减少,其减少的顶点数为 30% 左右;而对于顶点的平均度较小的图,如wiki-talk,其相关顶点减少的比例多达 90% 以上,其他几个图的相关顶点减少比例在 40%~60%。平均来看,只有 50% 左右的顶点需要进行计算,而另外 50% 左右的顶点不需要启动进程计算。为了描述顶点减少的效果,采用压缩比 ρ 来描述,其中 $\rho|V1|/|V2|$,$|V1|$ 是表 11.2 中涂色后全色顶点数,$V2$ 是表 11.2 中涂色前顶点数即全部顶点数,从表 11.2 中数据可以看出,压缩比基本上在 50% 左右。

表 11.2　涂色前后顶点数对比

编　号	图名称	涂色前顶点数	涂色后全色顶点数	压缩比	分片时间/s
1	UG1k.30	1 000	712	0.712	0.332
2	soc-epinions	75 879	34 202	0.451	0.13
3	soc-slashdot0902	82 168	38 206	0.465	0.169
4	UG100k.003	100 000	86 391	0.864	3.21
5	soc-sign-epinion	131 828	60 055	0.456	0.24
6	loc-gowalla	196 591	112 861	0.574	0.323
7	web-google	875 713	419 886	0.48	1.775
8	as-skitter	1 696 415	875 906	0.516	1.622
9	wiki-talk	2 294 385	104 963	0.045	3.115

11.6.2 并行挖掘算法的性能测试

为了比较不同算法在分布式环境下的运行时间,本章比较了传统的 BK 串行算法、并行算法及涂色分片后并行算法的运行时间,采用分布式模式来运行表 11.1 中的图数据,表 11.3 为运行结果。测试时,master 机器按照轮循法将顶点分配到不同的 slave 机器上,各 slave 机器接收到子图后,启动 actor 进行计算,并记录开始时间,所有任务结束再次记录时间,两个时间差为运行时间。从表 11.3 中可以看出,BK 串行算法时间最长。不进行涂色分片直接并行计算极大团,运行时间较好。涂色分片后并行计算,运行时间最短。

表 11.3 中有 3 种极大团枚举算法,使用 BK 串行算法,只有一个 JVM,而使用未涂色分片算法和涂色分片算法时,slave 机器的数量分别为 4、8 和 15。表 11.3 中对应的数据代表运算时间,表中 * 的含义是计算时间太长,即在 10 h 内无法计算出结果。

由表 11.3 中的数据可以看出,并行的未涂色算法与并行的涂色算法相比,涂色算法的运行时间普遍较短。使用未涂色分片算法时,4 台服务器的运行时间是串行算法的 30% 左右,其原因是并行运行带来性能的提高;8 台服务器时运行时间更短,大约是串行算运行时间的 20% 左右,原因是并行度的增加,更加充分地利用了计算资源,执行效率得到提升;15 台服务器时运行时间更短,大约是串行算法运行时间的 14% 左右。从运行时间看,15 台服务器并没有导致大幅度地缩短时间,原因在于有些服务器计算结束的较早,而有些服务器计算结束的较晚,影响了最后的结束时间,导致运行时间变长。而涂色分片算法与未涂色分片算法比较后显示,不论 4 台服务器、8 台服务器或 15 台服务器,性能都得到提升,其性能提升基本在 30% 左右。针对不同的图数据,性能提升幅度变化差异较大,分析原因在于负载平衡的问题,即某些服务器中的计算任务结束得慢,导致整个任务完成时间较长。

表 11.3 不同图数据的运行时间

算 法	机器数	图标号								
		1	2	3	4	5	6	7	8	9
串行算法	1	14 210	1 046	375	*	12 081	1 620	6 818	*	*
未涂色算法	4	3 684	324	150	35 213	3 924	413	2 080	35 553	23 702
	8	1 827	171	123	18 532	2 180	231	1 092	19 789	13 178
	15	887	103	84	10 983	1 368	127	683	12 425	7 031
涂色分片算法	4	2 578	226	108	24 661	2 786	285	1 518	24 887	16 827
	8	1 431	121	101	14 825	1 637	178	772	15 835	9 885
	15	785	85	79	8 789	1 141	104	520	10 532	5 631

11.6.3 负载平衡测试

针对未涂色分片算法和涂色分片算法,采用 master/slave 模型进行计算,master 机器用来向各个 slave 机器发送执行任务,并管理各个 slave 机器的状态。Slave 机器负责具体的团的计算,每台 slave 机器上启动 1 个 JVM 进程,每个 JVM 进程负责计算一部分极大团。Master 机器上,分别采用轮循法及任务请求法将包含各个顶点的重叠子图分配到 slave 机器上。

轮循法中,将各个 JVM 进行排队,需要进行计算的重叠子图被依次分配到各个不同的 JVM 进程,最后一个 JVM 分配任务后,又从第一个 JVM 开始循环,该方法保证了每个 JVM 获得公平的计算任务数。任务请求法的分配原则是先给每个 JVM 分配一个任务进行计算,然后当某个 slave 机器上的 JVM 计算任务完成,master 再向该 slave 机器的 JVM 发送新的计算任务,持续执行直到所有的任务都完成为止。

图 11.7 和图 11.8 分别给出了使用轮循法与任务请求法进行任务分配时,对图数据 soc-epinions 以及 web-google 进行极大团计算,其中横坐标代表不同机器上的 8 个不同的 JVM 进程,纵坐标代表 JVM 的计算完成时间。

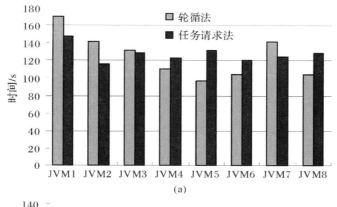

(a)

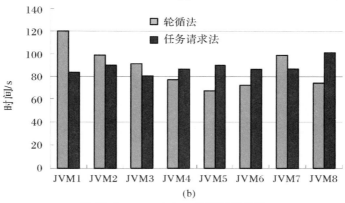

(b)

图 11.7　soc-epinions 负载平衡结果

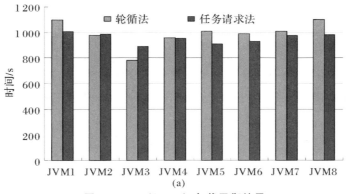

(a)

图 11.8　web-google 负载平衡结果

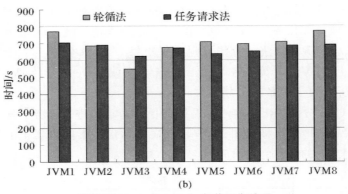

(b)

续图 11.8　web-google 负载平衡结果

图 11.7(a)的数据是采用未涂色算法计算极大团时各个 JVM 的运行时间；图 11.7(b)的数据是采用涂色分片算法时各个 JVM 的运行时间。图 11.8(a)代表使用未涂色分片算法时，各个 JVM 计算极大团的时间，图 11.8(b)代表使用涂色分片算法后各个 JVM 计算极大团的时间。很明显，在负载平衡方面，任务请求法比轮循法效果更好。对于图 11.7(a)中的任务请求法，每个 JVM 进程的运行时间基本在 120 s，第一个 JVM 进程由于最后一个团的计算花费较多时间，因此，结束得较晚。而图 11.7(a)中的轮循法，各个 JVM 的结束时间变化非常大，有的结束的较早，而有的结束得较晚。对于图 11.7(b)中的任务请求法和轮循法，除了使用涂色算法减少了计算时间之外，每个 JVM 的计算结束时间与图 11.7(a)中的计算结束时间相同。对于图 11.8 中的 web-google 图数据，实验得出的结论与图 11.7 的实验得出的结论相同。因此，得出结论：在负载平衡方面，不管是涂色算法还是未涂色并行算法，各个 JVM 的运行时间差距都得到一定的缩小。

由于每个顶点包含的分片大小不等，因此，各个任务执行时间长短不一。轮循法一次性将所有任务平均分配到各个 JVM 上，分配到较多小任务的 JVM 结束得比较早，而任务请求法是当某个 JVM 队列中的任务数小于预先设定的阈值时，该 JVM 向 master 节点请求分派任务。该方法既保证了 JVM 不空转，也满足任务在各个 JVM 上均匀分配。因此，从图 11.7 和图 11.8 中，可以看出任务请求法缩小了不同节点之间结束执行时间的差别。但是，每一次任务请求时，都需要经过请求、调度和发送过程，增加了额外开销。相较而言，任务请求法使得各个节点执行时间较均匀，但是额外开销大，而轮循法的各个节点执行时间差别大，但是额外开销小。

相对于未涂色分片算法，本节采用的涂色分片算法，减少了顶点的个数，不管是 soc-epinions 图还是 web-google 图，图 11.7 和图 11.8 的实验结果均显示，CPU 的运行时间减少了 30% 左右，因此，得出结论：涂色分片算法可以降低计算极大团时的运行时间。

运行时间降低的幅度取决于非极大团的计算时间及冗余顶点的计算时间两个因素。

11.6.4　master/slave 模型的通信量测试

为了测试在 master/slave 模型下 master 机器与 slave 机器之间通信量，本章针对不同的图数据、涂色分片和不涂色分片策略，测试了执行过程中网络的通信量。通信量由 3 部分组成：①master 向各 slave 发送图数据；②各 slave 向 master 返回计算结果的数据；③各 slave 定时向 master 发送状态数据。对于任务请求法与轮循法，由于发送和接收的数据大小一样，只是时机不同，因此，没有单独进行测试。表 11.4 中的数据是在所有 slave 节点正常运行状况下的 MG 端统计结果，本章只统计了全部通信数据量。

由表 11.4 可以看出，图 UG1k.30 数据量小，每个极大团的顶点数多，通信量大。图 soc-slashdot0902 包含的极大团数量小，每个极大团包含的顶点也少，通信量较小。由此可知，master 和 slave 之间的数据通信主要与输入文件、极大团的数量及每个极大团包含的顶点有关。

表 11.4　master/slave 模型下的通信量

单位：M

图名称	未涂色分片	涂色分片
UG1k.30	452.3	446.7
soc-epinions	23.66	19.7
soc-slashdot0902	19.17	17.9
UG100k.003	170.2	166.9
soc-sign-epinion	236.9	221.5
loc-gowalla	34.74	28.22
web-google	129.3	116.7
as-skitter	482.4	397.5
wiki-talk	435.6	315.5

11.6.5　并行算法的加速比和效率

加速比经常用来衡量串行算法和并行算法的关系，表示为串行时间与并行时间的比值：$S(n,p)=T_s(n)/T_p(n,p)$，其中 n 表示输入数据规模，p 表示并行处理器的数量，T_s 表示串行计算的时间，T_p 表示并行计算的时间。本章中对输入的图数据 soc-epinions 和 web-google 使用两种算法分别测试，JVM 数量依次从 1,8,16 增加到 120，通过增加并行进程数（一台服务器上启动多个独立运行的 JVM 进程）的方式增加处理器的数量来展示算法的加速比。图 11.9(a)(b)显示了对图数据 soc-epinions 和 web-google 执行不同算法的加速比。观察实验结果，两个图数据都显示出了较好的加速度，当 JVM 数量较少时，获得了近似于线性的加速比。随着 JVM 的数量增加，加速比的增长趋势变得缓慢，JVM 数量约为 80 时，加速比达到最大值，此后加速比回落，分析后发现，随着 JVM 的增加，通信延迟、调度处理及 JVM 内存回收开销增多，导致并行执行时间增加。从图 11.9 显示的数据可以看出，图 soc-epinions 看起来比图 web-google 有些许变化，因为存在顶点涂色的代价对总运行时间的影响。

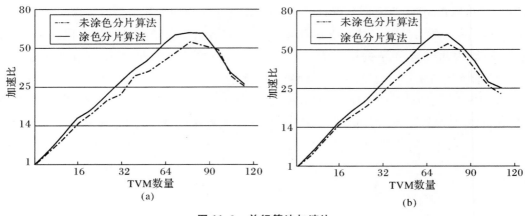

图 11.9　并行算法加速比

为了说明极大团挖掘过程中"每一个 JVM"的加速比,本章测试了并行算法的效率,用 $E(n, p)$ 表示,$E(n, p) = S(n, p)/p$,通常并行效率都会小于 1。图 11.10(a)(b)分别对图数据 soc-epinions 和 web-google 的并行算法效率进行了测试。从图 11.10 显示的曲线可以看出,并行算法的效率开始的时候下降比较缓慢,在 JVM 数量为 80 左右后开始急剧下降。

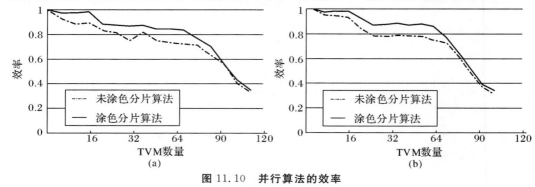

图 11.10　并行算法的效率

由图 11.9 和图 11.10 的结果可以看出,虽然 web-google 的规模比 soc-epinions 的规模大,但是它计算出来的极大团数量远远小于 soc-epinions 的极大团数量,所以两者加速比区别不是特别明显;使用顶点涂色分片算法,其加速比曲线好于未涂色分片算法,但是,两者的差别不是特别大,说明了顶点涂色算法对加速比的影响比较小。

11.6.6　与其他方法的比较

本章还验证了参考文献[23]中的算法 PECO,一个基于 map/reduce 的并行 MCE 算法,并且比较了该算法与本节中算法的性能。PECO 算法把输入的图数据分割成多个子图,然后独立地处理每个子图,以便得到极大团。对于这个实验,使用了基于 Hadoop 2.6 建立起来的集群,其中包括 16 台曙光 620 服务器,每台服务器安装 2 个 8 核的 AMD 处理器和 16 GB 的 RAM。

由图 11.11(a)中可以看出两个算法的运行时间的对比,对于 PECO 算法,图中的任务数指的是 reduce 任务数量,从 8 变化到 64;而对于涂色分片算法,任务数指的是 JVM 进程的个数,从 8 变化到 64。在 soc-epinions 图数据上,使用 64 个任务,涂色分片算法比 PECO 算法快 1.5 倍左右,在任务数为 16 时,涂色分片算法比 PECO 算法大约快 2 倍(两种算法都使用相同排序规则来计算团的数量)。本节算法的优势在于减少了计算过程中的通信时间及非极大团的计算时间,另外,本文中的算法可以很好地控制各个任务之间的负载平衡,使得算法可以高效地使用更多的处理器。

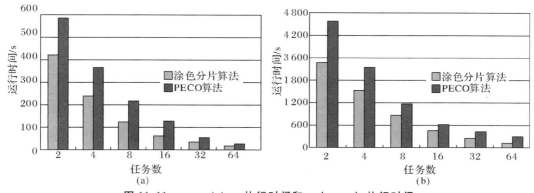

图 11.11 soc-epinions 执行时间和 web-google 执行时间

相同的结论也在图数据 web-goole 上得到证明[见图 11.11(b)]。从两个图的结果可以看出,涂色分片算法在计算大图数据的极大团时,比单纯的 map/reduce 计算模型更能节省计算资源和计算时间。

11.7 结　束　语

极大团挖掘在许多领域中都有重要的应用。顺序极大团挖掘算法得到了广泛而深入的研究,随着图数据规模的扩大,并行极大团挖掘算法显得越来越重要。本章通过顶点的涂色后分片策略,解决了现有算法中大量的非极大团计算问题,通过对包含数百万顶点的图数据进行测试,算法都能够提高 30% 左右的效率。但是,算法在分片规模上还有待进一步的提高,另外,还应当尽量减少计算过程中的负载不平衡问题。

参 考 文 献

[1] STROHMAIER E, DONGARRA J J, MEUER H W, et al. The Marketplace of High-Performance Computing[J]. Parallel Computing, 1999, 25(13/14):1517 – 1544.

[2] GEIST A, BEGUELIN A, DONGARRA J, et al. PVM-Parallel Virtual Machine:AUsers' Guide and Tutorial for Networked Parallel Computing[M]. Massachusetts, Cambridge:MIT Press, 1994.

[3] KOTSIFAKOU M, SRIVASTAVA P, SINCLAIR M D, et al. HPVM: heterogeneous parallel virtual machine[C]. New York:ACM, 2018.

[4] DUKE D. Continued Support of the Supercomputer Computations Research Institute[R]. Tallahassee, Florida:USDOE-Office of Energy Research, 2004.

[5] 陈锡明. 基于 NOW 的任务调度和负载平衡方法研究[D]. 成都:电子科技大学, 2000.

[6] 迟学斌,等. 国家高性能计算环境发展报告:2002—2017 年[M]. 北京:科学出版社, 2018.

[7] BUYAAED R. High Performance Cluster Computing:Architectures and Systems, Vol. 1 architectures & systems[M]. Germany Cologne:Pearson College Div. , 1999.

[8] EICKEN T V, AVULA V, BASU A, et al. Low-Latency Communication Over ATM Networks Using Active Messages[R]. NY United States:Cornell University, 1995.

[9] DUKE D W, GREEN T P. Research toward a heterogeneous networked computing cluster[R]. Washington, DC:USDOE Office of Energy Research, 1998.

[10] STAFFORD W. The Berkeley NOW project[EB/OL]. (1998 – 07 – 15)[2008 – 05 – 14]. http://now. cs. berkeley. edu/.

[11] PFISTER G. In Search of Clusters[M]. 2nd Edition. NJ United States:Prentice-Hall, Inc. , 1998.

[12] RAJKUMAR B. 高性能集群计算:结构与系统[M]. 郑纬民,石威,汪东升,等,译. 北京:人民邮电出版社, 2002.

[13] ANDREWS G R. Foundations of Multithreaded, Parallel, and Distributed Programming[M]. massachusetts:Addison Wesley, 1999.

[14] TRIPATHY M, TRIPATHY C R. Design and analysis of a Dynamically Reconfigurable Shared Memory Cluster[J]. International Journal of Computer Science and Network Security, 2010, 10(9):145 – 158.

[15] STERLING T. Beowulf Cluster Computing with Windows[M]. Massachusetts:MIT Press, 2001.

[16] FITZGERALD S, FOSTER I, KESSELMAN C, et al. A Directory Service for Configu-

ring High Performance Distributed Computations[C]. NJ,Piscataway:IEEE,1997.

[17] BARCZAK A L,MESSOM C H,JOHNSON M J. Performance Characteristics of a Cost-Effective Medium-Sized Beowulf Cluster Supercomputer[C]. Berlin, Heidelberg: Springer-Verlag,2003.

[18] SAPHIR W,TANNER L A,TRAVERSAT B. Job Management Requirements for NAS Parallel Systems an Clusters[C]. Berlin,Heidelberg:Springer-Verlag,2005.

[19] WOLSKI R,SPRING N T,HAYES J. The network Weather Service:A Distributed Resource Performance Forecasting service for Metacomputing[J]. Journal of Future Generation Computing Systems,1999,15(5):757 – 768.

[20] BRENT A K. The Network Queuing System[R]. Palo Alto CA USA:Sterling Software Inc. ,1986.

[21] JONES J P,BRICKELL C. Second Evaluation of Job Queuing/Scheduling Software[R]. Moffett Field,CA:NASA Ames Research Center,1997.

[22] KAPLAN J A,NELSON M L. A Comparison of Queuing,Cluster and Distributed Computing Systems[R]. Hampton,VA:NASA Langley Research Center,1994.

[23] LITZKOW M J,LIVNY M,MUTKA M W. Condor—A hunter of idle workstation[C]. NJ,Piscataway:IEEE,1988.

[24] ALI M F,KHAN R Z. Distributed Computing:An Overview[J]. Advanced Networking and Applications,2015,7(1):2630 – 2635.

[25] HOU C J,SHIN K G. Implementation of Decentralized Load Sharing in Networked Workatation Using the Condor Pakage[J]. Journal of Parallel and Distributed computing,1997,40(2):173 – 184.

[26] FOLLIOT B,SENS P. GATOSTAR:A Fault Tolerant Load Sharing Facility for Parallel Applications[C]. Berlin,Heidelberg:Springer-Verlag,2005.

[27] LITZKOW M,LIVNY M. Experience with the Condor distributed batch system[C]. NJ,Piscataway:IEEE,2002.

[28] EVERS X,BOONTJE R,EPEMA D,et al. Condor Flocking:Load Sharing Between Pools of Workstations[R]. The Netherlands Delft:Delft University of Technology, Technical Mathematics and Informatics,1993.

[29] BORJA P,STAFFORD E,BOSQUE J L,et al. Sigmoid:An auto-tuned load balancing algorithm for heterogeneous systems[J]. Journal of Parallel and Distributed Computing,2021,157:30 – 42.

[30] KUROSE J F,SIMHA R. A Microeconomic Approach to Optimal Resource Allocation in distributed Computer Systems[J]. IEEE Transactions on Computer,1989,38(5):705 – 717.

[31] STILLWELL M,SCHANZENBACH D,VIVIEN F,et al. Resource Allocation Using Virtual Clusters[C]. NJ,Piscataway:IEEE,2009.

[32] ADABALA S,KAPADIA N H,FORTES J A. Interfacing Wide-Area Network Compu-

ting and Cluster Management Software:Condor,DQS and PBS via PUNCH[C]. NJ,Piscataway:IEEE,2002.

[33] ABRAMSON D,SOSIC R,GIDDY J,et al. Nimrod:A tool for performing parameterised simulations using distributed workstations[C]. NJ,Piscataway:IEEE,2002.

[34] BERMAN F,WOLSKI R,FIGUEIRA S,et al. Application-Level Scheduling on Distributed Heterogeneous Networks[C]. NJ,Piscataway:IEEE,2005.

[35] CZAJKOWSKI K,FOSTER I,KARONIS N,et al. A Resource Management Architecture for Metacomputing System[C]. Berlin,Heidelberg:Springer-Verlag,1998.

[36] CHAPIN S J,DIMITRIOS K,KARPOVICH J,et al. Resource Management in Legion[J]. Future Generation Computer Systems,1997,15(5/6):583 − 594.

[37] LITZKOW M J,LIVNY M,MUTKA M W. Condor-a hunter of idle workstations[C]. NJ,Piscataway:IEEE,1988.

[38] BUYYA R,ABRAMSON D,GIDDY J. A Case for Economy Grid Architecture for Service-Oriented Grid Computing[C]. New York:ACM,2001.

[39] ARKWRIGHT T D. Grid Architecture[M]. FL,Boca Raton:CRC Press,Inc. ,2012.

[40] DAIL H,OBERTELLI G,BERMAN F. Application-Aware Scheduling of a Magnetohydrodynamics Application in the Legion Metasystem[C]. NJ,Piscataway:IEEE,2002.

[41] EZUGWU A E,FRINCU M E,JUNAIDU S B. A Reference Architectural Pattern: Component-Based Scheduling System for Heterogeneous Computing Environment[C]. New York:ACM,2014.

[42] ZHANG W S,JIN S Y,WU Q Y. Scaling Internet Services by LinuxDirector[C]. NJ, Piscataway:IEEE,2000.

[43] GRIMSHAW A S,NATRAJAN A. Legion:Lessons Learned Building a Grid Operating System[J]. IEEE,2005,93(3):589 − 603.

[44] BUYYA R, ABRAMSON D, GIDDY J. Nimrod/G:An Architecture for a Resource Management and Scheduling System in a Global Computational Grid[C]. NJ,Piscataway:IEEE,2000.

[45] SOLOMON M. The ClassAd Language Reference Manual[EB/OL]. [2021 − 03 − 12]. https://research. cs. wisc. edu /htcondor/classad/refman. pdf.

[46] KAY J. AND LAUDER P. A Fair Share Scheduler[J]. Communications of the ACM, 1988,32(1):44 − 55.

[47] STELLNER G. COCheck:Consistent CheckPoints[C]. NJ,Piscataway:IEEE,1996.

[48] Maui Scheduler Steering Committee. Maui Scheduler Molokini Edition Architecture: Overview[EB/OL]. (2002 − 04 − 15)[2020 − 01 − 12]. https://mauischeduler. sourceforge. net/molokini-arch. html # toc1.

[49] KUMAR S. Building a Beowulf Cluster in just 13 steps[EB/OL]. (2009 − 05 − 13)[2018 − 05 − 21]. https://www. linux. com/training tutorials/building beowulf cluster just 13 − steps/.

［50］ KOSAR T，KOLA G，LIVNY M. A Framework for Self-optimising，Fault-tolerant，High Performance Bulk Data Transfers in a Heterogeneous Grid Environment［C］. New York：ACM，2003.

［51］ SHIN K G，CHANG Y C. Load sharing in distributed real-time systems with state-change broadcasts［J］. IEEE Transactions on Computers，1989，38（8）：1124 - 1142.

［52］ LIVNY M，MELMAN M. Load balancing in homogeneous broadcast distributed systems［J］. Acm Sigmetrics Performance Evaluation Review，1982，11（1）：47 - 55.

［53］ APPEL A W，FELTY A P. A Semantic Model of Types and machine Instructions for Proof-Carrying Code［C］. New York：ACM，2000.

［54］ KRISHNAN S，KALÉL V. Automating Runtime Optimizations for Load Balancing in Irregular problem［C］. Las Vegas，Nevada：CSREA Press，1996.

［55］ HEALY P，LYNN T，BARRETT E，et al. Single system image［J］. Journal of Parallel and Distributed Computing，2016，90（C）：35 - 51.

［56］ HORI A，TEZUKA H，ISHIKAWA Y，et al. Implementation of gang-scheduling on workstation cluster［C］. Berlin，Heidelberg：Springer - Verlag，2005.

［57］ GRIMSHAW A S，WULF W A. Legion：The next logical step toward a nationwide virtual computer［R］. United States，Charlottesville VA：University of Virginia，1994.

［58］ NEC Corporation. Introduction of MasterScope JobCenter［EB/OL］. ［2020 - 09 - 12］. https：//www. nec. com/en/ global/prod/masterscope/jobcenter/en/resources. html?.

［59］ CHTC. What is High Throuhput Computing［EB/OL］. ［2018 - 02 - 23］. https：//chtc. cs. wisc. edu/htc. html.

［60］ LITZKOW M，TANNENBAUM T，BASENY J，et al. Checkpoint and Migration of UNIX Processes in the Condor Distributed Processing System［EB/OL］. ［2016 - 12 - 05］. https：//research. cs. wisc. edu/htcondor/doc/ckpt97/ckpt97. html.

［61］ ZHOU S N，ZHENG X H，WANG J W，et al. Utopia：A load sharing facility for large，heterogeneous distributed computer systems［J］. Software：Practice and Experience，1993，23（12），1305 - 1336.

［62］ FOSTER I. Designing and Building Parallel Programs［EB/OL］. ［2019 - 01 - 21］. https：//www. mcs. anl. gov/ it f/dbpp/.

［63］ TSCHUDI W，XU T F，SARTOR D. High-Performance Data Centers：A Research Roadmap［R］. California：The California Energy Commission，2004.

［64］ NEUMAN B C，RAO S. The Prospero resources manager：A Scalable framework for processor allocation in distributed systems［J］. Concurrency：Practice & Experience，1994，6（4）：339 - 355.

［65］ PANKAJ M，BENJAMIN W W. Automated Learning of Workload Measures for Load Balancing on a Distributed System［C］. New York：ACM，1993.

［66］ FERRARI D. A Study of Load Indices for Load Balancing［R］. CA，Berkeley：University of California at Berkeley,1985.

[67] ZHOU S N. Performance studies of dynamic load balancing in distributed systems[D]. University of California,Berkeley,CA,1987.

[68] FEELEY M J,MORGAN W E,PIGHIN E P,et al. Implementing global memory management in a workstation cluster[C]. New York:ACM,1995.

[69] 汤小春,胡正国.基于动态规划的作业快速均衡调度算法研究[J].西北工业大学学报,2000,18(5):11－15.

[70] 汤小春,胡正国,卢维扬.基于集群技术的作业管理系统[J].西北工业大学学报,2001,19(1):34－39.

[71] 汤小春.基于集群技术的作业管理系统的研究与实现[D].西安:西北工业大学,2001.

[72] WU S,JIN H,ZHANG J L,et al. Parity-Distribution:a Shortcut to Realiable Cluster Computing System[C]. NJ,Piscataway:IEEE,2000.

[73] WU Z G,FANG B X. Research on Extensibility and Reliability of Agents in Web_based Computing Resource Publishing[C]. NJ,Piscataway:IEEE,2000.

[74] PEI D,WANG D S,SHEN M M,et al. Design and Implementation of a Low-Overhead File Checkpointing Approach[C]. NJ,Piscataway:IEEE,2000.

[75] BRADY D. Designing GIS for High Availability and High Performance[C]. NJ,Piscataway:IEEE,2000.

[76] LIVNY M,MELMAN M. Load Balancing in Homogenous Broadcast Distributed System[J]. ACM SIGMETRICS Performance Evaluation Review,1981,11(1):47－55.

[77] BRUGÈF,FORNILI S L. A distributed dynamic load balancer and its implementation on multi-transputer systems for molecular dynamics simulation[J]. Computer Physics Communications,1990,60(1):39－45.

[78] QUINTERO D. IBM LoadLeveler to IBM Platform LSF Migration Guide[M]. Poughkeepsie,NY:IBM Corp.,2013.

[79] HOLT G. Time-critical scheduling on a well utilised HPC system at ECMWF using loadleveler with resource reservation[C]. Berlin,Heidelberg:Springer-Verlag,2004.

[80] KANNAN,S,MAYES,P,ROBERTS,M,et al. Workload Management with LoadLeveler[M]. New York:IBM Redbooks,2001.

[81] MISHRA M K,PATEL Y S,ROUT Y,et al. A survey on scheduling heuristics in grid computing environment[J]. International Journal of Modern Education and Computer Science,2014,6(10):57－77.

[82] 陈康,郑纬民.云计算:系统实例与研究现状[J].软件学报,2009,20(5):1337－1348.

[83] 杜小勇,陈跃国,范举,等.数据整理:大数据治理的关键技术[J].大数据,2019,5(3):13－22.

[84] 汤小春,符莹,丁朝,等.数据流计算环境下的集群资源管理技术[J].大数据,2020,6(3):14－20.

[85] VERMA A,PEDROSA L,KORUPOLU M,et al. Large-scale cluster management at

Google with Borg. New York：ACM，2015.

[86] BENJAMIN H，KONWINSKI A，ZAHARIA M，et al. Mesos：A Platform for Fine-Grained Resource Sharing in the Data Center[C]. New York：ACM，2011.

[87] BOUTIN E，EKANAYAKE J，LIN W，et al. Apollo：scalable and coordinated scheduling for cloud-scale computing[C]. New York：ACM，2014.

[88] KONSTANTINOS K，SRIRAM R，CARLO C，et al. Mercury：Hybrid Centralized and Distributed Scheduling in Large Shared Clusters[C]. Berkeley，CA：USENIX Associa-tion，2015.

[89] HOVESTADT M，KAO O，KELLER A，et al. Scheduling in HPC resource management systems：queuing vs planning[C]. Berlin，Heidelberg：Springer-Verlag，2003.

[90] JASON J K P，YONGJUN P，SCOTT M. Dynamic Resource Management for Efficient Utilization of Multitasking GPUs[C]. New York：ACM，2017.

[91] DEAN J，GHEMAWAT S. MapReduce：simplified data processing on large clusters[C]. New York：ACM，2008.

[92] VAVILAPALLI V K，MURTHY A C，DOUGLAS C，et al. Apache Hadoop Yarn：Yet Another Resource Negotiator[C]. New York：ACM，2013.

[93] Hadoop Project. Capacity scheduler[EB/OL]. (2017 − 01 − 19)[2017 − 09 − 21]. https：// Hadoop. apache. org/docs/ r1. 2. 1/capacity_scheduler. html.

[94] ZAHARIA M，CHOWDHURY M，DAS T，et al. Resilient distributed datasets：a fault-tolerant abstraction for in-memory cluster computing[C]. USA，Berkeley：USENIX As-sociation，2012.

[95] ARMBRUST M，XIN R S，LIAN C，et al. Spark SQL：relational data processing in Spark[C]. New York：ACM，2015.

[96] CARBONE P，KATSIFODIMOS A，EWEN S，et al. Apache Flink：Stream and Batch Processing in a Single Engine[J]. IEEE Data Eng. Bull，2015，38(4)：28 − 38.

[97] AKIDAU T，BRADSHAW R，CHAMBERS C，et al. The dataflow model：a practical ap-proach to balancing correctness，latency，and cost in massive-scale，unbounded，out-of-order data processing[J]. Proceedings of the VLDB Endowment，2015，8(12)：1792 − 1803.

[98] 汤小春，周佳文，田凯飞，等. 大图中全部极大团的并行挖掘算法研究[J]. 计算机学报，2019，42(3)：513 − 531.

[99] 汤小春，樊雪枫，周佳文，等. 基于数据流的大图中频繁模式挖掘算法研究[J]. 计算机学报，2020，43(7)：1293 − 1311.

[100] 汤小春，符莹，樊雪枫. 数据中心上异构资源的细粒度分配算法研究[J]. 西北工业大学学报，2020，38(3)：589 − 595.

[101] 汤小春，田凯飞，段慧芳. 基于部分异步复制的云服务可靠部署算法研究[J]. 西北工业大学学报，2017，35(6)：1054 − 1058.

[102] 汤小春，刘健. 基于元区间的云计算基础设施服务的资源分配算法研究[J]. 计算机工程

与应用,2010,46(34):237-241.

[103] 汤小春,李洪华.分布式系统中计算作业流的均衡调度算法[J].计算机工程,2010,36(19):78-80.

[104] 汤小春,郝婷.存储资源受限时的数据密集工作流调度算法[J].计算机工程,2009,35(21):71-73.

[105] 汤小春,胡杰.分布式计算中可靠的数据放置方法[J].计算机工程,2008,34(23):76-78.

[106] 汤小春,胡杰,阎磊.机群管理系统中作业对象数据复制算法研究[J].西北工业大学学报,2008,26(5):566-569.

[107] 汤小春,罗晓宇,阎磊,等.高性能计算过程中基于网络带宽代价的节点决策算法研究[J].西北工业大学学报,2008,25(4):599-602.

[108] 汤小春,胡正国.集群环境下一种基于交易模型的空闲资源分配方法[J].西北工业大学学报,2004,22(1):138-146.

[109] 汤小春,李战怀,郑炜.一个基于偏序的定时投入关联网络作业调度算法[J].计算机研究与发展,2002,39(1):73-78.

[110] 平凡,汤小春,潘彦宇,等.不规则任务在图形处理器集群上的调度策略[J].计算机应用,2021,41(11):3295-3301.

[111] 朱紫钰,汤小春,赵全.面向CPU-GPU集群的分布式机器学习资源调度框架研究[J].西北工业大学学报,2021,39(3):529-538.

[112] 毛安琪,汤小春,丁朝,等.集中式集群资源调度框架的可扩展性优化[J].计算机研究与发展,2021,58(3):497-512.

[113] 赵全,汤小春,朱紫钰,等.大规模短时间任务的低延迟集群调度框架[J].计算机应用,2021,41(8):2396-2405.

[114] 王尚超,汤小春.异构集群中基于优先级的任务容错调度算法[J].计算机与现代化,2014(4):69-72.

[115] 饶磊,汤小春,侯增江.服务器集群负载均衡策略的研究[J].计算机与现代化,2013(1):29-32.

[116] THAIN D, TANNENBAUM T, LIVNY M. Distributed computing in practice: the Condor experience[J]. Concurrency & Computation Practice & Experience, 2010, 17(2/4):323-356.

[117] 张林波,迟学兵,李若,等.并行计算导论[M].北京:清华大学出版社,2006.

[118] AMZA C, COX A L, ZWAENEPOEL W. Conflict-Aware Scheduling for Dynamic Content Applications[C]. Berkeley, CA: USENIX Association, 2003.

[119] WU S Q, KEMME B. Postges-R(SI): Combining replica control with concurrency control based on snapshot isolation[C]. Los Alamitos, CA: IEEE Computer Society, 2005.

[120] BERENSON H, BERNSTEIN P, GRAY J, et al. A Critique of ANSI SQL Isolation Levels[C]. New York: ACM, 1995.

[121] RODRIGUES L, MIRANDA H, ALMEIDA R, et al. The GlobData Fault-Tolerant Repli-

cated Distributed Object Database[C]. Berlin,Heidelberg:Springer-Verlag,2002.

[122] KEMME B. Database Replication for Clusters of Workstations[D]. Zurich:Dept. of Computer Science,Swiss Federal Institute of Technology,2000.

[123] 刘海龙,张延园,汤小春.高性能计算环境下基于远程 I/O 负载平衡调度算法[J].计算机应用研究,2005,22(10):56-58.

[124] JIA Y Q,SHELHAMER E,DONAHUE J,et al. Caffe:Convolutional architecture for fast feature Embedding[C]. New York:ACM,2014.

[125] DEAN J,GHEMAWAT S. MapReduce:a flexible data processing tool[J]. Communications of the ACM,2010,53(1):72-77.

[126] XING E P,HO Q,DAI W,et al. Petuum:A New Platform for Distributed Machine Learning on Big Data[J]. IEEE Transactions on Big Data,2015,1(2):49-67.

[127] CHEN L C,HUO X,AGRAWAL G. Accelerating MapReduce on a Coupled CPU-GPU Architecture[C]. NJ,Piscataway:IEEE,2013.

[128] RAVI V T,BECCHI M,JIANG W,et al. Scheduling Concurrent Applications on a Cluster of CPU-GPU Nodes[C]. NJ,Piscataway:IEEE,2012.

[129] GU J Z,LIU H,ZHOU Y F,et al. Deepprof:Performance Analysis for Deep Learning Applications via Mining GPU Execution Patterns[J/OL]. ArXiv Preprint ArXiv:1707.03750,2017.

[130] RHU M,GIMELSHEIN N,CLEMONS J,et al. vDNN:Virtualized Deep Neural Networks for Scalable,Memory-Efficient Neural Network Design[C]. NJ,Piscataway:IEEE,2016.

[131] GOYAL P,DOLLÁR P,GIRSHICK R,et al. Accurate,Large Minibatch SGD:Training Imagenet in 1 Hour[J/OL]. ArXiv Preprint ArXiv:1706.02677,2017.

[132] FUKUTOMI D,IIDA Y,AZUMI T,et al. GPUhd:augmenting YARN with GPU resource management[C]. New York:ACM,2018.

[133] ZHANG H,STAFMAN L,OR A,et al. Slaq:Quality-Driven Scheduling for Distributed Machine Learning[C]. New York:Association for Computing Machinery,2017.

[134] 倪思源,扈红超,刘文彦,等.基于轮换策略的异构云资源分配算法[J].计算机工程,2021,47(6):44-51,67.

[135] 王彦华,乔建忠,林树宽,等.基于 SVM 的 CPU-GPU 异构系统任务分配模型[J].东北大学学报(自然科学版),2016,37(8):1089-1094.

[136] XIAO W C,BHARDWAJ R,RAMJEE R,et al. Gandiva:Introspective Cluster Scheduling for Deep Learning[C]. Berkeley,CA:USENIX Association,2018.

[137] GU J C,CHOWDHURY M,SHIN K G,et al. Tiresias:A GPU Cluster Manager for Distributed Deep Learning[C]. Berkeley,CA:USENIX Association,2019.

[138] PENG Y H,BAO Y X,CHEN Y R,et al. Optimus:An Efficient Dynamic Resource Scheduler for Deep Learning Clusters[C]. New York:ACM,2018.

[139] JEON M,VENKATARAMAN S,QIAN J,et al. Multi-Tenant GPU Clusters for Deep Learning Workloads: Analysis and Implications [R]. New York: Microsoft Research,2018.

[140] SHIRAHATA K,SATO H,MATSUOKA S. Hybrid Map Task Scheduling for GPU-Based Heterogeneous Clusters[C]. NJ,Piscataway:IEEE,2010.

[141] ZHOU H S,LIU C. Task Mapping in Heterogeneous Embedded Systems for Fast Completion Time[C]. New York:ACM,2014.

[142] CHE S A,BOYER M,MENG J Y,et al. Rodinia:A benchmark suite for heterogeneous computing[C]. NJ,Piscataway:IEEE,2009.

[143] ROUSSEEUW P J. Silhouettes:a graphical aid to the interpretation and validation of cluster analysis[J]. Journal of computational and applied mathematics,1987,20:53 – 65.

[144] ZAHARIA M,KONWINSKI A,JOSEPH A D,et al. Improving MapReduce performance in heterogeneous environments[C]. Berkeley,CA:USENIX Association,2008.

[145] MAO H Z,SCHWARZKOPF M,VENKATAKRISHNAN S B,et al. Learning Scheduling Algorithms for Data Processing Clusters[C]. New York:ACM,2019.

[146] ZAHARIA M,BORTHAKUR D,SEN SARMA J,et al. Delay scheduling:A simple technique for achieving locality and fairness in cluster scheduling[C]. New York: ACM,2010.

[147] LE T N,SUN X,CHOWDHURY M,et al. BoPF:Mitigating the Burstiness-Fairness Tradeoff in Multi-Resource Clusters[J]. ACM SIGMETRICS Performance Evaluation Review,2019,46(2):77 – 78.

[148] HENZINGER T A,SINGH V,WIES T,et al. Scheduling large jobs by abstraction refinement[C]. New York:ACM,2011.

[149] ANANTHANARAYANAN G,AGARWAL S,KANDULA S,et al. Scarlett:Coping with skewed content popularity in MapReduce clusters[C]. New York:ACM,2011.

[150] MAO H Z,VENKATAKRISHNAN S B,SCHWARZKOPF M,et al. Variance Reduction for Reinforcement Learning in Input-Driven Environments[J/OL]. ArXiv Preprint. https://doi.org/10.48550/arXiv.1807.02264.

[151] FERGUSON A D,BODIK P,KANDULA S,et al. Jockey:Guaranteed job latency in data parallel clusters[C]. New York:Association for Computing Machinery,2012.

[152] TUMANOV A,CIPAR J,GANGER G R,et al. Alsched:Algebraic scheduling of mixed workloads in heterogeneous clouds[C]. New York:Association for Computing Machinery,2012.

[153] MARS J,TANG L J. Whare-map:Heterogeneity in homogeneous warehouse-scale computers[C]. New York:Association for Computing Machinery,2013.

[154] GHODSI A,ZAHARIA M,SHENKER S,et al. Choosy:Max-min fair sharing for datacenter jobs with constraints[C]. New York:Association for Computing Machinery,2013.

［155］ DELIMITROU C. KOZYRAKIS C. Qos-aware scheduling in heterogeneous data-centers with paragon[J]. ACM Trans on Computer Systems,2013,31(4):12－25.

［156］ OUSTERHOUT K,PANDA A,ROSEN J,et al. The casefor tiny tasks in compute clusters[C]. Berkeley,CA:USENIX Association,2013.

［157］ ANANTHANARAYANAN G,GHODSI A,SHENKER S,et al. Effective straggler mitigation:Attack of the clones[C]. Berkeley,CA:USENIX Association,2013.

［158］ DELIMITROU C,KOZYRAKISC. Quasar:Resource-efficient and QoS-aware cluster management[C]. New York:ACM,2014.

［159］ RAMAKRISHNAN S R,SWART G,URMANOV A. Balancing reducer skew in MapReduce workloads using progressive sampling[C]. New York:ACM,2012.

［160］ YADWADKAR N J,ANANTHANARAYANAN G,KATZ R. Wrangler:Predictable and faster jobs using fewer resources[C]. New York:ACM,2014.

［161］ ZHANG Q,ZHANI M F,YANG Y,et al. PRISM:Fine-grained resource-aware scheduling for MapReduce[J]. IEEE Trans on Cloud Computing,2015,3(2):182－194.

［162］ YAO Y,TAI J Z,SHENG B,et al. Bistro:Scheduling data-parallel jobs against live production systems Hadoop[J]. IEEE Trans on Cloud Computing,2015,3(4):411－424.

［163］ SREEKANTI V,SUBBARAJ H,WU C,et al. Optimizing Prediction Serving on Low-Latency Serverless Dataflow[J/OL]. arXiv Preprint,2020－6,https://doi. org/10. 48550/arXiv. 2007. 05832.

［164］ RASLEY J,KARANASOS K,KANDULA S,et al. Efficient queue management for cluster scheduling[C]. Berkeley,CA:USENIX Association,2016.

［165］ GOG I,SCHWARZKOPF M,GLEAVE A,et al. Firmament:Fast,centralized cluster scheduling at scale[C]. Berkeley,CA:USENIX Association,2016.

［166］ DELGADO P,DIDONA D,DINU F,et al. Job-aware scheduling in Eagle:Divide and stick to your probes[C]. New York:ACM,2016.

［167］ GHODSI A,ZAHARIA M,HINDMAN B,et al. Dominant resource fairness:Fair allocation of multiple resource types[C]. Berkeley,CA:USENIX Association,2011.

［168］ CHO B,RAHMAN M,CHAJED T,et al. Natjam:Design and evaluation of eviction policies for supporting priorities and deadlines in MapReduce clusters[C]. New York:ACM,2013.

［169］ AHMAD F,CHAKRADHAR S T,RAGHUNATHAN A,et al. Shufflewatcher:Shuffle-aware scheduling in multi-tenant Mapeduce clusters[C]. Berkeley,CA:USENIX Association,2014.

［170］ CURINO C,DIFALLAH D E,DOUGLAS C,et al. Reservation-based scheduling:If you're late don't blame us![C]. New York:ACM,2014.

［171］ COPPA E,FINOCCHI I. On data skewness,stragglers,and MapReduce progress indicators[C]. New York:ACM,2015.

[172] GRANDLR，KANDULA S，RAO S，et al. Graphene：Packing and dependency-aware scheduling for data-parallel clusters[C]. Berkeley，CA：USENIX Association，2016.

[173] GRANDL R，CHOWDHURY M，AKELLA A，et al. Altruistic scheduling in multi-resource clusters[C]. Berkeley，CA：USENIX Association，2016.

[174] SREEKANTI V，LIN C，FALEIRO J M，et al. Cloudburst：Stateful Functions-as-a-Service[J]. Proceedings of the VLDB Endowment，2020，13(8)：2438 – 2452.

[175] APACHE. Hadoop On Demand[EB/OL].（2012 – 6 – 20）[2020 – 12 – 10]. https：// svn. apache. org/repos/asf/hadoop/ common/branches/branch – 0. 18/docs/hod_admin_guide. html.

[176] SCHWARZKOPF M，KONWINSKI A，ABD-EL-MALEK M，et al. Omega：Flexible， scalable schedulers for large compute clusters[C]. New York：ACM，2013.

[177] WANG K，LIU N，SADOOGHI I，et al. Overcoming Hadoop scaling limitations through distributed task execution[C]. Piscataway，NJ：IEEE，2015.

[178] OUSTERHOUT K，WENDELL P，ZAHARIA M，et al. Sparrow：Distributed，low latency scheduling[C]. New York：ACM，2013.

[179] GODER A，SPIRIDONOV A，WANG Y. Bistro：Scheduling data-parallel jobs against live production systems[C]. Berkeley，CA：USENIX Association，2015.

[180] KLIMOVIC A，WANG Y，STUEDI P，et al. Pocket：Elastic ephemeral storage for serverless analytics[C]. Berkeley，CA：USENIX Association，2018.

[181] DELIMITROU C，SANCHEZ D，KOZYRAKIS C. Tarcil：Reconciling scheduling speed and quality in large shared clusters[C]. New York：ACM，2015.

[182] DELGADO P，DINU F，KERMARREC A M，et al. Hawk：Hybrid datacenter scheduling[C]. Berkeley，CA：USENIX Association，2015.

[183] LE T N，SUN X，CHOWDHURY M，et al. AlloX：Compute Allocation in Hybrid Clusters[C]. New York：ACM，2020.

[184] KUGANESAN S. Distributed Resource Management for YARN[D]. KTH Royal Institute of Technology School of Information and Communication Technology，Stockholm，Sweden，2015.

[185] 郝春亮，沈捷，张珩，等. 大数据背景下集群调度结构与研究进展[J]. 计算机研究与发展，2018，55(1)：53 – 70.

[186] APACHE. Yarn SchedulerLoadSimulator[EB/OL]. [2020 – 10 – 2]. http：//Hadoop. apache. org/docs/r2. 5. 2/ Hadoop – sls/ SchedulerLoadSimulator. html.

[187] CARBONE P，EWEN S，HARIDI S，et al. Apache Flink：Unified Stream and Batch Processing in a Single Engine[J]. IEEE Data Eng. Bull. ，2015，36：28 – 38.

[188] CHANDRASEKARAN S，COOPER O，DESHPANDE A，et al. Telegraph CQ：continuous dataflow processing[C]. New York：ACM，2003.

[189] XIN R S，GONZALEZ J E，FRANKLIN M J，et al. GraphX：a resilient distributed graph

system on Spark[C]. New York:ACM,2013.

[190] MELNIK S,GUBAREV A,LONG J J,et al. Dremel:Interactive Analysis of Web-Scale Datasets[J]. Communications of the ACM,2011,54(6):114 - 123.

[191] EAGER D L,LAZOWSKA E D,ZAHORJAN J. Adaptive load sharing in homogeneous distributed systems[J]. IEEE Transactions on Software Engineering,1986,12(5):662 - 657.

[192] Apache Tez. Apache Tez Project[EB/OL]. [2019 - 02 - 12]. https://tez. apache. org/.

[193] CHAMBERS C,RANIWALA A,PERRY F,et al. FlumeJava:Easy,Efficient Data - parallel Pipelines[J/OL]. ACM SIGPLAN Notices,2010,45(6):363 - 375. https://doi. org/10. 1145/1809028. 1806638.

[194] ISARD M,BUDIU M,YU Y,et al. Dryad:Distributed Data - parallel Programs from Sequential Building Blocks[C]. New York:ACM,2007.

[195] 王强,李雄飞,王婧. 云计算中的数据放置与任务调度算法[J]. 计算机研究与发展,2014,51(11):2416 - 2426.

[196] JETTE M,GRONDONA M. SLURM:Simple Linux Utility for Resource Management [R]. California:US Department of Energy,2002.

[197] ISARD M,PRABHAKARAN V,CURREY J,et al. Quincy:Fair scheduling for distributed computing clusters[C]. New York:ACM,2009.

[198] ASSUNCAO M D,VEITH A S,BUYYA R. Distributed Data Stream Processing and Edge Computing:A Survey on Resource Elasticity and Future Directions[J]. Journal of Network and Computer Applications,2018,103(C):1 - 17.

[199] Nvidia,NVIDIA GPU Programming Guide[EB/OL]. [2019 - 05 - 29]. https://developer. nvidia. com/ nvidia-gpu-programming-guide.

[200] WANG W,LI B C,LIANG B. Dominant resource fairness in cloud computing systems with heterogeneous servers[C]. Piscataway,NJ:IEEE,2014.

[201] TPC-H. The TPC-H Benchmarks[EB/OL]. [2018 - 05 - 12]. http://www. tpc. org/tpch/.

[202] Darknet:Open Source Neural Networks[EB/OL]. [2019 - 10 - 10]. https://pjreddie. com/darknet/.

[203] Apache Storm. Apache Storm 2. 2. 0 Released[EB/OL]. [2018 - 10 - 21]. https://github. com/nathanmarz/storm/wiki.

[204] MURRAY D G,MCSHERRY F,ISAACS R,et al. Naiad:A timely dataflow system [C]. New York:ACM,2013.

[205] ZAHARIA M,DAS T,LI H Y,et al. Discretized streams:Fault-tolerant streaming computation at scale[C]. New York:ACM,2013.

[206] GATES A F,NATKOVICH O,CHOPRA S,et al. Building a High-level DataFlow System on Top of Map-Reduce:The Pig Experience[J]. Proc. VLDB Endow. ,2009,2 (2):1414 - 1425.

［207］ Apache. DataFlow SDK［EB/OL］. （2017 - 09 - 02）［2019 - 06 - 16］. https：//github. com/GoogleCloudPlatform/ DataflowJavaSDK.

［208］ Google. Google Cloud DataFlow［EB/OL］.［2018 - 05 - 16］. https：//cloud. google. com/dataflow/.

［209］ ALEXANDROV A，BERGMANN R，EWEN S，et al. The Stratosphere Platform for Big Data Analytics［J］. The International Journal on Very Large Data Bases，2014，23 （6）：939 - 964.

［210］ Apache Flink. Stateful Computations over Data Streams［EB/OL］.［2019 - 09 - 12］. http：//flink. apache. org/.

［211］ Hadoop Project. Fair Scheduler［EB/OL］. （2017 - 01 - 19）［2018 - 12 - 13］. https：// Hadoop. apache. org/ docs/r1. 2. 1/ fair_scheduler. html.

［212］ BURNS B，GRANT B，OPPENHEIMER D，et al. Borg，omega，and kubernetes［J］. Communications of the ACM，2016，59（5）：50 - 57.

［213］ 罗韩梅，洪志国，杨旭. Hadoop YARN 权威指南［M］. 北京：机械工业出版社，2015.

［214］ 周维. Hadoop 2.0 - YARN 核心技术实践［M］. 北京：清华大学出版社，2015.

［215］ ZHANG Z，LI C，TAO Y Y，et al. Fuxi：A fault-tolerant resource management and job scheduling system at internet scale［J］. Proceedings of the VLDB Endowment，2014，7 （13）：1393 - 1404.

［216］ VENKATARAMAN S，PANDA A，ANANTHANARAYANAN G，et al. The power of choice in data-aware cluster scheduling［C］. Berkeley，CA：USENIX Association，2014.

［217］ JYOTHI S A，CURINO C，MENACHE I，et al. Morpheus：Towards automated slos for enterprise clusters［C］. Berkeley，CA：USENIX Association，2016.

［218］ SUZUKI Y，KATO S，YAMADA H，et al. GPUvm：Why Not Virtualizing GPUs at the Hypervisor？［C］. Berkeley，CA：USENIX Association，2014.

［219］ KATO S，MCTHROW M，MALTZAHN C，et al. Gdev：First-class GPU resource management in the operating system［C］. Berkeley，CA：USENIX Association，2012.

［220］ KRIEDER S，WOZNIAK J M，ARMSTRONG T，et al. Design and evaluation of the gemtc framework for GPU-enabled many-task computing［C］. New York：ACM，2014.

［221］ YEH T T，SABNE A，SAKDHNAGOOL P，et al. Pagoda：Fine-grained GPU resource virtualization for narrow tasks［J］. ACM SIGPLAN Notices，2017，52（8）：221 - 234.

［222］ SHAO J L，MA J M，LI Y，et al. GPU scheduling for short tasks in private cloud［C］. Piscataway，NJ：IEEE，2019.

［223］ Adaptive Computing Enterprises，Inc. TORQUE Resource Manager：Scheduling GPUs ［EB/OL］.［2022 - 08 - 15］. http：//docs. adaptivecomputing. com/torque/3 - 0 - 5/3. 7schedulinggpus. php

［224］ FAN Z，QIU F，KAUFMAN A，et al. GPU cluster for high performance computing ［C］. Piscataway，NJ：IEEE，2004.

[225] cuda_wrapper project at SourceForge website [EB/OL]. (2009 - 06 - 07)[2022 - 07 - 23]. https://sourceforge. net/ projects/cudawrapper/.

[226] The Apache Software Foundation. Add GPU as a resource type for scheduling[EB/OL]. (2018 - 06 - 18)[2022 - 07 - 23]. https://issues. apache. org/jira/browse/YARN - 5517.

[227] MAHAJAN K,BALASUBRAMANIAN A,SIGHVI A,et al. Themis:Fair and efficient GPU cluster scheduling[C]. Berkeley,CA:USENIX Association,2020.

[228] STUART J A,OWENS J D. Multi - GPU MapReduce on GPU clusters[C]. Piscataway,NJ:IEEE,2011.

[229] LIU J,HEGDE N,KULKARNI M. Hybrid CPU - GPU scheduling and execution of tree traversals[C]. Piscataway,NJ:IEEE,2016.

[230] MENYCHTAS K,SHEN K,SCOTT M L. Enabling OS Research by Inferring Interactions in the Black-Box GPU Stack[C]. Berkeley,CA:USENIX,2013:291 - 296.

[231] KINDRATENKO V V,ENOS J J,SHI G,et al. GPU Clusters for High - Performance Computing[C]. Piscataway NJ:IEEE,2009.

[232] MERRILL D,GARLAND M,GRIMSHAW A. Scalable gpu graph traversal[J]. ACM Sigplan Notices,2012,47(8):117 - 128.

[233] ZHAO B,ZHONG J,HE B,et al. Gpu-accelerated cloud computing for data-intensive applications[M]. Berlin,Heidelberg:Springer-Verlag,2014.

[234] ACURA P. Kubernetes:Deploying Rails with Docker, Kubernetes and ECS[M]. CA Berkeley:Apress,2016.

[235] GARG S,KOTHAPALLI K,PURINI S. Share-a-GPU:Providing simple and effective time-sharing on GPUs[C]. Piscataway,NJ:IEEE,2018.

[236] XU Q,JEON H,KIM K,et al. Warped-slicer:Efficient intra-SM slicing through dynamic resource partitioning for GPU multiprogramming [C]. Piscataway, NJ: IEEE,2016.

[237] YU H,ROSSBACH C J. Full virtualization for gpus reconsidered[C]. New York: ACM,2017.

[238] ZHAO X,YAO J,GAO P,et al. Efficient sharing and fine-grained scheduling of virtualized GPU resources[C]. Piscataway,NJ:IEEE,2018.

[239] WU B,CHEN G,LI D,et al. Enabling and exploiting flexible task assignment on GPU through SM-centric program transformations[C]. New York:ACM,2015.

[240] PARK J J K,PARK Y,MAHLKE S. Chimera:Collaborative preemption for multitasking on a shared GPU[J]. ACM SIGARCH Computer Architecture News,2015,43(1): 593 - 606.

[241] ZAHARIA M,CHOWDHURY M,DAS T,et al. Resilient distributed datasets:A Fault-Tolerant abstraction for In-Memory cluster computing[C]. Berkeley,CA:USENIX,2012.

[242] Nagios[EB/OL]. [2022 - 08 - 06]. https://www.nagios.org/.

[243] Zenoss Community Edition (Core) Administration Guide[EB/OL]. (2020 - 04)[2022 - 08 - 06]. https://www.zenoss.com/.

[244] Zabbix[EB/OL]. [2022 - 08 - 06]. https://www.zabbix.com/.

[245] open - falcon[EB/OL]. [2022 - 08 - 06]. http://open - falcon.org/.

[246] Cacti[EB/OL]. [2022 - 08 - 06]. https://www.cacti.net/.

[247] Managing networks and systems with Zenoss[EB/OL]. [2022 - 08 - 06]. https:// www.skills - 1st.co.uk/ papers/jane/ ukuug_march09_zenoss.pdf.

[248] 王焘,张文博,徐继伟,等.云环境下基于统计监测的分布式软件系统故障检测技术研究[J]. 计算机学报,2017,40(2):397 - 413.

[249] 廖家建.集群监控中的数据采集技术研究[D].武汉:华中科技大学,2010.

[250] 丑玉锋.基于 Linux 的高可用集群管理与监控系统设计与实现[D].哈尔滨:哈尔滨工业 大学,2014.

[251] 高猛.面向仿真集群的资源监控管理系统设计与实现[D].武汉:武汉理工大学,2013.

[252] Sysstat:12.5.5[EB/OL]. (2021 - 07 - 07)[2022 - 08 - 06]. http://sebastien.godard. pagesperso - orange.

[253] DESHPANDE M,KURAMOCHI M,WALE N,et al. Frequent substructure-based approaches for classifying chemical compounds[J]. IEEE Transactions on Knowledge and Data Engineering,2005,17(8):1036 - 1050.

[254] DOMSHLAK C,GENAIM S,BRAFMAN R. Preference-based configuration of web page content[C]. Amsterdam Netherlands:IOS Press,2000.

[255] GURALNIK V,KARYPIS G. A scalable algorithm for clustering sequential data[C]. Piscataway,NJ:IEEE,2001.

[256] DEUTSCH A, FERNANDEZ M, SUCIU D. Storing semistructured data with STORED[J]. Sigmod Record,1999,28(2):431 - 442.

[257] YAN X,YU P S,HAN J. Graph indexing:a frequent structure-based approach[J]. Sigmod Record,2004,335 - 346.

[258] CHO Y R,ZHANG A. Predicting protein function by frequent functional association pattern mining in protein interaction networks[J]. IEEE Transactions on information technology in biomedicine,2009,14(1):30 - 36.

[259] ARIDHI S,NGUIFO E M. Big graph mining:Frameworks and techniques[J]. Big Data Research,2016,6(1):1 - 10.

[260] KURAMOCHI M,KARYPIS G. Frequent Subgraph Discovery[C]. Piscataway,NJ: IEEE,2002.

[261] KURAMOCHI M,KARYPIS G. GREW-A Scalable Frequent Subgraph Discovery Algorithm[C]. Piscataway,NJ:IEEE,2004.

[262] INOKUCHI A,WASHIO T,MOTODA H. Complete mining of frequent patterns from

graphs:Mining graph data[J]. Machine Learning,2003,50(3):321 - 354.

[263] YAN X,HAN J. gspan:Graph-]based substructure pattern mining[C]. Piscataway, NJ:IEEE,2002.

[264] LIU Y,JIANG X,CHEN H,et al. MapReduce-Based Pattern Finding Algorithm Applied in Motif Detection for Prescription Compatibility Network[C]. Berlin, Heidelberg:Springer - Verlag,2009.

[265] SHAHRIVARI S,JALILI S. Distributed discovery of frequent subgraphs of a network using MapReduce[J]. Computing,2015,97(11):1101 - 1120.

[266] KANG U, TSOURAKAKIS CE, FALOUTSOS C. PEGASUS: mining peta-scale graphs[J]. Knowledge & Information Systems,2011,27(2):303 - 325.

[267] WERNICKE S,RASCHE F. FANMOD:a tool for fast network motif detection[J]. Bioinformatics,2006,22(9):1152 - 1153.

[268] JIANG C,COENEN F,ZITO M. Asurvey of frequent subgraph mining algorithms[J]. Knowledge Engineering Review,2013,28(1):75 - 105.

[269] SURYAWANSHI S J,KAMALAPUR S M. Algorithms for frequent subgraph mining [J]. International Journal of Advanced Research in Computer and Communication Engineering,2013,2(3):1545 - 1548.

[270] AGRAWAL R,SRIKANT R. Fast Algorithms for Mining Association Rules in Large Databases[C]. San Francisco:Margan Kaufmann,1994.

[271] ABDELHAMID E,ABDELAZIZ I,KALNIS P,et al. Scalemine:Scalable parallel frequent subgraph mining in a single large graph[C]. Piscataway,NJ:IEEE,2016.

[272] DI FATTA G,BERTHOLD M R. Dynamic load balancing for the distributed mining of molecular structures[J]. IEEE transactions on parallel and distributed systems,2006, 17(8):773 - 785.

[273] BUEHRER G,PARTHASARATHY S,CHEN Y K. Adaptive parallel graph mining for cmp architectures[C]. Piscataway,NJ:IEEE,2006.

[274] REINHARDT S,KARYPIS G. A multi-level parallel implementation of a program for finding frequent patternsin a large sparse graph[C]. Piscataway,NJ:IEEE,2007.

[275] LIN W,XIAO X,GHINITA G. Large-scale frequent subgraph mining in MapReduce [C]. Piscataway,NJ:IEEE,2014.

[276] BHUIYAN M A,AL HASAN M. An iterative MapReduce based frequent subgraph mining algorithm[J]. IEEE transactions on knowledge and data engineering,2014,27 (3):608 - 620.

[277] TEIXEIRA C H C,FONSECA A J,SERAFINI M,et al. Arabesque:a system for distributed graph mining[C]. New York:ACM,2015.

[278] HILL S,SRICHANDAN B,SUNDERRAMAN R. An iterative mapreduce approach to frequent subgraph mining in biological datasets[C]. New York:ACM,2012.

[279] LU W,CHEN G,TUNG A K H,et al. Efficiently extracting frequent subgraphs using MapReduce[C]. Piscataway,NJ:IEEE,2013.

[280] BRINGMANN B,NIJSSEN S. What is frequent in a single graph？[C]. Berlin,Heidelberg:Springer-Verlag,2008.

[281] VANETIK N,GUDES E,SHIMONY S E. Computing frequent graph patterns from semistructured data[C]. Piscataway,NJ:IEEE,2002.

[282] FIEDLER M,BORGELT C. Subgraph support in a single large graph[C]. Piscataway,NJ:IEEE,2007.

[283] ELSEIDY M, ABDELHAMID E, SKIADOPOULOS S, et al. Grami:Frequent subgraph and pattern mining in a single large graph[J]. Proceedings of the VLDB Endowment,2014,7(7):517－528.

[274] WANG C,PARTHASARATHY S. Parallel algorithms for mining frequent structural motifs in scientific data[C]. New York:ACM,2004.

[285] ZHAO X,CHEN Y,XIAO C,et al. Frequent subgraph mining based on Pregel[J]. The Computer Journal,2016,59(8):1113－1128.

[286] AFFE A B,TRAJTENBERG M. The NBER patent citation data file:Lessons,insights and methodological tools[EB/OL]. [2022－08－15]. http://www. nber. org/patents/.

[287] CHENG X,DALE C,LIU J. Dataset for statistics and social network of youtube videos [EB/OL]. [2022－08－15]. http://netsg. cs. sfu. ca/youtubedata/.

[288] Stanford large network dataset collection[EB/OL]. [2022－08－15]. http://snap. stanford. edu/data/index. html.

[289] HANNEMAN,ROBERT A. AND MARK RIDDLE. Introduction to social network methods[R]. University of California,Riverside. 2005.

[290] LESKOVEC J,LANG K J,DASGUPTA A,et al. Statistical properties of community structure in large social and information networks[C]. New York:ACM,2008.

[291] HARARY F,ROSS I C. A procedure for clique diction using the group matrix[J]. Sociometry,1957,20(3):205－215.

[292] HARAGUCHI M,OKUBO Y. A method for pinpoint clustering of web pages with pseudo-clique search[C]. Berlin,Heidelberg:Springer-Verlag,2006.

[293] ELMACIOGLU E,LEE D,KANG J,PEI J. Improving grouped entity resolution using quasi－cliques[C]. Piscataway,NJ:IEEE,2006.

[294] WANG J,ZENG Z,ZHOU L. Clan:An algorithm for mining closed cliques from large dense graph databases[C]. Piscataway,NJ:IEEE,2006.

[295] GRINDLEY H M,ARTYMIUK P J,WILLETT DW. Indetification of tertiary structure resemblance in proteins using a maximual common subgraph isomorphism algorithm[J]. Journal of Molecular Biology,1993,229(3):707－721.

[296] PAVLOPOULOS G A,SECRIER M,MOSCHOPOULOS C N,et al. Using graph the-

ory to analyze biological networks[J]. BioData mining,2011,4(1):1 – 27.

[297] AUGUSTSON J G,MINKER J. An analysis of some graph theoretical cluster techniques[J]. Journal of the ACM (JACM),1970,17(4):571 – 588.

[298] HORAUD R,SKORDAS T. Stereo correspondence through feature grouping and maximal cliques[J]. IEEE Transactions on Pattern Analysis and Machine Intelligence, 1989,11(11):1168 – 1180.

[299] ZOMORODIAN A. The tidy set:a minimal simplicial set for computing homology of clique complexes[C]. New York:ACM,2010.

[300] ZAKI M J,PARTHASARATHY S,OGIHARA M,et al. New algorithms for fast discovery of association rules[C]. Palo Alto,CA:AAAI Press,1997.

[301] ROSSI R A,GLEICH D F,GEBREMEDHIN A H,et al. Parallel Maximum Clique Algorithms with Applications to Network Analysis and Storage[J]. Siam Journal on Scientific Computing,2014,37(5):589 – 616.

[302] BATTITI R,PROTASI M. Reactive Local Search for the Maximum Clique Problem 1 [J]. Algorithmica,2001,29(4):610 – 637.

[303] ROSSI R A,GLEICH D F,GEBREMEDHIN A H,et al. A Fast Parallel Maximum Clique Algorithm for Large Sparse Graphs and Temporal Strong Components[J/OL]. CoRR,2013. [2021 – 08 – 15]. https://arxiv. org/abs/1302. 6256.

[304] BRON C,KERBOSCH J. Algorithm 457:finding all cliques of an undirected graph[J]. Communications of the ACM,1973,16(9):575 – 577.

[305] TOMITA E,TANAKA A,TAKAHASHI H. The worst-case time complexity for generating all maximal cliques and computational experiments[J]. Theoretical computer science,2006,363(1):28 – 42.

[306] CAZALS F,KARANDE C. A note on the problem of reporting maximal cliques[J]. Theoretical computer science,2008,407(1/2/3):564 – 568.

[307] EPPSTEIN D,LÖFFLER M,STRASH D. Listing all maximal cliques in sparse graphs in near-optimal time[C]. Berlin,Heidelberg:Springer – Verlag,2010.

[308] KOSE F,WECKWERTH W,LINKE T,et al. Visualizing plant metabolomic correlation networks using clique – metabolite matrices[J]. Bioinformatics,2001,17(12): 1198 – 1208.

[309] MOON J W,MOSER L. On cliques in graphs[J]. Israel journal of Mathematics,1965, 3(1):23 – 28.

[310] ZHANG Y,ABU-KHZAM F N,BALDWIN N E,et al. Genome – scale computational approaches to memory-intensive applications in systems biology[C]. Piscataway,NJ: IEEE,2005.

[311] DU N,WU B,XU L,et al. A parallel algorithm for enumerating all maximal cliques in complex network[C]. Piscataway,NJ:IEEE,2006.

[312] CHENG J,KE Y P,FU A W,et al. Finding maximal cliques in massive networks[J]. ACM Transactions on Database Systems,2011,36(4):1 – 34.

[313] WU B,YANG S,ZHAO H,et al. A distributed algorithm to enumerate all maximal cliques in mapreduce[C]. Piscataway,NJ:IEEE,2009.

[314] SCHMIDT M C,SAMATOVA N F,THOMAS K,et al. A scalable,parallel algorithm for maximal clique enumeration[J]. Journal of parallel and distributed computing, 2009,69(4):417 – 428.

[315] SVENDSEN M,MUKHERJEE A P,TIRTHAPURA S. Mining maximal cliques from a large graph using mapreduce:Tackling highly uneven subproblem sizes[J]. Journal of Parallel and distributed computing,2015,79:104 – 114.

[316] RICHARDSON M,AGRAWAL R,DOMINGOS P. Trust management for the semantic web[C]. Berlin,Heidelberg:Springer – Verlag,2003.

[317] CHO E,MYERS S A,LESKOVEC J. Friendship and mobility:user movement in location – based social networks[C]. New York:ACM,2011.

[318] LESKOVEC J,LANG K J,DASGUPTA A,et al. Community structure in large networks:Natural cluster sizes and the absence of large well – defined clusters[J]. Internet Mathematics,2009,6(1):29 – 123.

[319] LESKOVEC J,HUTTENLOCHER D,KLEINBERG J. Signed networks in social media[C]. New York:ACM,2010.

[320] LESKOVEC J,KLEINBERG J,FALOUTSOS C. Graphs over time:densification laws, shrinking diameters and possible explanations[C]. New York:ACM,2005.